2022 개정 교육과정
2025년 중1부터 적용

개념원리 중학인강
www.imath.kr

KB030606

념원리

중학 수학 2-1

개념원리

이홍섭 지음

수학 필독서 5,500만 부 돌파!

개념원리 수학연구소

개념원리 희망 제곱 프로젝트

개념원리는

'학생 모두가 수학을 쉽게 배울 수 있는 환경을 조성한다.'

라는 미션을 가지고 있습니다.

대한민국의 미래를 이끌어 갈 학생들이
더 나은 교육 환경에서
공평한 학습 기회를 가질 수 있도록
개념원리 '희망 제곱 프로젝트'가 함께 합니다.

교재 판매 수량의 약 0.1% 기부

개념원리는 2021년부터 한국청소년상담복지개발원의 산하기관인 꿈드림 센터에 **매년 교재 판매 수량의 약 0.1%에 해당하는 교재**를 기부하고 있습니다.

2023년부터는 한국청소년상담복지개발원과 직접 업무 협약을 체결하여 지속적으로 기부를 이어갈 예정입니다.

12월의 산타, 개념원리

개념원리 직원들의 작은 손길이라도 필요하다고 생각되는 곳이 있다면 오른쪽 QR을 통해 사연을 보내주세요!

매년 12월, 도움의 손길이 가장 필요하다고 생각하는 곳을 선정하여 개념원리 직원들이 희망을 나누러 가겠습니다.

개념원리

수학 점수 제대로 올리는 방법

방법1 개념원리 X RPM 조합으로 공부하기

▶ 개념원리

더 다양한 문제는 RPM 1-1 10쪽

01 소수와 합성수

다음 중 소수와 합성수를 각각 고르시오.

1, 11, 23, 32, 47, 69

1은 소수도 아니고 합성수도 아니다.
11, 23, 47의 약수는 1과 자기 자신뿐이므로 소수이다.
32의 약수는 1, 2, 4, 8, 16, 32이므로 합성수이다.
69의 약수는 1, 3, 23, 69이므로 합성수이다.
답 소수: 11, 23, 47, 합성수: 32, 69

▶ RPM

개념원리 중학 수학 1-1 13쪽

유형 01 소수와 합성수

(1) 소수: 1보다 큰 자연수 중에서 1과 자기 자신만을 약수로 가지는 수
(2) 합성수: 1보다 큰 자연수 중에서 소수가 아닌 수

개념원리 와 RPM 에 있는 링크를 통해 개념과 유형의 학습 효율 최대화!

방법2 RPM 전 문항 무료 강의 활용하기

출판사 최초
유형서 전 문항
무료 강의 제공

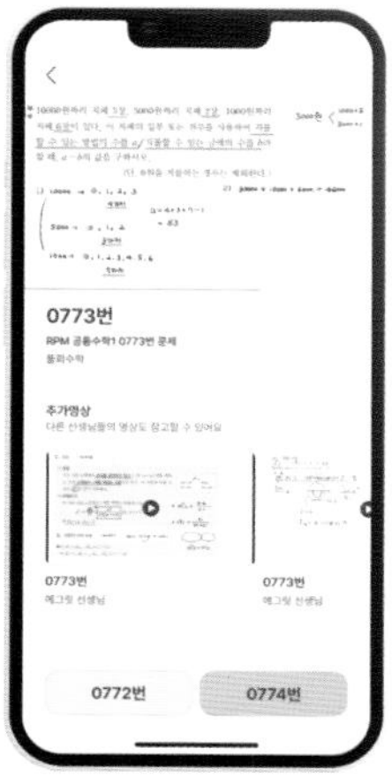

RPM 전 문항 무료 강의는 2022 개정부터 적용됩니다.

RPM 무료 해설 강의로 모든 유형을 확실하게!

학생 모두가 수학을 쉽게 배울 수 있는 환경이 조성될 때까지
개념원리의 노력은 계속됩니다.

개념원리 중학 수학 **2-1**

발행일	2024년 5월 1일 (1판 1쇄)
기획 및 집필	이홍섭, 개념원리 수학연구소
콘텐츠 개발 총괄	한소영
콘텐츠 개발 책임	오서희, 오지애, 김경숙, 오영석, 이선옥, 모규리, 김현진
사업 책임	황은정
마케팅 책임	권가민, 이미혜, 정성훈
제작/유통 책임	이건호
영업 책임	정현호
디자인	(주)이츠북스, 스튜디오 에딩크
펴낸이	고사무열
펴낸곳	(주)개념원리
등록번호	제 22-2381호
주소	서울시 강남구 테헤란로 8길 37, 7층(한동빌딩) 06239
고객센터	1644-1248

한눈에 보는 개념 정리

I-1 유리수와 순환소수

01 유리수와 소수

(1) 소수의 분류

① 유한소수: 소수점 아래의 0이 아닌 숫자가 유한 번 나타나는 소수

예 0.7, 3.15

② 무한소수: 소수점 아래의 0이 아닌 숫자가 무한 번 나타나는 소수

예 0.555⋯, 1.234⋯

(2) 순환소수

① 순환소수: 무한소수 중에서 소수점 아래의 어떤 자리에서부터 일정한 숫자의 배열이 한없이 되풀이되는 소수

예 0.333⋯, 0.3575757⋯

② 순환마디: 순환소수의 소수점 아래에서 일정한 숫자의 배열이 한없이 되풀이되는 한 부분

예 0.353535⋯ ➡ 순환마디는 35

③ 순환소수의 표현: 순환마디의 양 끝의 숫자 위에 점을 찍어 나타낸다.

예 0.353535⋯ ➡ $0.\dot{3}\dot{5}$

02 유한소수로 나타낼 수 있는 분수

(1) 유한소수로 나타낼 수 있는 분수

정수가 아닌 유리수를 기약분수로 나타내었을 때 분모의 소인수가 2 또는 5뿐이면 그 분수는 유한소수로 나타낼 수 있다.

예 $\frac{21}{120}=\frac{7}{40}=\frac{7}{2^3\times5}$ ← 분모의 소인수가 2 또는 5뿐이므로 유한소수이다.

(2) 순환소수로 나타낼 수 있는 분수

정수가 아닌 유리수를 기약분수로 나타내었을 때 분모가 2와 5 이외의 소인수를 가지면 그 분수는 순환소수로 나타낼 수 있다.

예 $\frac{55}{150}=\frac{11}{30}=\frac{11}{2\times3\times5}$ ← 분모가 2와 5 이외의 소인수 3을 가지므로 순환소수이다.

03 순환소수를 분수로 나타내기

(1) 순환소수를 분수로 나타내기

방법 1 10의 거듭제곱 이용

❶ 순환소수를 x로 놓는다.

❷ 양변에 10의 거듭제곱을 곱하여 소수점 아래의 부분이 같은 두 식을 만든다.

❸ ❷의 두 식을 변끼리 빼서 x의 값을 구한다.

예 ❶ $0.2\dot{5}$를 x라 하면 $x=0.2555\cdots$ ⋯⋯ ㉠

❷ ㉠×100을 하면 $100x=25.555\cdots$ ⋯⋯ ㉡

㉠×10을 하면 $10x=2.555\cdots$ ⋯⋯ ㉢

❸ ㉡−㉢을 하면 $90x=23$ $\therefore x=\frac{23}{90}$

방법 2 공식 이용

① 분모: 순환마디를 이루는 숫자의 개수만큼 9를 쓰고, 그 뒤에 소수점 아래 순환마디에 포함되지 않는 숫자의 개수만큼 0을 쓴다.

② 분자: (전체의 수)−(순환하지 않는 부분의 수)

예 $1.4\dot{5}\dot{2}=\frac{1452-14}{990}=\frac{1438}{990}=\frac{719}{495}$

(2) 유리수와 소수의 관계

① 정수가 아닌 유리수는 유한소수 또는 순환소수로 나타낼 수 있다.

② 유한소수와 순환소수는 모두 유리수이다.

II-1 단항식의 계산

01 지수법칙

(1) m, n이 자연수일 때

① $a^m\times a^n=a^{m+n}$

② $(a^m)^n=a^{mn}$

(2) $a\neq0$이고 m, n이 자연수일 때

① $m>n$이면 $a^m\div a^n=a^{m-n}$

② $m=n$이면 $a^m\div a^n=1$

③ $m<n$이면 $a^m\div a^n=\frac{1}{a^{n-m}}$

(3) m이 자연수일 때

① $(ab)^m=a^mb^m$

② $\left(\frac{a}{b}\right)^m=\frac{a^m}{b^m}$ (단, $b\neq0$)

02 단항식의 곱셈과 나눗셈

(1) 단항식의 곱셈

① 계수는 계수끼리, 문자는 문자끼리 곱한다.

② 같은 문자끼리의 곱셈은 지수법칙을 이용하여 간단히 한다.

예 $4x^2y\times(-5xy)=\{4\times(-5)\}\times(x^2y\times xy)=-20x^3y^2$

(2) 단항식의 나눗셈

방법 1 분수의 꼴로 바꾸어 계산한다. ➡ $A\div B=\frac{A}{B}$

방법 2 나눗셈을 곱셈으로 바꾸어 계산한다.

➡ $A\div B=A\times\frac{1}{B}=\frac{A}{B}$

예 방법 1 $8a^2b\div2a=\frac{8a^2b}{2a}=4ab$

방법 2 $8a^2b\div2a=8a^2b\times\frac{1}{2a}=\left(8\times\frac{1}{2}\right)\times\left(a^2b\times\frac{1}{a}\right)=4ab$

(3) 단항식의 곱셈과 나눗셈의 혼합 계산

❶ 괄호가 있으면 지수법칙을 이용하여 괄호를 푼다.

❷ 나눗셈은 곱셈으로 바꾼다.

❸ 계수는 계수끼리, 문자는 문자끼리 계산한다.

II-2 다항식의 계산

01 다항식의 덧셈과 뺄셈

(1) 다항식의 덧셈과 뺄셈

❶ 괄호가 있으면 분배법칙을 이용하여 괄호를 푼다.

❷ 동류항끼리 모아서 계산한다.

예 $(4a+3b)-(2a-b)$ ↘ 괄호를 푼다.

$=4a+3b-2a+b$ ↘ 동류항끼리 모은다.

$=4a-2a+3b+b$ ↘ 동류항끼리 계산한다.

$=2a+4b$

(2) 이차식의 덧셈과 뺄셈

① 이차식: 다항식의 각 항의 차수 중 가장 큰 차수가 2인 다항식

예 $2x^2-5x+1$, $-x^2+7$ ➡ x에 대한 이차식

② 이차식의 덧셈과 뺄셈

괄호를 풀고 동류항끼리 모아서 계산한다.

02 단항식과 다항식의 곱셈과 나눗셈

(1) (단항식) × (다항식), (다항식) × (단항식)의 계산
분배법칙을 이용하여 단항식을 다항식의 각 항에 곱한다.

(2) 전개와 전개식
① 전개: 단항식과 다항식의 곱을 하나의 다항식으로 나타내는 것
② 전개식: 전개하여 얻은 다항식

예 $3x(x+4y-2)$ (단항식, 다항식) $\xrightarrow{\text{전개}}$ $3x^2+12xy-6x$ (전개식)

(3) (다항식) ÷ (단항식)의 계산
방법 1 분수의 꼴로 바꾸어 분자의 각 항을 분모로 나눈다.
➡ $(A+B)\div C=\frac{A+B}{C}=\frac{A}{C}+\frac{B}{C}$
방법 2 나눗셈을 곱셈으로 바꾼 후 전개한다.
➡ $(A+B)\div C=(A+B)\times\frac{1}{C}=A\times\frac{1}{C}+B\times\frac{1}{C}$

예 방법 1 $(9x^2+6x)\div 3x=\frac{9x^2+6x}{3x}=\frac{9x^2}{3x}+\frac{6x}{3x}=3x+2$
방법 2 $(9x^2+6x)\div 3x=(9x^2+6x)\times\frac{1}{3x}$
$=9x^2\times\frac{1}{3x}+6x\times\frac{1}{3x}$
$=3x+2$

(4) 덧셈, 뺄셈, 곱셈, 나눗셈이 혼합된 식의 계산
❶ 지수법칙을 이용하여 거듭제곱을 먼저 계산한다.
❷ 곱셈, 나눗셈을 계산한다.
❸ 동류항끼리 모아서 덧셈, 뺄셈을 계산한다.

Ⅲ-1 일차부등식

01 부등식과 그 성질

(1) 부등식: 부등호 >, <, ≥, ≤를 사용하여 수 또는 식의 대소 관계를 나타낸 식

(2) 부등식의 표현

$a>b$	$a<b$	$a\geq b$	$a\leq b$
a는 b보다 크다. a는 b 초과이다.	a는 b보다 작다. a는 b 미만이다.	a는 b보다 크거나 같다. a는 b보다 작지 않다. a는 b 이상이다.	a는 b보다 작거나 같다. a는 b보다 크지 않다. a는 b 이하이다.

(3) 부등식의 해: 부등식을 참이 되게 하는 미지수의 값

(4) 부등식을 푼다: 부등식의 해를 모두 구하는 것

(5) 부등식의 성질
① 부등식의 양변에 같은 수를 더하거나 양변에서 같은 수를 빼도 부등호의 방향은 바뀌지 않는다.
➡ $a<b$이면 $a+c<b+c$, $a-c<b-c$
② 부등식의 양변에 같은 양수를 곱하거나 양변을 같은 양수로 나누어도 부등호의 방향은 바뀌지 않는다.
➡ $a<b$, $c>0$이면 $ac<bc$, $\frac{a}{c}<\frac{b}{c}$
③ 부등식의 양변에 같은 음수를 곱하거나 양변을 같은 음수로 나누면 부등호의 방향이 바뀐다.
➡ $a<b$, $c<0$이면 $ac>bc$, $\frac{a}{c}>\frac{b}{c}$

02 일차부등식의 풀이

(1) 일차부등식: 부등식의 모든 항을 좌변으로 이항하여 정리한 식이
(일차식) > 0, (일차식) < 0, (일차식) ≥ 0, (일차식) ≤ 0
중 어느 하나의 꼴로 나타나는 부등식을 일차부등식이라 한다.
예 $3x+1>0$, $-4x+7\leq 0$

(2) 일차부등식의 풀이
❶ 미지수 x를 포함하는 항은 좌변으로, 상수항은 우변으로 이항한다.
❷ 양변을 정리하여 $ax>b$, $ax<b$, $ax\geq b$, $ax\leq b$ $(a\neq 0)$의 꼴로 나타낸다.
❸ 양변을 x의 계수 a로 나누어 $x>$(수), $x<$(수), $x\geq$(수), $x\leq$(수) 중 어느 하나의 꼴로 나타낸다. 이때 $a<0$이면 부등호의 방향이 바뀐다.

예 $3x-2<10-x$
$3x+x<10+2$ ($-x$를 좌변으로, -2를 우변으로 이항한다.)
$4x<12$ (양변을 정리하여 $ax<b$의 꼴로 나타낸다.)
$\therefore x<3$ (양변을 x의 계수 4로 나눈다.)

(3) 부등식의 해를 수직선 위에 나타내기
① $x>a$ ② $x<a$ ③ $x\geq a$ ④ $x\leq a$

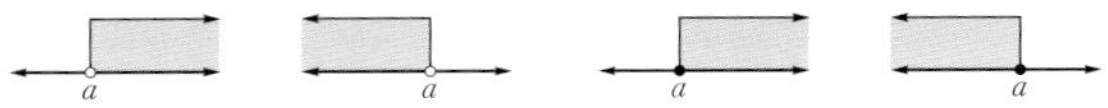

(4) 복잡한 일차부등식의 풀이
① 괄호가 있는 경우: 분배법칙을 이용하여 괄호를 풀고 동류항끼리 정리하여 푼다.
② 계수가 소수인 경우: 양변에 10의 거듭제곱을 곱하여 계수를 정수로 고쳐서 푼다.
③ 계수가 분수인 경우: 양변에 분모의 최소공배수를 곱하여 계수를 정수로 고쳐서 푼다.

Ⅲ-2 일차부등식의 활용

01 일차부등식의 활용 (1)

❶ 미지수 정하기 ➡ 문제의 뜻을 파악하고 구하려고 하는 것을 미지수 x로 놓는다.
❷ 부등식 세우기 ➡ 문제의 뜻에 맞게 x에 대한 일차부등식을 세운다.
❸ 부등식 풀기 ➡ 일차부등식을 푼다.
❹ 확인하기 ➡ 구한 해가 문제의 뜻에 맞는지 확인한다.

02 일차부등식의 활용 (2)

(1) 거리, 속력, 시간에 대한 문제
① (거리) = (속력) × (시간)
② $(\text{속력})=\frac{(\text{거리})}{(\text{시간})}$
③ $(\text{시간})=\frac{(\text{거리})}{(\text{속력})}$

(2) 농도에 대한 문제
① $(\text{소금물의 농도})=\frac{(\text{소금의 양})}{(\text{소금물의 양})}\times 100\,(\%)$
② $(\text{소금의 양})=\frac{(\text{소금물의 농도})}{100}\times(\text{소금물의 양})$

개념원리

수학의 시작 개념원리

중학 수학 2-1

많은 학생들은 왜
개념원리로 공부할까요?
정확한 개념과 원리의 이해,
수학 공부의 비결
개념원리에 있습니다.

개념원리 중학 수학의 특징

1. 하나를 알면 10개, 20개를 풀 수 있고 어려운 수학에 흥미를 갖게 하여 쉽게 수학을 정복할 수 있습니다.
2. 나선식 교육법으로 쉬운 것부터 어려운 것까지 단계적으로 혼자서도 충분히 공부할 수 있도록 하였습니다.
3. 문제를 푸는 방법과 틀리기 쉬운 부분을 짚어주어 개념원리를 충실히 익히도록 하였습니다.
4. 교과서 문제와 전국 중학교의 중간 • 기말고사 시험 문제 중 출제율이 높은 문제를 엄선하여 수록함으로써 시험에도 철저히 대비할 수 있도록 하였습니다.

이 책을 펴내면서

"어떻게 하면 수학을 잘할 수 있을까?"

이것은 풀리지 않는 최대의 난제 중 하나로 오랫동안 끊임없이 제기되는 학생들의 질문이며 큰 바람입니다. 그런데 안타깝게도 대부분의 학생들이 성적이 오르지 않아 수학에 흥미를 잃어버리고 중도에 포기하는 경우가 많습니다.

공부를 열심히 하지 않아서일까요?
수학적 사고력이 부족해서일까요?

그렇지 않습니다. 이는 수학을 공부하는 방법이 잘못되었기 때문입니다.

개념원리 수학은 단순한 암기식 풀이가 아니라 학생들의 눈높이에 맞게 **개념과 원리를 이해하기 쉽게 설명**하고 **개념을 문제에 적용하면서 쉬운 문제부터 차근차근 단계별로 학습해 스스로 사고하는 능력을 기를 수 있도록** 기획했습니다.

이러한 개념원리만의 특별한 학습법으로 문제를 하나하나 풀어나가다 보면, 수학에 대한 자신감뿐만 아니라 수학적 사고에 기반한 창의적인 문제해결력까지 키워줄 수 있습니다.

스스로 생각하며 **공부**하는 **방법**을 알려주는
개념원리 수학을 통해
풀리지 않는 최대의 난제 '수학을 잘하는 방법'을 함께 찾아봅시다.

구성과 특징

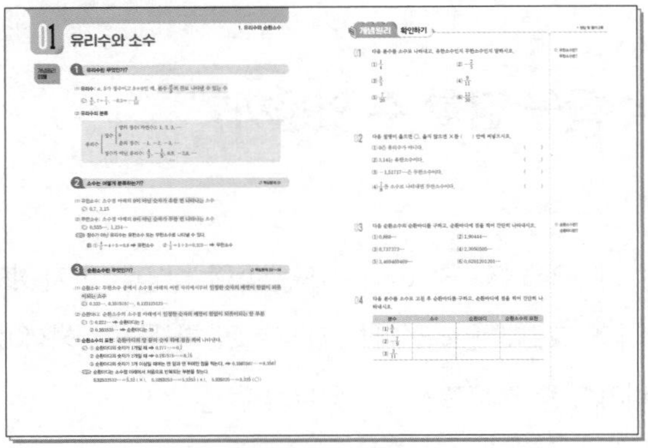

개념원리 이해

각 단원에서 다루는 개념과 원리를 완벽하게 이해할 수 있도록 자세하고 친절하게 정리하였습니다. 또 중요한 내용, 용어와 기호를 강조 처리해 한눈에 파악하도록 하였습니다.

개념원리 확인하기

개념을 확인할 수 있도록 개념과 원리를 정확히 이해할 수 있는 문제로 구성하였습니다.

핵심문제 익히기

해당 소단원의 대표적인 문제를 통하여 개념과 원리의 적용 및 응용을 충분히 익힐 수 있도록 핵심문제와 확인문제로 구성하였습니다.
어려운 핵심문제는 UP으로 표시해 난이도를 구분하였습니다.

⊕ 핵심문제의 각 유형에 대한 다양한 문제를 **RPM**에서 풀어 볼 수 있습니다.

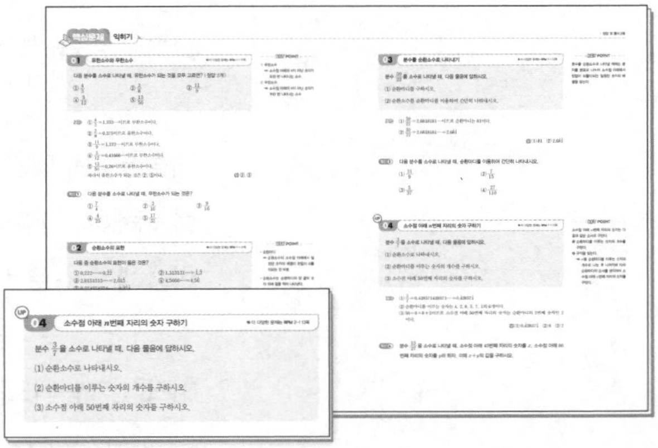

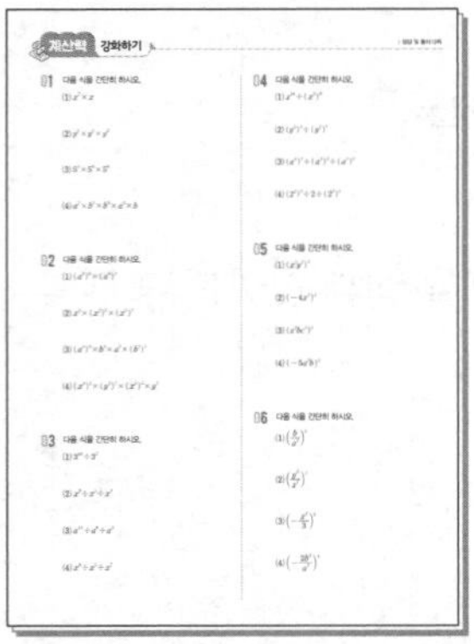

계산력 강화하기

기초 연산과 계산 훈련이 요구되는 단원에서는 계산력을 강화할 수 있도록 추가 문제를 구성하였습니다.

이런 문제가 시험에 나온다

내신 기출을 분석해 시험에 자주 출제되는 문제로 배운 내용에 대한 확인을 할 수 있도록 구성하였습니다.

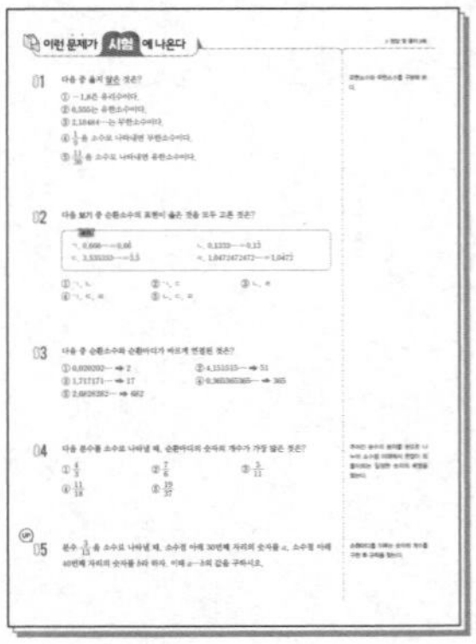

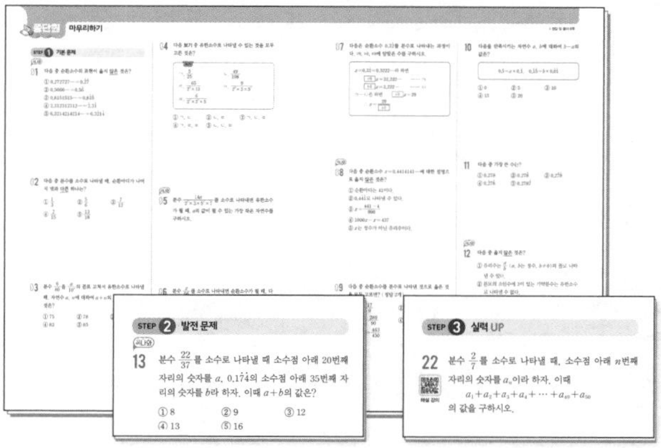
STEP 2 발전 문제

13 분수 $\frac{22}{37}$를 소수로 나타낼 때 소수점 아래 20번째 자리의 숫자를 a, $0.1\dot{7}\dot{4}$의 소수점 아래 35번째 자리의 숫자를 b라 하자. 이때 $a+b$의 값은?

① 8 ② 9 ③ 12 ④ 13 ⑤ 16

STEP 3 실력 UP

22 분수 $\frac{2}{7}$를 소수로 나타낼 때, 소수점 아래 n번째 자리의 숫자를 a_n이라 하자. 이때 $a_1+a_2+a_3+a_4+\cdots+a_{49}+a_{50}$의 값을 구하시오.

○ 중단원 마무리하기

학교 시험에 대비하여 전국 주요 학교의 시험 문제 중 출제율이 높은 문제를 엄선하여
STEP 1 / STEP 2 / STEP 3
수준별로 구성하였습니다.

➡ STEP 3 문제는 무료 해설 강의를 제공합니다.

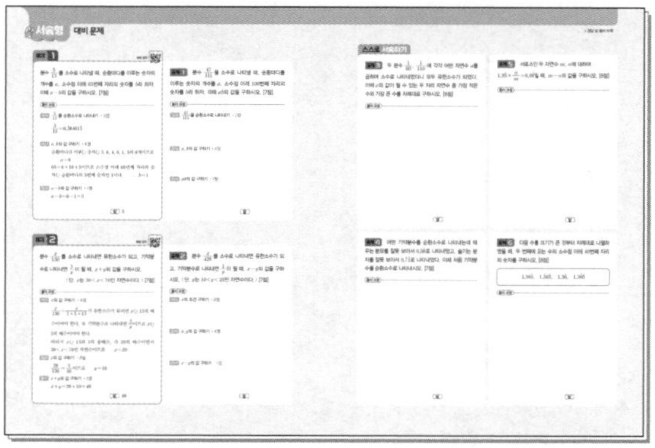

○ 서술형 대비 문제

예제 와 유제 를 통하여 풀이 서술의 기본기를 다진 후 시험에 자주 출제되는 서술형 문제를 풀면서 서술력을 강화할 수 있도록 구성하였습니다.

➡ 예제 는 무료 해설 강의를 제공합니다.

○ 한눈에 보는 개념 정리

중학 수학 2-1의 개념과 기본 공식을 모아 개념을 숙지할 수 있도록 부록으로 제공하였습니다.

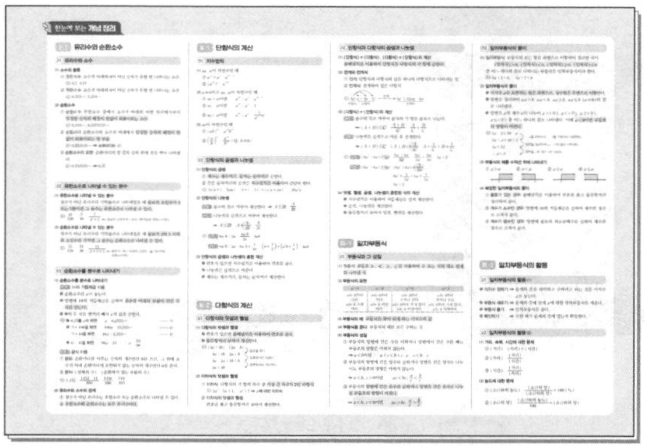

차례

I 유리수와 순환소수

II 식의 계산

III 일차부등식

IV 연립일차방정식

V 일차함수

I

유리수와 순환소수

이 단원에서는 순환소수의 뜻을 알고, 유리수와 순환소수의 관계를 설명해 보자.
또 유리수와 순환소수의 관계를 이용하여 순환소수를 분수로 나타내어 보자.

이전에 배운 내용	이 단원의 내용	이후에 배울 내용
초4 분수와 소수의 덧셈과 뺄셈 초5 분수의 덧셈과 뺄셈 분수와 소수의 곱셈 초6 분수와 소수의 나눗셈 중1 소인수분해 정수와 유리수	**1. 유리수와 순환소수** 01 유리수와 소수 02 유한소수로 나타낼 수 있는 분수 03 순환소수를 분수로 나타내기	중3 제곱근과 실수

I-1

유리수와 순환소수

이 단원의 학습 계획을 세우고 나는 할 수 있어!
하나하나 실천하는 습관을 기르자!!

		공부한 날	학습 완료도
01 유리수와 소수	개념원리 이해 & 개념원리 확인하기	월 일	□□□
	핵심문제 익히기	월 일	○○○
	이런 문제가 시험에 나온다	월 일	○○○
02 유한소수로 나타낼 수 있는 분수	개념원리 이해 & 개념원리 확인하기	월 일	□□□
	핵심문제 익히기	월 일	○○○
	이런 문제가 시험에 나온다	월 일	○○○
03 순환소수를 분수로 나타내기	개념원리 이해 & 개념원리 확인하기	월 일	□□□
	핵심문제 익히기	월 일	○○○
	이런 문제가 시험에 나온다	월 일	○○○
중단원 마무리하기		월 일	○○○
서술형 대비 문제		월 일	○○○

개념 학습 guide

- 개념을 이해했으면 ■□□, 개념을 문제에 적용할 수 있으면 ■■□, 개념을 친구에게 설명할 수 있으면 ■■■ 로 색칠한다.
- 부족한 부분의 개념을 반복 학습하여 ■■■ 3칸 모두 색칠하면 학습을 마친다.

문제 학습 guide

- 맞힌 문제가 전체의 50% 미만이면 ●○○, 맞힌 문제가 50% 이상 90% 미만이면 ●●○, 맞힌 문제가 90% 이상이면 ●●● 로 색칠한다. 문제를 찍지 말자!
- 틀린 문제는 왜 틀렸는지 그 이유를 파악한 후 다시 풀어 본다. 며칠 후 틀린 문제를 다시 풀어 보고, 풀이 과정과 답이 맞으면 학습을 마친다.

01 유리수와 소수

개념원리 이해

1 유리수란 무엇인가?

(1) **유리수**: a, b가 정수이고 $b \neq 0$일 때, 분수 $\frac{a}{b}$의 꼴로 나타낼 수 있는 수

예 $\frac{4}{5}$, $7=\frac{7}{1}$, $-0.3=-\frac{3}{10}$

(2) **유리수의 분류**

유리수
- 정수
  - 양의 정수(자연수): 1, 2, 3, ⋯
  - 0
  - 음의 정수: −1, −2, −3, ⋯
- 정수가 아닌 유리수: $\frac{4}{3}$, $-\frac{1}{5}$, 0.9, −2.6, ⋯

2 소수는 어떻게 분류하는가?

핵심문제 01

(1) **유한소수**: 소수점 아래의 0이 아닌 숫자가 유한 번 나타나는 소수

예 0.7, 3.15

(2) **무한소수**: 소수점 아래의 0이 아닌 숫자가 무한 번 나타나는 소수

예 0.555⋯, 1.234⋯

참고 정수가 아닌 유리수는 유한소수 또는 무한소수로 나타낼 수 있다.

예 ① $\frac{4}{5}=4\div5=0.8$ ➡ 유한소수 ② $\frac{1}{3}=1\div3=0.333\cdots$ ➡ 무한소수

3 순환소수란 무엇인가?

핵심문제 02~04

(1) **순환소수**: 무한소수 중에서 소수점 아래의 어떤 자리에서부터 일정한 숫자의 배열이 한없이 되풀이되는 소수

예 0.333⋯, 0.3575757⋯, 0.123123123⋯

(2) **순환마디**: 순환소수의 소수점 아래에서 일정한 숫자의 배열이 한없이 되풀이되는 한 부분

예 ① 0.222⋯ ➡ 순환마디는 2

② 0.353535⋯ ➡ 순환마디는 35

(3) **순환소수의 표현**: 순환마디의 양 끝의 숫자 위에 점을 찍어 나타낸다.

예 ① 순환마디의 숫자가 1개일 때 ➡ $0.777\cdots=0.\dot{7}$

② 순환마디의 숫자가 2개일 때 ➡ $0.757575\cdots=0.\dot{7}\dot{5}$

③ 순환마디의 숫자가 3개 이상일 때에는 맨 앞과 맨 뒤에만 점을 찍는다. ➡ $0.3567567\cdots=0.3\dot{5}6\dot{7}$

주의 순환마디는 소수점 아래에서 처음으로 반복되는 부분을 찾는다.

$5.32532532\cdots=\dot{5}.3\dot{2}$ (×), $5.3253253\cdots=5.\dot{3}25\dot{3}$ (×), $5.325325\cdots=5.\dot{3}2\dot{5}$ (○)

> 정답 및 풀이 2쪽

01 다음 분수를 소수로 나타내고, 유한소수인지 무한소수인지 말하시오.

(1) $\frac{1}{4}$　　(2) $-\frac{2}{5}$

(3) $\frac{5}{3}$　　(4) $\frac{9}{11}$

(5) $\frac{7}{20}$　　(6) $\frac{13}{30}$

○ 유한소수란?
무한소수란?

02 다음 설명이 옳으면 ○, 옳지 않으면 ×를 (　　) 안에 써넣으시오.

(1) 0은 유리수가 아니다. (　　)

(2) 3.14는 유한소수이다. (　　)

(3) $-1.51717\cdots$은 무한소수이다. (　　)

(4) $\frac{7}{8}$을 소수로 나타내면 무한소수이다. (　　)

03 다음 순환소수의 순환마디를 구하고, 순환마디에 점을 찍어 간단히 나타내시오.

(1) $0.888\cdots$　　(2) $1.90444\cdots$

(3) $0.737373\cdots$　　(4) $2.3050505\cdots$

(5) $3.469469469\cdots$　　(6) $0.6201201201\cdots$

○ 순환소수란?
순환마디란?

04 다음 분수를 소수로 고친 후 순환마디를 구하고, 순환마디에 점을 찍어 간단히 나타내시오.

분수	소수	순환마디	순환소수의 표현
(1) $\frac{5}{6}$			
(2) $-\frac{7}{9}$			
(3) $\frac{3}{11}$			

핵심문제 익히기

01 유한소수와 무한소수

● 더 다양한 문제는 RPM 2-1 12쪽

다음 분수를 소수로 나타낼 때, 유한소수가 되는 것을 모두 고르면? (정답 2개)

① $\frac{4}{3}$　② $\frac{3}{8}$　③ $\frac{11}{9}$

④ $\frac{5}{12}$　⑤ $\frac{13}{50}$

KEY POINT

① 유한소수
➡ 소수점 아래의 0이 아닌 숫자가 유한 번 나타나는 소수

② 무한소수
➡ 소수점 아래의 0이 아닌 숫자가 무한 번 나타나는 소수

풀이 ① $\frac{4}{3}=1.333\cdots$이므로 무한소수이다.

② $\frac{3}{8}=0.375$이므로 유한소수이다.

③ $\frac{11}{9}=1.222\cdots$이므로 무한소수이다.

④ $\frac{5}{12}=0.41666\cdots$이므로 무한소수이다.

⑤ $\frac{13}{50}=0.26$이므로 유한소수이다.

따라서 유한소수가 되는 것은 ②, ⑤이다.

답 ②, ⑤

확인 1 다음 분수를 소수로 나타낼 때, 무한소수가 되는 것은?

① $\frac{7}{4}$　② $\frac{3}{10}$　③ $\frac{9}{16}$

④ $\frac{4}{25}$　⑤ $\frac{17}{33}$

02 순환소수의 표현

● 더 다양한 문제는 RPM 2-1 12쪽

다음 중 순환소수의 표현이 옳은 것은?

① $0.222\cdots=0.\dot{2}\dot{2}$　② $1.313131\cdots=\dot{1}.\dot{3}$

③ $2.0151515\cdots=2.\dot{0}1\dot{5}$　④ $4.5666\cdots=4.5\dot{6}$

⑤ $0.274274274\cdots=0.\dot{2}\dot{7}\dot{4}$

KEY POINT

- 순환마디
➡ 순환소수의 소수점 아래에서 일정한 숫자의 배열이 한없이 되풀이되는 한 부분
- 순환소수는 순환마디의 양 끝의 숫자 위에 점을 찍어 나타낸다.

풀이 ① $0.222\cdots=0.\dot{2}$　② $1.313131\cdots=1.\dot{3}\dot{1}$

③ $2.0151515\cdots=2.0\dot{1}\dot{5}$　⑤ $0.274274274\cdots=0.\dot{2}7\dot{4}$

따라서 옳은 것은 ④이다.

답 ④

확인 2 다음 중 순환소수의 표현이 옳지 않은 것을 모두 고르면? (정답 2개)

① $2.828282\cdots=2.\dot{8}\dot{2}$　② $0.434343\cdots=0.4\dot{3}\dot{4}$

③ $0.7555\cdots=0.7\dot{5}$　④ $3.483483483\cdots=3.\dot{4}8\dot{3}$

⑤ $6.532653265326\cdots=\dot{6}.53\dot{2}$

> 정답 및 풀이 2쪽

03 분수를 순환소수로 나타내기

● 더 다양한 문제는 RPM 2-1 13쪽

분수 $\frac{59}{22}$를 소수로 나타낼 때, 다음 물음에 답하시오.

(1) 순환마디를 구하시오.

(2) 순환소수를 순환마디를 이용하여 간단히 나타내시오.

KEY POINT

분수를 순환소수로 나타낼 때에는 분자를 분모로 나누어 소수점 아래에서 한없이 되풀이되는 일정한 숫자의 배열을 찾는다.

풀이 (1) $\frac{59}{22}=2.6818181\cdots$이므로 순환마디는 81이다.

(2) $\frac{59}{22}=2.6818181\cdots=2.6\dot{8}\dot{1}$

답 (1) 81 (2) $2.6\dot{8}\dot{1}$

확인 3 다음 분수를 소수로 나타낼 때, 순환마디를 이용하여 간단히 나타내시오.

(1) $\frac{31}{9}$ (2) $\frac{7}{15}$

(3) $\frac{5}{37}$ (4) $\frac{27}{110}$

UP

04 소수점 아래 n번째 자리의 숫자 구하기

● 더 다양한 문제는 RPM 2-1 13쪽

분수 $\frac{3}{7}$을 소수로 나타낼 때, 다음 물음에 답하시오.

(1) 순환소수로 나타내시오.

(2) 순환마디를 이루는 숫자의 개수를 구하시오.

(3) 소수점 아래 50번째 자리의 숫자를 구하시오.

KEY POINT

소수점 아래 n번째 자리의 숫자는 다음과 같은 순서로 구한다.

❶ 순환마디를 이루는 숫자의 개수를 구한다.

❷ 규칙을 찾는다.

➡ n을 순환마디를 이루는 숫자의 개수로 나눈 후 나머지에 따라 순환마디의 순서를 생각하여 소수점 아래 n번째 자리의 숫자를 구한다.

풀이 (1) $\frac{3}{7}=0.428571428571\cdots=0.\dot{4}2857\dot{1}$

(2) 순환마디를 이루는 숫자는 4, 2, 8, 5, 7, 1의 6개이다.

(3) $50=6\times8+2$이므로 소수점 아래 50번째 자리의 숫자는 순환마디의 2번째 숫자인 2이다.

답 (1) $0.\dot{4}2857\dot{1}$ (2) 6 (3) 2

확인 4 분수 $\frac{13}{27}$을 소수로 나타낼 때, 소수점 아래 45번째 자리의 숫자를 x, 소수점 아래 80번째 자리의 숫자를 y라 하자. 이때 $x+y$의 값을 구하시오.

› 정답 및 풀이 3쪽

01 다음 중 옳지 않은 것은?

① -1.8은 유리수이다.
② 0.555는 유한소수이다.
③ $2.18484\cdots$는 무한소수이다.
④ $\frac{1}{9}$을 소수로 나타내면 무한소수이다.
⑤ $\frac{11}{30}$을 소수로 나타내면 유한소수이다.

유한소수와 무한소수를 구분해 본다.

02 다음 **보기** 중 순환소수의 표현이 옳은 것을 모두 고른 것은?

보기

ㄱ. $0.666\cdots=0.6\dot{6}$
ㄴ. $0.1333\cdots=0.1\dot{3}$
ㄷ. $3.535353\cdots=\dot{3}.\dot{5}$
ㄹ. $1.0472472472\cdots=1.0\dot{4}7\dot{2}$

① ㄱ, ㄴ ② ㄱ, ㄷ ③ ㄴ, ㄹ
④ ㄱ, ㄷ, ㄹ ⑤ ㄴ, ㄷ, ㄹ

03 다음 중 순환소수와 순환마디가 바르게 연결된 것은?

① $0.020202\cdots$ ➡ 2
② $4.151515\cdots$ ➡ 51
③ $1.717171\cdots$ ➡ 17
④ $0.365365365\cdots$ ➡ 365
⑤ $2.6828282\cdots$ ➡ 682

04 다음 분수를 소수로 나타낼 때, 순환마디의 숫자의 개수가 가장 많은 것은?

① $\frac{4}{3}$ ② $\frac{7}{6}$ ③ $\frac{5}{11}$
④ $\frac{11}{18}$ ⑤ $\frac{19}{37}$

주어진 분수의 분자를 분모로 나누어 소수점 아래에서 한없이 되풀이되는 일정한 숫자의 배열을 찾는다.

UP

05 분수 $\frac{3}{13}$을 소수로 나타낼 때, 소수점 아래 30번째 자리의 숫자를 a, 소수점 아래 40번째 자리의 숫자를 b라 하자. 이때 $a-b$의 값을 구하시오.

순환마디를 이루는 숫자의 개수를 구한 후 규칙을 찾는다.

02 유한소수로 나타낼 수 있는 분수

개념원리 **이해**

1 유한소수로 나타낼 수 있는 분수

핵심문제 01~05

(1) 유한소수는 분모가 10의 거듭제곱인 분수로 나타낼 수 있다.
이때 분모를 소인수분해 하면 분모의 소인수가 2 또는 5뿐임을 알 수 있다.

예 $0.9=\frac{9}{10}=\frac{9}{2\times5}$, $0.27=\frac{27}{100}=\frac{27}{2^2\times5^2}$

(2) 정수가 아닌 유리수를 기약분수로 나타내었을 때 분모의 소인수가 2 또는 5뿐이면 그 분수는 유한소수로 나타낼 수 있다.

예 $\frac{21}{120}=\frac{7}{40}=\frac{7}{2^3\times5}$ ← 분모의 소인수가 2 또는 5뿐이므로 유한소수이다.

($\frac{21}{120}=\frac{7}{40}$: 기약분수로 나타낸다. $\frac{7}{40}=\frac{7}{2^3\times5}$: 분모를 소인수분해 한다.)

2 순환소수로 나타낼 수 있는 분수

핵심문제 02, 06

(1) 정수가 아닌 유리수를 기약분수로 나타내었을 때 분모가 2와 5 이외의 소인수를 가지면 그 분수는 순환소수로 나타낼 수 있다.

예 $\frac{55}{150}=\frac{11}{30}=\frac{11}{2\times3\times5}$ ← 분모가 2와 5 이외의 소인수 3을 가지므로 순환소수이다.

($\frac{55}{150}=\frac{11}{30}$: 기약분수로 나타낸다. $\frac{11}{30}=\frac{11}{2\times3\times5}$: 분모를 소인수분해 한다.)

(2) 정수가 아닌 유리수 중에서 유한소수로 나타낼 수 없는 것은 모두 순환소수로 나타낼 수 있다.

▶ **유한소수 또는 순환소수로 나타낼 수 있는 분수**

기약분수로 나타내기
- → 분모의 소인수가 2 또는 5뿐이다. → 유한소수
- → 분모에 2와 5 이외의 소인수가 있다. → 순환소수

보충 학습 **유한소수가 되도록 하는 미지수의 값 구하기**

분수에 자연수를 곱하여 유한소수가 되도록 할 때, 곱하는 미지수의 값은 다음과 같은 순서로 구한다.

❶ 주어진 분수를 기약분수로 나타낸다.

❷ ❶의 분모를 소인수분해 한다.

❸ ❷의 분모의 소인수 중 2와 5를 제외한 소인수들의 곱의 배수를 곱한다.

예 분수 $\frac{13}{84}\times x$를 소수로 나타내면 유한소수가 될 때, x의 값이 될 수 있는 가장 작은 자연수를 구해 보자.

➡ 유한소수가 되려면 기약분수로 나타내었을 때, 분모의 소인수가 2 또는 5뿐이어야 한다.

이때 $\frac{13}{84}=\frac{13}{2^2\times3\times7}$이므로 x는 $3\times7=21$의 배수이어야 한다.

따라서 x의 값이 될 수 있는 가장 작은 자연수는 21이다.

개념원리 확인하기

› 정답 및 풀이 3쪽

01 다음은 기약분수의 분모를 10의 거듭제곱으로 고쳐서 유한소수로 나타내는 과정이다. □ 안에 알맞은 수를 써넣으시오.

(1) $\frac{5}{4}=\frac{5}{2^2}=\frac{5\times\square}{2^2\times\square}=\frac{125}{\square}=\square$

(2) $\frac{1}{8}=\frac{1}{2^3}=\frac{1\times\square}{2^3\times\square}=\frac{\square}{1000}=\square$

(3) $\frac{1}{20}=\frac{1}{2^2\times5}=\frac{1\times\square}{2^2\times5\times\square}=\frac{5}{2^2\times\square}=\frac{5}{\square}=\square$

(4) $\frac{3}{250}=\frac{3}{2\times5^3}=\frac{3\times\square}{2\times5^3\times\square}=\frac{3\times\square}{\square\times5^3}=\frac{\square}{1000}=\square$

◎ 유한소수는 분모가 □의 거듭제곱인 분수로 나타낼 수 있다.

02 다음 분수 중 유한소수로 나타낼 수 있는 것은 ○, 유한소수로 나타낼 수 없는 것은 ×를 ( ) 안에 써넣으시오.

(1) $\frac{7}{2\times5^2}$ ( )　　(2) $\frac{11}{5^3\times13}$ ( )

(3) $\frac{6}{2^2\times3^2}$ ( )　　(4) $\frac{35}{2^3\times7}$ ( )

(5) $\frac{9}{3\times5\times11}$ ( )　　(6) $\frac{21}{3\times5^2\times7}$ ( )

◎ 유한소수로 나타낼 수 있는 분수
➡ 기약분수로 나타낸 후 분모를 소인수분해 했을 때, 분모의 소인수가 □ 또는 □뿐이어야 한다.

03 다음 분수 중 유한소수로 나타낼 수 있는 것은 ○, 유한소수로 나타낼 수 없는 것은 ×를 ( ) 안에 써넣으시오.

(1) $\frac{3}{8}$ ( )　　(2) $\frac{9}{14}$ ( )

(3) $\frac{11}{40}$ ( )　　(4) $\frac{38}{60}$ ( )

(5) $\frac{12}{75}$ ( )　　(6) $\frac{28}{105}$ ( )

01 10의 거듭제곱을 이용하여 분수를 유한소수로 나타내기

● 더 다양한 문제는 RPM 2-1 14쪽

다음은 분수 $\frac{3}{50}$을 유한소수로 나타내는 과정이다. 이때 $abcd$의 값을 구하시오.

$$\frac{3}{50}=\frac{3}{a\times5^2}=\frac{3\times b}{a\times5^2\times b}=\frac{6}{c}=d$$

풀이 $\frac{3}{50}=\frac{3}{2\times5^2}=\frac{3\times2}{2\times5^2\times2}=\frac{6}{100}=0.06$

따라서 $a=2$, $b=2$, $c=100$, $d=0.06$이므로

$abcd=2\times2\times100\times0.06=24$

답 24

KEY POINT

분모의 소인수 2와 5의 지수가 같아지도록 분모, 분자에 2 또는 5의 거듭제곱을 곱한다.

확인 1 다음은 분수 $\frac{7}{40}$을 유한소수로 나타내는 과정이다. 이때 $a+b+c$의 값을 구하시오.

$$\frac{7}{40}=\frac{7}{2^3\times5}=\frac{7\times a}{2^3\times5\times a}=\frac{b}{1000}=c$$

02 유한소수로 나타낼 수 있는 분수

● 더 다양한 문제는 RPM 2-1 14쪽

다음 분수 중 유한소수로 나타낼 수 있는 것을 모두 고르면? (정답 2개)

① $\frac{7}{30}$ ② $\frac{3}{56}$ ③ $\frac{81}{150}$ ④ $\frac{10}{3\times5^2}$ ⑤ $\frac{36}{2\times5^2\times9}$

풀이 ① $\frac{7}{30}=\frac{7}{2\times3\times5}$ ➡ 분모의 소인수 중에 3이 있으므로 유한소수로 나타낼 수 없다.

② $\frac{3}{56}=\frac{3}{2^3\times7}$ ➡ 분모의 소인수 중에 7이 있으므로 유한소수로 나타낼 수 없다.

③ $\frac{81}{150}=\frac{27}{50}=\frac{27}{2\times5^2}$ ➡ 분모의 소인수가 2와 5뿐이므로 유한소수로 나타낼 수 있다.

④ $\frac{10}{3\times5^2}=\frac{2}{3\times5}$ ➡ 분모의 소인수 중에 3이 있으므로 유한소수로 나타낼 수 없다.

⑤ $\frac{36}{2\times5^2\times9}=\frac{2}{5^2}$ ➡ 분모의 소인수가 5뿐이므로 유한소수로 나타낼 수 있다.

따라서 유한소수로 나타낼 수 있는 것은 ③, ⑤이다.

답 ③, ⑤

KEY POINT

주어진 분수를 기약분수로 나타낸 후 분모를 소인수분해 했을 때

① 분모의 소인수가 2 또는 5뿐이면 ➡ 유한소수

② 분모에 2와 5 이외의 소인수가 있으면 ➡ 순환소수

확인 2 다음 분수 중 순환소수로 나타낼 수 있는 것은?

① $\frac{5}{16}$ ② $\frac{11}{20}$ ③ $\frac{9}{30}$ ④ $\frac{30}{72}$ ⑤ $\frac{21}{175}$

03 $\dfrac{B}{A}\times x$가 유한소수가 되도록 하는 x의 값 구하기

● 더 다양한 문제는 RPM 2-1 15쪽

분수 $\dfrac{3}{220}\times x$를 소수로 나타내면 유한소수가 될 때, x의 값이 될 수 있는 가장 작은 자연수를 구하시오.

풀이 $\dfrac{3}{220}\times x$가 유한소수가 되려면 기약분수로 나타내었을 때, 분모의 소인수가 2 또는 5뿐이어야 한다.

이때 $\dfrac{3}{220}=\dfrac{3}{2^2\times5\times11}$이므로 x는 11의 배수이어야 한다.

따라서 x의 값이 될 수 있는 가장 작은 자연수는 11이다.

답 11

확인 3 분수 $\dfrac{a}{112}$를 소수로 나타내면 유한소수가 될 때, a의 값이 될 수 있는 가장 작은 두 자리 자연수를 구하시오.

KEY POINT

$\dfrac{B}{A}\times x$가 유한소수가 되도록 하는 x의 값은 다음과 같은 순서로 구한다.

❶ $\dfrac{B}{A}$를 기약분수로 나타낸다.

❷ ❶의 분모를 소인수분해 한다.

➡ x는 ❷의 분모의 소인수 중 2와 5를 제외한 소인수들의 곱의 배수이다.

04 $\dfrac{B}{A\times x}$가 유한소수가 되도록 하는 x의 값 구하기

● 더 다양한 문제는 RPM 2-1 16쪽

분수 $\dfrac{14}{2^3\times x}$를 소수로 나타내면 유한소수가 될 때, 다음 중 x의 값이 될 수 없는 것은?

① 5 ② 7 ③ 12 ④ 14 ⑤ 25

풀이 $\dfrac{14}{2^3\times x}=\dfrac{7}{2^2\times x}$

① $x=5$일 때, $\dfrac{7}{2^2\times5}$이므로 유한소수이다.

② $x=7$일 때, $\dfrac{7}{2^2\times7}=\dfrac{1}{2^2}$이므로 유한소수이다.

③ $x=12$일 때, $\dfrac{7}{2^2\times12}=\dfrac{7}{2^2\times2^2\times3}=\dfrac{7}{2^4\times3}$이므로 유한소수가 아니다.

④ $x=14$일 때, $\dfrac{7}{2^2\times14}=\dfrac{1}{2^3}$이므로 유한소수이다.

⑤ $x=25$일 때, $\dfrac{7}{2^2\times25}=\dfrac{7}{2^2\times5^2}$이므로 유한소수이다.

따라서 x의 값이 될 수 없는 것은 ③이다.

답 ③

확인 4 분수 $\dfrac{15}{40\times x}$를 소수로 나타내면 유한소수가 될 때, 한 자리 자연수 x의 개수를 구하시오.

KEY POINT

$\dfrac{B}{A\times x}$가 유한소수가 되도록 하는 x의 값은 다음과 같은 순서로 구한다.

❶ $\dfrac{B}{A}$를 기약분수로 나타낸다.

❷ ❶의 분모를 소인수분해 한다.

➡ x는 소인수가 2 또는 5로만 이루어진 수 또는 분자의 약수 또는 이들의 곱으로 이루어진 수이다.

정답 및 풀이 4쪽

05 유한소수가 되도록 하는 미지수의 값과 기약분수

● 더 다양한 문제는 RPM 2-1 16쪽

분수 $\frac{x}{90}$를 소수로 나타내면 유한소수가 되고, 기약분수로 나타내면 $\frac{7}{y}$이 된다. x가 $60<x<70$인 자연수일 때, $x-y$의 값을 구하시오.

KEY POINT

$\frac{x}{90}$가 유한소수가 되도록 하는 x의 값을 먼저 구한 후 이를 주어진 분수에 대입하여 y의 값을 구한다.

풀이 $\frac{x}{90}=\frac{x}{2\times3^2\times5}$가 유한소수가 되려면 x는 $3^2=9$의 배수이어야 한다.

이때 $60<x<70$이므로 $x=63$

따라서 $\frac{63}{90}=\frac{7}{10}$이므로 $y=10$

$\therefore x-y=63-10=53$

답 53

확인 5 분수 $\frac{x}{210}$를 소수로 나타내면 유한소수가 되고, 기약분수로 나타내면 $\frac{1}{y}$이 된다. x가 $40<x<50$인 자연수일 때, $x+y$의 값을 구하시오.

06 순환소수가 되도록 하는 미지수의 값 구하기

● 더 다양한 문제는 RPM 2-1 17쪽

분수 $\frac{x}{88}$를 소수로 나타내면 순환소수가 될 때, 다음 중 x의 값이 될 수 있는 것을 모두 고르면? (정답 2개)

① 8 ② 11 ③ 22 ④ 27 ⑤ 33

KEY POINT

분수를 기약분수로 나타내었을 때, 분모에 2와 5 이외의 소인수가 있다.
➡ 분수는 순환소수로 나타낼 수 있다.

풀이 $\frac{x}{88}$가 순환소수가 되려면 기약분수로 나타내었을 때, 분모에 2와 5 이외의 소인수가 있어야 한다.

① $x=8$일 때, $\frac{8}{88}=\frac{1}{11}$이므로 순환소수이다.

② $x=11$일 때, $\frac{11}{88}=\frac{1}{8}=\frac{1}{2^3}$이므로 유한소수이다.

③ $x=22$일 때, $\frac{22}{88}=\frac{1}{4}=\frac{1}{2^2}$이므로 유한소수이다.

④ $x=27$일 때, $\frac{27}{88}=\frac{27}{2^3\times11}$이므로 순환소수이다.

⑤ $x=33$일 때, $\frac{33}{88}=\frac{3}{8}=\frac{3}{2^3}$이므로 유한소수이다.

따라서 x의 값이 될 수 있는 것은 ①, ④이다.

답 ①, ④

확인 6 분수 $\frac{7}{2^2\times5\times x}$을 소수로 나타내면 순환소수가 된다. x가 한 자리 자연수일 때, 모든 x의 값의 합을 구하시오.

> 정답 및 풀이 5쪽

01 다음은 분수 $\frac{17}{20}$을 유한소수로 나타내는 과정이다. 이때 $bc-a$의 값을 구하시오.

$$\frac{17}{20}=\frac{17}{2^2\times5}=\frac{17\times a}{2^2\times5\times a}=\frac{85}{b}=c$$

분모가 10의 거듭제곱이 되도록 분모, 분자에 2 또는 5의 거듭제곱을 곱한다.

02 다음 분수 중 유한소수로 나타낼 수 있는 것은?

① $\frac{5}{44}$ ② $\frac{12}{90}$ ③ $\frac{4}{2\times5\times7}$

④ $\frac{9}{2^2\times3^3\times5}$ ⑤ $\frac{42}{2^3\times3\times7}$

03 분수 $\frac{11}{72}\times x$를 소수로 나타내면 유한소수가 될 때, x의 값이 될 수 있는 가장 큰 두 자리 자연수를 구하시오.

04 두 분수 $\frac{13}{78}$, $\frac{14}{130}$에 각각 어떤 자연수 N을 곱하여 소수로 나타내었더니 모두 유한소수가 되었다. 이때 가장 작은 자연수 N의 값을 구하시오.

먼저 두 분수를 각각 기약분수로 나타낸 후 분모를 소인수분해 한다.

05 분수 $\frac{a}{350}$를 소수로 나타내면 유한소수가 되고, 기약분수로 나타내면 $\frac{2}{b}$가 된다. a가 $20<a<30$인 자연수일 때, $a+b$의 값을 구하시오.

06 분수 $\frac{1}{2\times5^2\times x}$을 소수로 나타내면 순환소수가 될 때, 한 자리 자연수 x의 개수를 구하시오.

기약분수가 순환소수가 되려면 분모에 2와 5 이외의 소인수가 있어야 한다.

03 순환소수를 분수로 나타내기

개념원리 **이해**

1 순환소수를 분수로 어떻게 나타내는가?

◎ 핵심문제 01~06

방법 1 10의 거듭제곱 이용

❶ 순환소수를 x로 놓는다.

❷ 양변에 10의 거듭제곱을 곱하여 소수점 아래의 부분이 같은 두 식을 만든다.

❸ ❷의 두 식을 변끼리 빼서 x의 값을 구한다.

예 순환소수 $0.3\dot{1}\dot{2}$를 분수로 나타내어 보자.

❶ $0.3\dot{1}\dot{2}$를 x라 하면 $x=0.31212\cdots$ …… ㉠

❷ ㉠의 양변에 1000을 곱하면 $1000x=312.1212\cdots$ …… ㉡

㉠의 양변에 10을 곱하면 $10x=3.1212\cdots$ …… ㉢

❸ ㉡－㉢을 하면 $990x=309$ $\therefore x=\frac{309}{990}=\frac{103}{330}$

방법 2 공식 이용

(1) **소수점 아래 바로 순환마디가 오는 경우**

① 분모: 순환마디를 이루는 숫자의 개수만큼 9를 쓴다.

② 분자: (전체의 수)－(순환하지 않는 부분의 수)

예 $3.\dot{1}\dot{5}=\frac{315-3}{99}=\frac{312}{99}=\frac{104}{33}$

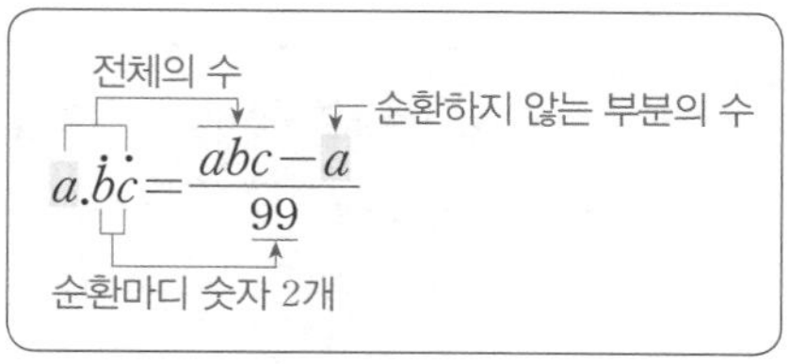

(2) **소수점 아래 바로 순환마디가 오지 않는 경우**

① 분모: 순환마디를 이루는 숫자의 개수만큼 9를 쓰고, 그 뒤에 소수점 아래 순환마디에 포함되지 않는 숫자의 개수만큼 0을 쓴다.

② 분자: (전체의 수)－(순환하지 않는 부분의 수)

예 $1.4\dot{5}\dot{2}=\frac{1452-14}{990}=\frac{1438}{990}=\frac{719}{495}$

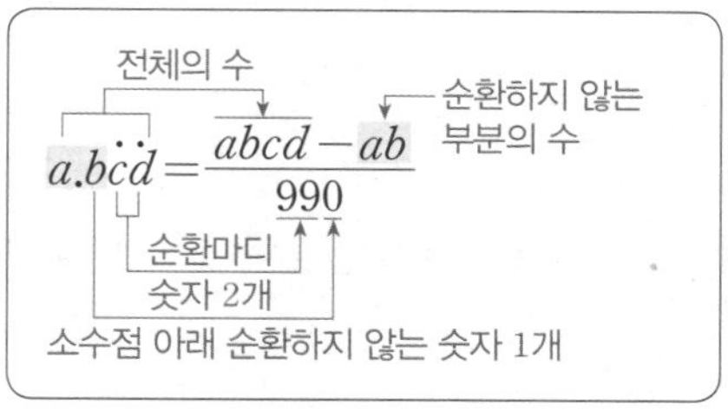

2 유리수와 소수의 관계

◎ 핵심문제 07

(1) 정수가 아닌 유리수는 유한소수 또는 순환소수로 나타낼 수 있다.

(2) 유한소수와 순환소수는 모두 유리수이다.

소수
- 유한소수: 0.17, 0.348 ─ 유리수
- 무한소수
  - 순환소수: $0.333\cdots$, $0.123123\cdots$ ─ 유리수
  - 순환소수가 아닌 무한소수: π, $0.040040004\cdots$ ─ 유리수가 아니다.

> 정답 및 풀이 5쪽

01 다음은 순환소수를 분수로 나타내는 과정이다. □ 안에 알맞은 수를 써넣으시오.

(1) $0.\dot{6}$

$0.\dot{6}$을 x라 하면	$x=0.666\cdots$	⋯⋯ ㉠
㉠의 양변에 □을 곱하면	□$x=6.666\cdots$	⋯⋯ ㉡
㉡−㉠을 하면	□$x=6$	$\therefore x=$□

(2) $1.4\dot{2}$

$1.4\dot{2}$를 x라 하면	$x=1.4222\cdots$	⋯⋯ ㉠
㉠의 양변에 □을 곱하면	□$x=142.222\cdots$	⋯⋯ ㉡
㉠의 양변에 □을 곱하면	□$x=14.222\cdots$	⋯⋯ ㉢
㉡−㉢을 하면	□$x=128$	$\therefore x=$□

(3) $0.2\dot{3}\dot{6}$

$0.2\dot{3}\dot{6}$을 x라 하면	$x=0.23636\cdots$	⋯⋯ ㉠
㉠의 양변에 □을 곱하면	□$x=236.3636\cdots$	⋯⋯ ㉡
㉠의 양변에 □을 곱하면	□$x=2.3636\cdots$	⋯⋯ ㉢
㉡−㉢을 하면	□$x=234$	$\therefore x=$□

> **10의 거듭제곱을 이용하여 순환소수를 분수로 나타내기**
> ❶ 순환소수를 x로 놓는다.
> ❷ 양변에 □의 거듭제곱을 곱하여 소수점 아래의 부분이 같은 두 식을 만든다.
> ❸ ❷의 두 식을 변끼리 빼서 x의 값을 구한다.

02 다음 순환소수를 분수로 나타내시오.

(1) $3.\dot{7}$　　(2) $0.\dot{1}\dot{5}$

(3) $0.\dot{5}1\dot{3}$　　(4) $0.8\dot{3}$

(5) $0.1\dot{7}\dot{4}$　　(6) $1.06\dot{8}$

> **공식을 이용하여 순환소수를 분수로 나타내기**
> ① 분모: 순환마디를 이루는 숫자의 개수만큼 □를 쓰고, 그 뒤에 소수점 아래 순환마디에 포함되지 않는 숫자의 개수만큼 □을 쓴다.
> ② 분자: 전체의 수에서 순환하지 않는 부분의 수를 뺀다.

03 다음 중 유리수인 것은 ○, 유리수가 아닌 것은 ×를 (　) 안에 써넣으시오.

(1) -4.1515 (　　)　　(2) $0.123456\cdots$ (　　)

(3) $\dfrac{25}{123}$ (　　)　　(4) $1.05\dot{3}$ (　　)

(5) π (　　)　　(6) $5.272727\cdots$ (　　)

01 순환소수를 분수로 나타내기; 10의 거듭제곱 이용

● 더 다양한 문제는 RPM 2-1 17쪽

다음 순환소수를 분수로 나타내시오.

(1) $1.\dot{3}\dot{5}$ (2) $0.54\dot{2}$

KEY POINT

소수점 아래의 부분이 같은 두 식이 만들어지도록 10의 거듭제곱을 곱한다.

풀이 (1) $1.\dot{3}\dot{5}$를 x라 하면

$x=1.3535\cdots$ ······ ㉠

㉠의 양변에 100을 곱하면

$100x=135.3535\cdots$ ······ ㉡

㉡－㉠을 하면

$99x=134$ $\therefore x=\frac{134}{99}$

$$\begin{array}{rl} & 100x=135.3535\cdots \\ -) & x=1.3535\cdots \\ \hline & 99x=134 \end{array}$$

(2) $0.54\dot{2}$를 x라 하면

$x=0.54222\cdots$ ······ ㉠

㉠의 양변에 1000을 곱하면

$1000x=542.222\cdots$ ······ ㉡

㉠의 양변에 100을 곱하면

$100x=54.222\cdots$ ······ ㉢

㉡－㉢을 하면

$900x=488$ $\therefore x=\frac{488}{900}=\frac{122}{225}$

$$\begin{array}{rl} & 1000x=542.222\cdots \\ -) & 100x=54.222\cdots \\ \hline & 900x=488 \end{array}$$

답 (1) $\frac{134}{99}$ (2) $\frac{122}{225}$

확인 1 다음 순환소수를 분수로 나타내시오.

(1) $2.\dot{6}\dot{1}$ (2) $0.\dot{2}1\dot{3}$

(3) $3.0\dot{4}$ (4) $0.4\dot{3}\dot{1}$

확인 2 다음 순환소수를 분수로 나타낼 때, 가장 편리한 식을 **보기**에서 고르시오.

보기	
ㄱ. $10x-x$	ㄴ. $100x-10x$
ㄷ. $1000x-x$	ㄹ. $1000x-100x$

(1) $x=0.\dot{5}$ (2) $x=2.\dot{0}9\dot{4}$

(3) $x=4.3\dot{8}$ (4) $x=0.31\dot{6}$

02 순환소수를 분수로 나타내기; 공식 이용

● 더 다양한 문제는 RPM 2-1 18쪽

다음 중 순환소수를 분수로 나타낸 것으로 옳은 것을 모두 고르면? (정답 2개)

① $0.\dot{8}\dot{5}=\dfrac{17}{18}$　② $0.\dot{0}5\dot{1}=\dfrac{17}{333}$　③ $2.\dot{1}\dot{3}=\dfrac{71}{33}$

④ $0.0\dot{5}=\dfrac{5}{9}$　⑤ $0.3\dot{1}\dot{7}=\dfrac{157}{495}$

KEY POINT

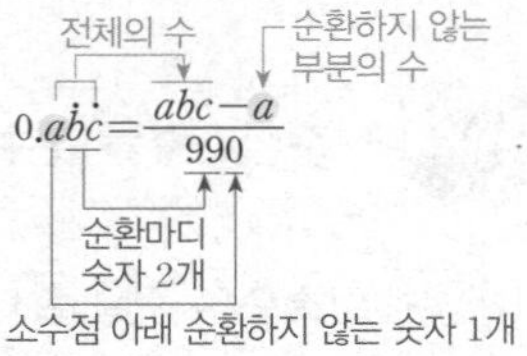

풀이

① $0.\dot{8}\dot{5}=\dfrac{85}{99}$

② $0.\dot{0}5\dot{1}=\dfrac{51}{999}=\dfrac{17}{333}$

③ $2.\dot{1}\dot{3}=\dfrac{213-2}{99}=\dfrac{211}{99}$

④ $0.0\dot{5}=\dfrac{5}{90}=\dfrac{1}{18}$

⑤ $0.3\dot{1}\dot{7}=\dfrac{317-3}{990}=\dfrac{314}{990}=\dfrac{157}{495}$

따라서 옳은 것은 ②, ⑤이다.

답 ②, ⑤

확인 3　다음 중 순환소수를 분수로 나타내는 과정으로 옳지 않은 것은?

① $2.\dot{8}=\dfrac{28-2}{9}$　② $1.\dot{3}\dot{5}=\dfrac{135-1}{99}$　③ $0.7\dot{4}=\dfrac{74-7}{90}$

④ $0.06\dot{3}=\dfrac{63-6}{990}$　⑤ $1.0\dot{2}\dot{6}=\dfrac{1026-10}{990}$

03 순환소수에 적당한 수를 곱하여 유한소수 만들기

● 더 다양한 문제는 RPM 2-1 18쪽

순환소수 $0.3\dot{4}$에 어떤 자연수 x를 곱하면 유한소수가 된다. 이때 x의 값이 될 수 있는 가장 작은 수를 구하시오.

KEY POINT

순환소수를 기약분수로 나타낸 후 분모를 소인수분해 한다.

풀이

$0.3\dot{4}=\dfrac{34-3}{90}=\dfrac{31}{90}=\dfrac{31}{2\times3^2\times5}$

이때 $0.3\dot{4}\times x$가 유한소수가 되려면 x는 $3^2=9$의 배수이어야 한다.

따라서 x의 값이 될 수 있는 가장 작은 수는 9이다.

답 9

확인 4　순환소수 $1.6\dot{3}$에 어떤 자연수 x를 곱하면 유한소수가 된다. 다음 중 x의 값이 될 수 없는 것은?

① 3　② 6　③ 10

④ 12　⑤ 15

04 기약분수의 분모, 분자를 잘못 보고 소수로 나타낸 경우

● 더 다양한 문제는 RPM 2-1 19쪽

어떤 기약분수를 순환소수로 나타내는데 지성이는 분모를 잘못 보아서 $0.\dot{4}\dot{3}$으로 나타내었고, 지우는 분자를 잘못 보아서 $1.5\dot{8}$로 나타내었다. 다음 물음에 답하시오.

(1) 처음 기약분수의 분자를 구하시오.

(2) 처음 기약분수의 분모를 구하시오.

(3) 처음 기약분수를 순환소수로 나타내시오.

KEY POINT

① 분모를 잘못 보았다.
➡ 분자는 제대로 보았다.
② 분자를 잘못 보았다.
➡ 분모는 제대로 보았다.

풀이 (1) 지성이는 분자를 제대로 보았으므로 $0.\dot{4}\dot{3}=\frac{43}{99}$에서 처음 기약분수의 분자는 43이다.

(2) 지우는 분모를 제대로 보았으므로 $1.5\dot{8}=\frac{158-15}{90}=\frac{143}{90}$에서 처음 기약분수의 분모는 90이다.

(3) 처음 기약분수는 $\frac{43}{90}$이므로 이를 순환소수로 나타내면 $\frac{43}{90}=0.4\dot{7}$

답 (1) 43 (2) 90 (3) $0.4\dot{7}$

확인 5 어떤 기약분수 $\frac{a}{b}$를 순환소수로 나타내는데 형우는 분모를 잘못 보아서 $0.1\dot{4}$로 나타내었고, 이서는 분자를 잘못 보아서 $0.\dot{3}\dot{1}$로 나타내었다. 이때 $\frac{a}{b}$를 순환소수로 나타내시오.

05 순환소수가 포함된 식의 계산

● 더 다양한 문제는 RPM 2-1 19쪽

다음 물음에 답하시오.

(1) $0.\dot{3}\dot{6}+0.\dot{6}\dot{4}$를 계산하여 순환소수로 나타내시오.

(2) $0.\dot{7}\times a=3.\dot{8}$일 때, a의 값을 구하시오.

KEY POINT

순환소수를 분수로 나타내어 계산한다.

풀이 (1) $0.\dot{3}\dot{6}+0.\dot{6}\dot{4}=\frac{36}{99}+\frac{64}{99}=\frac{100}{99}=1.\dot{0}\dot{1}$

(2) $0.\dot{7}\times a=3.\dot{8}$에서 $\frac{7}{9}\times a=\frac{38-3}{9}$, $\frac{7}{9}\times a=\frac{35}{9}$ $\therefore a=5$

답 (1) $1.\dot{0}\dot{1}$ (2) 5

확인 6 다음 물음에 답하시오.

(1) $\frac{7}{15}-0.0\dot{1}$을 계산하여 순환소수로 나타내시오.

(2) $0.\dot{8}3\dot{7}=A\times 837$일 때, A의 값을 순환소수로 나타내시오.

> 정답 및 풀이 7쪽

06 순환소수의 대소 관계

● 더 다양한 문제는 RPM 2-1 20쪽

다음 중 두 수의 대소 관계가 옳지 않은 것은?

① $\frac{2}{5}<0.\dot{4}$　② $1.\dot{2}<\frac{113}{90}$　③ $3.\dot{1}>3.\dot{1}\dot{0}$

④ $0.1\dot{5}>\frac{8}{45}$　⑤ $5.\dot{0}7\dot{1}<5.07\dot{1}$

풀이

① $\frac{2}{5}=\frac{4}{10}$, $0.\dot{4}=\frac{4}{9}$이므로　$\frac{2}{5}<0.\dot{4}$

② $1.\dot{2}=\frac{12-1}{9}=\frac{11}{9}=\frac{110}{90}$이므로　$1.\dot{2}<\frac{113}{90}$

③ $3.\dot{1}=3.111\cdots$, $3.\dot{1}\dot{0}=3.1010\cdots$이므로　$3.\dot{1}>3.\dot{1}\dot{0}$

④ $0.1\dot{5}=\frac{15-1}{90}=\frac{14}{90}=\frac{7}{45}$이므로　$0.1\dot{5}<\frac{8}{45}$

⑤ $5.\dot{0}7\dot{1}=5.071071\cdots$, $5.07\dot{1}=5.07111\cdots$이므로　$5.\dot{0}7\dot{1}<5.07\dot{1}$

따라서 옳지 않은 것은 ④이다.

답 ④

확인 7 다음 중 두 수의 대소 관계가 옳은 것을 모두 고르면? (정답 2개)

① $0.\dot{3}<\frac{3}{10}$　② $0.\dot{5}<0.\dot{5}\dot{0}$　③ $0.1\dot{2}\dot{3}>0.\dot{1}2\dot{3}$

④ $\frac{11}{15}>0.7\dot{4}$　⑤ $0.58\dot{2}<0.\dot{5}8\dot{2}$

KEY POINT

순환소수의 대소는 다음과 같은 두 가지 방법으로 비교할 수 있다.

방법 1 순환소수를 분수로 나타내어 대소를 비교한다.

방법 2 순환소수를 풀어 쓰고 각 자리의 숫자를 비교한다.

07 유리수와 소수의 관계

● 더 다양한 문제는 RPM 2-1 20쪽

다음 중 옳은 것을 모두 고르면? (정답 2개)

① 정수가 아닌 유리수를 소수로 나타내면 모두 유한소수가 된다.

② 모든 무한소수는 순환소수이다.

③ 모든 순환소수는 유리수이다.

④ 정수가 아닌 유리수는 순환소수로만 나타낼 수 있다.

⑤ 무한소수 중에는 유리수가 아닌 것도 있다.

풀이

①, ④ 정수가 아닌 유리수를 소수로 나타내면 유한소수 또는 순환소수가 된다.

② $\pi=3.141592\cdots$와 같이 순환소수가 아닌 무한소수도 있으므로 모든 무한소수가 순환소수인 것은 아니다.

따라서 옳은 것은 ③, ⑤이다.

답 ③, ⑤

확인 8 다음 중 분수 $\frac{a}{b}$ (a, b는 정수, $b\neq0$)의 꼴로 나타낼 수 없는 것은?

① 자연수　② 정수　③ 유한소수

④ 순환소수　⑤ 순환소수가 아닌 무한소수

KEY POINT

유리수

소수 { 유한소수 / 무한소수 { 순환소수 / 순환소수가 아닌 무한소수

01 다음 중 순환소수 $x=1.34\dot{5}$를 분수로 나타낼 때, 가장 편리한 식은?

① $100x-x$ ② $100x-10x$ ③ $1000x-x$
④ $1000x-10x$ ⑤ $1000x-100x$

소수점 아래의 부분이 같은 간단한 두 식을 만든다.

02 다음 중 순환소수를 분수로 나타낸 것으로 옳은 것은?

① $2.\dot{1}=\frac{7}{3}$ ② $0.\dot{7}\dot{8}=\frac{25}{33}$ ③ $4.\dot{2}\dot{1}=\frac{421}{99}$
④ $1.4\dot{3}=\frac{43}{30}$ ⑤ $0.24\dot{5}=\frac{221}{990}$

03 순환소수 $0.6\dot{1}\dot{8}$에 어떤 자연수 x를 곱하면 유한소수가 된다. x의 값이 될 수 있는 가장 작은 자연수를 a, 가장 큰 두 자리 자연수를 b라 할 때, $b-a$의 값을 구하시오.

$0.6\dot{1}\dot{8}$을 기약분수로 나타낸 후 분모를 소인수분해 한다.

04 $\frac{17}{30}=x+0.0\dot{1}$일 때, x의 값을 순환소수로 나타내면?

① $0.\dot{0}\dot{5}$ ② $0.0\dot{5}$ ③ $0.\dot{5}$
④ $0.\dot{5}\dot{0}$ ⑤ $0.\dot{5}\dot{1}$

05 $\frac{1}{3}<0.\dot{x}<\frac{4}{5}$를 만족시키는 한 자리 자연수 x의 개수를 구하시오.

$0.\dot{x}$를 분수로 나타낸 후 분모를 통분한다.

06 다음 중 옳지 않은 것은?

① 모든 순환소수는 무한소수이다.
② 유한소수는 모두 유리수이다.
③ 소수 중에는 유리수가 아닌 것도 있다.
④ 기약분수의 분모의 소인수가 2 또는 5뿐이면 유한소수로 나타낼 수 없다.
⑤ 순환소수가 아닌 무한소수는 분수로 나타낼 수 없다.

유리수와 소수의 관계를 생각해 본다.

중단원 마무리하기

STEP 1 기본 문제

꼭나와

01 다음 중 순환소수의 표현이 옳지 <u>않은</u> 것은?

① $0.272727\cdots=0.\dot{2}\dot{7}$
② $0.5666\cdots=0.5\dot{6}$
③ $0.8151515\cdots=0.8\dot{1}\dot{5}$
④ $2.312312312\cdots=\dot{2}.3\dot{1}$
⑤ $6.3214214214\cdots=6.3\dot{2}1\dot{4}$

02 다음 중 분수를 소수로 나타낼 때, 순환마디가 나머지 넷과 <u>다른</u> 하나는?

① $\frac{1}{3}$　② $\frac{5}{6}$　③ $\frac{7}{12}$
④ $\frac{2}{15}$　⑤ $\frac{13}{18}$

03 분수 $\frac{6}{80}$을 $\frac{a}{10^n}$의 꼴로 고쳐서 유한소수로 나타낼 때, 자연수 a, n에 대하여 $a+n$의 값 중 가장 작은 것은?

① 75　② 78　③ 80
④ 83　⑤ 85

04 다음 **보기** 중 유한소수로 나타낼 수 있는 것을 모두 고른 것은?

보기

ㄱ. $\frac{5}{25}$　ㄴ. $\frac{49}{198}$
ㄷ. $\frac{65}{2^3\times13}$　ㄹ. $\frac{9}{2^3\times3\times5^2}$
ㅁ. $\frac{6}{2^3\times3^2\times5}$

① ㄱ, ㄷ　② ㄴ, ㄹ　③ ㄱ, ㄷ, ㄹ
④ ㄱ, ㄹ, ㅁ　⑤ ㄴ, ㄷ, ㅁ

꼭나와

05 분수 $\frac{14a}{2^3\times3\times5^2\times7}$를 소수로 나타내면 유한소수가 될 때, a의 값이 될 수 있는 가장 작은 자연수를 구하시오.

06 분수 $\frac{x}{56}$를 소수로 나타내면 순환소수가 될 때, 다음 중 x의 값이 될 수 <u>없는</u> 것은?

① 6　② 8　③ 9
④ 14　⑤ 15

07 다음은 순환소수 $0.3\dot{2}$를 분수로 나타내는 과정이다. (가), (나), (다)에 알맞은 수를 구하시오.

> $x=0.3\dot{2}=0.3222\cdots$라 하면
>
> $\boxed{(가)}\,x=32.222\cdots$ ······ ㉠
>
> $\boxed{(나)}\,x=3.222\cdots$ ······ ㉡
>
> ㉠−㉡을 하면 $\boxed{(다)}\,x=29$
>
> $\therefore x=\dfrac{29}{\boxed{(다)}}$

꼭나와

08 다음 중 순환소수 $x=0.4414141\cdots$에 대한 설명으로 옳지 <u>않은</u> 것은?

① 순환마디는 41이다.
② $0.4\dot{4}\dot{1}$로 나타낼 수 있다.
③ $x=\dfrac{441-4}{990}$
④ $1000x-x=437$
⑤ x는 정수가 아닌 유리수이다.

09 다음 중 순환소수를 분수로 나타낸 것으로 옳은 것을 모두 고르면? (정답 2개)

① $1.\dot{7}=\dfrac{17}{9}$ ② $2.\dot{1}\dot{9}=\dfrac{217}{990}$
③ $3.2\dot{1}=\dfrac{289}{90}$ ④ $0.0\dot{3}\dot{7}=\dfrac{37}{99}$
⑤ $1.02\dot{8}=\dfrac{463}{450}$

10 다음을 만족시키는 자연수 a, b에 대하여 $b-a$의 값은?

> $0.\dot{5}=a\times0.\dot{1},\quad 0.\dot{1}\dot{5}=b\times0.\dot{0}\dot{1}$

① 0 ② 5 ③ 10
④ 15 ⑤ 20

11 다음 중 가장 큰 수는?

① 0.278 ② $0.27\dot{8}$ ③ $0.2\dot{7}\dot{8}$
④ $0.\dot{2}7\dot{8}$ ⑤ $0.278\dot{7}$

꼭나와

12 다음 중 옳지 <u>않은</u> 것은?

① 유리수는 $\dfrac{a}{b}$ (a, b는 정수, $b\neq0$)의 꼴로 나타낼 수 있다.
② 분모의 소인수에 3이 있는 기약분수는 유한소수로 나타낼 수 없다.
③ 순환소수가 아닌 무한소수는 유리수가 아니다.
④ 정수가 아닌 유리수는 유한소수 또는 순환소수로 나타낼 수 있다.
⑤ 모든 무한소수는 분수로 나타낼 수 있다.

STEP 2 발전 문제

꼭나와

13 분수 $\frac{22}{37}$를 소수로 나타낼 때 소수점 아래 20번째 자리의 숫자를 a, $0.1\dot{7}\dot{4}$의 소수점 아래 35번째 자리의 숫자를 b라 하자. 이때 $a+b$의 값은?

① 8　② 9　③ 12　④ 13　⑤ 16

14 두 분수 $\frac{2}{5}$와 $\frac{7}{12}$ 사이에 있는 분모가 60인 분수 중에서 유한소수로 나타낼 수 있는 분수의 개수를 구하시오. (단, 분자는 자연수이다.)

15 두 분수 $\frac{45}{252}$, $\frac{6}{85}$에 각각 어떤 자연수 A를 곱하여 소수로 나타내었더니 모두 유한소수가 되었다. 이때 가장 작은 자연수 A의 값을 구하시오.

꼭나와

16 분수 $\frac{a}{180}$를 소수로 나타내면 유한소수가 되고, 기약분수로 나타내면 $\frac{11}{b}$이 된다. a가 두 자리 자연수일 때, $a-b$의 값은?

① 79　② 82　③ 85　④ 88　⑤ 91

17 기약분수 $\frac{x}{15}$를 소수로 나타내면 $0.5333\cdots$이고 기약분수 $\frac{y}{33}$를 소수로 나타내면 $2.030303\cdots$일 때, 자연수 x, y에 대하여 $x+y$의 값은?

① 67　② 71　③ 75　④ 79　⑤ 83

18 순환소수 $4.\dot{0}\dot{9}$에 자연수 x를 곱하여 어떤 자연수의 제곱이 되게 하려고 한다. 이때 x의 값이 될 수 있는 가장 작은 자연수를 구하시오.

> 정답 및 풀이 9쪽

꼭나와

19 지애는 기약분수를 소수로 나타내는 문제를 푸는데 처음에는 분자를 잘못 보아서 $0.0\dot{5}\dot{4}$로 나타내었고, 다음에는 분모를 잘못 보아서 $0.11\dot{6}$으로 나타내었다. 처음 기약분수를 순환소수로 나타내면?

① $0.1\dot{2}$　② $0.1\dot{7}$　③ $0.12\dot{7}$
④ $0.1\dot{2}\dot{7}$　⑤ $0.\dot{1}2\dot{7}$

20 다음 식의 값을 순환소수로 나타내시오.

$$\frac{3}{4}\times\left(\frac{2}{10}+\frac{2}{1000}+\frac{2}{100000}+\frac{2}{10000000}+\cdots\right)$$

21 어떤 자연수에 $4.\dot{2}$를 곱해야 할 것을 잘못하여 4.2를 곱하였더니 정답과 오답의 차가 0.6이 되었다. 이때 어떤 자연수는?

① 19　② 27　③ 30
④ 35　⑤ 41

STEP 3 실력 UP

22 분수 $\frac{2}{7}$를 소수로 나타낼 때, 소수점 아래 n번째 자리의 숫자를 a_n이라 하자. 이때

$$a_1+a_2+a_3+a_4+\cdots+a_{49}+a_{50}$$

의 값을 구하시오.

해설 강의

23 다음 조건을 만족시키는 x의 개수를 구하시오.

해설 강의

(가) x는 80 이하의 자연수이다.
(나) $\frac{63}{360\times x}$을 소수로 나타내면 유한소수가 된다.

24 한 자리 자연수 a, b에 대하여 $a>b$이고 $0.\dot{a}\dot{b}+0.\dot{b}\dot{a}=0.\dot{3}$일 때, $a-b$의 값을 구하시오.

해설 강의

서술형 대비 문제

예제 1

해설 강의

분수 $\frac{5}{13}$를 소수로 나타낼 때, 순환마디를 이루는 숫자의 개수를 a, 소수점 아래 65번째 자리의 숫자를 b라 하자. 이때 $a-b$의 값을 구하시오. [7점]

풀이 과정

1단계 $\frac{5}{13}$를 순환소수로 나타내기 • 2점

$\frac{5}{13}=0.\dot{3}8461\dot{5}$

2단계 a, b의 값 구하기 • 4점

순환마디를 이루는 숫자는 3, 8, 4, 6, 1, 5의 6개이므로

$a=6$

$65=6\times10+5$이므로 소수점 아래 65번째 자리의 숫자는 순환마디의 5번째 숫자인 1이다. $\therefore b=1$

3단계 $a-b$의 값 구하기 • 1점

$a-b=6-1=5$

답 5

유제 1

분수 $\frac{47}{111}$을 소수로 나타낼 때, 순환마디를 이루는 숫자의 개수를 a, 소수점 아래 100번째 자리의 숫자를 b라 하자. 이때 ab의 값을 구하시오. [7점]

풀이 과정

1단계 $\frac{47}{111}$을 순환소수로 나타내기 • 2점

2단계 a, b의 값 구하기 • 4점

3단계 ab의 값 구하기 • 1점

답

예제 2

해설 강의

분수 $\frac{x}{130}$를 소수로 나타내면 유한소수가 되고, 기약분수로 나타내면 $\frac{3}{y}$이 될 때, $x+y$의 값을 구하시오.

(단, x는 $30<x<70$인 자연수이다.) [7점]

풀이 과정

1단계 x의 값 구하기 • 4점

$\frac{x}{130}=\frac{x}{2\times5\times13}$가 유한소수가 되려면 x는 13의 배수이어야 한다. 또 기약분수로 나타내면 $\frac{3}{y}$이므로 x는 3의 배수이어야 한다.

따라서 x는 13과 3의 공배수, 즉 39의 배수이면서 $30<x<70$인 자연수이므로 $x=39$

2단계 y의 값 구하기 • 2점

$\frac{39}{130}=\frac{3}{10}$이므로 $y=10$

3단계 $x+y$의 값 구하기 • 1점

$x+y=39+10=49$

답 49

유제 2

분수 $\frac{x}{420}$를 소수로 나타내면 유한소수가 되고, 기약분수로 나타내면 $\frac{1}{y}$이 될 때, $x-y$의 값을 구하시오. (단, y는 $10<y<25$인 자연수이다.) [7점]

풀이 과정

1단계 x의 조건 구하기 • 2점

2단계 x, y의 값 구하기 • 4점

3단계 $x-y$의 값 구하기 • 1점

답

> 정답 및 풀이 10쪽

스스로 서술하기

유제 3 두 분수 $\frac{1}{60}$, $\frac{1}{110}$에 각각 어떤 자연수 a를 곱하여 소수로 나타내었더니 모두 유한소수가 되었다. 이때 a의 값이 될 수 있는 두 자리 자연수 중 가장 작은 수와 가장 큰 수를 차례대로 구하시오. [6점]

풀이 과정

답

유제 5 서로소인 두 자연수 m, n에 대하여 $1.9\dot{5} \times \frac{n}{m} = 0.0\dot{6}$일 때, $m-n$의 값을 구하시오. [6점]

풀이 과정

답

유제 4 어떤 기약분수를 순환소수로 나타내는데 태우는 분모를 잘못 보아서 $0.5\dot{8}$로 나타내었고, 슬기는 분자를 잘못 보아서 $0.\dot{7}\dot{1}$로 나타내었다. 이때 처음 기약분수를 순환소수로 나타내시오. [7점]

풀이 과정

답

유제 6 다음 수를 크기가 큰 것부터 차례대로 나열하였을 때, 두 번째에 오는 수의 소수점 아래 40번째 자리의 숫자를 구하시오. [8점]

$1.36\dot{5}$, $1.\dot{3}6\dot{5}$, $1.3\dot{6}$, $1.3\dot{6}\dot{5}$

풀이 과정

답

II

식의 계산

이 단원에서는 지수법칙을 이해하고, 이를 이용하여 식을 간단히 해 보자.
또 단항식과 다항식의 곱셈과 나눗셈의 원리를 이해하고, 그 계산을 해 보자.

이전에 배운 내용	이 단원의 내용	이후에 배울 내용
중1 문자의 사용과 식의 계산	**1. 단항식의 계산** 01 지수법칙 02 단항식의 곱셈과 나눗셈 **2. 다항식의 계산** 01 다항식의 덧셈과 뺄셈 02 단항식과 다항식의 곱셈과 나눗셈	**중3** 다항식의 곱셈과 인수분해 **고1** 나머지정리 인수분해

Ⅱ-1

단항식의 계산

Ⅱ-2 | 다항식의 계산

이 단원의 학습 계획을 세우고 하나하나 실천하는 습관을 기르자!! 나는 할 수 있어!

		공부한 날	학습 완료도
01 지수법칙	개념원리 이해 & 개념원리 확인하기	월 일	□□□
	핵심문제 익히기	월 일	○○○
	계산력 강화하기	월 일	○○○
	이런 문제가 시험에 나온다	월 일	○○○
02 단항식의 곱셈과 나눗셈	개념원리 이해 & 개념원리 확인하기	월 일	□□□
	핵심문제 익히기	월 일	○○○
	계산력 강화하기	월 일	○○○
	이런 문제가 시험에 나온다	월 일	○○○
중단원 마무리하기		월 일	○○○
서술형 대비 문제		월 일	○○○

개념 학습 guide

- 개념을 이해했으면 ■□□, 개념을 문제에 적용할 수 있으면 ■■□, 개념을 친구에게 설명할 수 있으면 ■■■로 색칠한다.
- 부족한 부분의 개념을 반복 학습하여 ■■■ 3칸 모두 색칠하면 학습을 마친다.

문제 학습 guide

- 맞힌 문제가 전체의 50% 미만이면 ●○○, 맞힌 문제가 50% 이상 90% 미만이면 ●●○, 맞힌 문제가 90% 이상이면 ●●●로 색칠한다. 문제를 찍지 말자!
- 틀린 문제는 왜 틀렸는지 그 이유를 파악한 후 다시 풀어 본다. 며칠 후 틀린 문제를 다시 풀어 보고, 풀이 과정과 답이 맞으면 학습을 마친다.

01 지수법칙

개념원리 **이해**

1 거듭제곱

(1) **거듭제곱**: 같은 수나 문자를 여러 번 곱한 것을 간단히 나타낸 것

(2) **밑**: 거듭제곱에서 곱한 수나 문자

(3) **지수**: 거듭제곱에서 곱한 수나 문자의 개수

$\underbrace{a\times a\times a\times\cdots\times a}_{n\text{개}}=a^n$ ← 지수 (밑: a)

2 $a^m\times a^n$은 어떻게 간단히 하는가?

핵심문제 01, 05~08

지수법칙 (1)

m, n이 자연수일 때

$a^m\times a^n=a^{m+n}$ ← 지수끼리 더한다.

설명 $a^3\times a^5=(\underbrace{a\times a\times a}_{3\text{개}})\times(\underbrace{a\times a\times a\times a\times a}_{5\text{개}})=a^8$

이때 a^8의 지수 8은 $a^3\times a^5$의 두 지수 3과 5의 합과 같다.

즉 $a^3\times a^5=a^{3+5}=a^8$이다.

지수의 합: $a^3\times a^5=a^{3+5}$

주의 $a^m\times a^n=a^{m\times n}$과 같이 계산하지 않는다.

참고 위의 지수법칙은 셋 이상의 거듭제곱에 대해서도 성립한다. 즉 l, m, n이 자연수일 때

$a^l\times a^m\times a^n=a^{l+m+n}$

보충 학습 같은 수의 덧셈

같은 수의 덧셈은 다음과 같이 지수법칙 (1)을 이용하여 간단히 할 수 있다.

$\underbrace{a^m+a^m+a^m+\cdots+a^m}_{a\text{개}}=a\times a^m=a^{1+m}$

예 ① $6+6+6+6+6+6=6\times6=6^{1+1}=6^2$

② $3^4+3^4+3^4=3\times3^4=3^{1+4}=3^5$

3 $(a^m)^n$은 어떻게 간단히 하는가?

핵심문제 02, 06, 07

지수법칙 (2)

m, n이 자연수일 때

$(a^m)^n=a^{mn}$ ← 지수끼리 곱한다.

설명 $(a^2)^4=a^2\times a^2\times a^2\times a^2=a^{2+2+2+2}=a^8$

이때 a^8의 지수 8은 $(a^2)^4$의 두 지수 2와 4의 곱과 같다.

즉 $(a^2)^4=a^{2\times4}=a^8$이다.

지수의 곱: $(a^2)^4=a^{2\times4}$

주의 $(a^m)^n=a^{m+n}$과 같이 계산하지 않는다.

참고 위의 지수법칙은 셋 이상의 거듭제곱에 대해서도 성립한다. 즉 l, m, n이 자연수일 때

$\{(a^l)^m\}^n=a^{lmn}$

4 $a^m \div a^n$은 어떻게 간단히 하는가?

핵심문제 03, 06, 08

지수법칙 (3)

$a \neq 0$이고 m, n이 자연수일 때

① $m > n$이면 $a^m \div a^n = a^{m-n}$ ← 지수끼리 뺀다.

② $m = n$이면 $a^m \div a^n = 1$

③ $m < n$이면 $a^m \div a^n = \dfrac{1}{a^{n-m}}$

▶ $a^m \div a^n$을 계산할 때에는 먼저 m, n의 대소를 비교한다.

설명 ① $a^5 \div a^2 = \dfrac{a^5}{a^2} = \dfrac{\cancel{a} \times \cancel{a} \times a \times a \times a}{\cancel{a} \times \cancel{a}} = a \times a \times a = a^3$

② $a^3 \div a^3 = \dfrac{a^3}{a^3} = \dfrac{\cancel{a} \times \cancel{a} \times \cancel{a}}{\cancel{a} \times \cancel{a} \times \cancel{a}} = 1$

③ $a^2 \div a^5 = \dfrac{a^2}{a^5} = \dfrac{\cancel{a} \times \cancel{a}}{\cancel{a} \times \cancel{a} \times a \times a \times a} = \dfrac{1}{a \times a \times a} = \dfrac{1}{a^3}$

즉 $a^5 \div a^2 = a^{5-2} = a^3$, $a^3 \div a^3 = 1$, $a^2 \div a^5 = \dfrac{1}{a^{5-2}} = \dfrac{1}{a^3}$이다.

지수의 차

$a^5 \div a^2 = a^{5-2}$

지수의 차

$a^2 \div a^5 = \dfrac{1}{a^{5-2}}$

주의 $a^m \div a^n = a^{m \div n}$, $a^m \div a^m = 0$과 같이 계산하지 않는다.

5 $(ab)^m$과 $\left(\dfrac{a}{b}\right)^m$은 어떻게 간단히 하는가?

핵심문제 04, 06, 07

지수법칙 (4)

m이 자연수일 때

① $(ab)^m = a^m b^m$

② $\left(\dfrac{a}{b}\right)^m = \dfrac{a^m}{b^m}$ (단, $b \neq 0$)

설명 ① $(ab)^4 = ab \times ab \times ab \times ab$

$= (a \times a \times a \times a) \times (b \times b \times b \times b) = a^4 b^4$

② $\left(\dfrac{a}{b}\right)^3 = \dfrac{a}{b} \times \dfrac{a}{b} \times \dfrac{a}{b} = \dfrac{a \times a \times a}{b \times b \times b} = \dfrac{a^3}{b^3}$

지수의 분배

$(ab)^4 = a^4 b^4$

지수의 분배

$\left(\dfrac{a}{b}\right)^3 = \dfrac{a^3}{b^3}$

참고 **음수의 거듭제곱**

$a > 0$일 때, $(-a)^{\text{짝수}} = a^{\text{짝수}}$, $(-a)^{\text{홀수}} = -a^{\text{홀수}}$

예 $(-3)^2 = 3^2$, $(-3)^3 = -3^3$

보충 학습 **자릿수 구하기**

자연수 m, n에 대하여 $2^m \times 5^n$의 자릿수는 다음과 같은 방법으로 구한다.

① $2^m \times 5^n$을 $a \times 10^k$ (a, k는 자연수)의 꼴로 나타낸다.

② $a \times 10^k$의 자릿수는 (a의 자릿수)$+k$임을 이용한다.

예 $2^9 \times 5^7$은 몇 자리 자연수인지 구해 보자.

➡ $2^9 \times 5^7 = 2^2 \times (2^7 \times 5^7) = 2^2 \times (2 \times 5)^7$

$= 4 \times 10^7 = \underset{1\text{자리}}{4}\underbrace{000\cdots0}_{7\text{개}}$

따라서 $2^9 \times 5^7$은 8자리 자연수이다.

↳ $1+7$

> 정답 및 풀이 12쪽

01 다음 식을 간단히 하시오.

(1) $x^4 \times x^5$ (2) $3^2 \times 3^6$

(3) $y \times y^3 \times y^6$ (4) $z^2 \times z^4 \times z^5$

○ 자연수 m, n에 대하여
$a^m \times a^n = \square$

02 다음 식을 간단히 하시오.

(1) $(x^3)^6$ (2) $(y^4)^3$

(3) $(a^7)^2$ (4) $(2^6)^5$

○ 자연수 m, n에 대하여
$(a^m)^n = \square$

03 다음 식을 간단히 하시오.

(1) $x^{10} \div x^6$ (2) $a^5 \div a^5$

(3) $b^4 \div b^{12}$ (4) $7^{12} \div 7^5 \div 7^2$

○ 자연수 m, n에 대하여
$$a^m \div a^n = \begin{cases} a^{m-n} & (m>n) \\ \square & (m=n) \\ \dfrac{1}{a^{n-m}} & (m<n) \end{cases}$$

04 다음 식을 간단히 하시오.

(1) $(x^2y^3)^4$ (2) $(a^3b^2)^5$

(3) $(3x^2)^4$ (4) $(-ab^3)^3$

○ 자연수 m에 대하여
$(ab)^m = \square$

05 다음 식을 간단히 하시오.

(1) $\left(\dfrac{y^2}{x^3}\right)^2$ (2) $\left(\dfrac{ab}{2}\right)^3$

(3) $\left(\dfrac{y^3}{3x}\right)^3$ (4) $\left(-\dfrac{b^5}{a^2}\right)^4$

○ 자연수 m에 대하여
$\left(\dfrac{a}{b}\right)^m = \square$ (단, $b \neq 0$)

01 지수법칙 (1)

● 더 다양한 문제는 RPM 2-1 32쪽

다음 식을 간단히 하시오.

(1) $a^3 \times a \times a^4$ (2) $7^2 \times 7^5 \times 7^8$

(3) $x^2 \times y \times x \times y^4$ (4) $a^3 \times b^2 \times a^7 \times b^5$

KEY POINT

자연수 m, n에 대하여
$a^m \times a^n = a^{m+n}$

풀이 (1) $a^3 \times a \times a^4 = a^{3+1+4} = a^8$
(2) $7^2 \times 7^5 \times 7^8 = 7^{2+5+8} = 7^{15}$
(3) $x^2 \times y \times x \times y^4 = (x^2 \times x) \times (y \times y^4) = x^{2+1} \times y^{1+4} = x^3y^5$
(4) $a^3 \times b^2 \times a^7 \times b^5 = (a^3 \times a^7) \times (b^2 \times b^5) = a^{3+7} \times b^{2+5} = a^{10}b^7$

답 (1) a^8 (2) 7^{15} (3) x^3y^5 (4) $a^{10}b^7$

확인 1 다음 □ 안에 알맞은 수를 구하시오.

(1) $x^2 \times x^{\square} \times x^4 = x^{12}$ (2) $3^{\square} \times 81 = 3^7$

02 지수법칙 (2)

● 더 다양한 문제는 RPM 2-1 32쪽

다음 식을 간단히 하시오.

(1) $x \times (x^2)^3$ (2) $(5^3)^2 \times (5^2)^5$

(3) $a^5 \times (a^2)^4 \times (a^5)^2$ (4) $x^7 \times (y^3)^3 \times (x^2)^6 \times y$

KEY POINT

자연수 m, n에 대하여
$(a^m)^n = a^{mn}$

풀이 (1) $x \times (x^2)^3 = x \times x^6 = x^{1+6} = x^7$
(2) $(5^3)^2 \times (5^2)^5 = 5^6 \times 5^{10} = 5^{6+10} = 5^{16}$
(3) $a^5 \times (a^2)^4 \times (a^5)^2 = a^5 \times a^8 \times a^{10} = a^{5+8+10} = a^{23}$
(4) $x^7 \times (y^3)^3 \times (x^2)^6 \times y = x^7 \times y^9 \times x^{12} \times y = x^{7+12} \times y^{9+1} = x^{19}y^{10}$

답 (1) x^7 (2) 5^{16} (3) a^{23} (4) $x^{19}y^{10}$

확인 2 다음 □ 안에 알맞은 수를 구하시오.

(1) $(x^{\square})^5 = x^{20}$ (2) $(x^5)^3 \times (x^3)^{\square} = x^{33}$

03 지수법칙 (3)

● 더 다양한 문제는 RPM 2-1 33쪽

다음 식을 간단히 하시오.

(1) $(x^3)^4 \div x^6$ (2) $3^9 \div (3^2)^5$

(3) $(a^2)^4 \div (a^3)^2 \div a^2$ (4) $(a^3)^6 \div (a^4)^3 \div (a^2)^4$

KEY POINT

자연수 m, n에 대하여

$$a^m \div a^n = \begin{cases} a^{m-n} & (m>n) \\ 1 & (m=n) \\ \dfrac{1}{a^{n-m}} & (m<n) \end{cases}$$

풀이 (1) $(x^3)^4 \div x^6 = x^{12} \div x^6 = x^{12-6} = x^6$

(2) $3^9 \div (3^2)^5 = 3^9 \div 3^{10} = \dfrac{1}{3^{10-9}} = \dfrac{1}{3}$

(3) $(a^2)^4 \div (a^3)^2 \div a^2 = a^8 \div a^6 \div a^2 = a^{8-6} \div a^2 = a^2 \div a^2 = 1$

(4) $(a^3)^6 \div (a^4)^3 \div (a^2)^4 = a^{18} \div a^{12} \div a^8 = a^{18-12} \div a^8 = a^6 \div a^8 = \dfrac{1}{a^{8-6}} = \dfrac{1}{a^2}$

답 (1) x^6 (2) $\dfrac{1}{3}$ (3) 1 (4) $\dfrac{1}{a^2}$

확인 3 다음 □ 안에 알맞은 수를 구하시오.

(1) $x^{\square} \div x^5 \div x^3 = x^2$ (2) $(x^3)^3 \div x^{\square} = \dfrac{1}{x^4}$

04 지수법칙 (4)

● 더 다양한 문제는 RPM 2-1 33, 34쪽

다음 식을 간단히 하시오.

(1) $(a^2b^3)^6$ (2) $(-2x^3y^4)^3$

(3) $\left(\dfrac{3x^2}{y}\right)^3$ (4) $\left(-\dfrac{ab^4}{3}\right)^4$

KEY POINT

- 자연수 m에 대하여
  ① $(ab)^m = a^m b^m$
  ② $\left(\dfrac{a}{b}\right)^m = \dfrac{a^m}{b^m}$ (단, $b \neq 0$)
- $a>0$일 때
  ① $(-a)^{\text{짝수}} = a^{\text{짝수}}$
  ② $(-a)^{\text{홀수}} = -a^{\text{홀수}}$

풀이 (1) $(a^2b^3)^6 = (a^2)^6 \times (b^3)^6 = a^{12}b^{18}$

(2) $(-2x^3y^4)^3 = -2^3 \times (x^3)^3 \times (y^4)^3 = -8x^9y^{12}$

(3) $\left(\dfrac{3x^2}{y}\right)^3 = \dfrac{3^3 \times (x^2)^3}{y^3} = \dfrac{27x^6}{y^3}$

(4) $\left(-\dfrac{ab^4}{3}\right)^4 = \dfrac{a^4 \times (b^4)^4}{3^4} = \dfrac{a^4b^{16}}{81}$

답 (1) $a^{12}b^{18}$ (2) $-8x^9y^{12}$ (3) $\dfrac{27x^6}{y^3}$ (4) $\dfrac{a^4b^{16}}{81}$

확인 4 다음 식을 만족시키는 자연수 a, b의 값을 구하시오.

(1) $(-5x^a y^5)^2 = bx^6y^{10}$ (2) $\left(\dfrac{4y^a}{x^3}\right)^3 = \dfrac{64y^{21}}{x^b}$

정답 및 풀이 12쪽

05 지수법칙의 응용 (1)

● 더 다양한 문제는 RPM 2-1 34쪽

$5^3+5^3+5^3+5^3+5^3$을 간단히 하면?

① 3^{15} ② 5^4 ③ 5^5
④ 5^{15} ⑤ 15^3

KEY POINT

$\underbrace{a^m+a^m+\cdots+a^m}_{a\text{개}}$
$=a\times a^m$
$=a^{1+m}$

풀이 $5^3+5^3+5^3+5^3+5^3$은 5^3을 5번 더한 것이므로
$5^3+5^3+5^3+5^3+5^3=5\times5^3=5^{1+3}=5^4$

답 ②

확인 5 $2^5\times2^5\times2^5\times2^5=2^a$, $2^5+2^5+2^5+2^5=2^b$일 때, 자연수 a, b에 대하여 $a+b$의 값을 구하시오.

06 지수법칙의 응용 (2)

● 더 다양한 문제는 RPM 2-1 35쪽

다음 물음에 답하시오.

(1) $2^4=A$라 할 때, 8^4을 A를 사용하여 나타내시오.

(2) $A=3^{x+2}$일 때, 9^x을 A를 사용하여 나타내시오.

KEY POINT

주어진 조건과 밑이 같아지도록 변형한다.

풀이 (1) $8^4=(2^3)^4=2^{12}=(2^4)^3=A^3$

(2) $A=3^{x+2}=3^x\times3^2$에서 $3^x=\dfrac{A}{9}$

$\therefore 9^x=(3^2)^x=3^{2x}=(3^x)^2=\left(\dfrac{A}{9}\right)^2=\dfrac{A^2}{81}$

답 (1) A^3 (2) $\dfrac{A^2}{81}$

확인 6 다음 물음에 답하시오.

(1) $3^5=A$라 할 때, $\left(\dfrac{1}{9}\right)^5$을 A를 사용하여 나타내시오.

(2) $A=2^{x-1}$일 때, 16^x을 A를 사용하여 나타내시오.

> 정답 및 풀이 13쪽

07 자릿수 구하기

● 더 다양한 문제는 RPM 2-1 35쪽

$2^8\times5^{10}\times3$이 n자리 자연수일 때, n의 값을 구하시오.

KEY POINT

- 자연수 m, n에 대하여 $2^m\times5^n$의 자릿수 구하기
  ➡ 2와 5를 묶어 $a\times10^k$ (a, k는 자연수)의 꼴로 나타낸다.
- $a\times10^k$의 자릿수
  ➡ (a의 자릿수)$+k$

풀이

$$2^8\times5^{10}\times3=3\times5^2\times(2^8\times5^8)$$
$$=3\times5^2\times(2\times5)^8$$
$$=75\times10^8$$
$$=75\underbrace{000\cdots0}_{8개}$$

따라서 $2^8\times5^{10}\times3$은 10자리 자연수이므로

$n=10$

답 10

확인 7 다음 수는 몇 자리 자연수인지 구하시오.

(1) $2^5\times5^8$

(2) $2^{11}\times5^{10}\times7^2$

UP

08 지수법칙의 활용

● 더 다양한 문제는 RPM 2-1 36쪽

종이 한 장을 반으로 접으면 그 두께는 처음의 2배가 된다. 종이 한 장을 계속해서 반으로 접을 때, 7번 접은 종이 한 장의 두께는 4번 접은 종이 한 장의 두께의 몇 배인지 구하시오.

KEY POINT

- 거듭제곱으로 나타낼 수 있는 수의 계산은 지수법칙을 이용하면 편리하다.
- 두께가 A인 종이 한 장을 반으로
  1번 접었을 때 두께
  ➡ $2A$
  2번 접었을 때 두께
  ➡ $2\times2A=2^2A$
  3번 접었을 때 두께
  ➡ $2\times2^2A=2^3A$
  ⋮

풀이

7번 접은 종이 한 장의 두께는 처음 두께의

$2\times2\times2\times2\times2\times2\times2=2^7$ (배)

4번 접은 종이 한 장의 두께는 처음 두께의

$2\times2\times2\times2=2^4$ (배)

따라서 7번 접은 종이 한 장의 두께는 4번 접은 종이 한 장의 두께의

$2^7\div2^4=2^3=8$ (배)

답 8배

확인 8 어떤 박테리아는 1시간마다 그 수가 2배씩 증가한다. 이 박테리아 4마리가 9시간 후에 2^a마리가 된다고 할 때, 자연수 a의 값을 구하시오.

정답 및 풀이 13쪽

01 다음 식을 간단히 하시오.

(1) $x^7 \times x$

(2) $y^2 \times y^5 \times y^3$

(3) $5^3 \times 5^6 \times 5^8$

(4) $a^2 \times b^5 \times b^4 \times a^3 \times b$

02 다음 식을 간단히 하시오.

(1) $(a^3)^6 \times (a^6)^2$

(2) $x^5 \times (x^2)^3 \times (x^5)^2$

(3) $(a^3)^3 \times b^4 \times a^7 \times (b^2)^5$

(4) $(x^4)^2 \times (y^5)^2 \times (x^7)^3 \times y^3$

03 다음 식을 간단히 하시오.

(1) $3^{10} \div 3^2$

(2) $x^9 \div x^3 \div x^4$

(3) $a^{11} \div a^8 \div a^3$

(4) $x^6 \div x^5 \div x^7$

04 다음 식을 간단히 하시오.

(1) $x^{18} \div (x^3)^6$

(2) $(y^5)^4 \div (y^2)^7$

(3) $(a^4)^2 \div (a^3)^2 \div (a^5)^3$

(4) $(2^2)^3 \div 2 \div (2^3)^3$

05 다음 식을 간단히 하시오.

(1) $(x^3y^2)^4$

(2) $(-4x^2)^2$

(3) $(a^2bc^3)^5$

(4) $(-5a^3b)^3$

06 다음 식을 간단히 하시오.

(1) $\left(\dfrac{b}{a^2}\right)^5$

(2) $\left(\dfrac{y^3}{x^7}\right)^2$

(3) $\left(-\dfrac{x^2}{3}\right)^3$

(4) $\left(-\dfrac{2b^2}{a^3}\right)^4$

이런 문제가 시험에 나온다

01 다음 중 옳지 않은 것은?

① $a^2\times a^4=a^6$ ② $a\times a^2\times a^5=a^8$ ③ $(a^3)^4=a^{12}$
④ $(a^2)^3\times a^9=a^{15}$ ⑤ $(a^7)^2\times(a^3)^3=a^{20}$

자연수 m, n에 대하여
① $a^m\times a^n=a^{m+n}$
② $(a^m)^n=a^{mn}$

02 $2^x\times 64=8^x$일 때, 자연수 x의 값을 구하시오.

밑이 같아지도록 주어진 식을 변형한다.

03 다음 중 계산 결과가 나머지 넷과 다른 하나는?

① $x^7\div x^3$ ② $x^{10}\div x^4\div x^2$ ③ $x^9\div(x^6\div x)$
④ $x^6\div(x^2)^5$ ⑤ $(x^8)^2\div(x^4)^3$

자연수 m, n에 대하여

$$a^m\div a^n=\begin{cases} a^{m-n} & (m>n) \\ 1 & (m=n) \\ \dfrac{1}{a^{n-m}} & (m<n) \end{cases}$$

04 $3^a\div 3^5=27$, $7^3\div 7^b=\dfrac{1}{49}$일 때, 자연수 a, b에 대하여 $a+b$의 값을 구하시오.

05 다음 중 옳은 것을 모두 고르면? (정답 2개)

① $(xy^3)^4=xy^{12}$ ② $(-6x^4)^2=12x^8$ ③ $(-x^2y^5)^3=-x^6y^{15}$
④ $\left(\dfrac{y}{2x}\right)^4=\dfrac{y^4}{16x^4}$ ⑤ $\left(-\dfrac{y^2}{x^3}\right)^5=\dfrac{y^{10}}{x^{15}}$

자연수 m에 대하여
① $(ab)^m=a^mb^m$
② $\left(\dfrac{a}{b}\right)^m=\dfrac{a^m}{b^m}$ (단, $b\neq0$)

> 정답 및 풀이 14쪽

06 $\left(\frac{5y^a}{x^3}\right)^b=\frac{125y^6}{x^c}$일 때, 자연수 a, b, c에 대하여 $a-b+c$의 값을 구하시오.

07 다음을 만족시키는 자연수 x, y에 대하여 $x-y$의 값을 구하시오.

$$3^7+3^7+3^7=3^x,\quad 4^5+4^5+4^5+4^5=4^y$$

같은 수의 덧셈을 곱셈으로 바꾸어 나타낸다.

08 $A=3^{x-1}$일 때, 27^x을 A를 사용하여 나타내면?

① $9A^2$　② $27A^3$　③ $81A^4$
④ $\frac{A^3}{27}$　⑤ $\frac{A^4}{81}$

09 $16^4\times5^{13}$이 n자리 자연수일 때, n의 값은?

① 12　② 13　③ 14
④ 15　⑤ 16

$16^4\times5^{13}$을 $a\times10^k$의 꼴로 나타낸다.

UP **10** 데이터 저장 용량을 나타내는 단위로 B(바이트), KB(킬로바이트), MB(메가바이트) 등이 있다. 1 KB$=2^{10}$ B, 1 MB$=2^{10}$ KB일 때, 32 MB는 2^a B이다. 이때 자연수 a의 값을 구하시오.

지수법칙을 이용하여 단위를 변환한다.

02 단항식의 곱셈과 나눗셈

개념원리 **이해**

1 단항식의 곱셈은 어떻게 하는가?

○ 핵심문제 01

단항식의 곱셈은 다음과 같은 방법으로 계산한다.

① 계수는 계수끼리, 문자는 문자끼리 곱한다.

② 같은 문자끼리의 곱셈은 지수법칙을 이용하여 간단히 한다.

예 $4x^2y\times(-5xy)=\{4\times(-5)\}\times(x^2y\times xy)=-20x^3y^2$

참고 단항식의 곱셈에서 부호는 다음과 같이 결정된다.

① 음수가 홀수 개 ➡ $-$ ② 음수가 짝수 개 ➡ $+$

계수의 곱

$7x^2\times3x^3=21x^5$

문자의 곱

2 단항식의 나눗셈은 어떻게 하는가?

○ 핵심문제 02

방법 1 분수의 꼴로 바꾸어 계산한다. ➡ $A\div B=\dfrac{A}{B}$

방법 2 나눗셈을 곱셈으로 바꾸어 계산한다. ➡ $A\div B=A\times\dfrac{1}{B}=\dfrac{A}{B}$

예 방법 1 $8a^2b\div2a=\dfrac{8a^2b}{2a}=4ab$

방법 2 $8a^2b\div2a=8a^2b\times\dfrac{1}{2a}=\left(8\times\dfrac{1}{2}\right)\times\left(a^2b\times\dfrac{1}{a}\right)=4ab$

참고 나누는 식이 분수의 꼴일 때, 방법 2를 이용하는 것이 편리하다.

예 $\dfrac{xy}{3}\div\left(-\dfrac{y}{6}\right)=\dfrac{xy}{3}\times\left(-\dfrac{6}{y}\right)=-2x$

3 단항식의 곱셈과 나눗셈의 혼합 계산은 어떻게 하는가?

○ 핵심문제 03, 04

단항식의 곱셈과 나눗셈의 혼합 계산은 다음과 같은 순서로 계산한다.

❶ 괄호가 있으면 지수법칙을 이용하여 괄호를 푼다.

❷ 나눗셈은 곱셈으로 바꾼다.

❸ 계수는 계수끼리, 문자는 문자끼리 계산한다.

예 $6x^3y^4\div3x^4y^2\times(-2xy)^2$

$=6x^3y^4\div3x^4y^2\times4x^2y^2$ ← 지수법칙을 이용하여 괄호 풀기

$=6x^3y^4\times\dfrac{1}{3x^4y^2}\times4x^2y^2$ ← 나눗셈은 곱셈으로 바꾸기

$=\left(6\times\dfrac{1}{3}\times4\right)\times\left(x^3y^4\times\dfrac{1}{x^4y^2}\times x^2y^2\right)$ ← 계수는 계수끼리, 문자는 문자끼리 계산하기

$=8xy^4$

▶ 곱셈과 나눗셈이 혼합된 식은 앞에서부터 차례대로 계산한다.

➡ $A\div B\times C=A\times\dfrac{1}{B}\times C=\dfrac{AC}{B}$ (○)

$A\div B\times C=A\div(B\times C)=A\div BC=A\times\dfrac{1}{BC}=\dfrac{A}{BC}$ (×)

개념원리 확인하기

> 정답 및 풀이 14쪽

01 다음 식을 계산하시오.

(1) $4a\times7b^2$

(2) $(-5a^2b)\times ab^3$

(3) $6x^2\times\left(-\frac{1}{2}x^3\right)$

(4) $(-12x^3y)\times\left(-\frac{2}{3}xy^4\right)$

○ 단항식의 곱셈
➡ 계수는 ☐끼리, 문자는 ☐끼리 곱한다.

02 다음 식을 계산하시오.

(1) $25x^3\div5x$

(2) $(-14a^7)\div(-7a^3)$

(3) $48x^4y^3\div(-6xy^2)$

(4) $(-81a^6b^8)\div9a^8b^5$

○ 단항식의 나눗셈
➡ ☐의 꼴로 바꾸어 계산하거나 나눗셈을 ☐으로 바꾸어 계산한다.

03 다음 식을 계산하시오.

(1) $10a^4\div\frac{5}{6}a^2$

(2) $(-4x^2)\div\frac{1}{2}x^3$

(3) $16a^3b^2\div\frac{4}{ab}$

(4) $\frac{8}{3}x^7y^4\div\left(-\frac{x^2y^3}{9}\right)$

04 다음 식을 계산하시오.

(1) $3a\times(-2a)\div9a$

(2) $16x^2y\div(-4x)\times(-2y)$

(3) $28a^2b\div(-7ab)\times5ab^2$

(4) $2x^3\times3xy\div\frac{3y}{2x}$

○ 단항식의 곱셈과 나눗셈의 혼합 계산은?

핵심문제 익히기

01 단항식의 곱셈

● 더 다양한 문제는 RPM 2-1 36쪽

다음 식을 계산하시오.

(1) $(3xy^2)^2\times(-2x^3y)^3$　　(2) $\frac{3}{2}a\times(-6a)^2\times\left(-\frac{1}{3}a\right)^3$

풀이 (1) (주어진 식) $=9x^2y^4\times(-8x^9y^3)$

$=\{9\times(-8)\}\times(x^2y^4\times x^9y^3)=-72x^{11}y^7$

(2) (주어진 식) $=\frac{3}{2}a\times36a^2\times\left(-\frac{1}{27}a^3\right)$

$=\left\{\frac{3}{2}\times36\times\left(-\frac{1}{27}\right)\right\}\times(a\times a^2\times a^3)=-2a^6$

답 (1) $-72x^{11}y^7$　(2) $-2a^6$

KEY POINT

계수는 계수끼리, 문자는 문자끼리 곱한다. 이때 같은 문자끼리의 곱셈은 지수법칙을 이용하여 간단히 한다.

확인 1 다음 식을 계산하시오.

(1) $(-5x)\times\left(-\frac{3}{5}y\right)\times2xy$　　(2) $\left(-\frac{5}{6}x^2y\right)\times(-3xy^2)^2\times(-xy)^3$

02 단항식의 나눗셈

● 더 다양한 문제는 RPM 2-1 37쪽

다음 식을 계산하시오.

(1) $(4x^4)^3\div(-2x^3)^2$　　(2) $(-x^5y)^2\div\left(\frac{x^2}{y}\right)^3\div\frac{1}{5}x^2y^7$

풀이 (1) (주어진 식) $=64x^{12}\div4x^6=\frac{64x^{12}}{4x^6}=16x^6$

(2) (주어진 식) $=x^{10}y^2\div\frac{x^6}{y^3}\div\frac{1}{5}x^2y^7$

$=x^{10}y^2\times\frac{y^3}{x^6}\times\frac{5}{x^2y^7}=\frac{5x^2}{y^2}$

답 (1) $16x^6$　(2) $\frac{5x^2}{y^2}$

KEY POINT

방법 1 분수의 꼴로 바꾸어 계산한다.

➡ $A\div B=\frac{A}{B}$

방법 2 나눗셈을 곱셈으로 바꾸어 계산한다.

➡ $A\div B=A\times\frac{1}{B}=\frac{A}{B}$

확인 2 다음 식을 계산하시오.

(1) $4a^4b^5\div(-2ab^2)^3$　　(2) $(x^2y^3)^5\div\left(-\frac{2}{3}x^3y\right)^2\div\frac{3}{4}y^3$

> 정답 및 풀이 15쪽

03 단항식의 곱셈과 나눗셈의 혼합 계산

● 더 다양한 문제는 RPM 2-1 37쪽

다음 식을 계산하시오.

(1) $16a^5x^2\times(-2a^2x)^2\div(-4ax)^3$ (2) $(-3x^2y)^3\div\left(-\frac{3}{4}x^4y^3\right)\times\frac{1}{9}y$

KEY POINT

단항식의 곱셈과 나눗셈의 혼합 계산
❶ 지수법칙을 이용하여 괄호를 푼다.
❷ 나눗셈은 곱셈으로 바꾼다.
❸ 계수는 계수끼리, 문자는 문자끼리 계산한다.

풀이 (1) (주어진 식) $=16a^5x^2\times4a^4x^2\div(-64a^3x^3)$

$=16a^5x^2\times4a^4x^2\times\left(-\frac{1}{64a^3x^3}\right)$

$=\left\{16\times4\times\left(-\frac{1}{64}\right)\right\}\times\left(a^5x^2\times a^4x^2\times\frac{1}{a^3x^3}\right)=-a^6x$

(2) (주어진 식) $=(-27x^6y^3)\times\left(-\frac{4}{3x^4y^3}\right)\times\frac{1}{9}y$

$=\left\{(-27)\times\left(-\frac{4}{3}\right)\times\frac{1}{9}\right\}\times\left(x^6y^3\times\frac{1}{x^4y^3}\times y\right)=4x^2y$

답 (1) $-a^6x$ (2) $4x^2y$

확인 3 다음 식을 계산하시오.

(1) $3x^2y\times(-2xy^2)^2\div\frac{2}{3}x^3y^4$ (2) $(ab^2c)^2\div\left(-\frac{1}{2}abc\right)^3\times(-5ac)$

04 □ 안에 알맞은 식 구하기

● 더 다양한 문제는 RPM 2-1 38쪽

$4x^4y^2\div\square\times(-xy)=-\frac{4}{3}x^2y^2$일 때, □ 안에 알맞은 식을 구하시오.

KEY POINT

$A\div\square\times B=C$
➡ $A\times\frac{1}{\square}\times B=C$
➡ $\square=A\times B\times\frac{1}{C}$

풀이 $4x^4y^2\div\square\times(-xy)=-\frac{4}{3}x^2y^2$에서 $4x^4y^2\times\frac{1}{\square}\times(-xy)=-\frac{4}{3}x^2y^2$

$\therefore \square=4x^4y^2\times(-xy)\times\left(-\frac{3}{4x^2y^2}\right)$

$=\left\{4\times(-1)\times\left(-\frac{3}{4}\right)\right\}\times\left(x^4y^2\times xy\times\frac{1}{x^2y^2}\right)=3x^3y$

답 $3x^3y$

확인 4 다음 □ 안에 알맞은 식을 구하시오.

(1) $(-48xy^2)\div6xy\times\square=24x^4y^4$

(2) $\square\times(-3xy^2)^3\div(-3xy^6)=-9x^4y$

01 다음 식을 계산하시오.

(1) $7a\times 5a^3$

(2) $3a^2x\times(-4ax^3)$

(3) $(-xy^2)\times 9x^2y^4$

(4) $\left(\frac{1}{3}x\right)^3\times(-3x^2)^2$

(5) $a^4\times(-10a^2b)\times\frac{1}{5}ab^2$

(6) $2a\times(-3a^2)\times(-2a)^3$

(7) $(-x^2y)\times 2xy^3\times(-3x^2y)^3$

(8) $(-5x^2y)\times(-6x^3)^2\times\frac{1}{3}y^2$

02 다음 식을 계산하시오.

(1) $49a^5\div 7a^2$

(2) $(-36x^6y^4)\div 9x^2y^3$

(3) $6a^3b\div(-18ab^2)$

(4) $(-8x^4)^2\div(-2x^2)^3$

03 다음 식을 계산하시오.

(1) $5x^3\div\left(-\frac{1}{2}x^4\right)$

(2) $\frac{3}{4}ab^2\div\frac{3}{8}ab$

(3) $(-30a^{10})\div(-6a^5)\div\frac{1}{a}$

(4) $4x^3\div(-2x)^3\div 2x^4$

(5) $(5xy^3)^2\div\frac{1}{4}x\div\left(-\frac{10}{xy}\right)$

(6) $\left(-\frac{2}{3}x^5y^2\right)^2\div\frac{4}{9}x^2y^2\div 3xy$

04 다음 식을 계산하시오.

(1) $6ab^2\times 2a^2b\div 3ab$

(2) $12a^2b\div 3ab^3\times(-4a)$

(3) $(-4x^5y^2)\div\left(-\frac{x^2}{y}\right)\times 5xy^2$

(4) $(-7x^2)^2\times\frac{3}{7}x\div(-3x)$

(5) $32ax^2\times(-a^2x^3)^3\div(-4ax)^2$

(6) $(-2xy)^4\div\frac{x^3y^2}{5}\times\frac{y}{8x}$

> 정답 및 풀이 17쪽

01 다음 중 옳지 <u>않은</u> 것은?

① $2xy\times(-3x^2)=-6x^3y$

② $\frac{2}{3}x^2y\times(-6xy^3)=-4x^3y^4$

③ $(-ab)^3\times(-7a^2b^4)=7a^5b^7$

④ $40a^3b^5\div8a^4b^4=\frac{5b}{a}$

⑤ $(-x^2y^3)^2\div\frac{1}{3}xy=-3x^3y^5$

02 $32x^6y^8\div(-2x^2y)^3\div\left(-\frac{y}{x}\right)^2=ax^by^c$일 때, 상수 a, b, c에 대하여 $a+b+c$의 값을 구하시오.

나눗셈을 곱셈으로 바꾸어 계산한다.

03 다음 **보기** 중 옳은 것을 모두 고른 것은?

보기

ㄱ. $5x^2\times(-4x^5)\div10x^3=-2x^4$

ㄴ. $(-a^3b^4)\div\left(-\frac{2}{ab}\right)\times(-6a)^2=18a^4b^3$

ㄷ. $(-3xy^2)^3\div9x^4y^3\times\frac{x}{y^4}=-\frac{3}{y}$

① ㄱ
② ㄱ, ㄴ
③ ㄱ, ㄷ
④ ㄴ, ㄷ
⑤ ㄱ, ㄴ, ㄷ

04 $(-64x^2y^4)\times\square\div8xy^3=-4x^2y$일 때, $\square$ 안에 알맞은 식을 구하시오.

$A\times\square\div B=C$

➡ $A\times\square\times\frac{1}{B}=C$

➡ $\square=\frac{1}{A}\times B\times C$

05 오른쪽 그림과 같이 밑면의 가로의 길이가 $6a^2$, 세로의 길이가 $5b$인 직육면체의 부피가 $120a^2b^3$일 때, 이 직육면체의 높이를 구하시오.

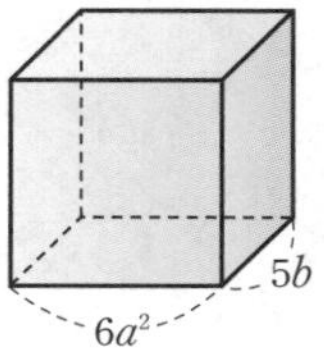

(직육면체의 부피)
=(가로의 길이)
×(세로의 길이)×(높이)

STEP 1 기본 문제

01 다음 중 옳지 않은 것은?

① $2^2\times2^3\times2^5=2^{10}$
② $(3^2)^4=3^8$
③ $5^6\div5^2\div5=5^3$
④ $(2\times5)^4=2^4\times5^4$
⑤ $\left(\dfrac{2}{3^3}\right)^3=\dfrac{2^3}{3^6}$

02 다음 □ 안에 알맞은 수 중 가장 큰 것은?

① $a^{\square}\times a^2=a^7$
② $a^{12}\div a^{\square}=a^5$
③ $a^{\square}\div a^{10}=\dfrac{1}{a^4}$
④ $(2a^3)^3=\square a^9$
⑤ $\left(\dfrac{b^2}{a}\right)^4=\dfrac{b^8}{a^{\square}}$

꼭나와

03 $3^a\times81=(3^5)^2$, $(7^b)^3\div7^9=1$일 때, 자연수 a, b에 대하여 $a-b$의 값을 구하시오.

04 $288^3=2^x\times3^y$일 때, 자연수 x, y에 대하여 $x+y$의 값은?

① 19 ② 20 ③ 21
④ 22 ⑤ 23

꼭나와

05 $\left(\dfrac{2x^az}{y^5}\right)^3=\dfrac{cx^6z^3}{y^b}$일 때, 자연수 a, b, c에 대하여 $a+b+c$의 값을 구하시오.

06 $\dfrac{5^4+5^4+5^4+5^4+5^4}{25}$을 간단히 하면?

① 5^3 ② 3^5 ③ 5^4
④ 5^{13} ⑤ 5^{20}

07 $2^{10}=A$라 할 때, $\frac{1}{8^{10}}$을 A를 사용하여 나타내면?

① $\frac{1}{A}$ ② $\frac{1}{A^2}$ ③ $\frac{1}{A^3}$
④ A^2 ⑤ A^3

꼭나와

08 다음 중 옳지 않은 것은?

① $5xy\times 6y=30xy^2$
② $2x^3\times(-3x^2)=-6x^5$
③ $12x^2y^3\div(-4xy^4)=-\frac{3x}{y}$
④ $4xy\div\frac{1}{2}xy^3=\frac{8}{y^2}$
⑤ $(-6xy)^2\div\left(-\frac{3}{x}\right)=-12xy^2$

09 $(-2x^2y)^3\times\frac{x^2}{y^5}\times\left(-\frac{x}{4}\right)=\frac{ax^b}{y^c}$일 때, 상수 a, b, c에 대하여 abc의 값을 구하시오.

10 $(-a^3b^2)^3\div\left(-\frac{2}{3}ab^2\right)^2\times 8a^4b^3$을 계산하면?

① $-36a^{12}b^7$ ② $-18a^{11}b^5$ ③ $-9a^7b^5$
④ $18a^{11}b^5$ ⑤ $36a^{12}b^7$

꼭나와

11 $6xy^4\times\left(-\frac{2}{y}\right)^2\div\square=\frac{8y}{x}$일 때, □ 안에 알맞은 식은?

① $-4x^2y^2$ ② $-3x^2y$ ③ $3xy$
④ $3x^2y$ ⑤ $4x^2y^2$

12 오른쪽 그림과 같이 밑변의 길이가 $6ab^2$이고 높이가 $3a^2b$인 삼각형의 넓이를 구하시오.

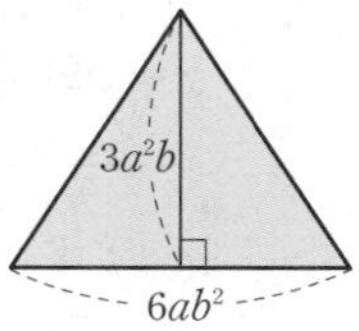

STEP 2 발전 문제

13 $6\times8\times9\times10\times12\times15\times20=2^a\times3^b\times5^c$일 때, 자연수 a, b, c에 대하여 $a-b+c$의 값은?

① 3 ② 4 ③ 5
④ 6 ⑤ 7

14 다음 중 가장 큰 수는?

① 2^{50} ② 3^{30} ③ 5^{20}
④ 9^{15} ⑤ 15^{10}

꼭나와

15 다음 조건을 만족시키는 자연수 x, y에 대하여 $x+y$의 값을 구하시오.

(가) $8^{2x-1}=2^{x+7}$
(나) $16^4\times8^y\div32^3=2^{10}$

16 $3^{x+1}+3^x=108$일 때, 자연수 x의 값을 구하시오.

꼭나와

17 $A=2^{x+1}$, $B=5^{x-2}$일 때, 10^x을 A, B를 사용하여 나타내면?

① $\frac{10B}{A}$ ② $\frac{25B}{2A}$ ③ $5AB$
④ $\frac{25}{2}AB$ ⑤ $50AB$

18 $\frac{2^{15}\times15^{20}}{45^{10}}$은 n자리 자연수일 때, n의 값은?

① 10 ② 11 ③ 12
④ 13 ⑤ 14

꼭나와

19 $(-2x^4y^3)^A \div 8x^By^2 \div x^4y^8 = Cx^4y^2$일 때, 자연수 A, B, C에 대하여 $A+B-C$의 값은?

① 8　② 9　③ 10　④ 11　⑤ 12

20 다음 계산 과정에서 (가)에 $\dfrac{54y^2}{x}$을 넣었을 때, (나)에 알맞은 식을 구하시오.

21 다음 그림과 같이 높이가 $3r$이고 밑면의 반지름의 길이가 r인 원기둥 A의 부피와 밑면의 반지름의 길이가 $2r$인 원기둥 B의 부피가 같을 때, 원기둥 B의 높이를 구하시오.

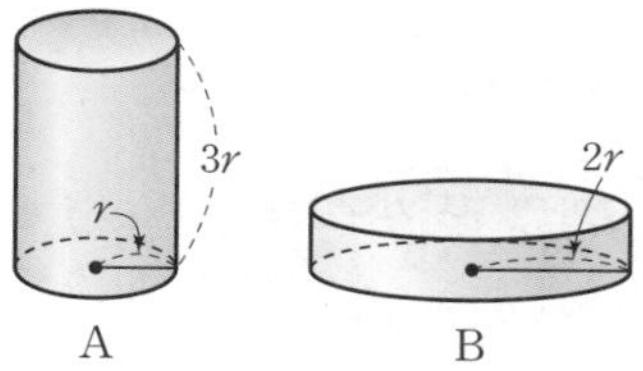

STEP 3 실력 UP

22 $(x^ay^bz^c)^d = x^{24}y^{32}z^{16}$을 만족시키는 가장 큰 자연수 d에 대하여 $a+b+c$의 값을 구하시오.
(단, a, b, c는 자연수이다.)

해설 강의

23 $\dfrac{27^{10}+9^{15}+3^{30}}{27^4+9^6+3^{12}}$을 계산한 값의 일의 자리의 숫자를 구하시오.

해설 강의

24 $a^3b^2=2$일 때,

$A\times(-3a^2b)^2 = -18a^8b^3$,
$5a^4b^3 \div B \times (-2ab^2)^3 = 8a^5b^6$

을 만족시키는 두 식 A, B에 대하여 AB의 값을 구하시오.

해설 강의

서술형 대비 문제

예제 1

해설 강의

$A=2^{x-1}$, $B=3^{x+1}$일 때, 6^x을 A, B를 사용하여 나타내시오. [6점]

풀이 과정

1단계 2^x을 A를 사용하여 나타내기 • 2점

$A=2^{x-1}=2^x\div 2=2^x\times\frac{1}{2}$이므로

$2^x=2A$

2단계 3^x을 B를 사용하여 나타내기 • 2점

$B=3^{x+1}=3^x\times 3$이므로

$3^x=\frac{B}{3}$

3단계 6^x을 A, B를 사용하여 나타내기 • 2점

$6^x=(2\times 3)^x=2^x\times 3^x$

$=2A\times\frac{B}{3}=\frac{2}{3}AB$

답 $\frac{2}{3}AB$

유제 1

$A=2^{x+2}$, $B=5^{x-1}$일 때, 40^x을 A, B를 사용하여 나타내시오. [6점]

풀이 과정

1단계 2^x을 A를 사용하여 나타내기 • 2점

2단계 5^x을 B를 사용하여 나타내기 • 2점

3단계 40^x을 A, B를 사용하여 나타내기 • 2점

답

예제 2

해설 강의

$(-3xy^3)^A\times(-2xy^2)^3\times\left(-\frac{1}{36x^2y^B}\right)=Cx^3y^8$일 때, 자연수 A, B, C에 대하여 $A+B+C$의 값을 구하시오. [7점]

풀이 과정

1단계 좌변을 간단히 하기 • 3점

$(\text{좌변})=(-3)^Ax^Ay^{3A}\times(-8x^3y^6)\times\left(-\frac{1}{36x^2y^B}\right)$

$=(-3)^A\times\frac{2}{9}\times x^{A+1}y^{3A-B+6}$

2단계 A, B, C의 값 구하기 • 3점

$A+1=3$에서 $\quad A=2$

$3A-B+6=8$에서 $\quad 6-B+6=8 \quad \therefore B=4$

$C=(-3)^A\times\frac{2}{9}=(-3)^2\times\frac{2}{9}=2$

3단계 $A+B+C$의 값 구하기 • 1점

$A+B+C=2+4+2=8$

답 8

유제 2

$(-2x^2y)^A\div 6xy^B\times 27x^2y^3=Cx^7y^5$일 때, $A+B-C$의 값을 구하시오.

(단, A, B는 자연수, C는 정수이다.) [7점]

풀이 과정

1단계 좌변을 간단히 하기 • 3점

2단계 A, B, C의 값 구하기 • 3점

3단계 $A+B-C$의 값 구하기 • 1점

답

> 정답 및 풀이 21쪽

스스로 서술하기

유제 3 $2^5\times2^5\times2^5\times2^5\times2^5=2^A$, $4^6+4^6+4^6+4^6=4^B$, $(5^3)^4=5^C$일 때, 자연수 A, B, C에 대하여 $A-B-C$의 값을 구하시오. [6점]

풀이 과정

답

유제 4 $4^{11}\times7\times5^{20}$이 n자리 자연수이고 각 자리의 숫자의 합이 p일 때, $n+p$의 값을 구하시오. [8점]

풀이 과정

답

유제 5 어떤 식에 $-\dfrac{3x}{y^2}$를 곱해야 할 것을 잘못하여 나누었더니 $5x^3y^2$이 되었다. 이때 바르게 계산한 식을 구하시오. [6점]

풀이 과정

답

유제 6 오른쪽 그림과 같이 $\angle C=90°$인 직각삼각형 ABC가 있다. $\overline{AC}$를 회전축으로 하여 1회전 시킬 때 생기는 입체도형의 부피를 V_1, $\overline{BC}$를 회전축으로 하여 1회전 시킬 때 생기는 입체도형의 부피를 V_2라 할 때, $V_1\div V_2$를 구하시오. [8점]

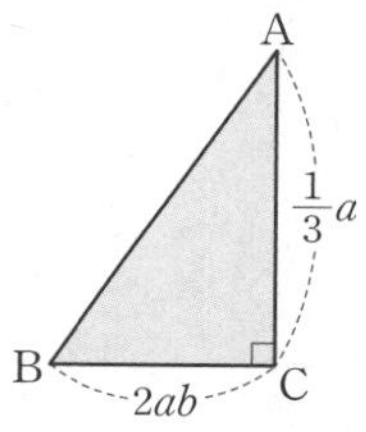

풀이 과정

답

공감 한 스푼

"내 기분은 내가 정해.
오늘 나는 행복으로 할래!"

그림 정인(@jeong_iinn_)

Ⅱ-2

다항식의 계산

이 단원의 학습 계획을 세우고 하나하나 실천하는 습관을 기르자!! 나는 할 수 있어!

		공부한 날	학습 완료도
01 다항식의 덧셈과 뺄셈	개념원리 이해 & 개념원리 확인하기	월 일	□□□
	핵심문제 익히기	월 일	○○○
	계산력 강화하기	월 일	○○○
	이런 문제가 시험에 나온다	월 일	○○○
02 단항식과 다항식의 곱셈과 나눗셈	개념원리 이해 & 개념원리 확인하기	월 일	□□□
	핵심문제 익히기	월 일	○○○
	계산력 강화하기	월 일	○○○
	이런 문제가 시험에 나온다	월 일	○○○
중단원 마무리하기		월 일	○○○
서술형 대비 문제		월 일	○○○

개념 학습 guide

- 개념을 이해했으면 ■■■, 개념을 문제에 적용할 수 있으면 ■■■, 개념을 친구에게 설명할 수 있으면 ■■■로 색칠한다.
- 부족한 부분의 개념을 반복 학습하여 ■■■ 3칸 모두 색칠하면 학습을 마친다.

문제 학습 guide

- 맞힌 문제가 전체의 50% 미만이면 ●●●, 맞힌 문제가 50% 이상 90% 미만이면 ●●●, 맞힌 문제가 90% 이상이면 ●●●로 색칠한다. 문제를 찍지 말자!
- 틀린 문제는 왜 틀렸는지 그 이유를 파악한 후 다시 풀어 본다. 며칠 후 틀린 문제를 다시 풀어 보고, 풀이 과정과 답이 맞으면 학습을 마친다.

01 다항식의 덧셈과 뺄셈

개념원리 **이해**

1 다항식의 덧셈과 뺄셈은 어떻게 하는가?

핵심문제 01, 03, 04

다항식의 덧셈과 뺄셈은 다음과 같은 순서로 한다.

❶ 괄호가 있으면 분배법칙을 이용하여 괄호를 푼다.

❷ 동류항끼리 모아서 계산한다.

▶ 괄호 푸는 방법

괄호 앞에
- $+$가 있으면 ➡ 괄호 안의 각 항의 부호를 그대로
  ➡ $A+(B-C)=A+B-C$
- $-$가 있으면 ➡ 괄호 안의 각 항의 부호를 반대로
  ➡ $A-(B-C)=A-B+C$

예 ① $(5a+b)+(a-4b)$ — 괄호를 푼다.
$=5a+b+a-4b$ — 동류항끼리 모은다.
$=5a+a+b-4b$ — 동류항끼리 계산한다.
$=6a-3b$

② $(4a+3b)-(2a-b)$ — 괄호를 푼다.
$=4a+3b-2a+b$ — 동류항끼리 모은다.
$=4a-2a+3b+b$ — 동류항끼리 계산한다.
$=2a+4b$

참고 여러 가지 괄호가 있는 식은 (소괄호) → { 중괄호 } → [대괄호]의 순서로 괄호를 풀어서 계산한다.

예 $3a-[a+b-\{5a-(2a-3b)\}]$
$=3a-\{a+b-(5a-2a+3b)\}$
$=3a-\{a+b-(3a+3b)\}$
$=3a-(a+b-3a-3b)$
$=3a-(-2a-2b)$
$=3a+2a+2b$
$=5a+2b$

2 이차식의 덧셈과 뺄셈은 어떻게 하는가?

핵심문제 02~04

(1) **이차식** : 다항식의 각 항의 차수 중 가장 큰 차수가 2인 다항식

예 $2x^2-5x+1$, $-x^2+7$ ➡ x에 대한 이차식

(2) **이차식의 덧셈과 뺄셈**

괄호를 풀고 동류항끼리 모아서 계산한다.

예 $(3x^2-2x+1)-(x^2+5x-6)$ — 괄호를 푼다.
$=3x^2-2x+1-x^2-5x+6$ — 동류항끼리 모은다.
$=3x^2-x^2-2x-5x+1+6$ — 동류항끼리 계산한다.
$=2x^2-7x+7$

> 정답 및 풀이 22쪽

01 다음 식을 계산하시오.

(1) $(a+2b)+(4a-b)$

(2) $(-3x+2y)+(x-5y)$

(3) $(2x-y)+(x+2y-5)$

(4) $\left(a+\frac{2}{3}b\right)+\left(\frac{1}{3}a-b\right)$

○ 다항식의 덧셈
➡ 괄호를 풀고 ☐끼리 모아서 계산한다.

02 다음 식을 계산하시오.

(1) $(6x-4y)-(8x-5y)$

(2) $(3x-y)-(-x+2y)$

(3) $(a-3b+2)-(5a-4b+1)$

(4) $\left(-4a+\frac{1}{2}b\right)-\left(-7a+\frac{3}{2}b\right)$

○ 다항식의 뺄셈
➡ 빼는 식의 각 항의 부호를 바꾸어 더한다.

03 다음 **보기** 중 이차식인 것을 모두 고르시오.

보기

ㄱ. $-5x^2+x$	ㄴ. $2x-3y+7$
ㄷ. a^2+4a-1	ㄹ. $\frac{1}{x^2}-8$

○ 이차식
➡ 다항식의 각 항의 차수 중 가장 큰 차수가 ☐인 다항식

04 다음 식을 계산하시오.

(1) $(x^2-3x)+(-5x^2+6)$

(2) $(5a^2+2a-3)+(-4a^2-5a+7)$

(3) $(4x^2-x+1)-(2x^2-5x+3)$

(4) $(8a^2-3a-2)-(-3a^2+4a-2)$

○ 이차식의 덧셈과 뺄셈
➡ 괄호를 풀고 ☐끼리 모아서 계산한다.

05 다음 식을 계산하시오.

(1) $4x+\{x-(2x-y)\}$

(2) $7a-\{5b-(2b-3a)\}$

(3) $y-[x-\{2y-(4x+3y)\}]$

○ 여러 가지 괄호가 있는 식의 계산은?

핵심문제 익히기

01 다항식의 덧셈과 뺄셈

● 더 다양한 문제는 RPM 2-1 46쪽

다음 식을 계산하시오.

(1) $3(2a+b-4)+(3a-2b+10)$

(2) $(-5x+2y+2)-2(-x+6y-7)$

풀이 (1) (주어진 식) $=6a+3b-12+3a-2b+10$
$=9a+b-2$

(2) (주어진 식) $=-5x+2y+2+2x-12y+14$
$=-3x-10y+16$

답 (1) $9a+b-2$ (2) $-3x-10y+16$

KEY POINT

괄호를 풀고 동류항끼리 모아서 계산한다. 이때 뺄셈은 빼는 식의 각 항의 부호를 바꾸어 더한다.

확인 1 다음 식을 계산하시오.

(1) $-5(a+2b-3)+7(2a-b-1)$

(2) $\dfrac{x+3y}{2}-\dfrac{4x-y}{3}$

02 이차식의 덧셈과 뺄셈

● 더 다양한 문제는 RPM 2-1 46쪽

다음 식을 계산하시오.

(1) $(6a^2-11a+10)+5(-a^2+2a-1)$

(2) $(3x^2+4x-1)-2(6x^2-x+7)$

풀이 (1) (주어진 식) $=6a^2-11a+10-5a^2+10a-5$
$=a^2-a+5$

(2) (주어진 식) $=3x^2+4x-1-12x^2+2x-14$
$=-9x^2+6x-15$

답 (1) a^2-a+5 (2) $-9x^2+6x-15$

KEY POINT

괄호를 풀고 동류항끼리 모아서 계산한다. 보통 차수가 높은 항부터 낮은 항의 순서로 정리한다.

확인 2 다음 식을 계산하시오.

(1) $2(x^2+x-5)+3(2x^2-3x+1)$

(2) $\left(-\dfrac{3}{4}y^2-\dfrac{2}{3}y+1\right)-\left(\dfrac{1}{4}y^2-\dfrac{5}{3}y-2\right)$

03 괄호가 여러 개인 다항식의 덧셈과 뺄셈

● 더 다양한 문제는 RPM 2-1 47쪽

다음 식을 계산하시오.

(1) $2a-3b-4\{a-2b+(3a-5b)\}$

(2) $8x^2-[3x-2-\{5-3x-(7x^2-4x-1)\}]$

KEY POINT

(소괄호) → {중괄호} → [대괄호]
의 순서로 괄호를 풀어서 계산한다.

풀이 (1) (주어진 식) $=2a-3b-4(a-2b+3a-5b)$

$=2a-3b-4(4a-7b)$

$=2a-3b-16a+28b$

$=-14a+25b$

(2) (주어진 식) $=8x^2-\{3x-2-(5-3x-7x^2+4x+1)\}$

$=8x^2-\{3x-2-(-7x^2+x+6)\}$

$=8x^2-(3x-2+7x^2-x-6)$

$=8x^2-(7x^2+2x-8)$

$=8x^2-7x^2-2x+8$

$=x^2-2x+8$

답 (1) $-14a+25b$ (2) x^2-2x+8

확인 3 다음 식을 계산하시오.

(1) $4x-\{2x+6y-3(2x-7y)\}$

(2) $5x^2-[4x-\{7x+3-(-5x+8)\}-(6x^2-x)]$

04 어떤 식 구하기

● 더 다양한 문제는 RPM 2-1 47쪽

$\square-(2x^2+3x-2)=-3x^2+4x-2$일 때, $\square$ 안에 알맞은 식을 구하시오.

KEY POINT

① $\square-A=B$

➡ $\square=B+A$

② $\square+A=B$

➡ $\square=B-A$

풀이 $\square-(2x^2+3x-2)=-3x^2+4x-2$에서

$\square=-3x^2+4x-2+(2x^2+3x-2)$

$=-3x^2+4x-2+2x^2+3x-2$

$=-x^2+7x-4$

답 $-x^2+7x-4$

확인 4 어떤 식에 $-x^2-4x+3$을 더했더니 $4x^2+7x-5$가 되었다. 이때 어떤 식을 구하시오.

계산력 강화하기

> 정답 및 풀이 23쪽

01 다음 식을 계산하시오.

(1) $(3x-2y)+(-2x+3y)$

(2) $(-5a+2b)-(3a-b)$

(3) $(x-3y+2)+3(-2x+4y-1)$

(4) $2(4x+5y)-(x-2y+4)$

(5) $5(a+2b-3)+3(2a-5b+7)$

(6) $4(3x-y-2)-2(5x+y-4)$

02 다음 식을 계산하시오.

(1) $\left(\frac{1}{3}a-\frac{1}{2}b\right)+\left(\frac{3}{4}a+\frac{1}{3}b\right)$

(2) $\left(-\frac{3}{2}x+\frac{2}{5}y\right)-\left(\frac{5}{2}x-\frac{3}{5}y\right)$

(3) $\frac{a-b}{3}+\frac{2a-b}{5}$

(4) $\frac{x+3y}{6}-\frac{3x+y}{2}$

03 다음 식을 계산하시오.

(1) $(7x^2-2x+3)+(-2x^2+5x-8)$

(2) $(5x^2-6x-2)-(7x^2-5)$

(3) $3(-a^2+4a+1)+(-4a^2+a-1)$

(4) $(5x^2-7x+2)-2(-6x^2+x-3)$

(5) $\frac{1}{2}(6x^2+10x-2)+5(x^2-3x+1)$

(6) $\left(-\frac{1}{4}y^2-\frac{1}{2}y+1\right)-\left(\frac{3}{4}y^2-\frac{7}{2}y+5\right)$

04 다음 식을 계산하시오.

(1) $9x-\{7y-(3x-5y)\}$

(2) $3a+\{5b-2(a-3b)\}$

(3) $-2x+y-\{-2x+y-3(3x-2y)-7\}$

(4) $7a-[3a-\{2b-(4a-3b)\}]$

(5) $8x^2-[5x-3-\{5-2x-4(7x^2-3x+1)\}]$

> 정답 및 풀이 25쪽

01 다음 중 옳지 않은 것은?

① $(a+2b)+(9a-5b)=10a-3b$
② $(-3x+5y)-(2x-7y+4)=-5x+12y-4$
③ $(4a-7b-3)+5(a+2b-1)=9a+3b-8$
④ $(7x-3y+2)-\frac{1}{3}(9x+12y-3)=4x-7y+3$
⑤ $\frac{3a-4b}{2}-\frac{2a-5b}{3}=\frac{5}{6}a-\frac{11}{3}b$

괄호를 풀고 동류항끼리 모아서 계산한다.

02 $6\left(x^2-\frac{3}{2}x+\frac{1}{3}\right)-2(2x^2+x-4)=ax^2+bx+c$일 때, 상수 a, b, c에 대하여 $a+b+c$의 값을 구하시오.

03 $2x-3y-\{5x-6y-(4x-7y)\}$를 계산했을 때, x의 계수와 y의 계수의 합을 구하시오.

(소괄호) → {중괄호} → [대괄호]의 순서로 괄호를 풀어서 계산한다.

04 $(-4x^2+10x+5)-$ □ $=2x^2-7x-3$일 때, □ 안에 알맞은 식은?

① $-2x^2+3x+2$ ② $2x^2-3x-2$ ③ $-6x^2+3x+8$
④ $-6x^2+17x+8$ ⑤ $6x^2-17x-8$

05 어떤 식에 $2x^2-3x+5$를 더해야 할 것을 잘못하여 뺐더니 $-7x^2-2x+7$이 되었다. 다음 물음에 답하시오.

(1) 어떤 식을 구하시오.

(2) 바르게 계산한 식을 구하시오.

어떤 식을 A로 놓고 조건에 맞게 식을 세운다.

02 단항식과 다항식의 곱셈과 나눗셈

개념원리 **이해**

1 (단항식)×(다항식)의 계산은 어떻게 하는가?

◎ 핵심문제 01, 04

(1) **(단항식)×(다항식), (다항식)×(단항식)의 계산**

분배법칙을 이용하여 단항식을 다항식의 각 항에 곱한다.

예 ① $2x(3x+y)=2x\times3x+2x\times y$ ← 분배법칙

$=6x^2+2xy$

② $(x-2y)\times5y=x\times5y+(-2y)\times5y$ ← 분배법칙

$=5xy-10y^2$

(2) **전개와 전개식**

① 전개: 단항식과 다항식의 곱을 하나의 다항식으로 나타내는 것

② 전개식: 전개하여 얻은 다항식

예 $\underset{\text{단항식}}{3x}\underset{\text{다항식}}{(x+4y-2)}\xrightarrow{\text{전개}}\underset{\text{전개식}}{3x^2+12xy-6x}$

2 (다항식)÷(단항식)의 계산은 어떻게 하는가?

◎ 핵심문제 02, 04

방법 1 분수의 꼴로 바꾸어 분자의 각 항을 분모로 나눈다.

➡ $(A+B)\div C=\dfrac{A+B}{C}=\dfrac{A}{C}+\dfrac{B}{C}$

방법 2 나눗셈을 곱셈으로 바꾼 후 전개한다.

➡ $(A+B)\div C=(A+B)\times\dfrac{1}{C}=A\times\dfrac{1}{C}+B\times\dfrac{1}{C}$

예 방법 1 $(9x^2+6x)\div3x=\dfrac{9x^2+6x}{3x}=\dfrac{9x^2}{3x}+\dfrac{6x}{3x}=3x+2$

방법 2 $(9x^2+6x)\div3x=(9x^2+6x)\times\dfrac{1}{3x}$

$=9x^2\times\dfrac{1}{3x}+6x\times\dfrac{1}{3x}$

$=3x+2$

주의 방법 1에서 분자를 분모로 나눌 때, 분자의 각 항을 모두 분모로 나누어야 한다.

➡ $\dfrac{9x^2+6x}{3x}=3x+6x$ (×), $\dfrac{9x^2+6x}{3x}=3x+2$ (○)

참고 나누는 식이 분수의 꼴일 때, 방법 2를 이용하는 것이 편리하다.

예 $(4x^2+10x)\div\dfrac{2}{3}x=(4x^2+10x)\times\dfrac{3}{2x}$

$=4x^2\times\dfrac{3}{2x}+10x\times\dfrac{3}{2x}$

$=6x+15$

3 덧셈, 뺄셈, 곱셈, 나눗셈이 혼합된 식은 어떻게 계산하는가?

○ 핵심문제 03, 05

덧셈, 뺄셈, 곱셈, 나눗셈이 혼합된 식은 다음과 같은 순서로 계산한다.

❶ 지수법칙을 이용하여 거듭제곱을 먼저 계산한다.

❷ 곱셈, 나눗셈을 계산한다.

❸ 동류항끼리 모아서 덧셈, 뺄셈을 계산한다.

예 $3a(a-4b)+(-2ab)^2\div ab$
$=3a(a-4b)+4a^2b^2\div ab$ (거듭제곱을 계산한다.)
$=3a^2-12ab+4ab$ (곱셈, 나눗셈을 계산한다.)
$=3a^2-8ab$ (덧셈, 뺄셈을 계산한다.)

주의 덧셈, 뺄셈, 곱셈, 나눗셈이 혼합된 식을 계산할 때에는 반드시 ×, ÷을 +, −보다 먼저 계산해야 한다.

➡ $24xy-16xy\div2=8xy\div2=4xy$ (×)
$24xy-16xy\div2=24xy-8xy=16xy$ (○)

보충 학습

1. 식의 값

(1) **식의 값**: 문자를 사용한 식에서 문자 대신 수를 대입하여 계산한 값

(2) **식의 값을 구하는 방법**

❶ 주어진 식을 계산한다.

❷ ❶의 식에 문자 대신 수를 대입하여 식의 값을 구한다.
이때 음수를 대입하는 경우 괄호를 사용하여 대입한다.

예 $x=3$, $y=-2$일 때, $(12x^3y-16xy^2)\div2xy$의 값을 구해 보자.

➡ 주어진 식을 계산하면

$$(12x^3y-16xy^2)\div2xy=\frac{12x^3y-16xy^2}{2xy}=6x^2-8y$$

$6x^2-8y$에 $x=3$, $y=-2$를 대입하면

$$6x^2-8y=6\times3^2-8\times(-2)=54+16=70$$

2. 식의 대입

(1) **식의 대입**: 주어진 식의 문자 대신 그 문자를 나타내는 다른 식을 대입하는 것

(2) **식을 대입하는 방법**

❶ 주어진 식을 간단히 한다.

❷ ❶의 식에 대입하는 식을 괄호를 사용하여 대입한다.

❸ 동류항끼리 모아서 계산한다.

예 $y=2x-1$일 때, $5x+2y-(3x-y)$를 x에 대한 식으로 나타내어 보자.

➡ 주어진 식을 간단히 하면

$$5x+2y-(3x-y)=5x+2y-3x+y=2x+3y$$

$2x+3y$에 $y=2x-1$을 대입하면

$$2x+3(2x-1)=2x+6x-3=8x-3$$

개념원리 확인하기

> 정답 및 풀이 25쪽

01 다음 식을 전개하시오.

(1) $-3a(b+4)$

(2) $x(5x-2)$

(3) $(-a+8b)\times ab$

(4) $(-2x+7y-3)\times(-2x)$

(5) $10xy\left(x-\frac{1}{2}y-\frac{2}{5}\right)$

(6) $(6a^2-9a+15)\times\left(-\frac{a}{3}\right)$

○ (단항식)×(다항식)
➡ ☐을 이용하여 단항식을 다항식의 각 항에 곱한다.

02 다음 식을 계산하시오.

(1) $\frac{3a^2+7ab}{a}$

(2) $(10x^2-25xy)\div 5x$

(3) $(27x^3y+9y)\div(-3y)$

(4) $(12a^2b-4a^2b^2+6ab)\div(-2ab)$

○ (다항식)÷(단항식)
➡ ☐의 꼴로 바꾸어 분자의 각 항을 분모로 나누거나 나눗셈을 ☐으로 바꾼 후 전개한다.

03 다음 식을 계산하시오.

(1) $(3x^2+8x)\div\frac{1}{2}x$

(2) $(15x^2y-9y^2)\div\frac{3}{2}y$

(3) $(a^2b+3ab^2)\div\left(-\frac{1}{5}ab\right)$

(4) $(4a^3-12a^2-8a)\div\left(-\frac{4}{3}a\right)$

04 다음 식을 계산하시오.

(1) $x(3x+8y)+3x(2x-9y)$

(2) $\frac{5x^2-3x}{x}+\frac{14x^2+35x}{7x}$

(3) $a(a-2b)-27a^3b^3\div(-3ab)^2$

(4) $\frac{2ab^2-3a^2b}{a}-4b(b-a)$

(5) $\frac{x}{3}(6x+12)-(4x^3-20x^2)\div 2x$

○ 덧셈, 뺄셈, 곱셈, 나눗셈이 혼합된 식의 계산은?

01 (단항식) × (다항식)

● 더 다양한 문제는 RPM 2-1 48쪽

다음 식을 전개하시오.

(1) $5x(-x+2y-5)$ (2) $(14x^2-35x-21)\times\left(-\frac{xy}{7}\right)$

풀이 (1) (주어진 식) $=5x\times(-x)+5x\times2y+5x\times(-5)$
$=-5x^2+10xy-25x$

(2) (주어진 식) $=14x^2\times\left(-\frac{xy}{7}\right)+(-35x)\times\left(-\frac{xy}{7}\right)+(-21)\times\left(-\frac{xy}{7}\right)$
$=-2x^3y+5x^2y+3xy$

답 (1) $-5x^2+10xy-25x$ (2) $-2x^3y+5x^2y+3xy$

KEY POINT

분배법칙을 이용하여 단항식을 다항식의 각 항에 곱한다.

① $A(B+C)$
$=AB+AC$

② $(A+B)C$
$=AC+BC$

확인 1 다음 식을 전개하시오.

(1) $-4x(-2x^2+x-3)$

(2) $\left(\frac{2}{3}x-\frac{3}{5}y+\frac{1}{15}\right)\times15xy$

02 (다항식) ÷ (단항식)

● 더 다양한 문제는 RPM 2-1 49쪽

다음 식을 계산하시오.

(1) $(18x^3y-30xy^2)\div(-6xy)$ (2) $(9x^2+12xy-15x)\div\frac{3}{2}x$

풀이 (1) (주어진 식) $=\frac{18x^3y-30xy^2}{-6xy}=\frac{18x^3y}{-6xy}-\frac{30xy^2}{-6xy}=-3x^2+5y$

(2) (주어진 식) $=(9x^2+12xy-15x)\times\frac{2}{3x}$
$=9x^2\times\frac{2}{3x}+12xy\times\frac{2}{3x}+(-15x)\times\frac{2}{3x}$
$=6x+8y-10$

답 (1) $-3x^2+5y$ (2) $6x+8y-10$

KEY POINT

방법 1 분수의 꼴로 바꾸어 분자의 각 항을 분모로 나눈다.
➡ $(A+B)\div C$
$=\frac{A+B}{C}=\frac{A}{C}+\frac{B}{C}$

방법 2 나눗셈을 곱셈으로 바꾼 후 전개한다.
➡ $(A+B)\div C$
$=(A+B)\times\frac{1}{C}$
$=A\times\frac{1}{C}+B\times\frac{1}{C}$

확인 2 다음 식을 계산하시오.

(1) $(45x^5y^3+18x^3y^2-36x^2y)\div9x^2y$

(2) $\left(5x^2y-10xy^2+\frac{5}{2}y^2\right)\div\left(-\frac{5}{4}y\right)$

03 덧셈, 뺄셈, 곱셈, 나눗셈이 혼합된 식의 계산

● 더 다양한 문제는 RPM 2-1 49쪽

KEY POINT

거듭제곱 → 곱셈, 나눗셈 → 덧셈, 뺄셈의 순서로 계산한다.

다음 식을 계산하시오.

(1) $\frac{3}{2}x(8x-2y)-(9x^3y-3x^2y^2)\div\frac{3}{5}xy$

(2) $\frac{6x^2+10x}{2x}-\frac{18x^3+(-3x)^2}{9x^2}$

풀이 (1) (주어진 식) $=\frac{3}{2}x(8x-2y)-(9x^3y-3x^2y^2)\times\frac{5}{3xy}$

$=12x^2-3xy-15x^2+5xy$

$=-3x^2+2xy$

(2) (주어진 식) $=\frac{6x^2+10x}{2x}-\frac{18x^3+9x^2}{9x^2}$

$=3x+5-(2x+1)$

$=3x+5-2x-1=x+4$

답 (1) $-3x^2+2xy$ (2) $x+4$

확인 3 다음 식을 계산하시오.

(1) $2x(x-5)-(12x^3-8x^2)\div(-4x)$

(2) $(-xy+y^2)\div\left(-\frac{1}{5}y\right)-(12x^2+15xy)\div3x$

04 단항식과 다항식의 곱셈과 나눗셈의 활용

● 더 다양한 문제는 RPM 2-1 50쪽

KEY POINT

(기둥의 부피)
=(밑넓이)×(높이)

오른쪽 그림과 같이 밑면의 반지름의 길이가 r인 원기둥의 부피가 $6\pi r^3-4\pi r^2$일 때, 이 원기둥의 높이를 구하시오.

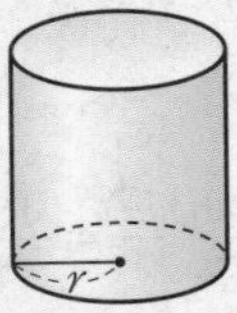

풀이 (원기둥의 부피)=(밑넓이)×(높이)이므로

$\pi r^2\times$(높이)$=6\pi r^3-4\pi r^2$

$\therefore$ (높이)$=(6\pi r^3-4\pi r^2)\div\pi r^2=\frac{6\pi r^3-4\pi r^2}{\pi r^2}=6r-4$

답 $6r-4$

확인 4 오른쪽 그림과 같이 밑면의 가로의 길이가 $3a$, 세로의 길이가 $6b$인 직육면체의 부피가 $90a^2b+54ab$일 때, 이 직육면체의 높이를 구하시오.

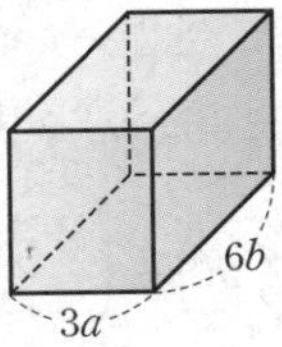

> 정답 및 풀이 27쪽

05 식의 값

● 더 다양한 문제는 RPM 2-1 51쪽

$x=-3$, $y=2$일 때, $x(2xy+y^2)+xy(x-y)$의 값을 구하시오.

KEY POINT

주어진 식을 계산한 후 이 식에 문자 대신 수를 대입한다.
이때 음수를 대입하는 경우 반드시 괄호를 사용한다.

풀이 (주어진 식) $=2x^2y+xy^2+x^2y-xy^2$
$=3x^2y$
$=3\times(-3)^2\times 2$
$=54$

답 54

확인 5 다음 식의 값을 구하시오.

(1) $x=4$, $y=-\frac{1}{2}$일 때, $(3x^2y+6xy^2)\div 3xy\times xy$

(2) $a=1$, $b=-3$일 때, $\frac{6a^2-3ab}{3a}-\frac{15ab-10b^2}{5b}$

(3) $x=-2$, $y=-1$일 때, $(5xy-x^2)\div\frac{1}{3}x-(3y^2-2xy)\div\frac{1}{2}y$

06 식의 대입

● 더 다양한 문제는 RPM 2-1 51쪽

$A=-4x+y$, $B=3x-2y$일 때, $2(4A-3B)-(6A-5B)$를 x, y에 대한 식으로 나타내시오.

KEY POINT

주어진 식을 간단히 한 후 이 식에 대입하는 식을 괄호를 사용하여 대입한다.

풀이 $2(4A-3B)-(6A-5B)=8A-6B-6A+5B$
$=2A-B$
$=2(-4x+y)-(3x-2y)$
$=-8x+2y-3x+2y$
$=-11x+4y$

답 $-11x+4y$

확인 6 $y=-7x+4$일 때, $-5x-3y+2$를 x에 대한 식으로 나타내시오.

확인 7 $A=x+3y$, $B=5x-y$일 때, $5(A-2B)-2(3A-7B)$를 x, y에 대한 식으로 나타내시오.

> 정답 및 풀이 28쪽

01 다음 식을 전개하시오.

(1) $3a(2a-1)$

(2) $-a(a-3b+5)$

(3) $-4x(2x+y-3)$

(4) $(4x-2y+1)\times 5y$

(5) $(9a^2+27a+45)\times\frac{2}{9}a$

(6) $(-5x+10y-25)\times\left(-\frac{3}{5}xy\right)$

02 다음 식을 계산하시오.

(1) $(30a^2+42ab)\div 6a$

(2) $(6x^2y-4xy)\div(-2y)$

(3) $(14a^2b^2+28a^2b-49ab^2)\div 7ab$

(4) $(15x^2-10x)\div\frac{5}{2}x$

(5) $(a^2+2ab)\div\left(-\frac{a}{4}\right)$

(6) $(8x^2y-4xy^2+20xy)\div\left(-\frac{4}{3}xy\right)$

03 다음 식을 계산하시오.

(1) $2x(3x-1)+3x(4-x)$

(2) $(2x+y)\times(-3x)+(x-3y)\times 5x$

(3) $4x\left(\frac{1}{2}x-3\right)-6x\left(\frac{1}{3}x-\frac{1}{2}\right)$

(4) $\frac{5x^3+4x^2-x}{x}-\frac{12x^4-3x^3+6x^2}{3x^2}$

(5) $(3x^2-9xy)\div 3x+(15x^2y-9xy^2)\div\left(-\frac{3}{2}xy\right)$

04 다음 식을 계산하시오.

(1) $x(5x+4y)-\frac{2x^3y+3x^2y^2}{xy}$

(2) $(25x^2y+10xy^2)\div(-5x)+(x-y)\times 2y$

(3) $\left(-\frac{2}{9}x^2+\frac{x}{3}\right)\div\frac{x}{3}+\frac{2}{3}(x-3y)$

(4) $\left(6x-\frac{2}{3}y\right)\times\frac{3}{2}x-\left(\frac{4}{3}x^2y-4x^3\right)\div\frac{2}{3}x$

(5) $3x(4x-1)-(xy^3-2x^2y)\div\left(-\frac{1}{2}xy\right)$

01 다음 중 옳지 않은 것은?

① $-3xy(x+y-1)=-3x^2y-3xy^2+3xy$

② $(3y^2-2x^2)\times(-6xy^2)=-18xy^4+12x^3y^2$

③ $(-6x^2+9xy)\div 3x=-2x+3y$

④ $(4xy^2+2x^2y)\div\frac{1}{2}xy=4x+8y$

⑤ $(6x^2y^2-4xy^3)\div\left(-\frac{2}{3}xy\right)=-9x^3y^3+6x^2y^4$

02 어떤 다항식에 $-\frac{3}{4}xy$를 곱했더니 $6x^3y^2-3x^2y$가 되었다. 이때 어떤 다항식을 구하시오.

어떤 다항식을 A로 놓고 식을 세운다.

03 $5x(x-1)-\{x^2-x(-2x+3)\}\div(-x)=ax^2+bx+c$일 때, 상수 a, b, c에 대하여 $a+b-c$의 값을 구하시오.

04 오른쪽 그림에서 색칠한 부분의 넓이는?

① $5x^2-xy$ ② $5x^2+xy$

③ $7x^2-xy$ ④ $7x^2+xy$

⑤ $7x^2+11xy$

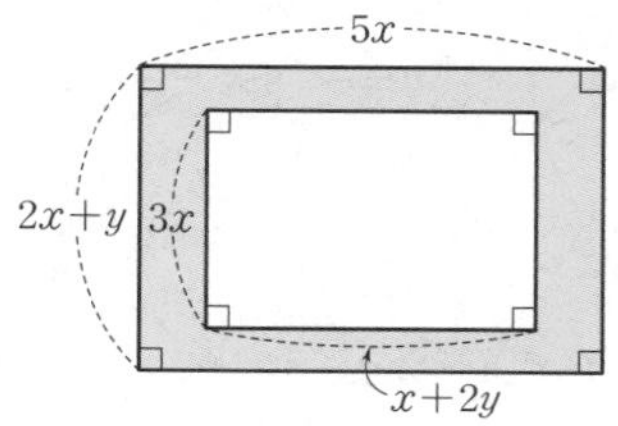

(직사각형의 넓이) =(가로의 길이)×(세로의 길이)

05 $x=-1$, $y=2$일 때, $\frac{x^3y-2xy^2}{xy}+\frac{5y^2-2x^2y}{y}$의 값을 구하시오.

먼저 주어진 식을 간단히 한다.

06 $A=\frac{x-2y}{3}$, $B=\frac{3x+y}{2}$일 때, $7A-4(A-2B)$를 x, y에 대한 식으로 나타내시오.

중단원 마무리하기

STEP 1 기본 문제

01 $\frac{5x-y}{6}-\frac{x+3y}{2}=ax+by$일 때, 상수 a, b에 대하여 $a-b$의 값은?

① -2 ② $-\frac{4}{3}$ ③ 1
④ $\frac{4}{3}$ ⑤ 2

02 다음 중 이차식인 것을 모두 고르면? (정답 2개)

① $4a-b+9$ ② $\frac{1}{x^2}$ ③ $-2y^2+7$
④ $1-3x+x^2$ ⑤ a^2+5a-a^2

꼭나와

03 $\frac{1}{3}(21x^2-3x+6)-(-4x^2-10x+3)$을 계산한 식에서 x^2의 계수와 상수항의 합을 구하시오.

꼭나와

04 $3a-5b-[6a-3b-\{2a-3(a+5b)\}]$를 계산하면?

① $-4a-17b$ ② $-2a-15b$
③ $2a-12b$ ④ $4a-15b$
⑤ $5a-17b$

05 다항식 A에서 $6x^2+2x-1$을 뺐더니 $-x^2-3x+8$이 되었다. 이때 다항식 A를 구하시오.

06 다음 중 옳지 않은 것은?

① $5x(x+3)=5x^2+15x$
② $2y(3x-5y)=6xy-10y^2$
③ $-3x(xy+7y)=-3x^2y-21xy$
④ $x^2(2x-y-8)=2x^3-x^2y-8x$
⑤ $-4y(x+3y-2)=-4xy-12y^2+8y$

07 다음 중 계산한 결과가 나머지 넷과 다른 하나는?

① $3a(a-2b)$

② $(-2a+4b)\times\left(-\frac{3}{2}a\right)$

③ $(15a^2b-30b^2)\div 5b$

④ $(-6a^3+12a^2b)\div(-2a)$

⑤ $(a^2b-2ab^2)\div\frac{b}{3}$

08 $\square\div\left(-\frac{5}{6}x^2y\right)=\frac{3}{5}xy-2y$일 때, □ 안에 알맞은 식은?

① $-\frac{1}{3}x^2y^3+\frac{5}{6}x^2y^2$　② $-\frac{1}{3}x^3y^2+\frac{5}{3}xy^2$

③ $-\frac{1}{2}x^3y^2+\frac{5}{3}x^2y^2$　④ $-\frac{1}{2}x^2y^3-\frac{5}{3}xy^2$

⑤ $-2x^3y^2+\frac{5}{6}x^2y$

꼭나와

09 $x(x-3y)-(2x^2y-xy^2)\div\frac{y}{5}$를 계산하면?

① $-9x^2-4xy$　② $-9x^2+2xy$

③ $-6x^2+2xy$　④ $6x^2-2xy$

⑤ $9x^2+4xy$

꼭나와

10 오른쪽 그림과 같이 한 변의 길이가 $2b$인 정사각형을 밑면으로 하는 사각뿔의 부피가 $16ab^3+12a^2b^3$일 때, 이 사각뿔의 높이를 구하시오.

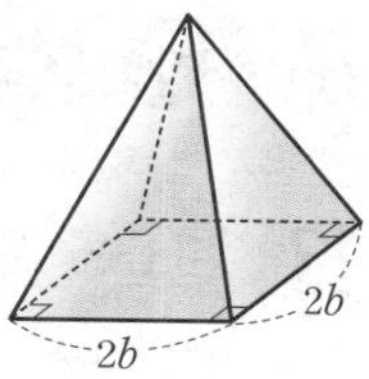

11 $x=-2$, $y=\frac{1}{2}$일 때,

$\frac{9xy^2-12xy}{-3y}-\frac{8x^2-16x^2y}{2x}$의 값은?

① -11　② -5　③ 1

④ 5　⑤ 11

12 $A=2x-5y$, $B=-3x+y$일 때, $5A-2(A-3B)$를 x, y에 대한 식으로 나타내면?

① $-12x-9y$　② $-12x-6y$

③ $-9x-6y$　④ $9x+6y$

⑤ $12x+9y$

STEP 2 발전 문제

꼭나와

13 다음 중 옳지 않은 것은?

① $(2a+b)-3(a-2b+1)=-a+7b-3$
② $(-x^2+x+5)+(4x^2-x+3)=3x^2+8$
③ $(-2a+b)\times(-ab)=2a^2b+ab^2$
④ $(8a^2b+2ab^2)\div(-2a)=-4ab-b^2$
⑤ $\left(3x^3y-x^2y^2\right)\div\frac{1}{3}x^2y=9x-3y$

14 $(4x^2-2x-3)-2(x^2+ax+1)$을 계산한 식에서 x의 계수가 6일 때, 상수 a의 값은?

① -4 ② -2 ③ -1
④ 2 ⑤ 4

15 다음 그림과 같은 전개도로 직육면체를 만들었을 때, 마주 보는 면에 적힌 두 다항식의 합이 모두 같다고 한다. 이때 다항식 A를 구하시오.

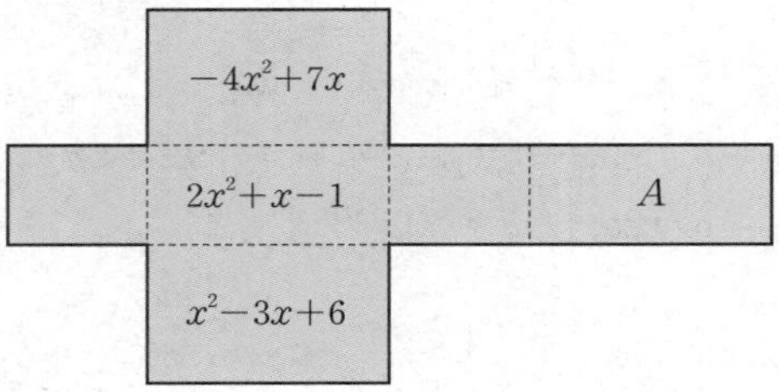

16 $4x+\{3x-4y-(x-3y-\square)\}=8x-6y$일 때, $\square$ 안에 알맞은 식은?

① $-2x+y$ ② $-2x+5y$ ③ $x-5y$
④ $2x-5y$ ⑤ $2x+3y$

꼭나와

17 어떤 식에서 $2x^2-5x+3$을 빼야 할 것을 잘못하여 더했더니 $-4x^2+6x-1$이 되었다. 이때 바르게 계산한 식을 구하시오.

18 다항식 A에 대하여 $A\times\frac{3}{x^2}=9xy^2+15y$일 때, $A\div\frac{x^2y}{2}$를 계산하면?

① $3x+5$ ② $3xy+5$ ③ $6x+10$
④ $6xy+10$ ⑤ $6xy^2+10$

› 정답 및 풀이 31쪽

19 $4x(2x-5)-\left\{(x^3y-5x^2y)\div\frac{1}{2}xy-5x\right\}$를 계산하였을 때, x^2의 계수를 a, x의 계수를 b라 하자. 이때 $a-b$의 값은?

① 7 ② 9 ③ 11
④ 13 ⑤ 15

꼭나와

20 오른쪽 그림과 같이 가로의 길이가 $4a$, 세로의 길이가 $2b$인 직사각형에서 색칠한 부분의 넓이는?

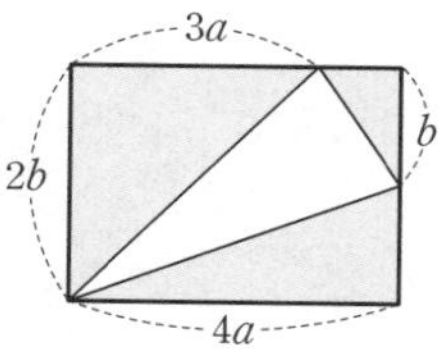

① $\frac{7}{2}ab$ ② $4ab$
③ $\frac{9}{2}ab$ ④ $5ab$
⑤ $\frac{11}{2}ab$

21 $x=\frac{2}{5}$, $y=\frac{3}{4}$, $z=-\frac{1}{2}$일 때, $\frac{xy-2yz+3xz}{xyz}$의 값을 구하시오.

STEP 3 실력 UP

22 다음 표에서 가로 방향의 규칙은 왼쪽의 이웃한 두 칸의 식을 더하여 맨 오른쪽 칸에 적는 것이고, 세로 방향의 규칙은 위 칸의 식에서 아래 칸의 식을 빼서 맨 아래 칸에 적는 것이다. 이때 (가)에 알맞은 식을 구하시오.

해설 강의

$-4x^2+x-5$	$7x^2-3x+1$	
x^2-4x+2	$-5x^2-2x+3$	
		(가)

23 $(-2x^a)^b=-8x^{15}$일 때, 다음 식의 값을 구하시오. (단, a, b는 자연수이다.)

해설 강의

$$2a-[b-\{3a-4(a+2b)\}-5a]$$

24 $A=3x(x-2)+5x+1$,
$B=(8x^3-18x^2)\div(-2x)-(15x^2-6x)\div3x$,
$C=3x^2-4x+5-2x(x-3)$
일 때, $A-\{2B-A-(B-2C)\}$를 x에 대한 식으로 나타내시오.

해설 강의

Ⅱ-2 다항식의 계산

서술형 대비 문제

예제 1 해설 강의

$a+5b-[3a-\{6-5a-(2b+1)\}]$을 계산하였을 때, a의 계수와 b의 계수의 합을 구하시오. [6점]

풀이 과정

1단계 주어진 식 계산하기 • 4점

$$
\begin{aligned}
(\text{주어진 식}) &= a+5b-\{3a-(6-5a-2b-1)\} \\
&= a+5b-\{3a-(-5a-2b+5)\} \\
&= a+5b-(3a+5a+2b-5) \\
&= a+5b-(8a+2b-5) \\
&= a+5b-8a-2b+5 \\
&= -7a+3b+5
\end{aligned}
$$

2단계 a의 계수와 b의 계수의 합 구하기 • 2점

a의 계수는 -7이고 b의 계수는 3이므로 그 합은

$-7+3=-4$

답 -4

유제 1 $4x^2-[3x-\{2x^2-(2x-3)-5\}]$를 계산하였을 때, x^2의 계수와 상수항의 곱을 구하시오. [6점]

풀이 과정

1단계 주어진 식 계산하기 • 4점

2단계 x^2의 계수와 상수항의 곱 구하기 • 2점

답

예제 2 해설 강의

$x=-3$, $y=\frac{1}{2}$일 때,

$(16x^3y^2-8x^2y)\div 4xy-(36x^2y^2-12xy)\div(-6y)$

의 값을 구하시오. [7점]

풀이 과정

1단계 주어진 식 계산하기 • 4점

$$
\begin{aligned}
(\text{주어진 식}) &= \frac{16x^3y^2-8x^2y}{4xy}-\frac{36x^2y^2-12xy}{-6y} \\
&= 4x^2y-2x-(-6x^2y+2x) \\
&= 4x^2y-2x+6x^2y-2x \\
&= 10x^2y-4x
\end{aligned}
$$

2단계 식의 값 구하기 • 3점

$10x^2y-4x$에 $x=-3$, $y=\frac{1}{2}$을 대입하면

$10\times(-3)^2\times\frac{1}{2}-4\times(-3)$

$=45+12=57$

답 57

유제 2 $a=1$, $b=-\frac{2}{3}$일 때,

$(12a^3b-4a^2b^2)\div\frac{4}{3}ab+\frac{3}{2}a(10a-4b)$의 값을 구하시오. [7점]

풀이 과정

1단계 주어진 식 계산하기 • 4점

2단계 식의 값 구하기 • 3점

답

> 정답 및 풀이 32쪽

스스로 서술하기

유제 3 다음을 만족시키는 두 다항식 A, B에 대하여 $A+B$를 계산하시오. [6점]

$$A+(-2x^2+7x+3)=5x^2-2x-1$$
$$3x^2+4x-1-B=-x^2-6x+4$$

풀이 과정

답

유제 4 어떤 식을 $-\frac{3}{4}ab$로 나누어야 할 것을 잘못하여 곱했더니 $-9a^2b^3+27a^3b^2-18a^2b^2$이 되었다. 이때 바르게 계산한 식을 구하시오. [6점]

풀이 과정

답

유제 5 다음 그림과 같은 사다리꼴과 직사각형이 있다. 이때 사다리꼴의 넓이는 직사각형의 넓이의 몇 배인지 구하시오. [7점]

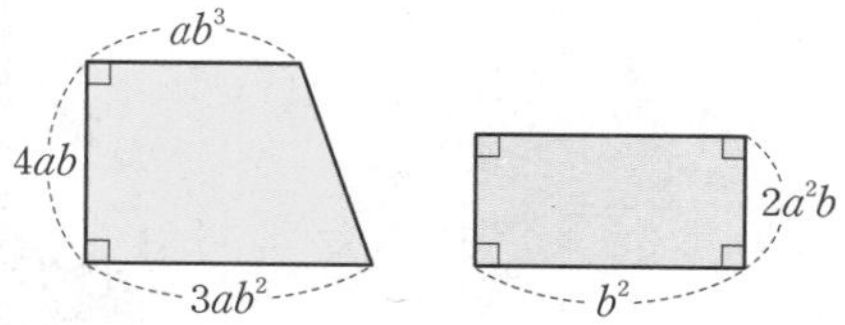

풀이 과정

답

유제 6 $A=\left(-3x^2y+\frac{1}{5}xy^2\right)\div\frac{3}{5}xy$, $B=\frac{5}{2}\left(4x-\frac{2}{5}y\right)$일 때, 다음 식을 x, y에 대한 식으로 나타내시오. [7점]

$$3A+\{A-3B-(A-B)\}$$

풀이 과정

답

III

일차부등식

이 단원에서는 부등식과 그 해의 뜻을 알고, 부등식의 성질을 설명해 보자.
또 일차부등식을 풀고, 이를 활용하여 문제를 해결해 보자.

이전에 배운 내용

초5 수의 범위
중1 문자의 사용과 식의 계산
일차방정식

이 단원의 내용

1. 일차부등식
01 부등식과 그 성질
02 일차부등식의 풀이

2. 일차부등식의 활용
01 일차부등식의 활용 (1)
02 일차부등식의 활용 (2)

이후에 배울 내용

고1 여러 가지 부등식

Ⅲ-1

일차부등식

Ⅲ-2 | 일차부등식의 활용

이 단원의 학습 계획을 세우고 하나하나 실천하는 습관을 기르자!! 나는 할 수 있어!

		공부한 날	학습 완료도
01 부등식과 그 성질	개념원리 이해 & 개념원리 확인하기	월 일	□□□
	핵심문제 익히기	월 일	○○○
	이런 문제가 시험에 나온다	월 일	○○○
02 일차부등식의 풀이	개념원리 이해 & 개념원리 확인하기	월 일	□□□
	핵심문제 익히기	월 일	○○○
	계산력 강화하기	월 일	○○○
	이런 문제가 시험에 나온다	월 일	○○○
중단원 마무리하기		월 일	○○○
서술형 대비 문제		월 일	○○○

개념 학습 guide

- 개념을 이해했으면 ■■■, 개념을 문제에 적용할 수 있으면 ■■■, 개념을 친구에게 설명할 수 있으면 ■■■ 로 색칠한다.
- 부족한 부분의 개념을 반복 학습하여 ■■■ 3칸 모두 색칠하면 학습을 마친다.

문제 학습 guide

- 맞힌 문제가 전체의 50% 미만이면 ●●●, 맞힌 문제가 50% 이상 90% 미만이면 ●●●, 맞힌 문제가 90% 이상이면 ●●● 로 색칠한다. 문제를 찍지 말자!
- 틀린 문제는 왜 틀렸는지 그 이유를 파악한 후 다시 풀어 본다. 며칠 후 틀린 문제를 다시 풀어 보고, 풀이 과정과 답이 맞으면 학습을 마친다.

01 부등식과 그 성질

개념원리 **이해**

1 부등식이란 무엇인가?

핵심문제 01, 02

(1) **부등식**: 부등호 $>$, $<$, $\geq$, $\leq$를 사용하여 수 또는 식의 대소 관계를 나타낸 식

예 $5>2$, $x<5$, $x+1\geq 2$, $2-3x\leq 5-7x$

① **좌변**: 부등식에서 부등호의 왼쪽 부분

② **우변**: 부등식에서 부등호의 오른쪽 부분

③ **양변**: 부등식의 좌변과 우변

참고 등식: 등호 =를 사용하여 수 또는 식이 같음을 나타낸 식

예 $5-2=3$, $x+1=2$

부등식
$2x-1 > 3$
좌변 우변
양변

(2) **부등식의 표현**

$a>b$	$a<b$	$a\geq b$	$a\leq b$
a는 b보다 크다. a는 b 초과이다.	a는 b보다 작다. a는 b 미만이다.	a는 b보다 크거나 같다. a는 b보다 작지 않다. a는 b 이상이다.	a는 b보다 작거나 같다. a는 b보다 크지 않다. a는 b 이하이다.

▶ ① $a\geq b$는 '$a>b$ 또는 $a=b$'를 의미한다.
② $a\leq b$는 '$a<b$ 또는 $a=b$'를 의미한다.

예 ① x는 4보다 크다. ➡ $x>4$
② x는 -2 미만이다. ➡ $x<-2$
③ x는 $\frac{1}{3}$보다 크거나 같다. ➡ $x\geq\frac{1}{3}$
④ x는 0보다 크지 않다. ➡ $x\leq 0$

2 부등식의 해란 무엇인가?

핵심문제 03

(1) **부등식의 해**: 부등식을 참이 되게 하는 미지수의 값

▶ **부등식의 참, 거짓**

부등식에서 미지수를 대입했을 때, 좌변과 우변의 값의 대소 관계가
① 주어진 부등호의 방향과 같은 경우 ➡ 참
② 주어진 부등호의 방향과 다른 경우 ➡ 거짓

(2) **부등식을 푼다**: 부등식의 해를 모두 구하는 것

예 x의 값이 1, 2, 3일 때, 부등식 $2x+1>4$를 풀어 보자.

x	좌변의 값	대소 비교	우변의 값	참, 거짓
1	$2\times1+1=3$	$<$	4	거짓
2	$2\times2+1=5$	$>$	4	참
3	$2\times3+1=7$	$>$	4	참

따라서 부등식 $2x+1>4$의 해는 2, 3이다.

3 부등식은 어떤 성질을 가질까?

핵심문제 04~06

(1) 부등식의 양변에 같은 수를 더하거나 양변에서 같은 수를 빼도 부등호의 방향은 바뀌지 않는다.

➡ $a<b$이면 $a+c<b+c$, $a-c<b-c$

(2) 부등식의 양변에 같은 양수를 곱하거나 양변을 같은 양수로 나누어도 부등호의 방향은 바뀌지 않는다.

➡ $a<b$, $c>0$이면 $ac<bc$, $\frac{a}{c}<\frac{b}{c}$

(3) 부등식의 양변에 같은 음수를 곱하거나 양변을 같은 음수로 나누면 부등호의 방향이 바뀐다.

➡ $a<b$, $c<0$이면 $ac>bc$, $\frac{a}{c}>\frac{b}{c}$

▶ 위의 부등식의 성질은 부등호 $<$ 대신 $\le$, $>$ 대신 $\ge$일 때에도 성립한다.

설명 부등식 $2<4$에 대하여 수직선을 이용하여 부등식의 성질을 확인해 보자.

(1) 양변에 2를 더하면

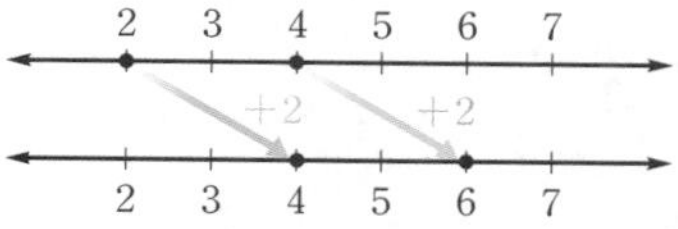

➡ $2+2<4+2$

양변에서 2를 빼면

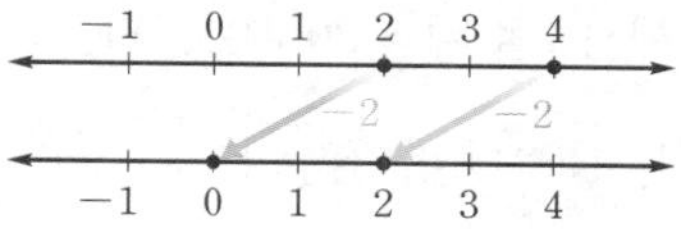

➡ $2-2<4-2$

(2) 양변에 2를 곱하면

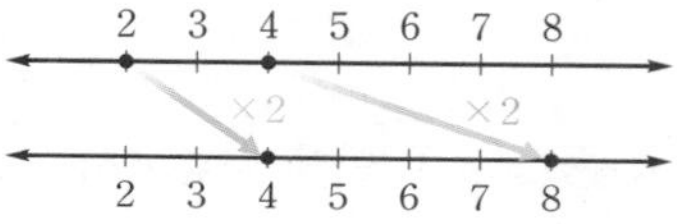

➡ $2\times2<4\times2$

양변을 2로 나누면

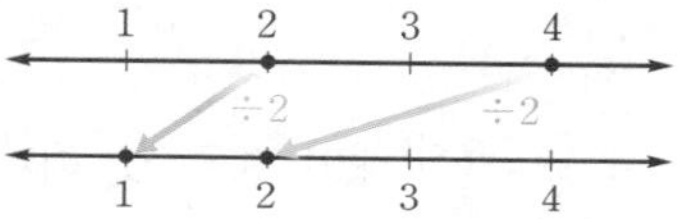

➡ $2\div2<4\div2$

부등호의 방향 그대로

(3) 양변에 -2를 곱하면

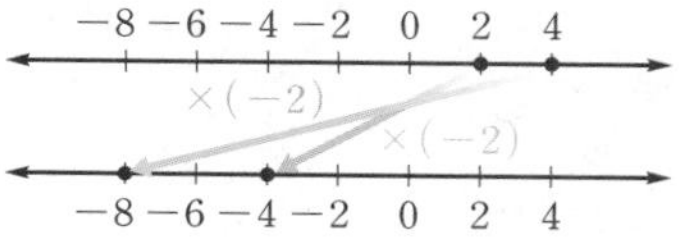

➡ $2\times(-2)>4\times(-2)$

양변을 -2로 나누면

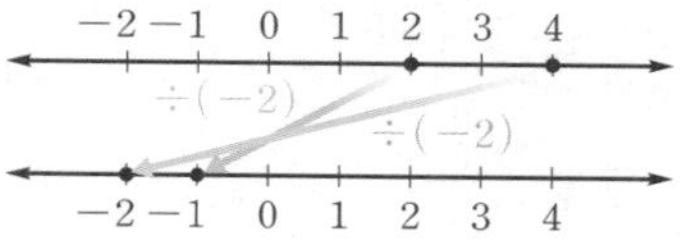

➡ $2\div(-2)>4\div(-2)$ ← 부등호의 방향 반대로

보충학습 **부등식의 성질을 이용하여 식의 값의 범위 구하기**

$a<x<b$일 때, $cx+d$의 값의 범위는 다음과 같은 순서로 구한다.

❶ $a<x<b$의 각 변에 c를 곱한다.

➡ $c>0$이면 $ac<cx<bc$

$c<0$이면 $ac>cx>bc$

❷ ❶의 부등식의 각 변에 d를 더한다.

➡ $ac<cx<bc$의 각 변에 d를 더하면 $ac+d<cx+d<bc+d$

$ac>cx>bc$의 각 변에 d를 더하면 $ac+d>cx+d>bc+d$

예 $-2<x<1$일 때, $3x+5$의 값의 범위를 구해 보자.

➡ $-2<x<1$의 각 변에 3을 곱하면

$-6<3x<3$

$-6<3x<3$의 각 변에 5를 더하면

$-6+5<3x+5<3+5$ $\quad\therefore -1<3x+5<8$

> 정답 및 풀이 34쪽

01 다음 중 부등식인 것은 ○, 부등식이 아닌 것은 ×를 (   ) 안에 써넣으시오.

(1) $9-3=6$ (   ) (2) $-2<1$ (   )

(3) $x+2y-8$ (   ) (4) $5x+1>4x$ (   )

○ 부등식이란?

02 다음 문장을 부등식으로 나타내시오.

(1) x에 1을 더하면 5보다 크다.

(2) x에서 3을 빼면 7 이하이다.

(3) x의 5배에서 7을 빼면 20보다 작다.

(4) x의 2배는 10보다 작지 않다.

03 다음 부등식 중 $x=3$이 해인 것은 ○, 해가 아닌 것은 ×를 (   ) 안에 써넣으시오.

(1) $x-2>0$ (   ) (2) $4x<10$ (   )

(3) $5-x\geq 3$ (   ) (4) $3x\leq 2x+3$ (   )

○ 부등식의 해
➡ 부등식을 □이 되게 하는 미지수의 값

04 x의 값이 0, 1, 2일 때, 다음 부등식을 푸시오.

(1) $2x+3<7$ (2) $3x-1>4$

05 $a>b$일 때, 다음 □ 안에 알맞은 부등호를 써넣으시오.

(1) $a+1$ □ $b+1$ (2) $a-4$ □ $b-4$

(3) $3a$ □ $3b$ (4) $-\frac{a}{5}$ □ $-\frac{b}{5}$

○ ① $a<b$
➡ $a+c<b+c$, $a-c<b-c$
② $a<b$, $c>0$
➡ ac □ bc, $\frac{a}{c}$ □ $\frac{b}{c}$
③ $a<b$, $c<0$
➡ ac □ bc, $\frac{a}{c}$ □ $\frac{b}{c}$

01 부등식의 뜻

● 더 다양한 문제는 RPM 2-1 62쪽

다음 중 부등식인 것을 모두 고르면? (정답 2개)

① $2+3=5$ ② $x<-5$ ③ $\frac{1}{5}a-3$

④ $2x+1\geq 8$ ⑤ $3y-(y-1)$

풀이 ① 등식이다.
③, ⑤ 부등호가 없으므로 부등식이 아니다.
따라서 부등식인 것은 ②, ④이다.

답 ②, ④

KEY POINT

부등식
➡ 부등호 >, <, ≥, ≤를 사용하여 수 또는 식의 대소 관계를 나타낸 식

확인 1 다음 중 부등식이 아닌 것은?

① $4\times 3+6>15$ ② $a-7\leq 0$ ③ $b=a+1$

④ $2<-(x+3)$ ⑤ $5-4x\geq x+9$

02 부등식으로 나타내기

● 더 다양한 문제는 RPM 2-1 62쪽

다음 문장을 부등식으로 나타낸 것으로 옳지 않은 것은?

① x의 3배에 5를 더한 수는 7보다 크다. ➡ $3x+5>7$
② x에서 4를 뺀 수의 2배는 17보다 크지 않다. ➡ $2(x-4)\leq 17$
③ 한 자루에 600원인 연필 x자루의 가격은 5000원 미만이다. ➡ $600x<5000$
④ 닭 x마리와 개 y마리의 전체 다리 수는 55보다 많다. ➡ $4x+2y>55$
⑤ 시속 5 km로 x시간 걸은 거리는 20 km 이상이다. ➡ $5x\geq 20$

풀이 ② (크지 않다.)=(작거나 같다.)이므로 $2(x-4)\leq 17$
④ 닭 x마리의 다리 수는 $2x$, 개 y마리의 다리 수는 $4y$이므로
$2x+4y>55$
따라서 옳지 않은 것은 ④이다.

답 ④

KEY POINT

① (크거나 같다.)
=(작지 않다.)
=(이상이다.)
② (작거나 같다.)
=(크지 않다.)
=(이하이다.)

확인 2 다음 문장을 부등식으로 나타낸 것으로 옳은 것을 모두 고르면? (정답 2개)

① x의 2배에서 1을 뺀 수는 9보다 작다. ➡ $2x-1<9$
② x에 6을 더한 수는 x의 3배보다 작지 않다. ➡ $x+6\leq 3x$
③ 현재 x살인 이서의 10년 후의 나이는 20살 이하이다. ➡ $x+10<20$
④ 가로의 길이가 x cm, 세로의 길이가 5 cm인 직사각형의 둘레의 길이는 30 cm 이상이다. ➡ $2x+5\geq 30$
⑤ 한 개에 2000원인 사과 x개와 한 개에 3000원인 배 2개의 총가격은 15000원을 넘는다. ➡ $2000x+6000>15000$

03 부등식의 해

● 더 다양한 문제는 RPM 2-1 63쪽

다음 중 부등식 $7-x\le 2x$의 해가 되는 것을 모두 고르면? (정답 2개)

① 0 ② 1 ③ 2
④ 3 ⑤ 4

KEY POINT

부등식의 해
➡ 부등식을 참이 되게 하는 미지수의 값

풀이 $x=0, 1, 2, 3, 4$를 부등식 $7-x\le 2x$에 차례대로 대입하면
① $x=0$일 때, $7-0\le 2\times 0$에서 $7\le 0$ (거짓)
② $x=1$일 때, $7-1\le 2\times 1$에서 $6\le 2$ (거짓)
③ $x=2$일 때, $7-2\le 2\times 2$에서 $5\le 4$ (거짓)
④ $x=3$일 때, $7-3\le 2\times 3$에서 $4\le 6$ (참)
⑤ $x=4$일 때, $7-4\le 2\times 4$에서 $3\le 8$ (참)
따라서 부등식 $7-x\le 2x$의 해가 되는 것은 ④, ⑤이다.

답 ④, ⑤

확인 3 다음 중 [ ] 안의 수가 주어진 부등식의 해가 아닌 것은?

① $x+2>3$ [2] ② $2x-1\le 10$ [5] ③ $3x\ge x+2$ [-1]
④ $-2x\le x+6$ [-2] ⑤ $5x+8<2x+1$ [-3]

04 부등식의 성질 (1)

● 더 다양한 문제는 RPM 2-1 63쪽

$a<b$일 때, 다음 중 옳지 않은 것은?

① $a+2<b+2$ ② $-5a>-5b$ ③ $6-a<6-b$
④ $2a-3<2b-3$ ⑤ $-\frac{a}{3}+1>-\frac{b}{3}+1$

KEY POINT

부등식의 양변에 같은 음수를 곱하거나 양변을 같은 음수로 나누면 부등호의 방향이 바뀐다.

풀이 ① $a<b$의 양변에 2를 더하면 $a+2<b+2$
② $a<b$의 양변에 -5를 곱하면 $-5a>-5b$
③ $a<b$의 양변에 -1을 곱하면 $-a>-b$
$-a>-b$의 양변에 6을 더하면 $6-a>6-b$
④ $a<b$의 양변에 2를 곱하면 $2a<2b$
$2a<2b$의 양변에서 3을 빼면 $2a-3<2b-3$
⑤ $a<b$의 양변을 -3으로 나누면 $-\frac{a}{3}>-\frac{b}{3}$
$-\frac{a}{3}>-\frac{b}{3}$의 양변에 1을 더하면 $-\frac{a}{3}+1>-\frac{b}{3}+1$
따라서 옳지 않은 것은 ③이다.

답 ③

확인 4 $a>b$일 때, 다음 중 □ 안에 알맞은 부등호의 방향이 나머지 넷과 다른 하나는?

① $a+3$ □ $b+3$ ② $a-7$ □ $b-7$ ③ $4a$ □ $4b$
④ $-a+1$ □ $-b+1$ ⑤ $\frac{a}{2}-5$ □ $\frac{b}{2}-5$

> 정답 및 풀이 34쪽

05 부등식의 성질 (2)

● 더 다양한 문제는 RPM 2-1 63쪽

$-3a+2>-3b+2$일 때, 다음 □ 안에 알맞은 부등호를 써넣으시오.

(1) a □ b

(2) $4a-3$ □ $4b-3$

(3) $5-7a$ □ $5-7b$

(4) $-\frac{a}{5}+\frac{1}{2}$ □ $-\frac{b}{5}+\frac{1}{2}$

KEY POINT

a, b의 대소 관계를 먼저 구할 수 있도록 부등식의 성질을 이용하여 주어진 부등식을 변형한다.

풀이 (1) $-3a+2>-3b+2$의 양변에서 2를 빼면 $-3a>-3b$
$-3a>-3b$의 양변을 -3으로 나누면 a [<] b
(2) $a<b$의 양변에 4를 곱하면 $4a<4b$
$4a<4b$의 양변에서 3을 빼면 $4a-3$ [<] $4b-3$
(3) $a<b$의 양변에 -7을 곱하면 $-7a>-7b$
$-7a>-7b$의 양변에 5를 더하면 $5-7a$ [>] $5-7b$
(4) $a<b$의 양변을 -5로 나누면 $-\frac{a}{5}>-\frac{b}{5}$
$-\frac{a}{5}>-\frac{b}{5}$의 양변에 $\frac{1}{2}$을 더하면 $-\frac{a}{5}+\frac{1}{2}$ [>] $-\frac{b}{5}+\frac{1}{2}$

답 (1) < (2) < (3) > (4) >

확인 5 $\frac{a}{4}-1<\frac{b}{4}-1$일 때, 다음 중 옳지 않은 것은?

① $3a<3b$ ② $-\frac{a}{8}>-\frac{b}{8}$ ③ $2a+7<2b+7$
④ $-\frac{a}{6}+3>-\frac{b}{6}+3$ ⑤ $-9a-2<-9b-2$

06 부등식의 성질을 이용하여 식의 값의 범위 구하기

● 더 다양한 문제는 RPM 2-1 64쪽

$-1<a<3$일 때, 다음 식의 값의 범위를 구하시오.

(1) $3a-7$

(2) $-2a+1$

KEY POINT

a의 값의 범위를 알 때, $\triangle a+\square$의 값의 범위 구하기
➡ a의 값의 범위의 각 변에 △를 곱한 후 □를 더한다.

풀이 (1) $-1<a<3$의 각 변에 3을 곱하면 $-3<3a<9$
$-3<3a<9$의 각 변에서 7을 빼면 $-10<3a-7<2$
(2) $-1<a<3$의 각 변에 -2를 곱하면 $-6<-2a<2$
$-6<-2a<2$의 각 변에 1을 더하면 $-5<-2a+1<3$

답 (1) $-10<3a-7<2$ (2) $-5<-2a+1<3$

확인 6 $-3<x\le 2$일 때, 다음 식의 값의 범위를 구하시오.

(1) $4-x$

(2) $2x-3$

정답 및 풀이 35쪽

01 다음 문장을 부등식으로 나타내시오.

> 무게가 2 kg인 상자에 3 kg짜리 아령 a개를 담으면 전체 무게는 25 kg을 넘지 않는다.

02 다음 부등식 중 $x=-3$을 해로 갖는 것은?

① $3x-1>-5$ ② $-4x+2<10$ ③ $4x+1\geq 3x-1$
④ $2x-3<-x-9$ ⑤ $\frac{5}{3}\geq\frac{x}{6}+3$

각 부등식에 $x=-3$을 대입해 본다.

03 x가 4 이하의 자연수일 때, 부등식 $3x-2\leq 7$의 해의 개수를 구하시오.

04 다음 중 □ 안에 알맞은 부등호의 방향이 나머지 넷과 다른 하나는?

① $a+3<b+3$이면 a □ b이다.
② $-\frac{a}{2}>-\frac{b}{2}$이면 a □ b이다.
③ $-a-7>-b-7$이면 a □ b이다.
④ $\frac{a}{6}-2<\frac{b}{6}-2$이면 a □ b이다.
⑤ $2-3a<2-3b$이면 a □ b이다.

부등식의 양변에 같은 음수를 곱하거나 양변을 같은 음수로 나누면 부등호의 방향이 바뀐다.

05 $-2\leq x<6$이고 $A=11-\frac{x}{2}$일 때, A의 값의 범위는?

① $6<A\leq 8$ ② $6\leq A<8$ ③ $8<A\leq 12$
④ $8\leq A<12$ ⑤ $10<A\leq 14$

$-\frac{x}{2}\rightarrow 11-\frac{x}{2}$의 순서로 식의 값의 범위를 구한다.

02 일차부등식의 풀이

개념원리 **이해**

1 일차부등식이란 무엇인가?

핵심문제 01

일차부등식: 부등식의 모든 항을 좌변으로 이항하여 정리한 식이

(일차식)>0, (일차식)<0, (일차식)≥ 0, (일차식)≤ 0

중 어느 하나의 꼴로 나타나는 부등식을 일차부등식이라 한다.

예 ① $2x+1>-x$에서 $3x+1>0$ ➡ 일차부등식이다.

② $3x-2<3x$에서 $-2<0$ ➡ 일차부등식이 아니다.

2 일차부등식은 어떻게 푸는가?

핵심문제 02, 05~08

(1) **일차부등식의 풀이**

일차부등식은 다음과 같은 순서로 푼다.

❶ 미지수 x를 포함하는 항은 좌변으로, 상수항은 우변으로 이항한다.

❷ 양변을 정리하여 $ax>b$, $ax<b$, $ax\geq b$, $ax\leq b$ $(a\neq 0)$의 꼴로 나타낸다.

❸ 양변을 x의 계수 a로 나누어 $x>$(수), $x<$(수), $x\geq$(수), $x\leq$(수) 중 어느 하나의 꼴로 나타낸다. 이때 $a<0$이면 부등호의 방향이 바뀐다.

예 일차부등식 $3x-2<10-x$를 풀어 보자.

$3x-2<10-x$
　$-x$를 좌변으로, -2를 우변으로 이항한다.
$3x+x<10+2$
　양변을 정리하여 $ax<b$의 꼴로 나타낸다.
$4x<12$
　양변을 x의 계수 4로 나눈다.
$\therefore x<3$

(2) **부등식의 해를 수직선 위에 나타내기**

① $x>a$　② $x<a$　③ $x\geq a$　④ $x\leq a$

참고 수직선에서 ●에 대응하는 수는 부등식의 해에 포함되고, ○에 대응하는 수는 부등식의 해에 포함되지 않는다.

3 복잡한 일차부등식은 어떻게 푸는가?

핵심문제 03~08

(1) **괄호가 있는 경우**: 분배법칙을 이용하여 괄호를 풀고 동류항끼리 정리하여 푼다.

(2) **계수가 소수인 경우**: 양변에 10의 거듭제곱을 곱하여 계수를 정수로 고쳐서 푼다.

(3) **계수가 분수인 경우**: 양변에 분모의 최소공배수를 곱하여 계수를 정수로 고쳐서 푼다.

주의 양변에 수를 곱할 때에는 모든 항에 빠짐없이 곱해야 한다.

개념원리 확인하기

01 다음 중 일차부등식인 것은 ○, 일차부등식이 아닌 것은 ×를 ( ) 안에 써넣으시오.

(1) $x-6\geq 4x+2$ ( ) (2) $x^2-3x<1$ ( )

(3) $-x+5\leq 2-x$ ( ) (4) $x^2-6>x^2-4x$ ( )

> ○ 일차부등식이란?

02 다음은 일차부등식의 풀이 과정이다. □ 안에 알맞은 것을 써넣으시오.

(1) $-7-x>9-3x$ ➡ $2x>$□ ➡ $x>$□

(2) $x-1\geq 3x-5$ ➡ □$x\geq -4$ ➡ x□2

> ○ 일차부등식의 풀이
> ➡ x를 포함하는 항은 좌변으로, 상수항은 □으로 이항하여 정리한 후, 양변을 x의 계수로 나눈다.

03 다음 일차부등식을 풀고, 그 해를 주어진 수직선 위에 나타내시오.

(1) $x-12\leq 4x$

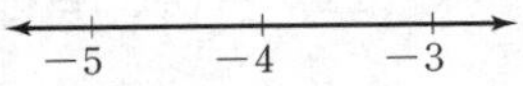

(2) $2x+3<8-3x$

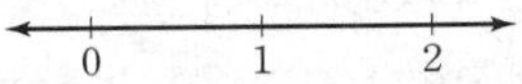

04 다음은 일차부등식의 풀이 과정이다. □ 안에 알맞은 것을 써넣으시오.

(1) $2(x+2)\geq 3x-1$

> 괄호를 풀면 □$\geq 3x-1$
> $-x\geq$□ $\therefore x$□5

(2) $0.5x-1.8>0.3-0.2x$

> 양변에 □을 곱하면 $5x-18>$□
> □$x>21$ $\therefore x>$□

(3) $\frac{x}{6}+\frac{2}{3}<\frac{x}{2}+4$

> 양변에 □을 곱하면 □$<3x+24$
> $-2x<$□ $\therefore x$□-10

> ○ ① 괄호가 있는 경우
> ➡ □을 이용하여 괄호를 푼다.
> ② 계수가 소수인 경우
> ➡ 양변에 10의 □을 곱하여 계수를 정수로 고친다.
> ③ 계수가 분수인 경우
> ➡ 양변에 분모의 □를 곱하여 계수를 정수로 고친다.

01 일차부등식의 뜻

● 더 다양한 문제는 RPM 2-1 64쪽

다음 **보기** 중 일차부등식인 것을 모두 고르시오.

보기

ㄱ. $\frac{1}{2}x-4>-3$　　　　ㄴ. $5x+1\leq x^2-x-7$

ㄷ. $4x-1<3+4x$　　　　ㄹ. $x+3\geq -2x-7$

풀이 부등식의 모든 항을 좌변으로 이항하여 정리하면

ㄱ. $\frac{1}{2}x-1>0$　　　　ㄴ. $-x^2+6x+8\leq 0$

ㄷ. $-4<0$　　　　ㄹ. $3x+10\geq 0$

이상에서 일차부등식인 것은 ㄱ, ㄹ이다.

답 ㄱ, ㄹ

KEY POINT

일차부등식

➡ 부등식의 모든 항을 좌변으로 이항하여 정리한 식이
(일차식)>0, (일차식)<0,
(일차식)≥ 0, (일차식)≤ 0
중 어느 하나의 꼴로 나타나는 부등식

확인 1 다음 중 일차부등식이 아닌 것은?

① $4x+1>6$　　② $3-x\geq x-3$　　③ $2(x+1)\leq 2x-3$

④ $x-5<2+\frac{2}{3}x$　　⑤ $-x^2-x+4>1-x^2$

02 일차부등식의 풀이

● 더 다양한 문제는 RPM 2-1 65쪽

다음 일차부등식을 풀고, 그 해를 수직선 위에 나타내시오.

(1) $5x-9\leq x+11$　　　　(2) $1-4x<7-2x$

풀이 (1) $5x-9\leq x+11$에서　$4x\leq 20$

$\therefore x\leq 5$

따라서 해를 수직선 위에 나타내면 오른쪽 그림과 같다.

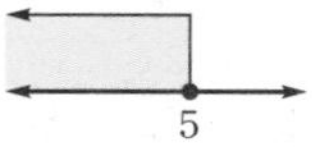

(2) $1-4x<7-2x$에서　$-2x<6$

$\therefore x>-3$

따라서 해를 수직선 위에 나타내면 오른쪽 그림과 같다.

답 풀이 참조

KEY POINT

일차부등식의 풀이

❶ x를 포함하는 항은 좌변으로, 상수항은 우변으로 이항하여 정리한다.

❷ 양변을 x의 계수로 나눈다. 이때 x의 계수가 음수이면 부등호의 방향은 바뀐다.

확인 2 부등식의 해를 수직선 위에 나타내었을 때, 오른쪽 그림과 같은 것을 **보기**에서 모두 고르시오.

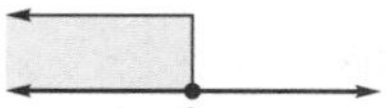

보기

ㄱ. $2x+4\leq 0$　　　　ㄴ. $5-x\geq 3$

ㄷ. $8x-1\leq 3x+9$　　　　ㄹ. $4x-6\leq 11x+8$

03 괄호가 있는 일차부등식의 풀이

● 더 다양한 문제는 RPM 2-1 65쪽

다음 일차부등식을 푸시오.

(1) $5(x-1)>2x+13$ (2) $3(2-x)-2(x+2)\le x+5$

KEY POINT

분배법칙을 이용하여 괄호를 푼다.

풀이 (1) 괄호를 풀면 $5x-5>2x+13$

$3x>18$ $\therefore x>6$

(2) 괄호를 풀면 $6-3x-2x-4\le x+5$

$-6x\le 3$ $\therefore x\ge -\frac{1}{2}$

답 (1) $x>6$ (2) $x\ge -\frac{1}{2}$

확인 3 다음 일차부등식을 푸시오.

(1) $6(x+4)<-2x$ (2) $x-6\le 5(x+2)$

(3) $2(3x-1)-1\ge 3(-x+5)$ (4) $4(x-1)>2(x-3)+5x$

04 계수가 소수 또는 분수인 일차부등식의 풀이

● 더 다양한 문제는 RPM 2-1 66쪽

다음 일차부등식을 푸시오.

(1) $0.3x+1\ge 1.2x-0.8$ (2) $\frac{x+3}{2}<\frac{x}{7}-1$

KEY POINT

① 계수가 소수인 경우
➡ 양변에 10의 거듭제곱을 곱하여 계수를 정수로 고친다.

② 계수가 분수인 경우
➡ 양변에 분모의 최소공배수를 곱하여 계수를 정수로 고친다.

풀이 (1) 양변에 10을 곱하면 $3x+10\ge 12x-8$

$-9x\ge -18$ $\therefore x\le 2$

(2) 양변에 14를 곱하면 (→ 2, 7의 최소공배수)

$7(x+3)<2x-14$, $7x+21<2x-14$

$5x<-35$ $\therefore x<-7$

답 (1) $x\le 2$ (2) $x<-7$

확인 4 다음 일차부등식을 푸시오.

(1) $0.2x-0.35>0.13x$ (2) $1.3(2x-3)\ge 3.5x+1.5$

(3) $\frac{3}{2}x+1\le \frac{5}{6}x-\frac{1}{3}$ (4) $\frac{2x+3}{3}-\frac{3x-5}{4}<1$

> 정답 및 풀이 37쪽

05 x의 계수가 문자인 일차부등식의 풀이

● 더 다양한 문제는 RPM 2-1 66쪽

다음 물음에 답하시오.

(1) $a>0$일 때, x에 대한 일차부등식 $ax+a>0$을 푸시오.

(2) $a<0$일 때, x에 대한 일차부등식 $ax-3<5$를 푸시오.

풀이 (1) $ax+a>0$에서 $ax>-a$

이때 $a>0$이므로 양변을 a로 나누면 부등호의 방향이 바뀌지 않는다.

$\therefore x>-1$

(2) $ax-3<5$에서 $ax<8$

이때 $a<0$이므로 양변을 a로 나누면 부등호의 방향이 바뀐다.

$\therefore x>\frac{8}{a}$

답 (1) $x>-1$ (2) $x>\frac{8}{a}$

KEY POINT

x의 계수가 문자인 일차부등식은 x의 계수가 양수인지 음수인지 확인한 후 푼다.

$ax>b$의 꼴에서

① $a>0$ ➡ $x>\frac{b}{a}$

② $a<0$ ➡ $x<\frac{b}{a}$

확인 5 다음 물음에 답하시오.

(1) $a>0$일 때, x에 대한 일차부등식 $-ax-5a>0$을 푸시오.

(2) $a<0$일 때, x에 대한 일차부등식 $3ax\leq 2ax+7$을 푸시오.

06 부등식의 해가 주어진 경우 미지수의 값 구하기

● 더 다양한 문제는 RPM 2-1 67쪽

일차부등식 $5x-a>2x+1$의 해가 $x>3$일 때, 상수 a의 값을 구하시오.

풀이 $5x-a>2x+1$에서

$3x>1+a$ $\therefore x>\frac{1+a}{3}$

이때 주어진 부등식의 해가 $x>3$이므로

$\frac{1+a}{3}=3$, $1+a=9$

$\therefore a=8$

답 8

KEY POINT

부등식을

$x>(수)$, $x<(수)$,

$x\geq(수)$, $x\leq(수)$

중 어느 하나의 꼴로 나타낸 후 주어진 부등식의 해와 비교한다.

확인 6 일차부등식 $x+5\geq 3x-a$의 해가 $x\leq 4$일 때, 상수 a의 값을 구하시오.

> 정답 및 풀이 37쪽

07 해가 서로 같은 두 일차부등식

● 더 다양한 문제는 RPM 2-1 67쪽

두 일차부등식 $4x+1<-7$, $a-6x>2(1-x)$의 해가 서로 같을 때, 상수 a의 값을 구하시오.

KEY POINT

두 일차부등식의 해가 서로 같다.
➡ 각각의 부등식을 푼 후 해가 서로 같음을 이용하여 미지수의 값을 구한다.

풀이 $4x+1<-7$에서

$4x<-8 \qquad \therefore x<-2$

$a-6x>2(1-x)$에서

$a-6x>2-2x, \qquad -4x>2-a$

$\therefore x<\dfrac{a-2}{4}$

이때 두 부등식의 해가 서로 같으므로

$-2=\dfrac{a-2}{4}, \qquad a-2=-8$

$\therefore a=-6$

답 -6

확인 7 두 일차부등식 $0.2x+1>0.5x-0.8$, $3-\dfrac{1}{6}x<-x+2a$의 해가 서로 같을 때, 상수 a의 값을 구하시오.

UP 08 부등식의 해의 조건이 주어진 경우

● 더 다양한 문제는 RPM 2-1 68쪽

일차부등식 $7x-a\le5x$를 만족시키는 자연수 x가 3개일 때, 상수 a의 값의 범위를 구하시오.

KEY POINT

부등식을 만족시키는 자연수의 개수가 주어진 경우
➡ 수직선을 그려서 생각한다.

풀이 $7x-a\le5x$에서

$2x\le a \qquad \therefore x\le\dfrac{a}{2}$

이를 만족시키는 자연수 x가 3개이려면 오른쪽 그림과 같아야 하므로

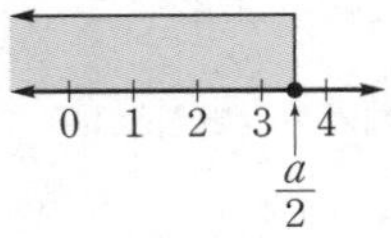

$3\le\dfrac{a}{2}<4 \qquad \therefore 6\le a<8$

답 $6\le a<8$

확인 8 일차부등식 $x+3>2x-a$를 만족시키는 자연수 x가 2개일 때, 상수 a의 값의 범위를 구하시오.

01 다음 일차부등식을 푸시오.

(1) $4x+5>3x-2$

(2) $6x-5>8x+13$

(3) $x+9\leq 3-2x$

(4) $7-x\geq 5x+1$

(5) $-1+2x<-13+5x$

(6) $3x-8<-x-20$

02 다음 일차부등식을 푸시오.

(1) $2(x+3)\leq -x+9$

(2) $2x-5(x+2)<5$

(3) $5(x-2)>8-x$

(4) $3(x-2)\geq 2(2x+1)$

(5) $5-(x+4)\leq 3(2x-9)$

(6) $-2(x+1)\geq 5(2x-3)-11$

03 다음 일차부등식을 푸시오.

(1) $0.1x>9-1.4x$

(2) $x+0.6<0.2x-1$

(3) $0.8-0.2x\leq 0.5x-0.6$

(4) $0.05x-0.01\geq 0.08x+0.2$

(5) $1.1x+2.9>0.5(x+1)$

(6) $0.3(2x-3)-2\leq 3.5x$

04 다음 일차부등식을 푸시오.

(1) $\frac{2x+1}{7}-1<2$

(2) $\frac{5}{4}x-1<\frac{3}{2}x$

(3) $\frac{2}{3}x-\frac{3}{2}\leq \frac{1}{4}x+\frac{7}{2}$

(4) $x-\frac{2x-1}{3}\geq \frac{x+3}{2}$

(5) $\frac{1}{3}x-\frac{x+1}{4}>1$

(6) $\frac{x+5}{5}-\frac{3x-9}{2}>-1$

이런 문제가 시험에 나온다

01 다음 중 일차부등식인 것을 모두 고르면? (정답 2개)

① $\frac{1}{x}-3>5$　② $-2x+4\geq-2(x-1)$

③ $x^2-4\leq1-2x+x^2$　④ $x(x+4)<x^2-1$

⑤ $2-x^2<1+3x$

02 다음 일차부등식 중 해가 나머지 넷과 다른 하나는?

① $4x-5<11$　② $8-3x>-x$　③ $5x+3<2x+15$

④ $1-2x>-x-3$　⑤ $x-7>6x+13$

03 일차부등식 $3(2x+1)>-2(x-7)+1$을 만족시키는 가장 작은 정수 x의 값을 구하시오.

분배법칙을 이용하여 괄호를 푼다.

04 다음 중 일차부등식 $0.4x+1<0.7x+1.3$의 해를 수직선 위에 바르게 나타낸 것은?

①
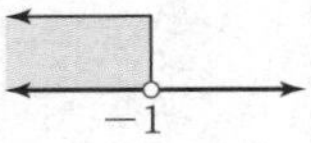

②
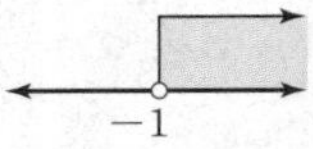

③
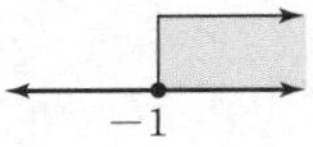

④
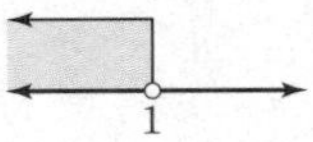

⑤
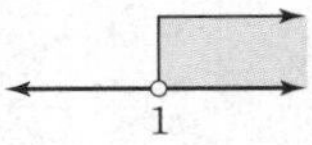

양변에 10의 거듭제곱을 곱하여 계수를 정수로 고친다.

05 일차부등식 $x-\frac{4x-1}{3}\geq-4$를 만족시키는 자연수 x의 개수를 구하시오.

양변에 분모의 최소공배수를 곱하여 계수를 정수로 고친다.

> 정답 및 풀이 39쪽

06 일차부등식 $0.5(x+2) \leq \frac{x}{7} - 1.5$를 풀면?

① $x \leq -7$ ② $x \geq -7$ ③ $x \leq -5$
④ $x \geq 5$ ⑤ $x \leq 7$

계수에 소수와 분수가 섞여 있는 경우
➡ 양변에 적당한 수를 곱하여 계수를 정수로 고친다.

07 $a>0$일 때, x에 대한 일차부등식 $2a-ax>0$을 풀면?

① $x<-2$ ② $x>-2$ ③ $x<1$
④ $x<2$ ⑤ $x>2$

08 일차부등식 $\frac{x-a}{2} \leq x+1$의 해가 $x \geq -3$일 때, 상수 a의 값을 구하시오.

일차부등식을 풀어서 주어진 해와 비교한다.

09 다음 두 일차부등식의 해가 서로 같을 때, 상수 a의 값을 구하시오.

$$6x-3>4x+a, \quad \frac{x}{4}<0.5x-1$$

UP

10 일차부등식 $3(x-1)+a<-6x$를 만족시키는 자연수 x가 존재하지 않을 때, 상수 a의 값의 범위를 구하시오.

일차부등식을 푼 후 수직선을 이용하여 조건을 만족시키는 a의 값의 범위를 구한다.

중단원 마무리하기

STEP 1 기본 문제

01 다음 문장을 부등식으로 나타낸 것으로 옳지 않은 것은?

① x의 4배에서 5를 뺀 수는 10보다 크거나 같다.
➡ $4x-5\geq 10$
② 한 개에 300원인 귤 x개의 가격은 3000원 이하이다. ➡ $300x\leq 3000$
③ 800원짜리 공책 한 권과 x원짜리 필통 한 개를 사면 5000원을 초과한다.
➡ $800+x>5000$
④ x의 3배에 4를 더한 수는 10을 넘지 않는다.
➡ $3x+4<10$
⑤ 밑변의 길이가 x cm, 높이가 6 cm인 삼각형의 넓이는 24 cm^2 미만이다. ➡ $3x<24$

02 다음 중 [ ] 안의 수가 주어진 부등식의 해가 아닌 것은?

① $5x+6<-2$ [-2]
② $-3x-1<4$ [-1]
③ $2x-1\leq 5$ [3]
④ $3-2x\geq -x$ [4]
⑤ $\frac{3}{2}x-5>\frac{1}{3}x$ [6]

꼭나와

03 $a\leq b$일 때, 다음 중 옳지 않은 것은?

① $6a+3\leq 6b+3$　② $-\frac{a}{3}-1\geq -\frac{b}{3}-1$
③ $\frac{a}{4}-5\leq \frac{b}{4}-5$　④ $3-2a\geq 3-2b$
⑤ $-9+5a\geq -9+5b$

꼭나와

04 $-2<x\leq 3$이고 $A=4-3x$일 때, A의 값의 범위를 구하시오.

05 다음 중 일차부등식인 것은?

① $3x-1<x^2+2x$
② $2(x-3)\leq 1+2x$
③ $6x=4-(x+2)$
④ $4(2-x)\geq -3+2x$
⑤ $5x+3+x>3(2x+5)$

06 일차방정식 $7x-9=4x$의 해가 $x=a$일 때, 일차부등식 $2x+a>3x-5$의 해를 구하시오.

> 정답 및 풀이 40쪽

꼭나와

07 다음 일차부등식 중 해를 수직선 위에 나타내었을 때, 오른쪽 그림과 같은 것을 모두 고르면? (정답 2개)

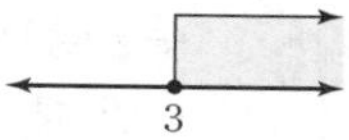

① $5x \geq x+8$　　② $2-3x \leq -7$
③ $7x+2 \geq 5x-4$　　④ $7-x \leq x+1$
⑤ $3x-10 \leq -2x+5$

08 일차부등식 $11-2(x+3)<5(4-x)$를 만족시키는 모든 자연수 x의 값의 합을 구하시오.

09 다음 중 일차부등식 $0.4x-\frac{1}{2}x>1.2+\frac{1}{5}x$의 해를 수직선 위에 바르게 나타낸 것은?

①
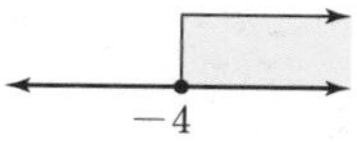

②
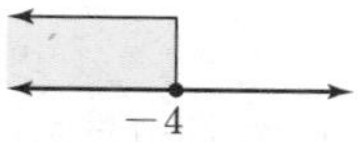

③
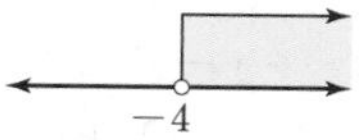

④
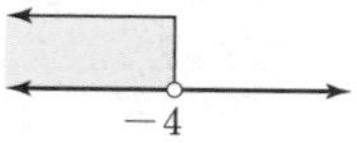

⑤
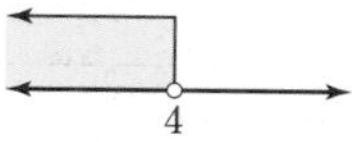

10 $a<0$일 때, x에 대한 일차부등식 $2-ax<5$를 풀면?

① $x<-\frac{3}{a}$　　② $x>-\frac{3}{a}$
③ $x<\frac{3}{a}$　　④ $x>\frac{3}{a}$
⑤ $x>\frac{7}{a}$

11 일차부등식 $\frac{x+3}{5} \geq \frac{x}{4}+a$의 해가 $x \leq -8$일 때, 상수 a의 값은?

① -2　　② -1　　③ 1
④ 2　　⑤ 3

꼭나와

12 두 일차부등식 $0.1x+1<0.6x+0.5$, $3x+a>1-2(1-x)$의 해가 서로 같을 때, 상수 a의 값을 구하시오.

STEP 2 발전 문제

꼭나와

13 다음 중 옳지 않은 것은?

① $a-2<b-2$이면 $a<b$이다.
② $1-a<1-b$이면 $a>b$이다.
③ $\frac{a}{4}>\frac{b}{4}$이면 $-2a<-2b$이다.
④ $-3a>-3b$이면 $a+1<b+1$이다.
⑤ $-2a+7>-2b+7$이면 $\frac{a}{3}>\frac{b}{3}$이다.

14 $a<b<0$일 때, 다음 중 옳은 것을 모두 고르면? (정답 2개)

① $5-a<5-b$　② $a^2>b^2$
③ $-2a<-2b$　④ $\frac{1}{a}<\frac{1}{b}$
⑤ $2-\frac{a}{7}>2-\frac{b}{7}$

15 $y=-4x+7$일 때, $-5<y\leq 15$를 만족시키는 정수 x의 개수는?

① 3　② 4　③ 5
④ 6　⑤ 7

16 부등식 $x+5>ax+7-2x$가 x에 대한 일차부등식일 때, 다음 중 상수 a의 값이 될 수 없는 것은?

① -3　② -2　③ 0
④ 2　⑤ 3

꼭나와

17 일차부등식 $\frac{x}{2}-0.75\left(x+\frac{1}{2}\right)>0.25x$를 만족시키는 x의 값 중에서 가장 큰 정수를 a, 일차부등식 $\frac{x+1}{3}-\frac{2x-5}{2}<1$을 만족시키는 x의 값 중에서 가장 작은 정수를 b라 할 때, $a+b$의 값을 구하시오.

18 다음 일차부등식을 푸시오.

$$0.5x+0.\dot{6}<1.\dot{3}x-0.1\dot{6}$$

19 $a<2$일 때, x에 대한 일차부등식 $a(x+3)-1\le 5+2x$를 풀면?

① $x\ge -5$ ② $x\ge -3$ ③ $x\le -3$
④ $x\le 3$ ⑤ $x\ge 3$

꼭나와

20 일차부등식 $ax+3>5-2x$의 해가 오른쪽 그림과 같을 때, 상수 a의 값을 구하시오.

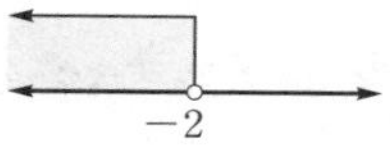

21 일차부등식 $\dfrac{x-2a}{4}\ge -x+2.5$를 만족시키는 가장 작은 x의 값이 6일 때, 상수 a의 값은?

① 4 ② 6 ③ 8
④ 10 ⑤ 12

STEP 3 실력 UP

22 $-2\le x\le 3$, $-1\le y\le 4$일 때, $4x-3y$의 값 중에서 가장 큰 값을 M, 가장 작은 값을 m이라 하자. 이때 $M-m$의 값을 구하시오.

해설 강의

23 일차부등식 $(a+2b)x-2a+5b>0$의 해가 $x<\dfrac{1}{2}$일 때, 일차부등식 $(2a-3b)x+a+b<0$의 해를 구하시오. (단, a, b는 상수이다.)

해설 강의

24 일차부등식 $2x-3\ge 7x+a$를 만족시키는 자연수 x가 4개 이상일 때, 상수 a의 값 중 가장 큰 수를 구하시오.

해설 강의

서술형 대비 문제

예제 1

해설 강의

일차부등식 $2(4-x)<3-7x$를 만족시키는 x에 대하여 $A=-4x+2$일 때, 가장 작은 정수 A의 값을 구하시오. [6점]

풀이 과정

1단계 일차부등식의 해 구하기 • 3점

$2(4-x)<3-7x$에서

$8-2x<3-7x$, $5x<-5$

$\therefore x<-1$

2단계 A의 값의 범위 구하기 • 2점

$x<-1$의 양변에 -4를 곱하면 $-4x>4$

$-4x>4$의 양변에 2를 더하면 $-4x+2>6$

$\therefore A>6$

3단계 가장 작은 정수 A의 값 구하기 • 1점

가장 작은 정수 A의 값은 7이다.

답 7

유제 1

일차부등식 $x+9>4(x-1)+7$을 만족시키는 x에 대하여 $A=\frac{1}{2}x-5$일 때, 가장 큰 정수 A의 값을 구하시오. [6점]

풀이 과정

1단계 일차부등식의 해 구하기 • 3점

2단계 A의 값의 범위 구하기 • 2점

3단계 가장 큰 정수 A의 값 구하기 • 1점

답

예제 2

해설 강의

두 일차부등식 $\frac{1}{3}x-\frac{x+3}{4}<-1$, $0.1(6x+a)<0.2+0.3x$의 해가 서로 같을 때, 상수 a의 값을 구하시오. [7점]

풀이 과정

1단계 $\frac{1}{3}x-\frac{x+3}{4}<-1$의 해 구하기 • 3점

$\frac{1}{3}x-\frac{x+3}{4}<-1$에서

$4x-3(x+3)<-12$ $\therefore x<-3$

2단계 $0.1(6x+a)<0.2+0.3x$의 해 구하기 • 3점

$0.1(6x+a)<0.2+0.3x$에서

$6x+a<2+3x$, $3x<2-a$

$\therefore x<\frac{2-a}{3}$

3단계 a의 값 구하기 • 1점

두 부등식의 해가 서로 같으므로

$-3=\frac{2-a}{3}$, $-9=2-a$ $\therefore a=11$

답 11

유제 2

두 일차부등식 $3-\frac{x-a}{3}\leq\frac{a+x}{2}$, $-0.6(x-1)\geq0.2(5-4x)$의 해가 서로 같을 때, 상수 a의 값을 구하시오. [7점]

풀이 과정

1단계 $3-\frac{x-a}{3}\leq\frac{a+x}{2}$의 해 구하기 • 3점

2단계 $-0.6(x-1)\geq0.2(5-4x)$의 해 구하기 • 3점

3단계 a의 값 구하기 • 1점

답

> 정답 및 풀이 44쪽

스스로 서술하기

유제 3 $-6<x\le 12$일 때, $A=-1-\frac{x}{3}$의 값의 범위가 $a\le A<b$이다. 이때 $b-3a$의 값을 구하시오. [6점]

풀이 과정

답

유제 5 일차부등식 $5x+a\ge 1-2x$의 해가 $x\ge 1$일 때, 일차부등식 $19-4x<x+a$의 해를 구하시오.
(단, a는 상수이다.) [6점]

풀이 과정

답

유제 4 일차부등식 $1.2x+0.7>0.3x-2$의 해를 $x>a$라 하고, 일차부등식 $\frac{3x+2}{5}>\frac{2x-1}{3}$의 해를 $x<b$라 할 때, 상수 a, b에 대하여 $a+b$의 값을 구하시오. [7점]

풀이 과정

답

유제 6 일차부등식 $2(x+a)<3x-6$을 만족시키는 x의 값 중 가장 작은 정수가 9일 때, 상수 a의 값의 범위를 구하시오. [7점]

풀이 과정

답

공감 한 스푼

"책과 지도로 세상을 바라볼 수 없어요.
세상은 직접 바라봐야 해요."

그림 정인(@jeong_iinn_)

Ⅲ-2

일차부등식의 활용

이 단원의 학습 계획을 세우고
하나하나 실천하는 습관을 기르자!!

나는 할 수 있어!

		공부한 날		학습 완료도
01 일차부등식의 활용 (1)	개념원리 이해 & 개념원리 확인하기	월	일	□□□
	핵심문제 익히기	월	일	○○○
	이런 문제가 시험에 나온다	월	일	○○○
02 일차부등식의 활용 (2)	개념원리 이해 & 개념원리 확인하기	월	일	□□□
	핵심문제 익히기	월	일	○○○
	이런 문제가 시험에 나온다	월	일	○○○
중단원 마무리하기		월	일	○○○
서술형 대비 문제		월	일	○○○

개념 학습 guide

- 개념을 이해했으면 ■■■, 개념을 문제에 적용할 수 있으면 ■■■, 개념을 친구에게 설명할 수 있으면 ■■■로 색칠한다.
- 부족한 부분의 개념을 반복 학습하여 ■■■ 3칸 모두 색칠하면 학습을 마친다.

문제 학습 guide

- 맞힌 문제가 전체의 50% 미만이면 ●●●, 맞힌 문제가 50% 이상 90% 미만이면 ●●●, 맞힌 문제가 90% 이상이면 ●●● 로 색칠한다. 문제를 찍지 말자!
- 틀린 문제는 왜 틀렸는지 그 이유를 파악한 후 다시 풀어 본다. 며칠 후 틀린 문제를 다시 풀어 보고, 풀이 과정과 답이 맞으면 학습을 마친다.

01 일차부등식의 활용 (1)

개념원리 **이해**

1 일차부등식의 활용 문제는 어떻게 푸는가?

핵심문제 01~08

일차부등식의 활용 문제를 풀 때에는 다음과 같은 순서로 해결한다.

❶ 미지수 정하기 ➡ 문제의 뜻을 파악하고 구하려고 하는 것을 미지수 x로 놓는다.

❷ 부등식 세우기 ➡ 문제의 뜻에 맞게 x에 대한 일차부등식을 세운다.

❸ 부등식 풀기 ➡ 일차부등식을 푼다.

❹ 확인하기 ➡ 구한 해가 문제의 뜻에 맞는지 확인한다.

예 어떤 자연수의 3배에서 8을 뺀 수가 22보다 작다고 할 때, 어떤 자연수 중 가장 큰 수를 구해 보자.

❶ 미지수 정하기 ➡ 어떤 자연수를 x라 하자.

❷ 부등식 세우기 ➡ 어떤 자연수의 3배에서 8을 뺀 수는 $3x-8$

이 수가 22보다 작으므로 $3x-8<22$

❸ 부등식 풀기 ➡ $3x-8<22$에서

$3x<30 \quad \therefore x<10$

따라서 어떤 자연수 중 가장 큰 수는 9이다.

❹ 확인하기 ➡ $3x-8<22$에 $x=9$를 대입하면 부등식이 참이고, $x=10$을 대입하면 부등식이 거짓이므로 문제의 뜻에 맞는다.

주의 구하는 것이 물건의 개수, 사람 수, 나이 등이면 해는 자연수이다.

2 일차부등식의 활용 문제는 어떤 것이 있는가?

핵심문제 01~08

(1) **연속하는 수에 대한 문제**

연속하는 수에 대한 문제가 주어지면 미지수를 다음과 같이 놓는다.

① 연속하는 두 정수 ➡ x, $x+1$ 또는 $x-1$, x

② 연속하는 세 정수 ➡ $x-1$, x, $x+1$ 또는 x, $x+1$, $x+2$

③ 연속하는 두 홀수 (짝수) ➡ x, $x+2$ 또는 $x-2$, x

④ 연속하는 세 홀수 (짝수) ➡ $x-2$, x, $x+2$ 또는 x, $x+2$, $x+4$

(2) **도형에 대한 문제**

① 삼각형이 되는 조건 ➡ (가장 긴 변의 길이)<(나머지 두 변의 길이의 합)

② (삼각형의 넓이)$=\frac{1}{2}\times$(밑변의 길이)$\times$(높이)

③ (사다리꼴의 넓이)$=\frac{1}{2}\times${(윗변의 길이)+(아랫변의 길이)}$\times$(높이)

(3) **원가, 정가에 대한 문제**

① (정가)=(원가)+(이익)

② x원인 물건에 a %의 이익을 붙인 가격 ➡ $\left(1+\frac{a}{100}\right)x$원

y원인 물건을 b % 할인한 가격 ➡ $\left(1-\frac{b}{100}\right)y$원

> 정답 및 풀이 45쪽

01 한 개에 1200원인 쿠키를 2000원짜리 상자에 담아 전체 금액이 20000원 이하가 되게 사려고 한다. 쿠키를 최대 몇 개까지 살 수 있는지 구하려고 할 때, 다음 □ 안에 알맞은 수를 써넣으시오.

❶ 미지수 정하기	쿠키를 x개 산다고 하자.
❷ 부등식 세우기	쿠키를 사는 데 드는 비용은 $(1200x+\square)$원 전체 금액이 20000원 이하이어야 하므로 $1200x+\square\le 20000$ ⋯⋯ ㉠
❸ 부등식 풀기	㉠의 부등식을 풀면 $x\le\square$ 따라서 쿠키는 최대 □개까지 살 수 있다.
❹ 확인하기	㉠에 $x=15$를 대입하면 부등식이 참이고, $x=16$을 대입하면 부등식이 거짓이므로 문제의 뜻에 맞는다.

○ 일차부등식의 활용
➡ 구하려고 하는 것을 미지수로 놓고 문제의 뜻에 맞게 부등식을 세운다.

02 어떤 자연수의 2배에 9를 더한 수가 어떤 자연수의 4배에서 15를 뺀 수보다 작다고 할 때, 어떤 자연수 중 가장 작은 수를 구하려고 한다. 다음 물음에 답하시오.

(1) 어떤 자연수를 x라 할 때, 부등식을 세우시오.

(2) 부등식을 푸시오.

(3) 어떤 자연수 중 가장 작은 수를 구하시오.

03 집 앞 문구점에서는 공책 한 권의 가격이 1000원인데 할인 매장에서는 800원이라 한다. 할인 매장에 다녀오는 데 드는 왕복 교통비가 1800원일 때, 공책을 몇 권 이상 사는 경우 할인 매장에서 사는 것이 유리한지 구하려고 한다. 다음 물음에 답하시오.

○ 유리하다.
➡ 비용이 적게 든다.

(1) 공책을 x권 산다고 할 때, 집 앞 문구점과 할인 매장에서 공책을 사는 데 드는 비용을 차례대로 구하시오.

(2) 부등식을 세우시오.

(3) 부등식을 푸시오.

(4) 공책을 몇 권 이상 사는 경우 할인 매장에서 사는 것이 유리한지 구하시오.

핵심문제 익히기

01 수에 대한 문제

● 더 다양한 문제는 RPM 2-1 74쪽

연속하는 두 짝수가 있다. 작은 수의 4배에서 10을 뺀 것은 큰 수의 2배보다 작다고 할 때, 이를 만족시키는 가장 큰 두 짝수의 합을 구하시오.

KEY POINT

연속하는 두 짝수

➡ x, $x+2$ 또는 $x-2$, x로 놓는다.

풀이 연속하는 두 짝수를 x, $x+2$라 하면

$4x-10<2(x+2)$, $\quad 4x-10<2x+4$

$2x<14 \quad \therefore x<7$

이때 x의 값 중 가장 큰 짝수는 6이므로 가장 큰 두 짝수는 6, 8이다.

따라서 구하는 합은 $\quad 6+8=14$

답 14

확인 1 다음 물음에 답하시오.

(1) 연속하는 세 자연수의 합이 96보다 작다고 한다. 이와 같은 수 중에서 가장 큰 세 자연수를 구하시오.

(2) 차가 5인 두 정수의 합이 14보다 크다고 한다. 두 수 중 작은 수를 x라 할 때, x의 값이 될 수 있는 가장 작은 수를 구하시오.

02 예금액에 대한 문제

● 더 다양한 문제는 RPM 2-1 74쪽

현재 형우의 예금액은 10000원, 지우의 예금액은 25000원이다. 다음 달부터 매월 형우는 4000원씩, 지우는 3000원씩 예금한다면 몇 개월 후부터 형우의 예금액이 지우의 예금액보다 많아지는지 구하시오. (단, 이자는 생각하지 않는다.)

KEY POINT

매월 일정한 금액을 x개월 동안 예금하는 경우

➡ (x개월 후의 예금액)

=(현재의 예금액)

+(매월 예금액)$\times x$

풀이 x개월 후부터 형우의 예금액이 지우의 예금액보다 많아진다고 하면 x개월 후의 형우의 예금액은 $(10000+4000x)$원, 지우의 예금액은 $(25000+3000x)$원이므로

$10000+4000x>25000+3000x$, $\quad 1000x>15000$

$\therefore x>15$

따라서 16개월 후부터 형우의 예금액이 지우의 예금액보다 많아진다.

답 16개월

확인 2 현재 형의 예금액은 40000원, 동생의 예금액은 20000원이다. 다음 달부터 매월 형은 5000원씩, 동생은 1000원씩 예금한다면 몇 개월 후부터 형의 예금액이 동생의 예금액의 3배보다 많아지는지 구하시오. (단, 이자는 생각하지 않는다.)

03 평균에 대한 문제

● 더 다양한 문제는 RPM 2-1 75쪽

병주는 세 번의 수학 시험에서 95점, 88점, 75점을 받았다. 네 번에 걸친 수학 시험 점수의 평균이 85점 이상이 되려면 네 번째 수학 시험에서 몇 점 이상을 받아야 하는지 구하시오.

KEY POINT

$(\text{평균})=\dfrac{(\text{변량의 총합})}{(\text{변량의 개수})}$

풀이 네 번째 수학 시험에서 x점을 받는다고 하면

$$\frac{95+88+75+x}{4}\geq 85, \qquad 258+x\geq 340$$

$$\therefore x\geq 82$$

따라서 네 번째 수학 시험에서 82점 이상을 받아야 한다.

답 82점

확인 3 찬일이의 지난 세 달 동안의 휴대 전화 요금은 26000원, 33000원, 32000원이었다. 네 달에 걸친 휴대 전화 요금의 평균이 30000원 이하가 되려면 이번 달 휴대 전화 요금이 얼마 이하이어야 하는지 구하시오.

04 최대 개수에 대한 문제

● 더 다양한 문제는 RPM 2-1 75쪽

한 개에 2000원인 사과와 한 개에 3000원인 배를 합하여 12개를 사려고 한다. 전체 금액이 27000원 이하가 되게 하려고 할 때, 배는 최대 몇 개까지 살 수 있는지 구하시오.

KEY POINT

구하려는 물건의 개수를 x, 다른 물건의 개수를 $\{(\text{전체 개수})-x\}$로 나타낸다.

풀이 배를 x개 산다고 하면 사과는 $(12-x)$개 살 수 있으므로

$$2000(12-x)+3000x\leq 27000$$

$$24000-2000x+3000x\leq 27000$$

$$1000x\leq 3000 \qquad \therefore x\leq 3$$

따라서 배는 최대 3개까지 살 수 있다.

답 3개

확인 4 어느 전시회의 관람료는 어른은 1인당 3000원, 어린이는 1인당 1500원이라 한다. 어른과 어린이를 합하여 30명이 60000원 이하의 금액으로 전시회를 관람하려면 어른은 최대 몇 명까지 관람할 수 있는지 구하시오.

05 추가 요금에 대한 문제

● 더 다양한 문제는 RPM 2-1 76쪽

어느 공영 주차장의 주차 요금은 30분까지는 2000원이고 30분이 지나면 1분마다 100원씩 요금이 추가된다고 한다. 주차 요금이 8000원 이하가 되게 하려면 최대 몇 분까지 주차할 수 있는지 구하시오.

KEY POINT

p개의 가격이 a원이고, p개를 초과하면 1개당 b원이 추가될 때, x개의 가격 (단, $x>p$)

➡ $a+b(x-p)$(원)

- a → 기본요금
- $b(x-p)$ → 추가 요금

풀이 x분 동안 주차한다고 하면

$$2000+100(x-30)\le 8000$$
$$2000+100x-3000\le 8000$$
$$100x\le 9000 \qquad \therefore x\le 90$$

따라서 최대 90분까지 주차할 수 있다.

답 90분

확인 5 증명사진 8장을 인화하는 데 드는 비용이 15000원이고, 8장을 초과하면 한 장당 600원씩 추가 비용이 든다고 한다. 전체 비용이 24000원을 넘지 않게 하려면 증명사진을 최대 몇 장까지 인화할 수 있는지 구하시오.

06 유리한 방법을 선택하는 문제

● 더 다양한 문제는 RPM 2-1 76, 77쪽

동네 가게에서 한 개에 2000원인 물건이 할인 마트에서는 1500원이라 한다. 할인 마트에 다녀오는 데 드는 왕복 교통비가 2500원일 때, 이 물건을 몇 개 이상 사야 할인 마트에서 사는 것이 유리한지 구하시오.

KEY POINT

할인 마트에서 사는 것이 유리하다.

➡ (동네 가게에서 사는 데 드는 비용) >(할인 마트에서 사는 데 드는 비용)

풀이 물건을 x개 산다고 할 때, 동네 가게에서 사는 데 드는 비용은 $2000x$원, 할인 마트에서 사는 데 드는 비용은 $(1500x+2500)$원이다.

할인 마트에서 사는 것이 유리하려면

$$2000x>1500x+2500, \qquad 500x>2500$$
$$\therefore x>5$$

따라서 물건을 6개 이상 사야 할인 마트에서 사는 것이 유리하다.

답 6개

확인 6 어느 미술관의 입장료는 1인당 2000원이고 40명 이상의 단체에 대해서는 입장료의 30 %를 할인해 준다고 한다. 40명 미만의 단체가 입장하려고 할 때, 몇 명 이상부터 40명의 단체 입장권을 사는 것이 유리한지 구하시오.

(단, 40명 미만이어도 40명의 단체 입장권을 살 수 있다.)

정답 및 풀이 45쪽

07 도형에 대한 문제

● 더 다양한 문제는 RPM 2-1 77쪽

오른쪽 그림과 같이 아랫변의 길이가 10 cm이고 높이가 7 cm인 사다리꼴이 있다. 이 사다리꼴의 넓이가 56 cm^2 이상이 되려면 사다리꼴의 윗변의 길이는 몇 cm 이상이어야 하는지 구하시오.

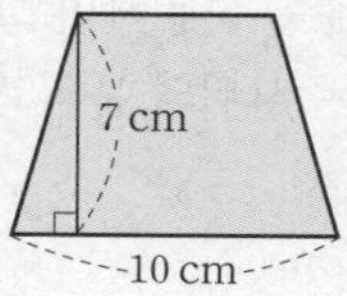

KEY POINT

(사다리꼴의 넓이)

$=\frac{1}{2}\times\{($윗변의 길이$)$

$+($아랫변의 길이$)\}$

$\times($높이$)$

풀이 사다리꼴의 윗변의 길이를 x cm라 하면

$\frac{1}{2}\times(x+10)\times7\geq56,\qquad \frac{7}{2}x+35\geq56$

$\frac{7}{2}x\geq21\qquad \therefore x\geq6$

따라서 사다리꼴의 윗변의 길이는 6 cm 이상이어야 한다.

답 6 cm

확인 7 가로의 길이가 12 cm인 직사각형이 있다. 이 직사각형의 둘레의 길이가 60 cm 이하가 되려면 세로의 길이는 몇 cm 이하이어야 하는지 구하시오.

UP

08 원가, 정가에 대한 문제

● 더 다양한 문제는 RPM 2-1 78쪽

원가가 9000원인 물건을 정가의 10 %를 할인하여 팔아서 원가의 20 % 이상의 이익을 얻으려고 할 때, 정가는 얼마 이상으로 정하면 되는지 구하시오.

KEY POINT

- ① x원인 물건에 a %의 이익을 붙인 가격
  ➡ $\left(1+\frac{a}{100}\right)x$원
  ② y원인 물건을 b % 할인한 가격
  ➡ $\left(1-\frac{b}{100}\right)y$원
- (이익)=(판매 가격)−(원가)

풀이 정가를 x원이라 하면

$($판매 가격$)=\left(1-\frac{10}{100}\right)x=\frac{9}{10}x\,($원$)$

원가의 20 % 이상의 이익을 얻어야 하므로

$\frac{9}{10}x-9000\geq\frac{20}{100}\times9000,\qquad \frac{9}{10}x\geq10800$

$\therefore x\geq12000$

따라서 정가는 12000원 이상으로 정하면 된다.

답 12000원

확인 8 정가가 11000원인 농구공을 30 % 할인하여 팔아서 원가의 10 % 이상의 이익을 얻으려고 할 때, 원가는 얼마 이하이어야 하는지 구하시오.

Ⅲ-2 일차부등식의 활용

이런 문제가 시험에 나온다

01 주사위를 던져 나온 눈의 수를 5배 하면 그 눈의 수에 6을 더한 것의 2배보다 크다고 한다. 이를 만족시키는 주사위의 눈의 수를 모두 구하시오.

주사위의 눈의 수는 1, 2, 3, 4, 5, 6이다.

02 현재 주희의 예금액은 60000원, 일승이의 예금액은 35000원이다. 다음 달부터 매월 주희는 8000원씩, 일승이는 3000원씩 예금한다면 몇 개월 후부터 주희의 예금액이 일승이의 예금액의 2배보다 많아지는지 구하시오.

(단, 이자는 생각하지 않는다.)

03 한 번에 800 kg까지 운반할 수 있는 승강기가 있다. 몸무게가 60 kg인 한 사람이 승강기에 타고 한 개에 40 kg인 상자를 여러 개 운반하려고 한다. 이때 한 번에 최대 몇 개의 상자를 운반할 수 있는지 구하시오.

사람과 상자의 총무게가 800 kg을 넘지 않아야 한다.

04 어느 음악 사이트에서는 음악 5곡을 내려받는 데 4000원이고 5곡을 넘으면 한 곡 추가할 때마다 500원이 추가된다고 한다. 음악 한 곡을 내려받는 데 600원 이하가 되게 하려면 최소 몇 곡을 내려받으면 되는지 구하시오.

05 어느 공연의 티켓 가격은 1인당 30000원이고 50명 이상의 단체에 대해서는 티켓 가격의 10 %를 할인해 준다고 한다. 50명 미만의 단체가 관람할 때, 몇 명 이상부터 50명의 단체 티켓을 사는 것이 유리한지 구하시오.

(단, 50명 미만이어도 50명의 단체 티켓을 살 수 있다.)

06 삼각형의 세 변의 길이가 x, $x+2$, $x+9$일 때, 다음 중 x의 값이 될 수 <u>없는</u> 것은?

① 7　　② 8　　③ 9
④ 10　　⑤ 11

삼각형이 되는 조건
➡ (가장 긴 변의 길이) < (나머지 두 변의 길이의 합)

02 일차부등식의 활용 (2)

개념원리 **이해**

1 거리, 속력, 시간에 대한 문제

○ 핵심문제 01, 02

거리, 속력, 시간에 대한 문제는 다음 관계를 이용하여 부등식을 세운다.

(1) (거리) = (속력) × (시간)

(2) $(\text{속력})=\dfrac{(\text{거리})}{(\text{시간})}$

(3) $(\text{시간})=\dfrac{(\text{거리})}{(\text{속력})}$

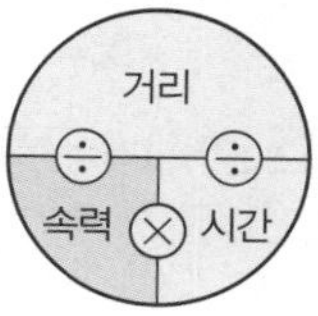

주의 거리, 속력, 시간에 대한 활용 문제를 풀 때 단위가 각각 다른 경우에는 먼저 단위를 통일시킨 후 부등식을 세운다.

➡ $1\text{ km}=1000\text{ m}$, $1\text{ m}=\dfrac{1}{1000}\text{ km}$, 1시간=60분, 1분$=\dfrac{1}{60}$시간

예 산책을 가는데 갈 때는 시속 5 km로 걷고, 올 때는 같은 길을 시속 3 km로 걸어서 2시간 이내에 다시 돌아오려고 한다. 이때 최대 몇 km 떨어진 지점까지 갔다 올 수 있는지 구해 보자.

➡ x km 떨어진 지점까지 갔다 온다고 하면 갈 때 걸린 시간은 $\dfrac{x}{5}$시간, 올 때 걸린 시간은 $\dfrac{x}{3}$시간이다.

2시간 이내에 다시 돌아와야 하므로 $\dfrac{x}{5}+\dfrac{x}{3}\le 2$

$3x+5x\le 30,\quad 8x\le 30\quad \therefore x\le\dfrac{15}{4}$

따라서 최대 $\dfrac{15}{4}$ km 떨어진 지점까지 갔다 올 수 있다.

2 농도에 대한 문제

○ 핵심문제 03, 04

소금물의 농도에 대한 문제는 다음 관계를 이용하여 부등식을 세운다.

(1) $(\text{소금물의 농도})=\dfrac{(\text{소금의 양})}{(\text{소금물의 양})}\times 100\ (\%)$

└ (물의 양)+(소금의 양)

(2) $(\text{소금의 양})=\dfrac{(\text{소금물의 농도})}{100}\times(\text{소금물의 양})$

▶ 소금물에 물을 넣거나 증발시키는 경우 소금의 양을 이용하여 부등식을 세운다.

예 8 %의 소금물 100 g에 물을 넣어서 농도가 5 % 이하가 되게 하려고 한다. 최소 몇 g의 물을 넣어야 하는지 구해 보자.

➡ 물을 x g 넣는다고 하면 물을 넣은 후의 소금물의 양은 $(100+x)$ g이고 농도가 5 % 이하이어야 하므로

└ 농도에 대한 부등식

➡ $\left(\dfrac{8}{100}\times 100\right)\times\dfrac{1}{100+x}\times 100\le 5$

$\dfrac{8}{100}\times 100\le\dfrac{5}{100}\times(100+x),\quad 800\le 500+5x$

$-5x\le -300\quad \therefore x\ge 60$

└ 소금의 양에 대한 부등식

따라서 최소 60 g의 물을 넣어야 한다.

정답 및 풀이 46쪽

01 다음 설명이 옳으면 ○, 옳지 않으면 ×를 ( ) 안에 써넣으시오.

(1) 시속 80 km로 x시간 동안 달린 거리는 $80x$ km이다. ( )

(2) 시속 x km로 5 km를 달렸을 때 걸린 시간은 $\frac{x}{5}$시간이다. ( )

(3) x %의 소금물 300 g에 들어 있는 소금의 양은 $3x$ g이다. ( )

(4) 소금물 200 g에 소금 x g이 들어 있을 때 소금물의 농도는 $\frac{2}{x}$ %이다. ( )

① (거리)=(속력)×(시간)
② (시간)=☐
③ (소금의 양) $=\frac{(\text{소금물의 농도})}{100}\times(\text{소금물의 양})$
④ (소금물의 농도) =☐(%)

02 등산을 하는데 올라갈 때는 시속 2 km로 걷고, 내려올 때는 같은 길을 시속 4 km로 걸어서 3시간 이내에 등산을 마치려고 한다. 최대 몇 km 떨어진 지점까지 갔다 올 수 있는지 구하려고 할 때, 다음 물음에 답하시오.

(1) x km 떨어진 지점까지 갔다 온다고 할 때, 아래 표를 완성하시오.

	올라갈 때	내려올 때
거리	x km	x km
속력	시속 2 km	
시간		

(2) 부등식을 세우시오.

(3) 최대 몇 km 떨어진 지점까지 갔다 올 수 있는지 구하시오.

03 4 %의 소금물 300 g에서 물을 증발시켜 농도가 6 % 이상이 되게 하려고 한다. 최소 몇 g의 물을 증발시켜야 하는지 구하려고 할 때, 다음 물음에 답하시오.

(1) 물을 x g 증발시킨다고 할 때, 아래 표를 완성하시오.

	증발시키기 전	증발시킨 후
농도 (%)	4	6
소금물의 양 (g)	300	
소금의 양 (g)	$\frac{4}{100}\times300$	

(2) 부등식을 세우시오.

(3) 최소 몇 g의 물을 증발시켜야 하는지 구하시오.

01 거리, 속력, 시간에 대한 문제 (1)

● 더 다양한 문제는 RPM 2-1 78쪽

민구가 산책을 하는데 갈 때는 시속 3 km로 걷고, 올 때는 갈 때보다 1 km 더 먼 길을 시속 5 km로 걸었다. 산책하는 데 걸린 시간이 2시간 20분 이내일 때, 갈 때 걸은 거리는 최대 몇 km인지 구하시오.

KEY POINT

- $(\text{시간})=\dfrac{(\text{거리})}{(\text{속력})}$
- (갈 때 걸린 시간) +(올 때 걸린 시간) ≤(전체 걸린 시간)

풀이 갈 때 걸은 거리를 x km라 하면 올 때 걸은 거리는 $(x+1)$ km이다.

갈 때 걸린 시간이 $\frac{x}{3}$시간, 올 때 걸린 시간이 $\frac{x+1}{5}$시간이므로

$$\frac{x}{3}+\frac{x+1}{5}\le 2\frac{20}{60},\quad \frac{x}{3}+\frac{x+1}{5}\le\frac{7}{3},\quad 5x+3(x+1)\le 35$$

$$5x+3x+3\le 35,\quad 8x\le 32\quad \therefore x\le 4$$

따라서 갈 때 걸은 거리는 최대 4 km이다.

답 4 km

확인 1 역에서 기차가 출발하기 전까지 1시간 30분의 여유가 있어서 상점에 가서 물건을 사오려고 한다. 시속 4 km로 걷고, 상점에서 물건을 사는 데 15분이 걸린다고 할 때, 역에서 몇 km 이내에 있는 상점을 이용해야 하는지 구하시오.

02 거리, 속력, 시간에 대한 문제 (2)

● 더 다양한 문제는 RPM 2-1 79쪽

A 지점에서 20 km 떨어진 B 지점까지 가는데 처음에는 자전거를 타고 시속 12 km로 달리다가 도중에 자전거가 고장 나서 그 지점에서부터 시속 4 km로 걸어갔더니 3시간 30분 이내에 도착하였다. 자전거가 고장 난 지점은 A 지점에서 몇 km 이상 떨어진 곳인지 구하시오.

KEY POINT

(시속 12 km로 갈 때 걸린 시간) +(시속 4 km로 갈 때 걸린 시간) ≤(전체 걸린 시간)

풀이 자전거가 고장 난 지점이 A 지점에서 x km 떨어진 곳이라 하면 그 지점에서 B 지점까지의 거리는 $(20-x)$ km이다.

자전거를 타고 가는 데 걸린 시간은 $\frac{x}{12}$시간, 걸어서 가는 데 걸린 시간은 $\frac{20-x}{4}$시간이므로

$$\frac{x}{12}+\frac{20-x}{4}\le 3\frac{30}{60},\quad \frac{x}{12}+\frac{20-x}{4}\le\frac{7}{2},\quad x+3(20-x)\le 42$$

$$x+60-3x\le 42,\quad -2x\le -18\quad \therefore x\ge 9$$

따라서 자전거가 고장 난 지점은 A 지점에서 9 km 이상 떨어진 곳이다.

답 9 km

확인 2 A 지점에서 10 km 떨어진 B 지점까지 가는데 처음에는 시속 3 km로 걷다가 도중에 시속 6 km로 달려서 2시간 이내에 B 지점에 도착하려고 한다. 이때 몇 km 이상을 시속 6 km로 달려야 하는지 구하시오.

> 정답 및 풀이 47쪽

03 농도에 대한 문제; 물을 넣거나 증발시키는 경우

● 더 다양한 문제는 RPM 2-1 79쪽

10 %의 소금물 200 g에 물을 넣어서 농도가 8 % 이하가 되게 하려고 한다. 최소 몇 g의 물을 넣어야 하는지 구하시오.

KEY POINT

- (소금의 양) $=\frac{(\text{소금물의 농도})}{100}\times(\text{소금물의 양})$
- 소금물에 물을 더 넣거나 증발시켜도 소금의 양은 변하지 않는다.

풀이 물을 x g 넣는다고 하면 물을 넣은 후의 소금물의 양은 $(200+x)$ g이므로

$$\frac{10}{100}\times200\le\frac{8}{100}\times(200+x)$$
$$2000\le1600+8x$$
$$-8x\le-400 \qquad \therefore x\ge50$$

따라서 최소 50 g의 물을 넣어야 한다. **답** 50 g

확인 3 6 %의 소금물 500 g이 있다. 이 소금물에서 물을 증발시켜 농도가 10 % 이상이 되게 하려고 할 때, 몇 g 이상의 물을 증발시켜야 하는지 구하시오.

04 농도에 대한 문제; 두 소금물을 섞는 경우

● 더 다양한 문제는 RPM 2-1 80쪽

4 %의 소금물 300 g과 9 %의 소금물을 섞어서 7 % 이상의 소금물을 만들려고 한다. 9 %의 소금물을 몇 g 이상 섞어야 하는지 구하시오.

KEY POINT

섞기 전 두 소금물에 들어 있는 소금의 양의 합은 섞은 후 소금물에 들어 있는 소금의 양과 같다.

풀이 9 %의 소금물의 양을 x g이라 하면 섞은 후의 소금물의 양은 $(300+x)$ g이므로

$$\frac{4}{100}\times300+\frac{9}{100}\times x\ge\frac{7}{100}\times(300+x)$$
$$1200+9x\ge2100+7x$$
$$2x\ge900 \qquad \therefore x\ge450$$

따라서 9 %의 소금물을 450 g 이상 섞어야 한다. **답** 450 g

확인 4 8 %의 소금물 400 g과 13 %의 소금물을 섞어서 9 % 이하의 소금물을 만들려고 한다. 13 %의 소금물을 최대 몇 g까지 섞을 수 있는지 구하시오.

정답 및 풀이 47쪽

01 가은이가 학원 수업이 시작하기 전까지 40분의 여유가 있어서 서점에 가서 책을 사오려고 한다. 시속 3 km로 걷고 서점에서 책을 사는 데 10분이 걸린다고 할 때, 학원에서 최대 몇 km 이내에 있는 서점을 이용해야 하는가?

① $\frac{2}{3}$ km ② $\frac{3}{4}$ km ③ 1 km
④ $\frac{5}{4}$ km ⑤ $\frac{4}{3}$ km

서점을 왕복하는 데 걸린 시간과 책을 사는 데 걸린 시간의 합이 40분 이내이어야 한다.

02 A 지점에서 14 km 떨어진 B 지점까지 가는데 처음에는 시속 4 km로 걷다가 도중에 시속 5 km로 걸어서 3시간 이내에 B 지점에 도착하였다. 이때 시속 5 km로 걸은 거리는 최소 몇 km인지 구하시오.

03 지애와 이서가 같은 지점에서 동시에 출발하여 서로 반대 방향으로 직선 도로를 따라 걷고 있다. 지애는 분속 60 m로 걷고, 이서는 분속 90 m로 걸을 때, 지애와 이서가 3 km 이상 떨어지려면 몇 분 이상 걸어야 하는지 구하시오.

지애와 이서가 걸은 거리의 합이 3 km 이상이어야 한다.

04 7 %의 소금물 300 g에 물을 넣어서 농도가 5 % 이하가 되게 하려고 한다. 몇 g 이상의 물을 넣어야 하는지 구하시오.

소금물에 물을 더 넣어도 소금의 양은 변하지 않는다.

05 9 %의 설탕물과 15 %의 설탕물을 섞어서 11 % 이상의 설탕물 600 g을 만들려고 한다. 15 %의 설탕물은 최소 몇 g 섞어야 하는지 구하시오.

STEP 1 기본 문제

꼭나와

01 연속하는 두 홀수가 있다. 작은 수의 3배에서 10을 뺀 수는 큰 수의 2배 이상이라 할 때, 이를 만족시키는 가장 작은 두 홀수의 합은?

① 20 ② 24 ③ 28
④ 32 ⑤ 36

02 현재 할아버지의 나이가 65살이고 손자의 나이가 15살이라 할 때, 몇 년 후부터 할아버지의 나이가 손자의 나이의 3배 이하가 되는가?

① 8년 ② 9년 ③ 10년
④ 11년 ⑤ 12년

03 4000원을 형제에게 나누어 주는데 형이 받을 몫의 2배는 동생이 받을 몫의 3배 이상이 되게 하려고 한다. 형이 받을 몫의 최소 금액을 구하시오.

04 현재 효상이의 저금통에는 10000원이 들어 있다. 매일 같은 금액을 25일 동안 저금하여 저금통에 들어 있는 금액이 30000원 이상이 되게 하려고 한다. 이때 효상이가 매일 저금해야 하는 금액은 최소 얼마인지 구하시오.

05 은혜는 네 번의 사회 시험에서 92점, 89점, 74점, 98점을 받았다. 다섯 번에 걸친 사회 시험 점수의 평균이 90점 이상이 되려면 다섯 번째 사회 시험에서 몇 점 이상을 받아야 하는가?

① 93점 ② 94점 ③ 95점
④ 96점 ⑤ 97점

꼭나와

06 동네 가게에서 한 개에 1500원인 초콜릿이 인터넷 쇼핑몰에서는 한 개에 1200원이라 한다. 인터넷 쇼핑몰 배송료가 2500원이라 할 때, 초콜릿을 몇 개 이상 사는 경우 인터넷 쇼핑몰에서 사는 것이 유리한가?

① 6개 ② 7개 ③ 8개
④ 9개 ⑤ 10개

> 정답 및 풀이 48쪽

07 밑변의 길이가 10 cm인 삼각형이 있다. 이 삼각형의 넓이가 80 cm^2 이하가 되려면 삼각형의 높이는 몇 cm 이하이어야 하는가?

① 14 cm ② 15 cm ③ 16 cm
④ 17 cm ⑤ 18 cm

꼭나와

08 등산을 하는데 올라갈 때는 시속 2 km로, 내려올 때는 같은 길을 시속 3 km로 걸어서 5시간 이내에 등산을 마치려고 한다. 최대 몇 km 떨어진 지점까지 갔다 올 수 있는지 구하시오.

09 8 %의 소금물 350 g이 있다. 이 소금물에서 물을 몇 g 이상 증발시키면 농도가 14 % 이상인 소금물이 되는지 구하시오.

STEP 2 발전 문제

10 오른쪽 표는 두 과자 A, B를 1개 만들 때 들어가는 첨가물의 양을 각각 나타낸 것이다. 두 과자 A, B를 합하여 500개 만들 때 들어가는 첨가물의 양이 1.2 kg 이하가 되도록 하려면 B 과자는 최대 몇 개까지 만들 수 있는가?

	첨가물
A 과자	2.1 g
B 과자	3.6 g

① 80개 ② 85개 ③ 90개
④ 95개 ⑤ 100개

꼭나와

11 어떤 책 대여점은 책 한 권의 대여료가 1000원이다. 책 한 권을 대여하면 3일을 읽을 수 있고 3일이 지나면 하루에 400원씩 연체료를 내야 한다. 대여하려는 책의 정가가 12000원일 때, 책의 정가보다 적은 비용으로 책을 대여하려면 며칠 이내에 반납해야 하는가?

① 29일 ② 30일 ③ 31일
④ 32일 ⑤ 33일

12 어느 영화관의 입장료는 1인당 15000원인데 30명 이상의 단체에 대해서는 입장료의 20 %를 할인해 준다고 한다. 30명 미만의 단체가 입장하려고 할 때, 몇 명 이상부터 30명의 단체 입장권을 사는 것이 유리한지 구하시오. (단, 30명 미만이어도 30명의 단체 입장권을 살 수 있다.)

> 정답 및 풀이 49쪽

꼭나와

13 집에서 3 km 떨어진 학교까지 가는데 처음에는 분속 50 m로 걷다가 늦을 것 같아 도중에 분속 150 m로 뛰었더니 30분 이내에 도착하였다. 이때 걸어간 거리는 최대 몇 m인가?

① 600 m ② 650 m ③ 700 m
④ 750 m ⑤ 800 m

14 준현이와 나윤이가 같은 지점에서 출발하여 서로 반대 방향으로 직선 도로를 따라 걷고 있다. 나윤이는 준현이가 출발한 지 3분 후에 출발하였고, 준현이는 분속 80 m로, 나윤이는 분속 50 m로 걸을 때, 두 사람이 1.8 km 이상 떨어지는 것은 나윤이가 출발한 지 몇 분 후부터인지 구하시오.

15 12 %의 소금물과 8 %의 소금물을 섞어서 농도가 9 % 이상인 소금물 500 g을 만들려고 한다. 8 %의 소금물을 최대 몇 g까지 섞을 수 있는지 구하시오.

STEP 3 실력 UP

16 해설 강의

어떤 물건에 원가의 50 %의 이익을 붙여서 정가를 정하였다. 이 물건을 정가의 x %를 할인하여 팔아서 원가의 20 % 이상의 이익을 얻으려고 할 때, x의 값이 될 수 있는 가장 큰 수는?

① 17 ② 18 ③ 19
④ 20 ⑤ 21

17 해설 강의

A 기계 1대를 사용하면 8시간이 걸리고, B 기계 1대를 사용하면 12시간이 걸려서 끝낼 수 있는 일이 있다. 이 일을 A, B 두 기계를 합하여 10대를 사용하여 1시간 이내에 끝내려고 할 때, A 기계는 몇 대 이상 필요한지 구하시오.

18 해설 강의

구리를 10 % 포함한 합금 A와 구리를 20 % 포함한 합금 B가 있다. 두 합금 A, B를 녹여서 구리를 70 g 이상 포함하는 합금 500 g을 만들려고 할 때, 합금 B는 최소 몇 g이 필요한지 구하시오.

> 정답 및 풀이 50쪽

예제 1 해설 강의

한 달 휴대 전화 통화 요금이 다음 표와 같은 두 요금제가 있다. B 요금제를 선택하는 것이 유리하려면 한 달 휴대 전화 통화 시간이 몇 분 초과이어야 하는지 구하시오. [7점]

	기본요금	추가 요금
A 요금제	22000원	30초당 45원
B 요금제	31000원	30초당 15원

풀이 과정

1단계 일차부등식 세우기 • 4점

추가 요금에 대하여 A 요금제는 1분당 통화 요금이 90원, B 요금제는 1분당 통화 요금이 30원이다.

한 달 휴대 전화 통화 시간을 x분이라 하면

$$22000+90x>31000+30x$$

2단계 일차부등식 풀기 • 2점

$60x>9000 \qquad \therefore x>150$

3단계 통화 시간이 몇 분 초과이어야 하는지 구하기 • 1점

통화 시간이 150분 초과일 때, B 요금제를 선택하는 것이 유리하다.

답 150분

유제 1 영화를 내려받을 수 있는 유료 사이트에 회원으로 가입하려고 한다. 요금이 다음 표와 같을 때, 1년 동안 내려받는 영화가 몇 편 이상이면 회원이 비회원보다 유리한지 구하시오. [7점]

	회원	비회원
영화 1편을 내려받는 금액	700원	1200원
연회비	6000원	없음

풀이 과정

1단계 일차부등식 세우기 • 4점

2단계 일차부등식 풀기 • 2점

3단계 내려받는 영화가 몇 편 이상이어야 하는지 구하기 • 1점

답

유제 2 한 개에 2000원인 단팥빵과 한 개에 5500원인 샌드위치를 합하여 10개를 주문하려고 한다. 배달비 3000원을 포함한 전체 금액이 37000원 이하가 되도록 하려면 샌드위치를 최대 몇 개까지 주문할 수 있는지 구하시오. [7점]

풀이 과정

답

유제 3 다음 그림과 같이 모양과 길이가 같은 성냥개비를 이용하여 정삼각형 모양을 한 방향으로 연결하여 만들 때, 성냥개비 130개로 정삼각형을 최대 몇 개까지 만들 수 있는지 구하시오. [7점]

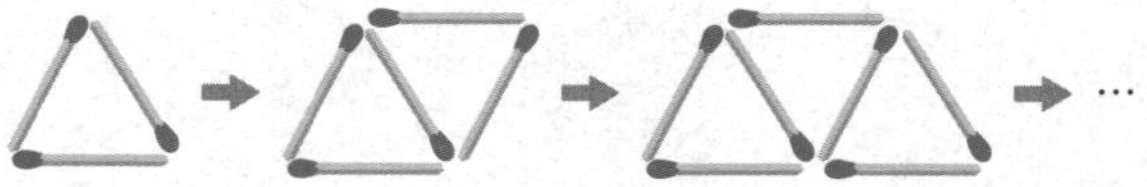

풀이 과정

답

IV

연립일차방정식

이 단원에서는 미지수가 2개인 연립일차방정식을 풀어 보자.
또 이를 활용하여 문제를 해결해 보자.

이전에 배운 내용

중1 문자의 사용과 식의 계산
일차방정식

이 단원의 내용

이후에 배울 내용

중3 이차방정식
고1 여러 가지 방정식

Ⅳ-1

연립일차방정식

Ⅳ-2 | 연립일차방정식의 활용

이 단원의 학습 계획을 세우고
하나하나 실천하는 습관을 기르자!!

나는 할 수 있어!

		공부한 날	학습 완료도
01 연립방정식과 그 해	개념원리 이해 & 개념원리 확인하기	월 일	□□□
	핵심문제 익히기	월 일	○○○
	이런 문제가 시험에 나온다	월 일	○○○
02 연립일차방정식의 풀이	개념원리 이해 & 개념원리 확인하기	월 일	□□□
	핵심문제 익히기	월 일	○○○
	계산력 강화하기	월 일	○○○
	이런 문제가 시험에 나온다	월 일	○○○
중단원 마무리하기		월 일	○○○
서술형 대비 문제		월 일	○○○

개념 학습 guide

- 개념을 이해했으면 ■■■, 개념을 문제에 적용할 수 있으면 ■■■, 개념을 친구에게 설명할 수 있으면 ■■■로 색칠한다.
- 부족한 부분의 개념을 반복 학습하여 ■■■ 3칸 모두 색칠하면 학습을 마친다.

문제 학습 guide

- 맞힌 문제가 전체의 50% 미만이면 ●●●, 맞힌 문제가 50% 이상 90% 미만이면 ●●●, 맞힌 문제가 90% 이상이면 ●●●로 색칠한다. 문제를 찍지 말자!
- 틀린 문제는 왜 틀렸는지 그 이유를 파악한 후 다시 풀어 본다. 며칠 후 틀린 문제를 다시 풀어 보고, 풀이 과정과 답이 맞으면 학습을 마친다.

01 연립방정식과 그 해

개념원리 **이해**

1 미지수가 2개인 일차방정식과 그 해란 무엇인가?

핵심문제 01~04

(1) **미지수가 2개인 일차방정식**: 미지수가 2개이고, 그 차수가 모두 1인 방정식

➡ $ax+by+c=0$ (단, a, b, c는 상수, $a\neq0$, $b\neq0$)

예 $4x-y-5=0$, $x+2y=3$

주의 다음은 미지수가 2개인 일차방정식이 아니다.

① $3x+y+2$ ➡ 등식이 아니므로 방정식이 아니다.

② $x+6=0$ ➡ 미지수가 1개인 일차방정식이다.

③ $x^2+y=1$ ➡ x의 차수가 2이므로 일차방정식이 아니다.

(2) **미지수가 2개인 일차방정식의 해**: 미지수가 x, y의 2개인 일차방정식을 참이 되게 하는 x, y의 값 또는 그 순서쌍 (x, y)

(3) **일차방정식을 푼다**: 일차방정식의 해를 모두 구하는 것

예 x, y가 자연수일 때, 일차방정식 $2x+y=8$을 풀어 보자.

➡ x가 자연수이므로 $2x+y=8$에 $x=1, 2, 3, \cdots$을 차례대로 대입하여 y의 값을 구하면 다음 표와 같다.

x	1	2	3	4	5	$\cdots$
y	6	4	2	0	-2	$\cdots$

이때 x, y는 모두 자연수이므로 구하는 해를 x, y의 순서쌍 (x, y)로 나타내면

$(1, 6)$, $(2, 4)$, $(3, 2)$ → $x=1$, $y=6$ 또는 $x=2$, $y=4$ 또는 $x=3$, $y=2$로 나타낼 수도 있다.

2 미지수가 2개인 연립일차방정식과 그 해란 무엇인가?

핵심문제 05, 06

(1) **연립방정식**: 두 개 이상의 방정식을 한 쌍으로 묶어서 나타낸 것

(2) **미지수가 2개인 연립일차방정식**: 미지수가 2개인 두 일차방정식을 한 쌍으로 묶어 놓은 것

예 $\begin{cases} x+y=1 \\ x-y=3 \end{cases}$, $\begin{cases} 2x+y=0 \\ 3x-2y=7 \end{cases}$

(3) **연립방정식의 해**: 연립방정식에서 두 방정식을 동시에 참이 되게 하는 x, y의 값 또는 그 순서쌍 (x, y)

(4) **연립방정식을 푼다**: 연립방정식의 해를 구하는 것

예 x, y가 자연수일 때, 연립방정식 $\begin{cases} x+y=5 & \cdots\cdots ㉠ \\ x+2y=6 & \cdots\cdots ㉡ \end{cases}$을 풀어 보자.

➡ 두 일차방정식의 해를 구하면 다음 표와 같다.

㉠의 해:

x	1	2	3	4
y	4	3	2	1

㉡의 해:

x	4	2
y	1	2

두 일차방정식을 동시에 참이 되게 하는 x, y의 값은 $x=4$, $y=1$이므로 구하는 해를 x, y의 순서쌍 (x, y)로 나타내면 $(4, 1)$이다.

01 다음 중 미지수가 2개인 일차방정식인 것은 ○, 아닌 것은 ×를 (　　) 안에 써넣으시오.

(1) $5x-y+4$ (　　)　(2) $7x+3y=0$ (　　)

(3) $x^2-2y+1=0$ (　　)　(4) $\frac{x}{3}-y+6=0$ (　　)

(5) $\frac{3}{x}-11y-1=0$ (　　)　(6) $\frac{7}{8}x+2=9$ (　　)

○ 미지수가 2개인 일차방정식이란?

02 다음 x, y의 순서쌍 중 일차방정식 $2x+3y=4$의 해인 것은 ○, 해가 아닌 것은 ×를 (　　) 안에 써넣으시오.

(1) $(2, 0)$ (　　)　(2) $(3, -1)$ (　　)

(3) $(-1, 2)$ (　　)　(4) $(-2, 3)$ (　　)

○ x, y의 순서쌍 (p, q)가 일차방정식 $ax+by+c=0$의 해이다.
➡ $x=p$, $y=$□를 $ax+by+c=0$에 대입하면 등식이 성립한다.

03 다음 일차방정식에 대하여 표를 완성한 후 이를 이용하여 x, y가 자연수일 때, 일차방정식의 모든 해를 x, y의 순서쌍 (x, y)로 나타내시오.

(1) $3x+y=8$

x	1	2	3	4	5	…
y						…

따라서 구하는 해는 ______________________

(2) $x+4y=13$

x						…
y	1	2	3	4	5	…

따라서 구하는 해는 ______________________

○ x 또는 y에 1, 2, 3, …을 차례대로 대입하여 나머지 미지수도 자연수가 되는 x, y의 순서쌍 (x, y)를 찾는다.

04 x, y가 자연수일 때, 연립방정식 $\begin{cases} x+y=4 \\ 2x+y=7 \end{cases}$에 대하여 다음 물음에 답하시오.

(1) 일차방정식 $x+y=4$의 모든 해를 x, y의 순서쌍 (x, y)로 나타내시오.

(2) 일차방정식 $2x+y=7$의 모든 해를 x, y의 순서쌍 (x, y)로 나타내시오.

(3) 연립방정식의 해를 x, y의 순서쌍 (x, y)로 나타내시오.

○ 연립방정식의 해란?

핵심문제 익히기

01 미지수가 2개인 일차방정식

● 더 다양한 문제는 RPM 2-1 90쪽

다음 중 미지수가 2개인 일차방정식인 것은?

① $3x-y^2=6$ ② $4x=9y$ ③ $y=2x+y-7$

④ $\frac{1}{x}+\frac{1}{y}=1$ ⑤ $5x+8y=8(y-x)$

KEY POINT

미지수가 x, y의 2개인 일차방정식
➡ 주어진 식의 모든 항을 좌변으로 이항하여 정리한 식이
$ax+by+c=0$
(a, b, c는 상수, $a\neq0$, $b\neq0$)
의 꼴인 방정식

풀이 ① $3x-y^2=6$에서 $-y^2+3x-6=0$

② $4x=9y$에서 $4x-9y=0$

③ $y=2x+y-7$에서 $-2x+7=0$

④ $\frac{1}{x}+\frac{1}{y}=1$에서 $\frac{1}{x}+\frac{1}{y}-1=0$

⑤ $5x+8y=8(y-x)$에서 $5x+8y=8y-8x$ $\therefore 13x=0$

따라서 미지수가 2개인 일차방정식인 것은 ②이다.

답 ②

확인 1 다음 **보기** 중 미지수가 2개인 일차방정식인 것의 개수를 구하시오.

보기

ㄱ. $xy=1$ ㄴ. $y-x=6$ ㄷ. $2x-5y$

ㄹ. $x^2+4y=x(x-11)$ ㅁ. $3(x-y)-x+3y=2$

02 미지수가 2개인 일차방정식으로 나타내기

● 더 다양한 문제는 RPM 2-1 90쪽

다음 문장을 미지수가 2개인 일차방정식으로 나타내시오.

1 g당 4 kcal의 열량을 내는 탄수화물 x g과 1 g당 9 kcal의 열량을 내는 지방 y g을 섭취하여 2100 kcal의 열량을 얻었다.

KEY POINT

주어진 상황을 차수가 1인 2개의 미지수를 이용하여 방정식으로 나타낸다.

풀이 탄수화물 x g을 섭취하여 얻은 열량은 $4x$ kcal, 지방 y g을 섭취하여 얻은 열량은 $9y$ kcal이므로 $4x+9y=2100$

답 $4x+9y=2100$

확인 2 다음 문장을 미지수가 2개인 일차방정식으로 나타내시오.

(1) 농구 경기에서 2점 슛을 x개, 3점 슛을 y개 넣어 19점을 득점하였다.

(2) 1인분에 3000원인 떡볶이 x인분과 1인분에 3500원인 튀김 y인분을 먹고 9500원을 지불하였다.

03 미지수가 2개인 일차방정식의 해

● 더 다양한 문제는 RPM 2-1 90쪽

다음 중 일차방정식 $3x-5y=2$의 해가 아닌 것은?

① $x=-3,\ y=-\frac{11}{5}$ ② $x=-1,\ y=-1$ ③ $x=0,\ y=-\frac{2}{5}$

④ $x=1,\ y=\frac{1}{5}$ ⑤ $x=4,\ y=3$

KEY POINT

$x=p,\ y=q$가 일차방정식 $ax+by+c=0$의 해이다.

➡ $x=p,\ y=q$를 일차방정식 $ax+by+c=0$에 대입하면 등식이 성립한다.

➡ $ap+bq+c=0$

풀이 ① $x=-3,\ y=-\frac{11}{5}$을 $3x-5y=2$에 대입하면

$3\times(-3)-5\times\left(-\frac{11}{5}\right)=-9+11=2$

② $x=-1,\ y=-1$을 $3x-5y=2$에 대입하면

$3\times(-1)-5\times(-1)=-3+5=2$

③ $x=0,\ y=-\frac{2}{5}$를 $3x-5y=2$에 대입하면 $3\times0-5\times\left(-\frac{2}{5}\right)=2$

④ $x=1,\ y=\frac{1}{5}$을 $3x-5y=2$에 대입하면 $3\times1-5\times\frac{1}{5}=3-1=2$

⑤ $x=4,\ y=3$을 $3x-5y=2$에 대입하면 $3\times4-5\times3=12-15=-3\neq2$

따라서 주어진 일차방정식의 해가 아닌 것은 ⑤이다.

답 ⑤

확인 3 $x,\ y$가 자연수일 때, 일차방정식 $2x+3y=16$의 모든 해를 $x,\ y$의 순서쌍 $(x,\ y)$로 나타내시오.

04 일차방정식의 해가 주어질 때

● 더 다양한 문제는 RPM 2-1 91쪽

다음 물음에 답하시오.

(1) $x,\ y$의 순서쌍 $(-2,\ 5)$가 일차방정식 $2x+ay=1$의 해일 때, 상수 a의 값을 구하시오.

(2) 일차방정식 $x-8y-5=0$의 한 해가 $x=k,\ y=k+2$일 때, k의 값을 구하시오.

KEY POINT

주어진 해를 일차방정식에 대입하면 등식이 성립함을 이용하여 문자의 값을 구한다.

풀이 (1) $x=-2,\ y=5$를 $2x+ay=1$에 대입하면 $2\times(-2)+5a=1$

$5a=5$ $\therefore a=1$

(2) $x=k,\ y=k+2$를 $x-8y-5=0$에 대입하면 $k-8(k+2)-5=0$

$-7k=21$ $\therefore k=-3$

답 (1) 1 (2) -3

확인 4 다음 물음에 답하시오.

(1) 일차방정식 $6x-y=a$의 한 해가 $x=\frac{1}{2},\ y=4$일 때, 상수 a의 값을 구하시오.

(2) $x,\ y$의 순서쌍 $(k-1,\ 2k)$가 일차방정식 $x-2y=-7$의 해일 때, k의 값을 구하시오.

> 정답 및 풀이 52쪽

05 연립방정식과 그 해

● 더 다양한 문제는 RPM 2-1 91쪽

다음 연립방정식 중 x, y의 순서쌍 $(-1, 3)$을 해로 갖는 것은?

① $\begin{cases} x+y=2 \\ -x+y=-1 \end{cases}$ ② $\begin{cases} 2x+y=6 \\ 5x-3y=-14 \end{cases}$ ③ $\begin{cases} 5x-2y=-11 \\ 3x+4y=8 \end{cases}$

④ $\begin{cases} x-5y=-16 \\ 4x+y=-1 \end{cases}$ ⑤ $\begin{cases} 2x-3y=-11 \\ 6x+y=4 \end{cases}$

KEY POINT

$x=p$, $y=q$가 연립방정식 $\begin{cases} ax+by=c \\ a'x+b'y=c' \end{cases}$의 해이다.

➡ $x=p$, $y=q$를 $ax+by=c$, $a'x+b'y=c'$에 대입하면 등식이 모두 성립한다.

➡ $ap+bq=c$, $a'p+b'q=c'$

풀이 각 방정식에 $x=-1$, $y=3$을 대입하면

① $\begin{cases} -1+3=2 \\ -(-1)+3=4\neq-1 \end{cases}$ ② $\begin{cases} 2\times(-1)+3=1\neq6 \\ 5\times(-1)-3\times3=-14 \end{cases}$

③ $\begin{cases} 5\times(-1)-2\times3=-11 \\ 3\times(-1)+4\times3=9\neq8 \end{cases}$ ④ $\begin{cases} -1-5\times3=-16 \\ 4\times(-1)+3=-1 \end{cases}$

⑤ $\begin{cases} 2\times(-1)-3\times3=-11 \\ 6\times(-1)+3=-3\neq4 \end{cases}$

따라서 x, y의 순서쌍 $(-1, 3)$을 해로 갖는 것은 ④이다.

답 ④

확인 5 x, y가 자연수일 때, 연립방정식 $\begin{cases} x+5y=13 \\ 3x+y=11 \end{cases}$의 해는 $x=a$, $y=b$이다. ab의 값을 구하시오.

06 연립방정식의 해가 주어질 때 (1)

● 더 다양한 문제는 RPM 2-1 92쪽

연립방정식 $\begin{cases} ax+y=2 \\ 5x+by=-6 \end{cases}$의 해가 $x=2$, $y=-4$일 때, 상수 a, b에 대하여 $a-b$의 값을 구하시오.

KEY POINT

주어진 해를 두 일차방정식에 각각 대입하면 등식이 성립함을 이용하여 문자의 값을 구한다.

풀이 $x=2$, $y=-4$를 $ax+y=2$에 대입하면 $2a-4=2$

$2a=6$ $\quad\therefore a=3$

$x=2$, $y=-4$를 $5x+by=-6$에 대입하면 $5\times2-4b=-6$

$-4b=-16$ $\quad\therefore b=4$

$\therefore a-b=3-4=-1$

답 -1

확인 6 x, y의 순서쌍 $(b, 2)$가 연립방정식 $\begin{cases} x+ay=1 \\ 2x-y=-4 \end{cases}$의 해일 때, $a+b$의 값을 구하시오. (단, a는 상수이다.)

01 다음 중 미지수가 2개인 일차방정식인 것을 모두 고르면? (정답 2개)

① $-3x^2+5=y-2$　② $\frac{x}{2}+\frac{y}{5}=1$　③ $y=\frac{1}{x}-4$
④ $7x+y=7(x-y)$　⑤ $2y(3y-1)=x+6y^2-3$

02 x, y가 자연수일 때, 일차방정식 $x+4y=17$의 해의 개수를 구하시오.

방정식에 $y=1, 2, 3, \cdots$을 차례대로 대입하여 x도 자연수가 되는 x, y의 순서쌍 (x, y)를 찾는다.

03 x, y의 순서쌍 $(a, -7)$, $(4, b)$가 모두 일차방정식 $2x-y=3$의 해일 때, $a+b$의 값을 구하시오.

04 다음 문장을 미지수가 2개인 연립방정식으로 나타내시오.

> 민선이가 교내 퀴즈 대회에 참가하여 2점짜리 문제 x개와 3점짜리 문제 y개를 합하여 모두 5개를 맞혔고, 11점을 얻었다.

05 다음 **보기**의 일차방정식 중 두 식을 짝 지어 만든 연립방정식의 해가 $x=3$, $y=-6$인 것은?

> **보기**
> ㄱ. $2x-y=12$　ㄴ. $x+3y=15$
> ㄷ. $4x+y=-6$　ㄹ. $3x+4y=-15$

① ㄱ, ㄴ　② ㄱ, ㄷ　③ ㄱ, ㄹ
④ ㄴ, ㄷ　⑤ ㄴ, ㄹ

미지수가 2개인 연립방정식의 해
➡ 두 방정식을 동시에 참이 되게 하는 x, y의 값 또는 그 순서쌍 (x, y)

06 연립방정식 $\begin{cases} 4x+3y=5a \\ 3x-7y=2 \end{cases}$를 만족시키는 x의 값이 3일 때, 상수 a의 값을 구하시오.

먼저 $x=3$을 한 일차방정식에 대입하여 y의 값을 구한다.

02 연립일차방정식의 풀이

개념원리 **이해**

1 대입법을 이용하여 연립방정식을 어떻게 푸는가?

핵심문제 01, 06~08

(1) **대입법**: 연립방정식의 두 일차방정식 중 한 방정식을 다른 방정식에 대입하여 연립방정식의 해를 구하는 방법

(2) **대입법을 이용한 연립방정식의 풀이**

❶ 한 방정식에서 한 미지수를 다른 미지수에 대한 식으로 나타낸다.

❷ ❶의 식을 다른 방정식에 대입하여 한 미지수를 없앤 후 일차방정식을 푼다.

❸ ❷에서 구한 해를 ❶의 식에 대입하여 다른 미지수의 값을 구한다.

▶ 두 방정식 중 어느 하나가 $x=$(y에 대한 식) 또는 $y=$(x에 대한 식)의 꼴일 때, 대입법을 이용하면 편리하다.

예 연립방정식 $\begin{cases} x-2y=3 & \cdots\cdots ㉠ \\ 2x+3y=-1 & \cdots\cdots ㉡ \end{cases}$ 을 대입법으로 풀어 보자.

❶ ㉠에서 $x=2y+3$ ⋯⋯ ㉢

❷ ㉢을 ㉡에 대입하면 $2(2y+3)+3y=-1$, $7y=-7$ $\therefore y=-1$

❸ $y=-1$을 ㉢에 대입하면 $x=2\times(-1)+3=1$

따라서 연립방정식의 해는 $x=1$, $y=-1$

주의 문자에 식을 대입할 때에는 반드시 괄호를 사용하도록 하고, 괄호를 풀 때에는 부호에 주의하도록 한다.

2 가감법을 이용하여 연립방정식을 어떻게 푸는가?

핵심문제 02, 06~08

(1) **가감법**: 연립방정식의 두 일차방정식을 변끼리 더하거나 빼서 연립방정식의 해를 구하는 방법

(2) **가감법을 이용한 연립방정식의 풀이**

❶ 없애려는 미지수의 계수의 절댓값이 같아지도록 각 방정식의 양변에 적당한 수를 곱한다.

❷ 없애려는 미지수의 계수의 부호가 같으면 변끼리 빼고, 계수의 부호가 다르면 변끼리 더하여 한 미지수를 없앤 후 일차방정식을 푼다.

❸ ❷에서 구한 해를 두 방정식 중 간단한 방정식에 대입하여 다른 미지수의 값을 구한다.

참고 연립방정식을 풀 때, 가감법과 대입법 중 어느 방법을 이용해도 결과는 같다.

예 연립방정식 $\begin{cases} x-2y=-4 & \cdots\cdots ㉠ \\ 2x+9y=5 & \cdots\cdots ㉡ \end{cases}$ 를 가감법으로 풀어 보자.

❶ x를 없애기 위해 ㉠$\times 2$를 하면 $\begin{cases} 2x-4y=-8 \\ 2x+9y=5 \end{cases}$

❷ 변끼리 빼면

$$\begin{array}{rr} & 2x-4y=-8 \\ -) & 2x+9y=5 \\ \hline & -13y=-13 \end{array} \qquad \therefore y=1$$

❸ $y=1$을 ㉠에 대입하면 $x-2\times1=-4$ $\therefore x=-2$

따라서 연립방정식의 해는 $x=-2$, $y=1$

3 복잡한 연립방정식은 어떻게 푸는가?

핵심문제 03, 04, 06~08

(1) **괄호가 있는 경우**: 분배법칙을 이용하여 괄호를 풀고 동류항끼리 정리하여 푼다.

예 $\begin{cases} 3x-2(x-y)=2 \\ 3x-6y=-5 \end{cases} \xrightarrow[\text{정리한다.}]{\text{괄호를 풀고}} \begin{cases} x+2y=2 \\ 3x-6y=-5 \end{cases}$

(2) **계수가 소수인 경우**: 양변에 10, 100, 1000, …과 같은 10의 거듭제곱을 곱하여 계수를 정수로 고쳐서 푼다.

예 $\begin{cases} 0.2x-0.1y=0.4 \\ 2.1x-1.3y=9.2 \end{cases} \xrightarrow[\text{10을 곱한다.}]{\text{양변에}} \begin{cases} 2x-y=4 \\ 21x-13y=92 \end{cases}$

(3) **계수가 분수인 경우**: 양변에 분모의 최소공배수를 곱하여 계수를 정수로 고쳐서 푼다.

예 $\begin{cases} \dfrac{x}{3}+\dfrac{y}{2}=1 \\ \dfrac{x}{4}+\dfrac{y}{3}=\dfrac{5}{6} \end{cases}$ (양변에 6을 곱한다. / 양변에 12를 곱한다.) → $\begin{cases} 2x+3y=6 \\ 3x+4y=10 \end{cases}$

4 $A=B=C$의 꼴의 방정식은 어떻게 푸는가?

핵심문제 05

$A=B=C$의 꼴의 방정식

➡ 세 연립방정식 $\begin{cases} A=B \\ A=C \end{cases}$, $\begin{cases} A=B \\ B=C \end{cases}$, $\begin{cases} A=C \\ B=C \end{cases}$ 중 하나의 꼴로 바꾸어 푼다.

▶ 위의 세 연립방정식은 해가 모두 같으므로 세 가지 중 가장 간단한 것을 선택하여 푼다. 이때 C가 상수인 경우에는 $\begin{cases} A=C \\ B=C \end{cases}$를 푸는 것이 가장 간단하다.

예 방정식 $3x-4y=-7x+6y=1$은 다음 세 연립방정식 중 하나를 택하여 푼다.

$\begin{cases} 3x-4y=-7x+6y \\ 3x-4y=1 \end{cases}$ 또는 $\begin{cases} 3x-4y=-7x+6y \\ -7x+6y=1 \end{cases}$ 또는 $\begin{cases} 3x-4y=1 \\ -7x+6y=1 \end{cases}$

5 해가 특수한 연립방정식

핵심문제 09, 10

(1) **해가 무수히 많은 연립방정식**: 연립방정식에서 어느 하나의 일차방정식의 양변에 적당한 수를 곱하였을 때, 나머지 방정식과 같아지면 연립방정식의 해가 무수히 많다.

예 연립방정식 $\begin{cases} 2x+3y=2 & \cdots\cdots ㉠ \\ 4x+6y=4 & \cdots\cdots ㉡ \end{cases}$에서 ㉠×2를 하면 $\begin{cases} 4x+6y=4 \\ 4x+6y=4 \end{cases}$이므로 해가 무수히 많다.

(2) **해가 없는 연립방정식**: 연립방정식에서 어느 하나의 일차방정식의 양변에 적당한 수를 곱하였을 때, 나머지 방정식과 각 미지수의 계수는 같으나 상수항이 다르면 연립방정식의 해가 없다.

예 연립방정식 $\begin{cases} 3x+5y=2 & \cdots\cdots ㉠ \\ 6x+10y=3 & \cdots\cdots ㉡ \end{cases}$에서 ㉠×2를 하면 $\begin{cases} 6x+10y=4 \\ 6x+10y=3 \end{cases}$이므로 해가 없다.

참고 연립방정식 $\begin{cases} ax+by=c \\ a'x+b'y=c' \end{cases}$에서

(1) $\dfrac{a}{a'}=\dfrac{b}{b'}=\dfrac{c}{c'}$이면 연립방정식의 해가 무수히 많다.

(2) $\dfrac{a}{a'}=\dfrac{b}{b'}\neq\dfrac{c}{c'}$이면 연립방정식의 해가 없다.

개념원리 확인하기

01 다음은 연립방정식 $\begin{cases} y=2x-1 & \cdots\cdots ㉠ \\ x+2y=8 & \cdots\cdots ㉡ \end{cases}$ 을 대입법으로 푸는 과정이다. □ 안에 알맞은 것을 써넣으시오.

㉠을 ㉡에 대입하면 $x+2(\square)=8$

$5x=\square$ $\therefore x=\square$

$x=\square$를 ㉠에 대입하면

$y=2\times\square-1=\square$

따라서 연립방정식의 해는 $x=\square$, $y=\square$

두 방정식 중에서 한 방정식이 $x=$(y에 대한 식) 또는 $y=$(x에 대한 식)의 꼴이면 □을 이용한다.

02 다음 연립방정식을 대입법으로 푸시오.

(1) $\begin{cases} x=4y \\ x-6y=-2 \end{cases}$

(2) $\begin{cases} 3x-5y=-16 \\ y=-x+8 \end{cases}$

03 다음은 연립방정식 $\begin{cases} 3x-2y=-2 & \cdots\cdots ㉠ \\ 2x-y=-3 & \cdots\cdots ㉡ \end{cases}$ 을 가감법으로 푸는 과정이다. □ 안에 알맞은 것을 써넣으시오.

y를 없애기 위해 ㉠−㉡×□를 하면

$$\begin{array}{rl} & 3x-2y=-2 \\ -) & \square x-2y=-6 \\ \hline & \square \quad = \square \end{array}$$ $\therefore x=\square$

$x=\square$를 ㉡에 대입하면

$2\times(\square)-y=-3$ $\therefore y=\square$

따라서 연립방정식의 해는 $x=\square$, $y=\square$

없애려는 미지수의 계수의 부호가 같으면 변끼리 □, 계수의 부호가 다르면 변끼리 □.

04 다음 연립방정식을 가감법으로 푸시오.

(1) $\begin{cases} x+7y=11 \\ x+3y=-1 \end{cases}$

(2) $\begin{cases} 2x+3y=6 \\ 4x-3y=12 \end{cases}$

> 정답 및 풀이 53쪽

05

다음은 연립방정식을 푸는 과정이다. □ 안에 알맞은 것을 써넣으시오.

(1) $\begin{cases} 2(x+1)+y=9 & \cdots\cdots ㉠ \\ 3x-(y-4)=7 & \cdots\cdots ㉡ \end{cases}$

> ㉠, ㉡의 괄호를 풀고 정리하면 $\begin{cases} 2x+y=\square & \cdots\cdots ㉢ \\ \square=3 & \cdots\cdots ㉣ \end{cases}$
>
> ㉢+㉣을 하면 $5x=\square$ $\therefore x=\square$
>
> $x=\square$를 ㉢에 대입하여 풀면 $y=\square$

(2) $\begin{cases} 0.8x+0.5y=-1.1 & \cdots\cdots ㉠ \\ 0.03x+0.02y=-0.04 & \cdots\cdots ㉡ \end{cases}$

> ㉠×□, ㉡×□을 하면 $\begin{cases} \square=-11 & \cdots\cdots ㉢ \\ 3x+2y=-4 & \cdots\cdots ㉣ \end{cases}$
>
> ㉢×3−㉣×8을 하면 $-y=\square$ $\therefore y=\square$
>
> $y=\square$을 ㉣에 대입하여 풀면 $x=\square$

(3) $\begin{cases} \frac{1}{3}x+\frac{4}{3}y=6 & \cdots\cdots ㉠ \\ \frac{1}{4}x-\frac{1}{5}y=-\frac{3}{2} & \cdots\cdots ㉡ \end{cases}$

> ㉠×□, ㉡×□을 하면 $\begin{cases} x+4y=18 & \cdots\cdots ㉢ \\ 5x-4y=\square & \cdots\cdots ㉣ \end{cases}$
>
> ㉢+㉣을 하면 $\square=-12$ $\therefore x=\square$
>
> $x=\square$를 ㉢에 대입하여 풀면 $y=\square$

● 복잡한 연립방정식의 풀이
① 괄호가 있으면 분배법칙을 이용하여 괄호를 푼다.
② 계수가 소수이면 방정식의 양변에 10의 □을 곱한다.
③ 계수가 분수이면 방정식의 양변에 분모의 □를 곱한다.

06

다음 방정식을 푸시오.

(1) $3x+y=-3x-2y=1$　　(2) $2x+5y=x+3y+1=3$

● $A=B=C$의 꼴의 방정식은 $\begin{cases} A=B \\ A=C \end{cases}$, $\begin{cases} A=B \\ B=C \end{cases}$, $\begin{cases} A=C \\ B=\square \end{cases}$ 중 하나의 꼴로 바꾸어 푼다.

07

다음 조건을 만족시키는 연립방정식을 **보기**에서 모두 고르시오.

> **보기**
>
> ㄱ. $\begin{cases} x-y=1 \\ 4x-4y=4 \end{cases}$　ㄴ. $\begin{cases} 3x+y=2 \\ 9x+3y=4 \end{cases}$　ㄷ. $\begin{cases} -x+6y=5 \\ 2x-12y=10 \end{cases}$
>
> ㄹ. $\begin{cases} 7x+3y=4 \\ -14x-6y+8=0 \end{cases}$　ㅁ. $\begin{cases} 24x-15y=3 \\ 8x=1+5y \end{cases}$　ㅂ. $\begin{cases} 4x-7y=3 \\ 20x-35y=1 \end{cases}$

(1) 연립방정식의 해가 무수히 많다.　　(2) 연립방정식의 해가 없다.

핵심문제 익히기

01 연립방정식의 풀이; 대입법

● 더 다양한 문제는 RPM 2-1 92쪽

다음 연립방정식을 대입법으로 푸시오.

(1) $\begin{cases} y-2x=1 & \cdots\cdots ㉠ \\ 8x-3y=-1 & \cdots\cdots ㉡ \end{cases}$　　(2) $\begin{cases} 4x-y=15 & \cdots\cdots ㉠ \\ 5x+2y=-4 & \cdots\cdots ㉡ \end{cases}$

KEY POINT

연립방정식에서 한 방정식이 $x=$(y에 대한 식) 또는 $y=$(x에 대한 식)의 꼴이거나 위의 꼴로 나타내기 쉬울 때 이 식을 다른 방정식에 대입하여 해를 구한다.

풀이 (1) ㉠에서 y를 x에 대한 식으로 나타내면

$y=2x+1$ $\cdots\cdots$ ㉢

㉢을 ㉡에 대입하면

$8x-3(2x+1)=-1$

$2x=2$ $\quad\therefore x=1$

$x=1$을 ㉢에 대입하면

$y=2\times1+1=3$

(2) ㉠에서 y를 x에 대한 식으로 나타내면

$y=4x-15$ $\cdots\cdots$ ㉢

㉢을 ㉡에 대입하면

$5x+2(4x-15)=-4$

$13x=26$ $\quad\therefore x=2$

$x=2$를 ㉢에 대입하면

$y=4\times2-15=-7$

답 (1) $x=1$, $y=3$ (2) $x=2$, $y=-7$

확인 1 다음 연립방정식을 대입법으로 푸시오.

(1) $\begin{cases} x+y=14 \\ 2x-3y=13 \end{cases}$　　(2) $\begin{cases} 4y=-x-7 \\ 7x+4y=-1 \end{cases}$

02 연립방정식의 풀이; 가감법

● 더 다양한 문제는 RPM 2-1 93쪽

다음 연립방정식을 가감법으로 푸시오.

(1) $\begin{cases} x+y=4 & \cdots\cdots ㉠ \\ 7x-4y=-5 & \cdots\cdots ㉡ \end{cases}$　　(2) $\begin{cases} 3x-2y=-17 & \cdots\cdots ㉠ \\ 2x-3y=-18 & \cdots\cdots ㉡ \end{cases}$

KEY POINT

❶ 없애려는 미지수의 계수의 절댓값이 같아지도록 각 방정식의 양변에 적당한 수를 곱한다.
❷ 계수의 부호가 같으면
➡ 변끼리 뺀다.
계수의 부호가 다르면
➡ 변끼리 더한다.
❸ ❷에서 구한 해를 두 방정식 중 간단한 방정식에 대입한다.

풀이 (1) y를 없애기 위해 ㉠$\times4+$㉡을 하면

$$\begin{array}{rl} & 4x+4y=16 \\ +) & 7x-4y=-5 \\ \hline & 11x \quad\;\; =11 \end{array} \qquad \therefore x=1$$

$x=1$을 ㉠에 대입하면

$1+y=4$ $\quad\therefore y=3$

(2) x를 없애기 위해 ㉠$\times2-$㉡$\times3$을 하면

$$\begin{array}{rl} & 6x-4y=-34 \\ -) & 6x-9y=-54 \\ \hline & \quad\;\; 5y=20 \end{array} \qquad \therefore y=4$$

$y=4$를 ㉠에 대입하면

$3x-2\times4=-17$, $\quad 3x=-9$

$\therefore x=-3$

답 (1) $x=1$, $y=3$ (2) $x=-3$, $y=4$

확인 2 다음 연립방정식을 가감법으로 푸시오.

(1) $\begin{cases} 5x+4y=7 \\ 3x-2y=13 \end{cases}$　　(2) $\begin{cases} 6x-5y=-4 \\ 5x+2y=9 \end{cases}$

03 괄호가 있는 연립방정식의 풀이

● 더 다양한 문제는 RPM 2-1 93쪽

연립방정식 $\begin{cases} 4(x+y)-3y=-7 & \cdots\cdots ㉠ \\ 3x-2(x+y)=5 & \cdots\cdots ㉡ \end{cases}$를 푸시오.

KEY POINT

- 괄호를 풀고 동류항끼리 정리한 후 푼다.
- $-(A+B)=-A-B$
  $A(B+C)=AB+AC$

풀이 ㉠, ㉡을 정리하면 $\begin{cases} 4x+y=-7 & \cdots\cdots ㉢ \\ x-2y=5 & \cdots\cdots ㉣ \end{cases}$

y를 없애기 위해 ㉢×2+㉣을 하면 $9x=-9$ $\therefore x=-1$

$x=-1$을 ㉢에 대입하면 $4\times(-1)+y=-7$ $\therefore y=-3$

답 $x=-1$, $y=-3$

확인 3 다음 연립방정식을 푸시오.

(1) $\begin{cases} x+2y=-3 \\ 9(x-y)+5y=-5 \end{cases}$

(2) $\begin{cases} 5(x+1)-3y=17 \\ -x+2(x-3y)=24 \end{cases}$

04 계수가 소수 또는 분수인 연립방정식의 풀이

● 더 다양한 문제는 RPM 2-1 94쪽

다음 연립방정식을 푸시오.

(1) $\begin{cases} 0.1x-0.2y=0 & \cdots\cdots ㉠ \\ 0.03x+0.04y=0.6 & \cdots\cdots ㉡ \end{cases}$

(2) $\begin{cases} \frac{1}{10}x+\frac{2}{5}y=2 & \cdots\cdots ㉠ \\ -\frac{1}{3}x+\frac{5}{6}y=-\frac{1}{6} & \cdots\cdots ㉡ \end{cases}$

KEY POINT

① 계수가 소수
➡ 양변에 10의 거듭제곱을 곱하여 계수를 정수로 고쳐서 푼다.

② 계수가 분수
➡ 양변에 분모의 최소공배수를 곱하여 계수를 정수로 고쳐서 푼다.

풀이 (1) ㉠×10, ㉡×100을 하면

$\begin{cases} x-2y=0 & \cdots\cdots ㉢ \\ 3x+4y=60 & \cdots\cdots ㉣ \end{cases}$

x를 없애기 위해 ㉢×3−㉣을 하면

$-10y=-60$ $\therefore y=6$

$y=6$을 ㉢에 대입하면

$x-2\times6=0$ $\therefore x=12$

(2) ㉠×10, ㉡×6을 하면

$\begin{cases} x+4y=20 & \cdots\cdots ㉢ \\ -2x+5y=-1 & \cdots\cdots ㉣ \end{cases}$

x를 없애기 위해 ㉢×2+㉣을 하면

$13y=39$ $\therefore y=3$

$y=3$을 ㉢에 대입하면

$x+4\times3=20$ $\therefore x=8$

답 (1) $x=12$, $y=6$ (2) $x=8$, $y=3$

확인 4 다음 연립방정식을 푸시오.

(1) $\begin{cases} x+\frac{y-1}{5}=7 \\ x-\frac{y+1}{4}=2 \end{cases}$

(2) $\begin{cases} 0.6x-0.1y=-1.4 \\ \frac{1}{3}x-\frac{1}{2}y=1 \end{cases}$

05 $A=B=C$의 꼴의 방정식의 풀이

● 더 다양한 문제는 RPM 2-1 95쪽

방정식 $2x+y=4x+5y+2=x-3y-7$을 푸시오.

풀이 주어진 방정식에서

$$\begin{cases}2x+y=4x+5y+2\\2x+y=x-3y-7\end{cases},\ 즉 \begin{cases}x+2y=-1 & \cdots\cdots ㉠\\x+4y=-7 & \cdots\cdots ㉡\end{cases}$$

x를 없애기 위해 ㉠−㉡을 하면 $-2y=6$ $\therefore y=-3$

$y=-3$을 ㉠에 대입하면 $x+2\times(-3)=-1$ $\therefore x=5$

답 $x=5,\ y=-3$

KEY POINT

$A=B=C$의 꼴의 방정식은 세 연립방정식

$\begin{cases}A=B\\A=C\end{cases}$, $\begin{cases}A=B\\B=C\end{cases}$, $\begin{cases}A=C\\B=C\end{cases}$

중 하나의 꼴로 바꾸어 푼다.
이때 가장 간단한 것을 선택하여 푼다.

확인 5 다음 방정식을 푸시오.

(1) $x+y-2=4x+2y+1=3x-y+8$

(2) $\dfrac{x+2y}{3}=\dfrac{3x+y}{4}=5$

06 연립방정식의 해가 주어질 때 (2)

● 더 다양한 문제는 RPM 2-1 95쪽

연립방정식 $\begin{cases}ax+by=7\\bx+ay=13\end{cases}$의 해가 $x=5,\ y=-1$일 때, 상수 $a,\ b$의 값은?

① $a=-3,\ b=-2$ ② $a=-2,\ b=-3$ ③ $a=-2,\ b=3$
④ $a=2,\ b=3$ ⑤ $a=3,\ b=2$

풀이 $x=5,\ y=-1$을 주어진 연립방정식에 대입하면

$$\begin{cases}5a-b=7\\5b-a=13\end{cases},\ 즉 \begin{cases}5a-b=7 & \cdots\cdots ㉠\\a-5b=-13 & \cdots\cdots ㉡\end{cases}$$

㉠×5−㉡을 하면 $24a=48$ $\therefore a=2$

$a=2$를 ㉠에 대입하면 $5\times2-b=7$ $\therefore b=3$

답 ④

KEY POINT

주어진 해를 두 일차방정식에 각각 대입하여 새로운 연립방정식을 만든 후 푼다.

확인 6 $x,\ y$의 순서쌍 $(1,\ a)$가 연립방정식 $\begin{cases}bx-5y=-6\\2x+y=b\end{cases}$의 해일 때, $a+b$의 값을 구하시오. (단, b는 상수이다.)

> 정답 및 풀이 55쪽

07 연립방정식의 해가 다른 일차방정식을 만족시킬 때

● 더 다양한 문제는 RPM 2-1 96쪽

연립방정식 $\begin{cases} 2x+y=5 \\ x-2y=a \end{cases}$의 해가 일차방정식 $x+3y=-5$를 만족시킬 때, 상수 a의 값을 구하시오.

KEY POINT

❶ 세 일차방정식 중 x, y 이외의 미지수가 존재하지 않는 두 일차방정식으로 연립방정식을 세운 후 푼다.

❷ 구한 해를 남은 일차방정식에 대입하여 미지수의 값을 구한다.

풀이 주어진 연립방정식의 해는 세 일차방정식을 모두 만족시키므로 연립방정식

$\begin{cases} 2x+y=5 & \cdots\cdots ㉠ \\ x+3y=-5 & \cdots\cdots ㉡ \end{cases}$

의 해와 같다.

㉠×3−㉡을 하면 $5x=20$ $\quad\therefore x=4$

$x=4$를 ㉠에 대입하면 $2\times4+y=5$ $\quad\therefore y=-3$

따라서 $x=4$, $y=-3$을 $x-2y=a$에 대입하면

$a=4-2\times(-3)=10$

답 10

확인 7 연립방정식 $\begin{cases} 5x-y=8 \\ x+3y=-2a \end{cases}$를 만족시키는 x의 값은 y의 값보다 4만큼 작을 때, 상수 a의 값을 구하시오.

08 두 연립방정식의 해가 서로 같을 때

● 더 다양한 문제는 RPM 2-1 97쪽

두 연립방정식 $\begin{cases} x+y=3 \\ x-2y=a \end{cases}$, $\begin{cases} bx-y=-6 \\ x+3y=11 \end{cases}$의 해가 서로 같을 때, 상수 a, b의 값은?

① $a=-9$, $b=-2$ ② $a=-9$, $b=2$ ③ $a=-2$, $b=9$
④ $a=2$, $b=-9$ ⑤ $a=9$, $b=2$

KEY POINT

두 연립방정식의 해가 같으면 그 해는 네 일차방정식의 공통인 해이다.

➡ 네 일차방정식 중 x, y 이외의 미지수가 존재하지 않는 두 일차방정식으로 연립방정식을 세워서 구한 해는 처음 두 연립방정식의 해와 같다.

풀이 두 연립방정식의 해가 서로 같으므로 그 해는 연립방정식

$\begin{cases} x+y=3 & \cdots\cdots ㉠ \\ x+3y=11 & \cdots\cdots ㉡ \end{cases}$

의 해와 같다.

㉠−㉡을 하면 $-2y=-8$ $\quad\therefore y=4$

$y=4$를 ㉠에 대입하면 $x+4=3$ $\quad\therefore x=-1$

$x=-1$, $y=4$를 $x-2y=a$에 대입하면 $a=-1-2\times4=-9$

$x=-1$, $y=4$를 $bx-y=-6$에 대입하면 $b\times(-1)-4=-6$

$\therefore b=2$

답 ②

확인 8 두 연립방정식 $\begin{cases} ax-3y=-1 \\ x+2y=-8 \end{cases}$, $\begin{cases} 3x-y=-3 \\ bx-ay=7 \end{cases}$의 해가 서로 같을 때, 상수 a, b에 대하여 $a-b$의 값을 구하시오.

› 정답 및 풀이 56쪽

09 해가 무수히 많은 연립방정식

● 더 다양한 문제는 RPM 2-1 98쪽

연립방정식 $\begin{cases} x-ay=3 & \cdots\cdots ㉠ \\ bx+12y=-9 & \cdots\cdots ㉡ \end{cases}$의 해가 무수히 많을 때, 상수 a, b의 값을 구하시오.

KEY POINT

연립방정식

$\begin{cases} ax+by=c & \cdots ㉠ \\ a'x+b'y=c' & \cdots ㉡ \end{cases}$

의 해가 무수히 많다.

➡ ㉠ 또는 ㉡에 적당한 수를 곱하였을 때, 나머지 일차방정식의 x, y의 계수와 상수항이 각각 같다.

풀이 상수항이 같아지도록 ㉠×(-3)을 하면

$-3x+3ay=-9$ ...... ㉢

해가 무수히 많으므로 ㉡과 ㉢에서 x, y의 계수가 각각 같아야 한다.

따라서 $b=-3$, $3a=12$이므로 $a=4$, $b=-3$

답 $a=4$, $b=-3$

다른 풀이 해가 무수히 많으므로 $\frac{1}{b}=\frac{-a}{12}=\frac{3}{-9}$

$\frac{-a}{12}=\frac{3}{-9}$에서 $9a=36$ $\therefore a=4$

$\frac{1}{b}=\frac{3}{-9}$에서 $3b=-9$ $\therefore b=-3$

확인 9 다음 연립방정식 중 해가 무수히 많은 것은?

① $\begin{cases} 3x+y=2 \\ 3x-y=4 \end{cases}$ ② $\begin{cases} 4x+6y=10 \\ 2x+3y=7 \end{cases}$ ③ $\begin{cases} x-y=5 \\ 2x-2y=5 \end{cases}$

④ $\begin{cases} 2x+8y=4 \\ x+4y=2 \end{cases}$ ⑤ $\begin{cases} -5x+y=0 \\ 10x-2y=2 \end{cases}$

10 해가 없는 연립방정식

● 더 다양한 문제는 RPM 2-1 98쪽

연립방정식 $\begin{cases} 4x+ay=5 & \cdots\cdots ㉠ \\ 8x+10y=-1 & \cdots\cdots ㉡ \end{cases}$의 해가 없을 때, 상수 a의 값을 구하시오.

KEY POINT

연립방정식

$\begin{cases} ax+by=c & \cdots ㉠ \\ a'x+b'y=c' & \cdots ㉡ \end{cases}$

의 해가 없다.

➡ ㉠ 또는 ㉡에 적당한 수를 곱하였을 때, 나머지 일차방정식의 x, y의 계수는 각각 같고, 상수항은 다르다.

풀이 x의 계수가 같아지도록 ㉠×2를 하면

$8x+2ay=10$ ...... ㉢

해가 없으므로 ㉡과 ㉢에서 x, y의 계수는 각각 같고, 상수항은 달라야 한다.

따라서 $2a=10$이므로 $a=5$

답 5

다른 풀이 해가 없으므로 $\frac{4}{8}=\frac{a}{10}\neq\frac{5}{-1}$

$\frac{4}{8}=\frac{a}{10}$에서 $8a=40$ $\therefore a=5$

확인 10 다음 연립방정식 중 해가 없는 것은?

① $\begin{cases} 2x+3y=1 \\ 4x+6y=2 \end{cases}$ ② $\begin{cases} x-2y=3 \\ 3x-6y=9 \end{cases}$ ③ $\begin{cases} 9x-15y=3 \\ 3x-5y=1 \end{cases}$

④ $\begin{cases} 2x+3y=7 \\ 5x+6y=10 \end{cases}$ ⑤ $\begin{cases} 3x-2y=1 \\ 6x-4y=3 \end{cases}$

> 정답 및 풀이 56쪽

01 다음 연립방정식을 푸시오.

(1) $\begin{cases} 3x+2y=15 \\ y=-7x+2 \end{cases}$

(2) $\begin{cases} 4x-3y=5 \\ 9x-4y=14 \end{cases}$

(3) $\begin{cases} 2y=7x-4 \\ 2y=5x \end{cases}$

(4) $\begin{cases} 5x+4y=3 \\ 3x-5y=24 \end{cases}$

(5) $\begin{cases} x=6y-7 \\ 8x-3y=-11 \end{cases}$

(6) $\begin{cases} 4x+5y=8 \\ -5x+6y=39 \end{cases}$

02 다음 연립방정식을 푸시오.

(1) $\begin{cases} 4(x-2)-3(y+5)=-40 \\ 2(x-3y)+10=13-(x+2y) \end{cases}$

(2) $\begin{cases} 0.08x-0.05y=-0.11 \\ 0.3x-0.4y=-0.2 \end{cases}$

(3) $\begin{cases} \dfrac{x+4}{3}=\dfrac{y+1}{2} \\ 3x+4=2(y-x)-3 \end{cases}$

(4) $\begin{cases} 0.2(x+2y)-0.3y=0.14 \\ \dfrac{5}{6}(x-2)+3(y-2)=\dfrac{2}{3} \end{cases}$

03 다음 방정식을 푸시오.

(1) $2x+y=x+2y=6$

(2) $5x-2y=4(x+y)=x+6y-16$

(3) $\dfrac{x-1}{3}=\dfrac{x-y+5}{6}=\dfrac{2x+y-6}{4}$

04 다음 연립방정식을 푸시오.

(1) $\begin{cases} 2x-y=5 \\ 8x-4y=20 \end{cases}$

(2) $\begin{cases} 6x-4y=-2 \\ -3x+2y=1 \end{cases}$

(3) $\begin{cases} x-2y=-1 \\ 9x-18y=1 \end{cases}$

(4) $\begin{cases} 8x-10y=4 \\ 4x-5y=-2 \end{cases}$

이런 문제가 시험에 나온다

01 연립방정식 $\begin{cases} x=2y-1 \\ x+3y=9 \end{cases}$ 의 해가 $x=a$, $y=b$일 때, ab의 값을 구하시오.

두 방정식 중
$x=$(y에 대한 식)
을 다른 방정식에 대입한다.

02 연립방정식 $\begin{cases} 2x-5y=-14 & \cdots\cdots ㉠ \\ 5x-6y=-9 & \cdots\cdots ㉡ \end{cases}$ 에서 x를 없애려고 할 때, 필요한 식은?

① ㉠×5+㉡×2　② ㉠×5−㉡×2　③ ㉠×5+㉡×6
④ ㉠×6−㉡×5　⑤ ㉠×6+㉡×5

없애려는 미지수의 계수의 절댓값이 같아지도록 하는 식을 찾는다.

03 연립방정식 $\begin{cases} 5(x-y)=y-10 \\ 2x+1=-3(y-8) \end{cases}$ 을 만족시키는 x, y에 대하여 $x+y$의 값을 구하시오.

04 연립방정식 $\begin{cases} \dfrac{1-x}{3}=\dfrac{y+1}{4}-1 \\ 0.4x-0.3y=-0.5 \end{cases}$ 에서 각 일차방정식의 계수를 모두 정수로 고치려고 한다. 다음 중 바르게 고친 것은?

① $\begin{cases} 3x-4y=-9 \\ 4x-3y=-5 \end{cases}$　② $\begin{cases} 3x+4y=15 \\ 4x-3y=-5 \end{cases}$

③ $\begin{cases} 4x+3y=13 \\ 4x-3y=-5 \end{cases}$　④ $\begin{cases} 4x+3y=13 \\ 4x-3y=-50 \end{cases}$

⑤ $\begin{cases} 4x+3y=13 \\ 4x-3y=50 \end{cases}$

방정식의 계수가
① 소수이면 ➡ 양변에 10의 거듭제곱을 곱한다.
② 분수이면 ➡ 양변에 분모의 최소공배수를 곱한다.

05 다음 방정식의 해가 $x=a$, $y=b$일 때, $a-b$의 값을 구하시오.

$$4(x+y)=3(y+1)+2x=7x+5y-7$$

$A=B=C$의 꼴의 방정식
➡ $\begin{cases} A=B \\ A=C \end{cases}$ 또는 $\begin{cases} A=B \\ B=C \end{cases}$ 또는 $\begin{cases} A=C \\ B=C \end{cases}$ 중 하나의 꼴로 바꾸어 푼다.

06 x, y의 순서쌍 (4, 3)이 연립방정식 $\begin{cases} ax+by=31 \\ (x+y):(x-y)=a:b \end{cases}$의 해일 때, 상수 a, b에 대하여 $a-b$의 값은?

① 6　② 9　③ 12
④ 15　⑤ 16

비례식에서 외항의 곱과 내항의 곱은 같다.

07 연립방정식 $\begin{cases} 3x+y=10 \\ x+3y=a+15 \end{cases}$를 만족시키는 y의 값은 x의 값의 2배라 할 때, 상수 a의 값을 구하시오.

y의 값이 x의 값의 2배이다.
➡ $y=2x$

08 두 연립방정식 $\begin{cases} x+2y=-8 \\ ax+by=1 \end{cases}$, $\begin{cases} 3x+y=-9 \\ ax-by=7 \end{cases}$의 해가 서로 같을 때, 상수 a, b에 대하여 $a+b$의 값을 구하시오.

09 연립방정식 $\begin{cases} 2x+3y=b \\ 6x+ay=3 \end{cases}$의 해가 무수히 많을 때, 상수 a, b에 대하여 $a-b$의 값을 구하시오.

연립방정식의 해가 무수히 많다.
➡ x의 계수, y의 계수, 상수항 중 하나를 같게 하였을 때, 나머지도 모두 같아야 한다.

10 연립방정식 $\begin{cases} 2(x+y)-y=3 \\ 4(x-1)=-2y+a \end{cases}$의 해가 없을 때, 다음 중 상수 a의 값이 될 수 없는 것은?

① -2　② -1　③ 0
④ 1　⑤ 2

중단원 마무리하기

STEP 1 기본 문제

01 다음 중 미지수가 2개인 일차방정식인 것을 모두 고르면? (정답 2개)

① $xy+8x-6=0$ ② $\frac{2}{x}+\frac{3}{y}=10$
③ $4x=3y+2$ ④ $2x^2-3xy=-xy^3$
⑤ $1.2x+3.4y=0$

02 다음 중 문장을 미지수가 2개인 일차방정식으로 나타낸 것으로 옳지 않은 것은?

① x의 4배는 y의 3배보다 2만큼 작다.
➡ $4x=3y-2$
② 1000원짜리 공책 x권과 700원짜리 펜 y자루를 합한 가격은 5800원이다.
➡ $1000x+700y=5800$
③ x살인 아버지의 나이는 y살인 수민이의 나이의 3배보다 4살 더 많다.
➡ $x=3y+4$
④ 민재네 반 학생 23명이 3인승 보트 x대, 2인승 보트 y대를 빌려서 빈자리가 없도록 타려고 한다.
➡ $3x+2y=23$
⑤ 밑변의 길이가 8 cm이고 높이가 x cm인 삼각형의 넓이는 y cm^{2}이다.
➡ $y=8x$

03 x, y가 자연수일 때, 일차방정식 $3x+2y=27$을 만족시키는 x, y의 순서쌍 (x, y)의 개수를 구하시오.

04 x, y의 순서쌍 (a, b)가 일차방정식 $-5x+2y=1$의 해일 때, $5a-2b+7$의 값을 구하시오.

꼭나와

05 x, y의 순서쌍 $(-3, 1)$이 연립방정식 $\begin{cases} x+ay=1 \\ 7x+10y=b \end{cases}$ 의 해일 때, 상수 a, b에 대하여 $a-b$의 값은?

① 12 ② 13 ③ 14
④ 15 ⑤ 16

06 연립방정식

$$\begin{cases} x=4y-3 & \cdots\cdots ㉠ \\ 5(x-y)-2y=11 & \cdots\cdots ㉡ \end{cases}$$

을 풀기 위해 ㉠을 ㉡에 대입하여 x를 없앴더니 $ay=26$이 되었다. 이때 상수 a의 값은?

① -26 ② -13 ③ -2
④ 2 ⑤ 13

> 정답 및 풀이 59쪽

07 다음 중 연립방정식

$$\begin{cases} 3x-y=11 & \cdots\cdots ㉠ \\ 8x-5y=13 & \cdots\cdots ㉡ \end{cases}$$

에 대한 설명으로 옳은 것은?

① x를 없애려면 ㉠$\times 8+$㉡$\times 3$을 한다.
② y를 없애려면 ㉠$\times 5+$㉡을 한다.
③ ㉠을 $y=3x+11$로 변형한 후 ㉡에 대입하면 해를 구할 수 있다.
④ 연립방정식을 만족시키는 x의 값은 -6이다.
⑤ 연립방정식을 만족시키는 y의 값은 7이다.

08 연립방정식 $\begin{cases} 0.01x+0.02y=0.05 \\ 0.5x-0.3y=1.2 \end{cases}$의 해는?

① $x=-1,\ y=2$ ② $x=1,\ y=-2$
③ $x=1,\ y=3$ ④ $x=3,\ y=1$
⑤ $x=3,\ y=2$

꼭나와

09 방정식

$$5x+3(y-1)=7(x+y)+1=-(x+4y)$$

를 만족시키는 x, y의 순서쌍 (a, b)에 대하여 ab의 값을 구하시오.

10 다음 세 일차방정식이 같은 해를 가질 때, 상수 a의 값을 구하시오.

$x+y=5,\quad 3x+y=11,\quad 4x+ay=2$

꼭나와

11 다음 연립방정식 중 해가 무수히 많은 것은?

① $\begin{cases} x-y=1 \\ 3x-3y=-3 \end{cases}$ ② $\begin{cases} x-y=1 \\ 2x+2y=2 \end{cases}$

③ $\begin{cases} x+3y=1 \\ 2x+6y=2 \end{cases}$ ④ $\begin{cases} 3x-y=-3 \\ 3x-2y=-6 \end{cases}$

⑤ $\begin{cases} x-2y=7 \\ 2x-4y=13 \end{cases}$

12 연립방정식 $\begin{cases} ax-2y=1 \\ 2x-4y=3 \end{cases}$의 해가 없을 때, 상수 a의 값을 구하시오.

STEP 2 발전 문제

13 $ax+2y-3=3x-y+2$가 x, y에 대한 일차방정식일 때, 다음 중 상수 a의 값이 될 수 없는 것은?

① -3 ② -2 ③ 0
④ 2 ⑤ 3

14 x, y의 순서쌍 $(8, b)$, $(-2, -2)$, $(c, -1)$이 모두 일차방정식 $x-ay+6=0$의 해일 때, $a+b+c$의 값은? (단, a는 상수이다.)

① -13 ② -1 ③ 1
④ 7 ⑤ 13

15 다음 **보기**의 일차방정식 중 두 식을 짝 지어 만든 연립방정식의 해가 $x=-2$, $y=3$인 것은?

보기
ㄱ. $x+y=2$ ㄴ. $2x-3y=-13$
ㄷ. $3x+5y=-9$ ㄹ. $4y=-5x+2$

① ㄱ, ㄴ ② ㄱ, ㄷ ③ ㄴ, ㄷ
④ ㄴ, ㄹ ⑤ ㄷ, ㄹ

16 연립방정식 $\begin{cases} 0.\dot{3}x-1.\dot{5}y=0.\dot{7} \\ 0.\dot{1}x+0.\dot{4}y=1.\dot{2} \end{cases}$를 만족시키는 x, y에 대하여 $x-6y$의 값은?

① -2 ② -1 ③ 0
④ 1 ⑤ 2

꼭나와

17 연립방정식 $\begin{cases} 0.6x+0.2(y-1)=3.8 \\ \dfrac{x-1}{3}-\dfrac{y-3}{2}=\dfrac{1}{3} \end{cases}$ 의 해가 $x=a$, $y=b$일 때, $a-b$의 값은?

① -2 ② 0 ③ 3
④ 5 ⑤ 10

18 x, y의 순서쌍 $(3, -4)$가 연립방정식 $\begin{cases} ax+by=1 \\ 2bx-ay=24 \end{cases}$의 해일 때, 상수 a, b에 대하여 $a-b$의 값을 구하시오.

> 정답 및 풀이 61쪽

19 연립방정식 $\begin{cases} 2x-y=a \\ 4x-3y=a-8 \end{cases}$ 을 만족시키는 x, y의 값의 합이 10일 때, 상수 a의 값을 구하시오.

꼭나와

20 두 연립방정식

$$\begin{cases} y=x+4 \\ 2x+ay=12 \end{cases}, \begin{cases} bx+3y=4 \\ 4x-7y=-4 \end{cases}$$

의 해가 서로 같을 때, 상수 a, b에 대하여 $a+b$의 값을 구하시오.

21 연립방정식 $\begin{cases} 2x+y=3 \\ x-y=5 \end{cases}$ 를 풀 때, $x-y=5$의 상수항 5를 잘못 보고 풀어서 $y=-3$을 얻었다. 상수항 5를 어떤 수로 잘못 보고 풀었는지 구하시오.

STEP 3 실력 UP

22 x, y에 대한 연립방정식 $\begin{cases} 2x+by=5 \\ ax-by=1 \end{cases}$ 을 만족시키는 x, y의 값이 모두 자연수일 때, 자연수 a, b의 순서쌍 (a, b)의 개수를 구하시오.

해설 강의

23 두 등식 $4^x \times 2^y=128$, $3^x \times 9^y=243$을 만족시키는 자연수 x, y에 대하여 xy의 값을 구하시오.

해설 강의

24 연립방정식 $\begin{cases} x+by=-3 \\ 5x-y=17 \end{cases}$ 을 만족시키는 x, y의 값이 연립방정식 $\begin{cases} x-2y=9 \\ 3x+4y=a \end{cases}$ 를 만족시키는 x, y의 값보다 각각 2만큼 클 때, 상수 a, b에 대하여 $a+b$의 값을 구하시오.

해설 강의

서술형 대비 문제

예제 1

해설 강의

연립방정식 $\begin{cases}(x+3):(2x+y)=3:5 \\ \frac{1}{2}x-\frac{1}{3}y=\frac{1}{6}\end{cases}$ 의 해가 일차방정식 $8x-3y=a$를 만족시킬 때, 상수 a의 값을 구하시오. [6점]

풀이 과정

1단계 연립방정식의 해 구하기 • 4점

$\begin{cases}(x+3):(2x+y)=3:5 & \cdots\cdots ㉠ \\ \frac{1}{2}x-\frac{1}{3}y=\frac{1}{6} & \cdots\cdots ㉡\end{cases}$

㉠에서 $5(x+3)=3(2x+y)$

$\therefore x+3y=15$ ...... ㉢

㉡×6을 하면 $3x-2y=1$ ...... ㉣

㉢×3−㉣을 하면 $11y=44$ $\therefore y=4$

$y=4$를 ㉢에 대입하면 $x+12=15$ $\therefore x=3$

2단계 a의 값 구하기 • 2점

$x=3$, $y=4$를 $8x-3y=a$에 대입하면

$a=8\times3-3\times4=12$

답 12

유제 1

연립방정식 $\begin{cases}\frac{x-1}{2}-\frac{y+1}{3}=\frac{1}{2} \\ 0.2x-0.3(x-y)=-0.5\end{cases}$ 의 해가 일차방정식 $ax-y=-5$를 만족시킬 때, 상수 a의 값을 구하시오. [6점]

풀이 과정

1단계 연립방정식의 해 구하기 • 4점

2단계 a의 값 구하기 • 2점

답

예제 2

해설 강의

연립방정식 $\begin{cases}ax+by=3 \\ bx+ay=7\end{cases}$에서 잘못하여 a와 b를 바꾸어 놓고 풀었더니 해가 $x=3$, $y=-1$이었다. 이때 처음 연립방정식의 해를 구하시오. (단, a, b는 상수이다.) [7점]

풀이 과정

1단계 a, b에 대한 연립방정식 세우기 • 2점

$\begin{cases}bx+ay=3 \\ ax+by=7\end{cases}$에 $x=3$, $y=-1$을 대입하면

$\begin{cases}-a+3b=3 & \cdots\cdots ㉠ \\ 3a-b=7 & \cdots\cdots ㉡\end{cases}$

2단계 a, b의 값 구하기 • 2점

㉠, ㉡을 연립하여 풀면 $a=3$, $b=2$

3단계 처음 연립방정식의 해 구하기 • 3점

처음 연립방정식은 $\begin{cases}3x+2y=3 & \cdots\cdots ㉢ \\ 2x+3y=7 & \cdots\cdots ㉣\end{cases}$

㉢, ㉣을 연립하여 풀면 $x=-1$, $y=3$

답 $x=-1$, $y=3$

유제 2

연립방정식 $\begin{cases}ax-by=-11 \\ bx-ay=4\end{cases}$ 에서 잘못하여 a와 b를 바꾸어 놓고 풀었더니 해가 $x=2$, $y=3$이었다. 이때 처음 연립방정식의 해를 구하시오.

(단, a, b는 상수이다.) [7점]

풀이 과정

1단계 a, b에 대한 연립방정식 세우기 • 2점

2단계 a, b의 값 구하기 • 2점

3단계 처음 연립방정식의 해 구하기 • 3점

답

> 정답 및 풀이 63쪽

스스로 서술하기

유제 3 x, y가 자연수일 때, 일차방정식 $x+4y=6$의 해가 일차방정식 $3x-ay=1$을 만족시킨다. 이때 상수 a의 값을 구하시오. [6점]

풀이 과정

답

유제 4 방정식

$$3x+y+2=-x+y-2=4x+2y+1$$

의 해가 $x=a$, $y=b$일 때, $b-a$의 값을 구하시오. [7점]

풀이 과정

답

유제 5 연립방정식 $\begin{cases} ax-3y=12 \\ 4x-y=6 \end{cases}$을 만족시키는 x와 y의 값의 비가 $1:3$일 때, 상수 a의 값을 구하시오. [7점]

풀이 과정

답

유제 6 연립방정식

$$\begin{cases} 2x-5y=10 & \cdots\cdots \text{㉠} \\ ax+y=b & \cdots\cdots \text{㉡} \end{cases}$$

의 해가 없고, 일차방정식 ㉡의 한 해가 $x=15$, $y=-9$일 때, 상수 a, b에 대하여 ab의 값을 구하시오. [7점]

풀이 과정

답

공감 한 스푼

"다른 누군가를 위한 작은 배려와 작은 생각들이
모든 것을 달라지게 만들 거야!"

그림 정인(@jeong_iinn_)

Ⅳ-2

연립일차방정식의 활용

Ⅳ-1 | 연립일차방정식

이 단원의 학습 계획을 세우고
하나하나 실천하는 습관을 기르자!! 나는 할 수 있어!

		공부한 날	학습 완료도
01 연립일차방정식의 활용 (1)	개념원리 이해 & 개념원리 확인하기	월 일	□□□
	핵심문제 익히기	월 일	○○○
	이런 문제가 시험에 나온다	월 일	○○○
02 연립일차방정식의 활용 (2)	개념원리 이해 & 개념원리 확인하기	월 일	□□□
	핵심문제 익히기	월 일	○○○
	이런 문제가 시험에 나온다	월 일	○○○
중단원 마무리하기		월 일	○○○
서술형 대비 문제		월 일	○○○

개념 학습 guide

- 개념을 이해했으면 ■■■, 개념을 문제에 적용할 수 있으면 ■■■, 개념을 친구에게 설명할 수 있으면 ■■■로 색칠한다.
- 부족한 부분의 개념을 반복 학습하여 ■■■ 3칸 모두 색칠하면 학습을 마친다.

문제 학습 guide

- 맞힌 문제가 전체의 50% 미만이면 ●●●, 맞힌 문제가 50% 이상 90% 미만이면 ●●●, 맞힌 문제가 90% 이상이면 ●●● 로 색칠한다. 문제를 찍지 말자!
- 틀린 문제는 왜 틀렸는지 그 이유를 파악한 후 다시 풀어 본다. 며칠 후 틀린 문제를 다시 풀어 보고, 풀이 과정과 답이 맞으면 학습을 마친다.

01 연립일차방정식의 활용 (1)

개념원리 이해

1 연립일차방정식의 활용 문제는 어떻게 푸는가?

◎ 핵심문제 01~08

연립일차방정식의 활용 문제를 풀 때에는 다음과 같은 순서로 해결한다.

❶ 미지수 정하기 ➡ 문제의 뜻을 파악하고 구하려고 하는 것을 미지수 x, y로 놓는다.

❷ 방정식 세우기 ➡ 문제의 뜻에 맞게 x, y에 대한 연립방정식을 세운다.

❸ 방정식 풀기 ➡ 연립방정식을 푼다.

❹ 확인하기 ➡ 구한 해가 문제의 뜻에 맞는지 확인한다.

예 두 수의 합이 52이고 큰 수가 작은 수의 3배일 때, 두 수를 구해 보자.

❶ 미지수 정하기 ➡ 두 수 중 큰 수를 x, 작은 수를 y라 하자.

❷ 방정식 세우기 ➡ $\begin{cases} x+y=52 \\ x=3y \end{cases}$

❸ 방정식 풀기 ➡ ❷의 연립방정식을 풀면 $x=39$, $y=13$

따라서 구하는 두 수는 39, 13이다.

❹ 확인하기 ➡ 두 수가 39, 13일 때, $39+13=52$, $39=3\times13$이므로 문제의 뜻에 맞는다.

2 연립일차방정식의 활용 문제는 어떤 것이 있는가?

◎ 핵심문제 01~08

(1) **자연수에 대한 문제**

처음 수의 십의 자리의 숫자를 x, 일의 자리의 숫자를 y라 하면

① 처음 수 ➡ $10x+y$

② 십의 자리의 숫자와 일의 자리의 숫자를 바꾼 수 ➡ $10y+x$

(2) **나이에 대한 문제**

현재 x살인 사람의 a년 전의 나이 ➡ $(x-a)$살

현재 x살인 사람의 b년 후의 나이 ➡ $(x+b)$살

(3) **득점, 감점에 대한 문제**

맞히면 a점을 얻고, 틀리면 b점을 잃는 시험에서 x문제를 맞히고 y문제를 틀렸을 때 받는 점수

➡ $(ax-by)$점

(4) **증가, 감소에 대한 문제**

어느 학교의 작년의 남학생 수와 여학생 수는 각각 x, y이고 올해의 남학생 수는 작년보다 $a\,\%$ 증가하고, 여학생 수는 작년보다 $b\,\%$ 감소했을 때

① 남학생 수의 변화량: $+\frac{a}{100}x$ ② 여학생 수의 변화량: $-\frac{b}{100}y$

③ 전체 학생 수의 변화량: $+\frac{a}{100}x-\frac{b}{100}y$

④ 올해 남학생 수: $\left(1+\frac{a}{100}\right)x$, 올해 여학생 수: $\left(1-\frac{b}{100}\right)y$

(5) **일에 대한 문제**

① 전체 일의 양을 1로 놓는다.

② 한 사람이 단위 시간(1일, 1시간 등)에 할 수 있는 일의 양을 각각 x, y로 놓는다.

> 정답 및 풀이 64쪽

01 다음은 합이 22이고 차가 8인 두 자연수를 구하는 과정이다. □ 안에 알맞은 것을 써넣으시오.

❶ 미지수 정하기	두 자연수를 x, $y(x>y)$라 하자.
❷ 방정식 세우기	두 자연수의 합이 22이므로 $\square=22$ 두 자연수의 차가 8이므로 $\square=8$ $\therefore \begin{cases} \square=22 & \cdots\cdots ㉠ \\ \square=8 & \cdots\cdots ㉡ \end{cases}$
❸ 방정식 풀기	㉠+㉡을 하면 $\square=30$ $\quad\therefore x=\square$ $x=\square$를 ㉠에 대입하여 풀면 $y=\square$ 따라서 구하는 두 자연수는 □, □이다.
❹ 확인하기	두 자연수가 □, □이면 $\square+\square=22$, $\square-\square=8$ 이므로 문제의 뜻에 맞는다.

○ 연립일차방정식의 활용
➡ 구하려고 하는 것을 미지수로 놓고 문제의 뜻에 맞게 방정식을 세운다.

02 윤서의 키와 준서의 키의 평균은 167 cm이고 준서의 키는 윤서의 키보다 10 cm 더 크다고 한다. 윤서의 키와 준서의 키를 각각 구하려고 할 때, 다음 물음에 답하시오.

(1) 윤서의 키를 x cm, 준서의 키를 y cm라 할 때, 연립방정식을 세우시오.

(2) (1)의 연립방정식을 푸시오.

(3) 윤서의 키와 준서의 키를 각각 구하시오.

○ 두 수 a, b의 평균
➡ $\dfrac{a+b}{\square}$

03 1800원짜리 크림빵과 1000원짜리 우유를 사고 13000원을 지불하였다. 크림빵을 우유보다 1개 더 샀다고 할 때, 크림빵과 우유를 각각 몇 개씩 샀는지 구하려고 한다. 다음 물음에 답하시오.

(1) 크림빵을 x개, 우유를 y개 샀다고 할 때, 연립방정식을 세우시오.

(2) (1)의 연립방정식을 푸시오.

(3) 크림빵과 우유를 각각 몇 개씩 샀는지 구하시오.

핵심문제 익히기

01 자연수에 대한 문제

● 더 다양한 문제는 RPM 2-1 106쪽

KEY POINT

십의 자리의 숫자가 x, 일의 자리의 숫자가 y인 두 자리 자연수
➡ $10x+y$

두 자리 자연수가 있다. 이 자연수는 각 자리의 숫자의 합의 4배이고, 십의 자리의 숫자와 일의 자리의 숫자를 바꾼 수는 처음 수보다 27만큼 크다고 한다. 이때 처음 수를 구하시오.

풀이 처음 수의 십의 자리의 숫자를 x, 일의 자리의 숫자를 y라 하자.
이 자연수는 각 자리의 숫자의 합의 4배이므로
$10x+y=4(x+y)$, 즉 $2x-y=0$ …… ㉠
십의 자리의 숫자와 일의 자리의 숫자를 바꾼 수는 처음 수보다 27만큼 크므로
$10y+x=(10x+y)+27$, 즉 $x-y=-3$ …… ㉡
㉠−㉡을 하면 $x=3$
$x=3$을 ㉡에 대입하면 $3-y=-3$ $\therefore y=6$
따라서 처음 수는 36이다.

답 36

확인 1 두 자리 자연수가 있다. 이 자연수의 각 자리의 숫자의 합은 11이고, 십의 자리의 숫자와 일의 자리의 숫자를 바꾼 수는 처음 수의 3배보다 5만큼 크다고 한다. 이때 처음 수를 구하시오.

02 나이에 대한 문제

● 더 다양한 문제는 RPM 2-1 107쪽

KEY POINT

현재 x살인 사람의
① a년 전의 나이 ➡ $(x-a)$살
② b년 후의 나이 ➡ $(x+b)$살

현재 아버지와 아들의 나이의 차는 26살이다. 지금부터 10년 후에 아버지의 나이는 아들의 나이의 3배보다 2살이 적어진다고 한다. 현재 아버지의 나이와 아들의 나이를 각각 구하시오.

풀이 현재 아버지의 나이를 x살, 아들의 나이를 y살이라 하자.
현재 아버지와 아들의 나이의 차는 26살이므로 $x-y=26$ …… ㉠
10년 후에 아버지의 나이는 아들의 나이의 3배보다 2살이 적어지므로
$x+10=3(y+10)-2$, 즉 $x-3y=18$ …… ㉡
㉠−㉡을 하면 $2y=8$ $\therefore y=4$
$y=4$를 ㉠에 대입하면 $x-4=26$ $\therefore x=30$
따라서 현재 아버지의 나이는 30살, 아들의 나이는 4살이다.

답 아버지: 30살, 아들: 4살

확인 2 현재 어머니의 나이가 딸의 나이보다 32살이 많고, 8년 후에 어머니의 나이가 딸의 나이의 2배보다 14살이 많아진다고 한다. 8년 후의 어머니의 나이를 구하시오.

03 가격, 개수에 대한 문제

● 더 다양한 문제는 RPM 2-1 107쪽

어느 체험관의 입장료가 어른은 2000원, 청소년은 1500원이다. 어느 날 이 체험관에서 입장권이 46장 팔렸고 입장료 총수입액이 81500원이었을 때, 이날 입장한 청소년 수를 구하시오.

풀이 입장한 어른 수를 x, 청소년 수를 y라 하자.
입장권이 46장 팔렸으므로 $x+y=46$ ······ ㉠
총수입액이 81500원이므로
$2000x+1500y=81500$, 즉 $4x+3y=163$ ······ ㉡
㉠×3−㉡을 하면 $-x=-25$ $\therefore x=25$
$x=25$를 ㉠에 대입하면 $25+y=46$ $\therefore y=21$
따라서 입장한 청소년 수는 21이다.

답 21

KEY POINT

$\begin{cases} (\text{A의 개수})+(\text{B의 개수})=(\text{전체 개수}) \\ (\text{A의 전체 가격})+(\text{B의 전체 가격})=(\text{전체 가격}) \end{cases}$

확인 3 마카롱 3개와 쿠키 4개를 합한 가격은 7600원이고, 마카롱 5개와 쿠키 2개를 합한 가격은 8000원이다. 마카롱 1개의 가격을 구하시오.

04 도형에 대한 문제

● 더 다양한 문제는 RPM 2-1 108쪽

세로의 길이가 가로의 길이보다 20 cm 더 긴 직사각형이 있다. 이 직사각형의 둘레의 길이가 72 cm일 때, 이 직사각형의 넓이를 구하시오.

풀이 직사각형의 가로의 길이를 x cm, 세로의 길이를 y cm라 하자.
세로의 길이가 가로의 길이보다 20 cm 더 길므로 $y=x+20$ ······ ㉠
직사각형의 둘레의 길이가 72 cm이므로
$2(x+y)=72$, 즉 $x+y=36$ ······ ㉡
㉠을 ㉡에 대입하면 $x+(x+20)=36$
$2x=16$ $\therefore x=8$
$x=8$을 ㉠에 대입하면 $y=8+20=28$
따라서 가로의 길이가 8 cm, 세로의 길이가 28 cm이므로 직사각형의 넓이는
$8\times28=224\ (\text{cm}^2)$

답 $224\ \text{cm}^2$

KEY POINT

(직사각형의 둘레의 길이)
$=2\times\{$(가로의 길이)
+(세로의 길이)$\}$

확인 4 아랫변의 길이가 윗변의 길이보다 3 cm만큼 더 길고, 높이가 6 cm인 사다리꼴이 있다. 이 사다리꼴의 넓이가 33 cm^2일 때, 윗변의 길이를 구하시오.

05 득점, 감점에 대한 문제

● 더 다양한 문제는 RPM 2-1 108쪽

어느 퀴즈 프로그램에 참여하면 총 20문제를 푸는데 한 문제를 맞히면 10점을 얻고, 틀리면 5점을 잃는다고 한다. 소희의 점수가 140점일 때, 소희가 맞힌 문제 수는?

① 14　　② 15　　③ 16
④ 17　　⑤ 18

KEY POINT

맞히면 a점을 얻고, 틀리면 b점을 잃을 때
➡ x개 맞히고 y개 틀리면 $(ax-by)$점

풀이 소희가 맞힌 문제 수를 x, 틀린 문제 수를 y라 하자.

총 20문제를 풀었으므로　$x+y=20$　…… ㉠

점수가 140점이므로　$10x-5y=140$, 즉 $2x-y=28$　…… ㉡

㉠+㉡을 하면　$3x=48$　$\therefore x=16$

$x=16$을 ㉠에 대입하면　$16+y=20$　$\therefore y=4$

따라서 소희가 맞힌 문제 수는 16이다.

답 ③

확인 5 성준이는 동전을 던져 앞면이 나오면 3점을 얻고, 뒷면이 나오면 1점을 잃는 게임을 하려고 한다. 성준이가 동전을 8번 던져서 12점을 얻었을 때, 앞면이 나온 횟수를 구하시오.

06 증가, 감소에 대한 문제

● 더 다양한 문제는 RPM 2-1 109쪽

지호네 학교의 작년의 전체 학생은 650명이었다. 올해는 작년에 비하여 남학생은 2 % 증가하고, 여학생은 5 % 감소하여 전체적으로 8명이 감소하였다. 올해의 남학생 수를 구하시오.

KEY POINT

① x가 a % 증가
- 증가량 ➡ $\frac{a}{100}x$
- 증가한 후의 양 ➡ $\left(1+\frac{a}{100}\right)x$

② y가 b % 감소
- 감소량 ➡ $\frac{b}{100}y$
- 감소한 후의 양 ➡ $\left(1-\frac{b}{100}\right)y$

풀이 작년의 남학생 수를 x, 여학생 수를 y라 하자.

작년의 전체 학생 수는 650이므로　$x+y=650$　…… ㉠

올해는 작년에 비하여 전체적으로 8명이 감소하였으므로

$\frac{2}{100}x-\frac{5}{100}y=-8$, 즉 $2x-5y=-800$　…… ㉡

㉠×2−㉡을 하면　$7y=2100$　$\therefore y=300$

$y=300$을 ㉠에 대입하면　$x+300=650$　$\therefore x=350$

따라서 작년의 남학생 수는 350이므로 올해의 남학생 수는

$\left(1+\frac{2}{100}\right)\times 350=357$

답 357

확인 6 두 종류의 아이스크림 A, B를 판매하는 가게가 있다. 이 가게의 지난달 전체 판매량은 325개이었고, 이번 달 판매량이 아이스크림 A는 30 % 증가하고, 아이스크림 B는 4 % 감소하여 380개가 되었다. 이번 달 아이스크림 B의 판매량을 구하시오.

> 정답 및 풀이 65쪽

UP

07 원가, 정가에 대한 문제

● 더 다양한 문제는 RPM 2-1 109쪽

A, B 두 상품을 합하여 50000원에 사서 상품 A는 원가의 30 %의 이익을 붙이고, 상품 B는 원가에서 40 %를 할인하여 팔았더니 4500원의 이익이 생겼다고 한다. 이때 상품 A의 원가를 구하시오.

KEY POINT

① x원에 a %의 이익을 붙인 가격
➡ $\left(1+\frac{a}{100}\right)x$원

② y원에서 b %를 할인한 가격
➡ $\left(1-\frac{b}{100}\right)y$원

풀이 상품 A의 원가를 x원, 상품 B의 원가를 y원이라 하자.

두 상품을 합하여 50000원에 샀으므로 $x+y=50000$ ...... ㉠

상품 A는 원가의 30 %의 이익을 붙이고, 상품 B는 원가에서 40 %를 할인하여 팔았더니 4500원의 이익이 생겼으므로

$\frac{30}{100}x-\frac{40}{100}y=4500$, 즉 $3x-4y=45000$ ...... ㉡

㉠×3−㉡을 하면 $7y=105000$ $\therefore y=15000$

$y=15000$을 ㉠에 대입하면 $x+15000=50000$ $\therefore x=35000$

따라서 상품 A의 원가는 35000원이다.

답 35000원

확인 7 어느 모자 회사에서 새로 만든 두 종류의 모자의 원가에 각각 20 %의 이익을 붙여 정가를 정하였다. 두 모자의 원가의 차는 3000원이고 정가의 합은 18000원일 때, 더 저렴한 모자의 정가를 구하시오.

UP

08 일에 대한 문제

● 더 다양한 문제는 RPM 2-1 110쪽

효진이와 서연이가 함께 8일 동안 작업하여 끝낼 수 있는 일을 효진이가 4일 동안 작업한 후 나머지를 서연이가 10일 동안 작업하여 끝냈다고 한다. 이 일을 서연이가 혼자서 작업하면 끝내는 데 며칠이 걸리는지 구하시오.

KEY POINT

① 전체 일의 양을 1로 놓는다.

② 한 사람이 단위 시간에 할 수 있는 일의 양을 각각 미지수 x, y로 놓는다.

풀이 전체 일의 양을 1로 놓고 효진이와 서연이가 하루에 할 수 있는 일의 양을 각각 x, y라 하자.

효진이와 서연이가 함께 8일 동안 작업하여 끝낼 수 있으므로

$8x+8y=1$ ...... ㉠

효진이가 4일 동안 작업한 후 서연이가 10일 동안 작업하여 끝냈으므로

$4x+10y=1$ ...... ㉡

㉠−㉡×2를 하면 $-12y=-1$ $\therefore y=\frac{1}{12}$

$y=\frac{1}{12}$을 ㉠에 대입하면 $8x+8\times\frac{1}{12}=1$, $8x=\frac{1}{3}$ $\therefore x=\frac{1}{24}$

따라서 서연이가 하루에 할 수 있는 일의 양은 $\frac{1}{12}$이므로 이 일을 서연이가 혼자서 작업하면 끝내는 데 12일이 걸린다.

답 12일

확인 8 A, B 두 사람이 같이 하면 6일 걸리는 일을 A가 5일 동안 일한 후 나머지를 B가 8일 동안 일하여 끝마쳤다. 이 일을 B가 혼자서 하면 끝내는 데 며칠이 걸리는지 구하시오.

> 정답 및 풀이 66쪽

01 두 자리 자연수가 있다. 이 자연수의 각 자리의 숫자의 합은 13이고, 십의 자리의 숫자와 일의 자리의 숫자를 바꾼 수는 처음 수의 2배보다 4만큼 작다고 한다. 처음 수를 구하시오.

02 현재 아버지와 지호의 나이의 차는 34살이고, 5년 전에 아버지의 나이는 지호의 나이의 6배보다 1살이 적었다고 한다. 현재 지호의 나이는?

① 10살　② 11살　③ 12살
④ 13살　⑤ 14살

현재 x살인 사람의 a년 전의 나이
➡ $(x-a)$살

03 닭과 개가 모두 25마리 있다. 닭과 개의 다리 수의 합이 86일 때, 닭과 개는 각각 몇 마리씩 있는지 구하시오.

04 둘레의 길이가 20 cm인 직사각형의 가로의 길이를 2배, 세로의 길이를 3배 늘였더니 둘레의 길이가 처음 직사각형의 둘레의 길이의 $\frac{12}{5}$배가 되었다. 처음 직사각형의 가로, 세로의 길이를 각각 구하시오.

(직사각형의 둘레의 길이)
$=2\times${(가로의 길이)
+(세로의 길이)}

05 서희와 지성이가 가위바위보를 하여 이긴 사람은 3계단을 올라가고, 진 사람은 2계단을 내려가기로 하였다. 가위바위보를 총 12회 한 결과 지성이가 처음 위치보다 16계단 올라가 있었을 때, 지성이가 이긴 횟수는? (단, 비기는 경우는 없었다.)

① 7　② 8　③ 9
④ 10　⑤ 11

계단을 올라가는 것을 +, 내려가는 것을 −로 생각한다.

06 어느 공장에서 지난달에는 두 제품 A, B를 합하여 350개를 생산하였다. 이번 달 생산량은 지난달에 비하여 제품 A는 7 % 감소하고, 제품 B는 8 % 증가하여 전체적으로는 2개가 감소하였다. 이번 달 두 제품 A, B의 생산량은 각각 몇 개인지 구하시오.

전체적으로 2개가 감소
➡ −(감소한 제품 A의 생산량)
+(증가한 제품 B의 생산량)
$=-2$(개)

02 연립일차방정식의 활용 (2)

개념원리 이해

1 거리, 속력, 시간에 대한 문제

핵심문제 01, 02

거리, 속력, 시간에 대한 문제는 다음 관계를 이용하여 연립방정식을 세운다.

(1) (거리) = (속력) × (시간) (2) (속력) $=\dfrac{(\text{거리})}{(\text{시간})}$ (3) (시간) $=\dfrac{(\text{거리})}{(\text{속력})}$

주의 거리, 속력, 시간에 대한 활용 문제를 풀 때, 단위가 각각 다른 경우에는 방정식을 세우기 전에 먼저 단위를 통일시킨 후 방정식을 세운다.

예 A 지점에서 6 km 떨어진 B 지점까지 가는데 처음에는 시속 4 km로 걷다가 도중에 시속 8 km로 자전거를 타고 갔더니 총 1시간이 걸렸다. 걸어간 거리와 자전거를 타고 간 거리를 각각 구해 보자.

➡ 걸어간 거리를 x km, 자전거를 타고 간 거리를 y km라 하면

$$\begin{cases}(\text{걸어간 거리})+(\text{자전거를 타고 간 거리})=(\text{두 지점 A, B 사이의 거리})\\(\text{걸어간 시간})+(\text{자전거를 타고 간 시간})=(\text{총 걸린 시간})\end{cases}$$

이므로 $\begin{cases}x+y=6\\\dfrac{x}{4}+\dfrac{y}{8}=1\end{cases}$

위의 두 식을 연립하여 풀면 $x=2,\ y=4$

따라서 걸어간 거리는 2 km, 자전거를 타고 간 거리는 4 km이다.

2 농도에 대한 문제

핵심문제 03, 04

소금물의 농도에 대한 문제는 다음 관계를 이용하여 연립방정식을 세운다.

(1) (소금물의 농도) $=\dfrac{(\text{소금의 양})}{(\text{소금물의 양})}\times 100\ (\%)$

└(물의 양) + (소금의 양)

(2) (소금의 양) $=\dfrac{(\text{소금물의 농도})}{100}\times(\text{소금물의 양})$

▶ 소금물에 물을 넣거나 증발시키는 경우 소금물의 양과 농도는 변하지만 소금의 양은 변하지 않음을 이용하여 방정식을 세운다.

예 4 %의 소금물과 9 %의 소금물을 섞어서 8 %의 소금물 100 g을 만들었다. 4 %의 소금물의 양과 9 %의 소금물의 양을 각각 구해 보자.

➡ 4 %의 소금물의 양을 x g, 9 %의 소금물의 양을 y g이라 하면

$$\begin{cases}(4\,\%\text{의 소금물의 양})+(9\,\%\text{의 소금물의 양})=(8\,\%\text{의 소금물의 양})\\(4\,\%\text{의 소금물의 소금의 양})+(9\,\%\text{의 소금물의 소금의 양})=(8\,\%\text{의 소금물의 소금의 양})\end{cases}$$

이므로 $\begin{cases}x+y=100\\\dfrac{4}{100}\times x+\dfrac{9}{100}\times y=\dfrac{8}{100}\times 100\end{cases}$

위의 두 식을 연립하여 풀면 $x=20,\ y=80$

따라서 4 %의 소금물의 양은 20 g, 9 %의 소금물의 양은 80 g이다.

> 정답 및 풀이 67쪽

01 집에서 10 km 떨어진 공원까지 가는데 처음에는 시속 6 km로 뛰어서 가다가 도중에 시속 4 km로 걸어서 갔더니 총 2시간이 걸렸다. 뛰어간 거리와 걸어간 거리를 구하려고 할 때, 다음 물음에 답하시오.

(1) 뛰어간 거리를 x km, 걸어간 거리를 y km라 할 때, 아래 표를 완성하시오.

	뛰어갈 때	걸어갈 때	전체
거리	x km	y km	10 km
속력	시속 6 km		
시간			2시간

(2) $\begin{cases} \text{(뛰어간 거리)+(걸어간 거리)=(집과 공원 사이의 거리)} \\ \text{(뛰어간 시간)+(걸어간 시간)=(총 걸린 시간)} \end{cases}$ 임을 이용하여 연립방정식을 세우시오.

(3) (2)의 연립방정식을 푸시오.

(4) 뛰어간 거리와 걸어간 거리를 각각 구하시오.

○ (거리)=(□)×(시간)
(속력)= $\dfrac{\text{(거리)}}{(\ \square\ )}$
(시간)= $\dfrac{(\ \square\ )}{\text{(속력)}}$

02 12 %의 소금물과 9 %의 소금물을 섞어서 10 %의 소금물 450 g을 만들었다. 12 %의 소금물의 양과 9 %의 소금물의 양을 구하려고 할 때, 다음 물음에 답하시오.

(1) 12 %의 소금물의 양을 x g, 9 %의 소금물의 양을 y g이라 할 때, 아래 표를 완성하시오.

	섞기 전		섞은 후
농도(%)	12	9	10
소금물의 양(g)	x	y	450
소금의 양(g)			

(2) $\begin{cases} \text{(12 \%의 소금물의 양)+(9 \%의 소금물의 양)=(10 \%의 소금물의 양)} \\ \text{(12 \%의 소금물의 소금의 양)+(9 \%의 소금물의 소금의 양)} \\ \quad \text{=(10 \%의 소금물의 소금의 양)} \end{cases}$

임을 이용하여 연립방정식을 세우시오.

(3) (2)의 연립방정식을 푸시오.

(4) 12 %의 소금물의 양과 9 %의 소금물의 양을 각각 구하시오.

○ (소금물의 농도)
$= \dfrac{(\ \square\ )}{\text{(소금물의 양)}} \times 100\ (\%)$
(소금의 양)
$= \dfrac{\text{(소금물의 농도)}}{\square} \times (\ \square\ )$

01 거리, 속력, 시간에 대한 문제 (1)

● 더 다양한 문제는 RPM 2-1 111쪽

어떤 고개를 넘는데 올라갈 때는 시속 3 km로 걷고, 내려올 때는 올라갈 때보다 4 km가 더 먼 다른 길을 시속 5 km로 걸었더니 총 4시간이 걸렸다. 올라간 거리를 구하시오.

KEY POINT

(내려온 거리)
=(올라간 거리)+4 (km)
(올라갈 때 걸린 시간)
+(내려올 때 걸린 시간)
=4 (시간)

풀이 올라간 거리를 x km, 내려온 거리를 y km라 하자.
내려올 때는 올라갈 때보다 4 km가 더 먼 다른 길을 걸었으므로

$y=x+4$ …… ㉠

(올라갈 때 걸린 시간)+(내려올 때 걸린 시간)=4 (시간)이므로

$\frac{x}{3}+\frac{y}{5}=4$, 즉 $5x+3y=60$ …… ㉡

㉠을 ㉡에 대입하면 $5x+3(x+4)=60$

$8x=48$ $\therefore x=6$

$x=6$을 ㉠에 대입하면 $y=6+4=10$

따라서 올라간 거리는 6 km이다.

답 6 km

확인 1 둘레의 길이가 11 km인 공원을 시속 4 km로 걷다가 시속 6 km로 뛰었더니 이 공원을 한 바퀴 도는 데 2시간 30분이 걸렸다. 걸어간 거리와 뛰어간 거리를 각각 구하시오.

02 거리, 속력, 시간에 대한 문제 (2)

● 더 다양한 문제는 RPM 2-1 111쪽

윤혁이가 학교를 향해 집을 나선 지 20분 후에 형이 뒤따라갔다. 윤혁이는 분속 40 m로 걷고, 형은 분속 120 m로 걸을 때, 두 사람이 만나는 것은 윤혁이가 출발한 지 몇 분 후인지 구하시오.

KEY POINT

A가 출발한 후 B가 뒤따라갈 때 두 사람이 만날 때까지
(A가 걸린 시간)
=(B가 걸린 시간)
+(A가 앞서간 시간)
(A가 이동한 거리)
=(B가 이동한 거리)

풀이 윤혁이와 형이 만날 때까지 윤혁이가 걸은 시간을 x분, 형이 걸은 시간을 y분이라 하자.
윤혁이가 집을 나선 지 20분 후에 형이 뒤따라갔으므로

$x=y+20$ …… ㉠

윤혁이가 걸은 거리는 $40x$ m, 형이 걸은 거리는 $120y$ m이고, 윤혁이와 형이 만날 때까지 걸은 거리는 같으므로

$40x=120y$ $\therefore x=3y$ …… ㉡

㉡을 ㉠에 대입하면 $3y=y+20$

$2y=20$ $\therefore y=10$

$y=10$을 ㉡에 대입하면 $x=3\times10=30$

따라서 윤혁이가 출발한 지 30분 후에 두 사람이 만나게 된다.

답 30분

확인 2 16 km 떨어진 두 지점에서 동현이는 시속 3 km로, 원지는 시속 5 km로 서로 마주 보고 걸었다. 두 사람이 동시에 출발하여 만날 때까지 동현이가 걸은 거리를 구하시오.

> 정답 및 풀이 68쪽

03 농도에 대한 문제; 소금물 또는 소금의 양을 구하는 경우

● 더 다양한 문제는 RPM 2-1 113쪽

5 %의 소금물과 10 %의 소금물을 섞어서 7 %의 소금물 450 g을 만들려고 한다. 이때 5 %의 소금물과 10 %의 소금물을 각각 몇 g씩 섞어야 하는지 구하시오.

KEY POINT

{(섞기 전 두 소금물의 양의 합)
=(섞은 후 소금물의 양)
(섞기 전 두 소금물에 들어 있는 소금의 양의 합)
=(섞은 후 소금물에 들어 있는 소금의 양)

풀이 5 %의 소금물을 x g, 10 %의 소금물을 y g 섞는다고 하자.

두 소금물의 양의 합이 450 g이므로 $x+y=450$ …… ㉠

섞기 전 두 소금물 각각에 들어 있는 소금의 양의 합과 섞은 후 소금물에 들어 있는 소금의 양은 같으므로

$$\frac{5}{100}x+\frac{10}{100}y=\frac{7}{100}\times 450,\ \text{즉 } x+2y=630 \quad \cdots\cdots ㉡$$

㉠−㉡을 하면 $-y=-180$ $\therefore y=180$

$y=180$을 ㉠에 대입하면 $x+180=450$ $\therefore x=270$

따라서 5 %의 소금물은 270 g, 10 %의 소금물은 180 g을 섞어야 한다.

답 5 %의 소금물: 270 g, 10 %의 소금물: 180 g

확인 3 20 %의 소금물에 소금을 더 넣어 28 %의 소금물 400 g을 만들었다. 이때 더 넣은 소금의 양을 구하시오.

04 농도에 대한 문제; 농도를 구하는 경우

● 더 다양한 문제는 RPM 2-1 113쪽

농도가 다른 A, B 두 종류의 소금물이 있다. 소금물 A를 100 g, 소금물 B를 200 g 섞으면 6 %의 소금물이 되고, 소금물 A를 200 g, 소금물 B를 100 g 섞으면 8 %의 소금물이 된다. 이때 두 소금물 A, B의 농도를 각각 구하시오.

KEY POINT

농도가 다른 두 소금물을 섞을 때
➡ 전체 소금의 양은 변하지 않음을 이용하여 식을 세운다.

풀이 소금물 A의 농도를 x %, 소금물 B의 농도를 y %라 하자.

소금물 A를 100 g, 소금물 B를 200 g 섞으면 6 %의 소금물이 되므로

$$\frac{x}{100}\times 100+\frac{y}{100}\times 200=\frac{6}{100}\times 300,\ \text{즉 } x+2y=18 \quad \cdots\cdots ㉠$$

소금물 A를 200 g, 소금물 B를 100 g 섞으면 8 %의 소금물이 되므로

$$\frac{x}{100}\times 200+\frac{y}{100}\times 100=\frac{8}{100}\times 300,\ \text{즉 } 2x+y=24 \quad \cdots\cdots ㉡$$

㉠×2−㉡을 하면 $3y=12$ $\therefore y=4$

$y=4$를 ㉠에 대입하면 $x+2\times 4=18$ $\therefore x=10$

따라서 소금물 A의 농도는 10 %, 소금물 B의 농도는 4 %이다.

답 소금물 A: 10 %, 소금물 B: 4 %

확인 4 농도가 다른 A, B 두 종류의 설탕물이 있다. 설탕물 A를 200 g, 설탕물 B를 300 g 섞으면 8 %의 설탕물이 되고, 설탕물 A를 300 g, 설탕물 B를 200 g 섞으면 10 %의 설탕물이 된다. 이때 설탕물 A의 농도를 구하시오.

01 A 도시에서 280 km 떨어진 B 도시까지 자동차를 타고 이동하려고 한다. 유료 도로에서는 시속 x km로 1시간 동안 이동하고, 무료 도로에서는 시속 y km로 3시간 동안 이동하였다. 유료 도로에서의 속력은 무료 도로에서의 속력보다 시속 40 km만큼 더 빠르다고 할 때, x의 값을 구하시오.

02 동생이 학교를 향해 집을 나선 지 24분 후에 형이 동생을 따라 출발하였다. 동생은 분속 50 m로 걷고, 형은 분속 200 m로 달려서 학교 정문에서 두 사람이 만났다. 동생이 학교 정문까지 가는 데 걸린 시간을 구하시오.

동생이 이동한 거리와 형이 이동한 거리는 같다.

03 둘레의 길이가 2 km인 공원을 준희와 새롬이가 같은 지점에서 동시에 출발하여 서로 같은 방향으로 걸어서 돌면 50분 후에 처음으로 만나고, 서로 반대 방향으로 걸어서 돌면 10분 후에 처음으로 만난다고 한다. 준희가 새롬이보다 빠르게 걷는다고 할 때, 준희의 속력은?

① 분속 100 m ② 분속 110 m ③ 분속 120 m
④ 분속 130 m ⑤ 분속 140 m

두 사람이 서로 같은 방향으로 돌다 처음으로 만나면
(두 사람이 이동한 거리의 차)
=(공원의 둘레의 길이)
두 사람이 서로 반대 방향으로 돌다 처음으로 만나면
(두 사람이 이동한 거리의 합)
=(공원의 둘레의 길이)

04 6 %의 소금물과 9 %의 소금물을 섞어서 7 %의 소금물 300 g을 만들려고 한다. 이때 6 %의 소금물을 몇 g 섞어야 하는지 구하시오.

소금의 양은 변하지 않는다.

05 농도가 다른 두 소금물 A, B를 각각 100 g씩 섞으면 5 %의 소금물이 되고, 소금물 A를 200 g, 소금물 B를 100 g 섞으면 4 %의 소금물이 된다. 이때 두 소금물 A, B의 농도 차는 몇 %인가?

① 3 % ② 4 % ③ 5 %
④ 6 % ⑤ 7 %

중단원 마무리하기

STEP 1 기본 문제

01 두 자연수가 있다. 큰 수를 작은 수로 나누면 몫은 7이고 나머지는 4이다. 또 큰 수의 2배를 작은 수로 나누면 몫은 15이고 나머지는 2이다. 이 두 수의 합은?

① 50　② 51　③ 52
④ 53　⑤ 54

꼭나와

02 두 자리 자연수가 있다. 십의 자리의 숫자의 2배는 일의 자리의 숫자보다 1만큼 크고, 십의 자리의 숫자와 일의 자리의 숫자를 바꾼 수는 처음 수보다 27만큼 크다고 한다. 처음 수를 구하시오.

03 현재 아버지의 나이는 아들의 나이의 2배이고, 15년 전 아버지의 나이는 아들의 나이의 3배보다 5살이 많았다고 한다. 현재 아버지의 나이는?

① 44살　② 46살　③ 48살
④ 50살　⑤ 52살

꼭나와

04 윤경이는 어묵김밥 3줄과 참치김밥 2줄을 사고 18500원을 지불했다. 참치김밥 1줄이 어묵김밥 1줄보다 500원 더 비싸다고 할 때, 어묵김밥 1줄의 가격을 구하시오.

05 길이가 70 cm인 끈을 두 개로 나누려고 한다. 긴 끈의 길이가 짧은 끈의 길이의 2배보다 7 cm만큼 길도록 할 때, 긴 끈의 길이는?

① 45 cm　② 46 cm　③ 47 cm
④ 48 cm　⑤ 49 cm

06 전체 회원이 36명인 어느 봉사 동아리에서 남자 회원의 $\frac{1}{7}$과 여자 회원의 $\frac{2}{5}$가 봉사 활동에 참여하였다. 봉사 활동에 참여한 회원이 전체 회원의 $\frac{1}{4}$일 때, 남자 회원은 몇 명인지 구하시오.

> 정답 및 풀이 69쪽

07 과녁에 화살을 쏘아 맞히는 게임을 하는데 과녁을 맞히면 50점을 얻고, 과녁을 맞히지 못하면 20점을 잃는다고 한다. 준수가 과녁을 맞힌 화살의 개수는 과녁을 맞히지 못한 화살의 개수의 2배이고, 얻은 점수가 총 480점일 때, 과녁에 쏜 전체 화살의 개수는?

① 10 ② 12 ③ 14
④ 16 ⑤ 18

꼭나와

08 산의 정상까지 등반 코스로 A, B 두 코스가 있다. A 코스로 정상까지 시속 3 km로 올라가서 B 코스로 시속 4 km로 내려왔더니 총 3시간 10분이 걸렸다. A, B 두 코스의 길이의 합이 11 km일 때, B 코스의 길이를 구하시오.

09 8 %의 소금물과 12 %의 소금물을 섞어서 9 %의 소금물 200 g을 만들었다. 이때 8 %의 소금물을 몇 g 섞었는가?

① 50 g ② 80 g ③ 100 g
④ 120 g ⑤ 150 g

STEP 2 발전 문제

10 세 상자 A, B, C의 무게의 평균은 14 kg이고, A 상자는 C 상자보다 3 kg 가볍다. B 상자의 무게가 17 kg일 때, C 상자의 무게를 구하시오.

꼭나와

11 해나네 가족의 올해 여행 경비는 작년에 비해 식비는 15 %, 교통비는 24 % 증가하여 식비와 교통비를 합한 비용은 작년보다 20 % 증가하였다. 작년 여행 경비 중 식비와 교통비를 합한 비용이 36만 원이었을 때, 올해 사용한 여행 경비 중 식비는?

① 16만 원 ② 18만 4천 원
③ 20만 원 ④ 22만 원
⑤ 24만 8천 원

12 두 제품 A, B의 원가의 합이 40000원이고, 제품 A는 원가의 30 %, 제품 B는 원가의 20 %의 이익을 붙여서 팔았더니 9000원의 이익이 발생하였다. 이때 제품 A의 원가를 구하시오.

> 정답 및 풀이 71쪽

꼭나와

13 아버지와 아들이 일을 하는데 아버지가 혼자 하면 12일, 아들이 혼자 하면 4일 동안 완성할 수 있는 일을 아버지가 혼자 하다가 도중에 아들과 교대하였더니 8일 만에 끝낼 수 있었다. 이때 아버지가 일한 날은 며칠인지 구하시오.

14 배를 타고 길이가 96 km인 강을 내려가는 데 2시간, 거슬러 올라가는 데 3시간이 걸렸다. 이때 정지한 물에서의 배의 속력과 강물의 속력을 차례대로 구하시오. (단, 배와 강물의 속력은 일정하다.)

15 농도가 다른 두 종류의 소금물 A, B가 각각 400 g씩 있다. 두 소금물 A, B를 각각 100 g, 300 g씩 섞으면 6 %의 소금물이 되고, 남아 있는 소금물 A, B를 섞으면 10 %의 소금물이 된다. 이때 소금물 B의 농도는?

① 4 %　② 6 %　③ 8 %　④ 10 %　⑤ 12 %

STEP 3 실력 UP

16 다음 표는 두 식품 A, B의 100 g에 들어 있는 열량과 단백질의 양을 나타낸 것이다. 두 식품에서 열량 880 kcal, 단백질 58 g을 얻으려면 두 식품 A, B를 합하여 몇 g을 섭취해야 하는지 구하시오.

해설 강의

식품	열량(kcal)	단백질(g)
A	100	10
B	240	9

17 속력이 일정한 두 기차 A, B가 있다. 길이가 150 m인 기차 A가 어느 다리를 완전히 지나는 데 24초가 걸리고, 길이가 200 m인 기차 B가 기차 A의 2배의 속력으로 이 다리를 완전히 지나는 데 13초가 걸렸다. 이때 이 다리의 길이를 구하시오.

해설 강의

18 3 %의 소금물 200 g이 있다. 이 소금물의 일부를 덜어낸 후 8 %의 소금물을 넣었더니 4 %의 소금물 160 g이 되었다. 이때 덜어낸 소금물과 더 넣은 소금물의 양을 차례대로 구하시오.

해설 강의

> 정답 및 풀이 72쪽

예제 1

해설 강의

자전거를 타고 집에서 공원까지 가는데 시속 20 km로 가면 예정 소요 시간보다 10분 덜 걸리고, 시속 12 km로 가면 예정 소요 시간보다 2분 더 걸린다. 집에서 공원까지의 거리와 예정 소요 시간을 차례대로 구하시오. [7점]

풀이 과정

1단계 연립방정식 세우기 • 4점

집에서 공원까지의 거리를 x km, 예정 소요 시간을 y 시간이라 하면 $\begin{cases} \frac{x}{20}=y-\frac{10}{60} \\ \frac{x}{12}=y+\frac{2}{60} \end{cases}$, 즉 $\begin{cases} 3x-60y=-10 \\ 5x-60y=2 \end{cases}$

2단계 연립방정식 풀기 • 2점

위의 식을 연립하여 풀면 $x=6,\ y=\frac{7}{15}$

3단계 집에서 공원까지의 거리와 예정 소요 시간 구하기 • 1점

집에서 공원까지의 거리는 6 km이고, 예정 소요 시간은 $\frac{7}{15}\times 60=28$ (분)이다.

답 6 km, 28분

유제 1 자동차를 타고 A 지점에서 B 지점까지 가는데 시속 80 km로 달리면 예정 소요 시간보다 4분 덜 걸리고, 시속 60 km로 달리면 예정 소요 시간보다 3분 더 걸린다. 두 지점 A, B 사이의 거리와 예정 소요 시간을 차례대로 구하시오. [7점]

풀이 과정

1단계 연립방정식 세우기 • 4점

2단계 연립방정식 풀기 • 2점

3단계 두 지점 A, B 사이의 거리와 예정 소요 시간 구하기 • 1점

답

유제 2 유리와 건우가 가위바위보를 하여 이긴 사람은 4계단을 올라가고, 진 사람은 3계단을 내려가기로 하였다. 얼마 후 유리는 처음 위치보다 32계단을 올라가 있었고, 건우는 처음 위치보다 17계단을 내려가 있었을 때, 두 사람이 가위바위보를 한 횟수를 구하시오.

(단, 비기는 경우는 없다.) [7점]

풀이 과정

답

유제 3 A, B 두 호스로 물탱크에 물을 가득 채우는데 A 호스로 3시간 동안 넣고 B 호스로 4시간 동안 물을 넣었더니 가득 찼다. 또 같은 물탱크에 A 호스로 6시간 동안 넣고 B 호스로 2시간 동안 물을 넣었더니 가득 찼을 때, A 호스로만 이 물탱크를 가득 채우는 데 걸리는 시간을 구하시오. [7점]

풀이 과정

답

V

일차함수

이 단원에서는 함수의 개념을 이해하고, 함숫값을 구해 보자.
또 일차함수의 개념과 그래프의 성질을 이해하고, 이를 활용하여 문제를 해결해 보자.
한편 일차함수와 미지수가 2개인 일차방정식의 관계,
두 일차함수의 그래프와 연립일차방정식의 관계를 설명해 보자.

이전에 배운 내용

초5 규칙과 대응
중1 좌표평면과 그래프
정비례와 반비례

이 단원의 내용

1. 일차함수와 그 그래프
01 일차함수와 그 그래프
02 일차함수의 그래프의 절편과 기울기
03 일차함수의 그래프의 성질
04 일차함수의 식 구하기
05 일차함수의 활용

2. 일차함수와 일차방정식의 관계
01 일차함수와 일차방정식
02 일차방정식의 그래프와 연립방정식의 해

이후에 배울 내용

중3 이차함수와 그 그래프
고1 함수
유리함수와 무리함수

V-1

일차함수와 그 그래프

V-2 | 일차함수와 일차방정식의 관계

이 단원의 학습 계획을 세우고 하나하나 실천하는 습관을 기르자!! 나는 할 수 있어!

		공부한 날	학습 완료도
01 일차함수와 그 그래프	개념원리 이해 & 개념원리 확인하기	월 일	□□□
	핵심문제 익히기	월 일	○○○
	이런 문제가 시험에 나온다	월 일	○○○
02 일차함수의 그래프의 절편과 기울기	개념원리 이해 & 개념원리 확인하기	월 일	□□□
	핵심문제 익히기	월 일	○○○
	이런 문제가 시험에 나온다	월 일	○○○
03 일차함수의 그래프의 성질	개념원리 이해 & 개념원리 확인하기	월 일	□□□
	핵심문제 익히기	월 일	○○○
	이런 문제가 시험에 나온다	월 일	○○○
04 일차함수의 식 구하기	개념원리 이해 & 개념원리 확인하기	월 일	□□□
	핵심문제 익히기	월 일	○○○
	이런 문제가 시험에 나온다	월 일	○○○
05 일차함수의 활용	개념원리 이해 & 개념원리 확인하기	월 일	□□□
	핵심문제 익히기	월 일	○○○
	이런 문제가 시험에 나온다	월 일	○○○
중단원 마무리하기		월 일	○○○
서술형 대비 문제		월 일	○○○

개념 학습 guide

- 개념을 이해했으면 ■■■, 개념을 문제에 적용할 수 있으면 ■■■, 개념을 친구에게 설명할 수 있으면 ■■■로 색칠한다.
- 부족한 부분의 개념을 반복 학습하여 ■■■ 3칸 모두 색칠하면 학습을 마친다.

문제 학습 guide

- 맞힌 문제가 전체의 50% 미만이면 ●●●, 맞힌 문제가 50% 이상 90% 미만이면 ●●●, 맞힌 문제가 90% 이상이면 ●●●로 색칠한다. 문제를 찍지 말자!
- 틀린 문제는 왜 틀렸는지 그 이유를 파악한 후 다시 풀어 본다. 며칠 후 틀린 문제를 다시 풀어 보고, 풀이 과정과 답이 맞으면 학습을 마친다.

01 일차함수와 그 그래프

개념원리 이해

1 함수란 무엇인가?

◎ 핵심문제 01

(1) 함수: 두 변수 x, y에 대하여 x의 값이 변함에 따라 y의 값이 오직 하나씩 정해지는 대응 관계가 있을 때, y를 x에 대한 함수라 한다.

(2) y가 x에 대한 함수일 때, 기호로 $\boldsymbol{y=f(x)}$와 같이 나타낸다.

설명 한 개에 900원인 아이스크림을 x개 살 때 지불해야 하는 금액을 y원이라 하고, x와 y 사이의 관계를 표로 나타내면 다음과 같다.

x	1	2	3	4	5	$\cdots$
y	900	1800	2700	3600	4500	$\cdots$

위의 표에서 x의 값이 1, 2, 3, $\cdots$으로 변함에 따라 y의 값은 900, 1800, 2700, $\cdots$으로 오직 하나씩 정해지므로 y는 x에 대한 함수이다. 이때 이 함수를 식으로 나타내면

$y=900x$ 또는 $f(x)=900x$ ← $y=900x$와 $y=f(x)$에서 $f(x)=900x$

▶ ① x, y와 같이 여러 가지로 변하는 값을 나타내는 문자를 변수라 한다.

② $y=f(x)$에서 f는 함수를 뜻하는 영어 단어 function의 첫 글자이다.

③ x의 값 하나에 대응하는 y의 값이 없거나 y의 값이 2개 이상 정해지면 y는 x에 대한 함수가 아니다.

참고 정비례 관계 $y=ax\ (a\neq0)$와 반비례 관계 $y=\dfrac{b}{x}\ (b\neq0)$는 x의 값이 변함에 따라 y의 값이 오직 하나씩 정해지므로 y는 x에 대한 함수이다.

예 (1) 정비례 관계 $y=2x$

x	1	2	3	4	5	$\cdots$
y	2	4	6	8	10	$\cdots$

(2) 반비례 관계 $y=\dfrac{18}{x}$

x	1	2	3	4	5	$\cdots$
y	18	9	6	$\frac{9}{2}$	$\frac{18}{5}$	$\cdots$

➡ (1), (2) 모두 x의 값이 변함에 따라 y의 값이 오직 하나씩 정해지므로 y는 x에 대한 함수이다.

2 함숫값이란 무엇인가?

◎ 핵심문제 02, 03

(1) 함숫값: 함수 $y=f(x)$에서 x의 값에 따라 하나씩 정해지는 y의 값 $\boldsymbol{f(x)}$를 x에 대한 함숫값이라 한다.

(2) 함수 $y=f(x)$에서 $f(a)$는 다음을 의미한다.

$f(a)$ ➡ $x=a$일 때의 함숫값
➡ $x=a$일 때, y의 값
➡ $f(x)$에 x 대신 a를 대입하여 얻은 값

예 함수 $f(x)=6x-1$에서 x의 값이 -1, 0, 1일 때, x에 대한 함숫값을 각각 구해 보자.

➡ $x=-1$일 때, $f(-1)=6\times(-1)-1=-7$
$x=0$일 때, $f(0)=6\times0-1=-1$
$x=1$일 때, $f(1)=6\times1-1=5$

3 일차함수란 무엇인가?

핵심문제 04, 05

일차함수: 함수 $y=f(x)$에서

$y=ax+b$ (a, b는 상수, $a\neq0$)

와 같이 y가 x에 대한 일차식으로 나타날 때, 이 함수를 x에 대한 일차함수라 한다.

예 $y=2x$, $y=\frac{2}{3}x-1$, $y=-x$ ➡ x에 대한 일차함수이다.

$y=x^2+2$, $y=\frac{5}{x}$, $y=-3$, $y=0$ ➡ x에 대한 일차함수가 아니다.

참고 a, b는 상수이고 $a\neq0$일 때

① $ax+b$ ➡ x에 대한 일차식
② $ax+b=0$ ➡ x에 대한 일차방정식
③ $ax+b>0$ ➡ x에 대한 일차부등식
④ $y=ax+b$ ➡ x에 대한 일차함수

4 일차함수 $y=ax+b$의 그래프는 어떻게 그리는가?

핵심문제 06, 07

(1) **평행이동**: 한 도형을 일정한 방향으로 일정한 거리만큼 이동하는 것
▶ 평행이동은 도형을 옮기기만 하는 것이므로 그 모양은 변하지 않는다.

(2) **일차함수 $y=ax+b$의 그래프**

일차함수 $y=ax+b$의 그래프는 일차함수 $y=ax$의 그래프를 y축의 방향으로 b만큼 평행이동한 직선이다.

① $b>0$이면 y축의 양의 방향으로 b만큼 평행이동한 것이다.
② $b<0$이면 y축의 음의 방향으로 $|b|$만큼 평행이동한 것이다.

$b>0$

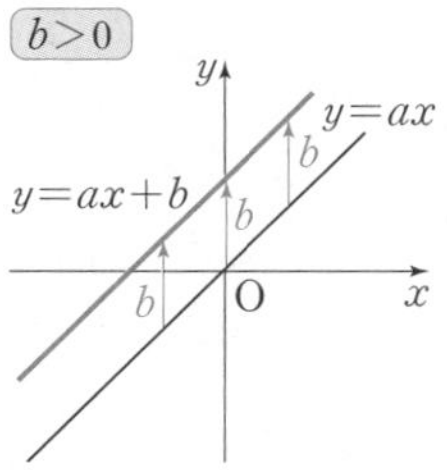

$b<0$

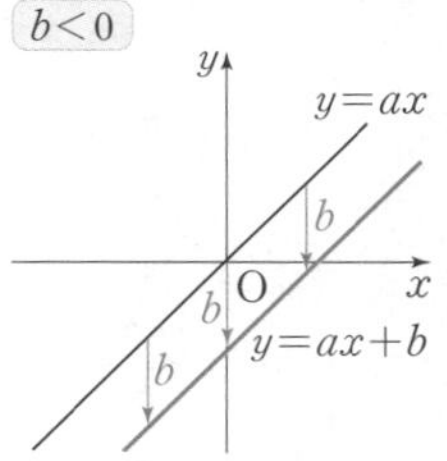

참고 일차함수 $y=ax+b$에서 x의 값이 주어지지 않을 때에는 x의 값의 범위를 수 전체로 생각한다.

예 ① $y=x+2$의 그래프

➡ $y=x$ $\xrightarrow[\text{2만큼 평행이동}]{y\text{축의 방향으로}}$ $y=x+2$

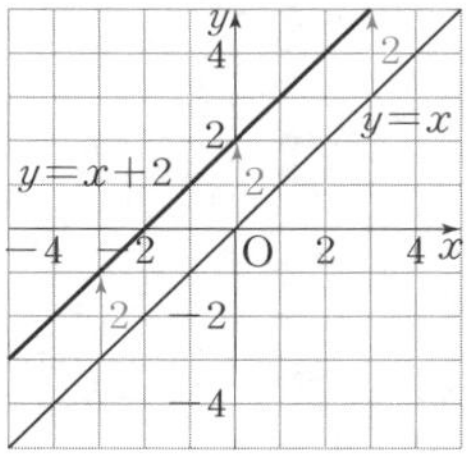

② $y=2x-4$의 그래프

➡ $y=2x$ $\xrightarrow[\text{-4만큼 평행이동}]{y\text{축의 방향으로}}$ $y=2x-4$

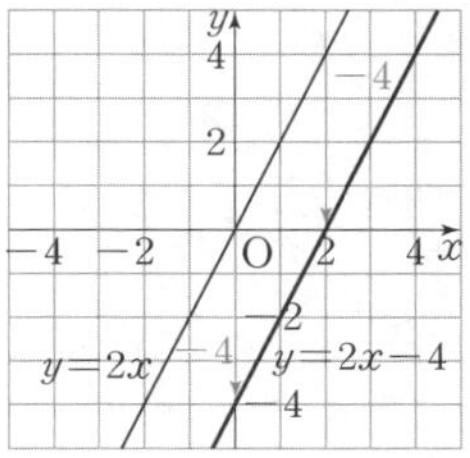

개념원리 확인하기

01 다음 주어진 상황에 대하여 표를 완성하고, y가 x에 대한 함수인지 말하시오.

(1) x살인 동생보다 3살 많은 준혁이의 나이 y살

x	1	2	3	4	5	$\cdots$
y						$\cdots$

(2) 넓이가 60 cm^2인 직사각형의 가로의 길이가 x cm일 때, 세로의 길이 y cm

x	1	2	3	4	5	$\cdots$
y						$\cdots$

(3) 자연수 x의 약수 y

x	1	2	3	4	5	$\cdots$
y						$\cdots$

○ 함수란?

02 함수 $f(x)=8x$에 대하여 다음 함숫값을 구하시오.

(1) $f(1)$ (2) $f(-2)$

(3) $f\left(\frac{1}{4}\right)$ (4) $f(0)$

○ $f(a)$ ➡ $x=$☐일 때의 함숫값
➡ $x=$☐일 때, y의 값
➡ $f(x)$에 x 대신 ☐를 대입하여 얻은 값

03 함수 $f(x)=-\frac{15}{x}$에 대하여 다음 함숫값을 구하시오.

(1) $f(-3)$ (2) $f(1)$

(3) $f(6)$ (4) $f\left(-\frac{1}{2}\right)$

04 다음 중 y가 x에 대한 일차함수인 것은 ○, 일차함수가 아닌 것은 ×를 ( ) 안에 써넣으시오.

(1) $y=-x+x^2$ ( ) (2) $y=-\frac{2}{7}x+1$ ( )

(3) $y=4$ ( ) (4) $y=\frac{9}{5}x$ ( )

○ x에 대한 일차함수
➡ $y=$(x에 대한 ☐차식)

> 정답 및 풀이 73쪽

05 다음 일차함수의 그래프는 일차함수 $y=-3x$의 그래프를 y축의 방향으로 얼마만큼 평행이동한 것인지 구하시오.

(1) $y=-3x+5$ (2) $y=-3x-3$

(3) $y=-3x+\frac{1}{4}$ (4) $y=-3x-\frac{1}{6}$

○ 평행이동이란?

06 오른쪽 좌표평면에 주어진 일차함수 $y=2x$의 그래프를 이용하여 다음 일차함수의 그래프를 그리시오.

(1) $y=2x+2$

(2) $y=2x-2$

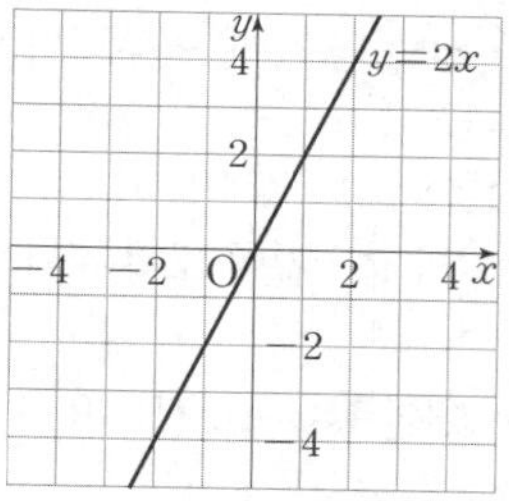

○ $y=ax+b$의 그래프는 $y=ax$의 그래프를 y축의 방향으로 □만큼 평행이동한 것이다.

07 오른쪽 좌표평면에 주어진 일차함수 $y=-2x$의 그래프를 이용하여 다음 일차함수의 그래프를 그리시오.

(1) $y=-2x+3$

(2) $y=-2x-3$

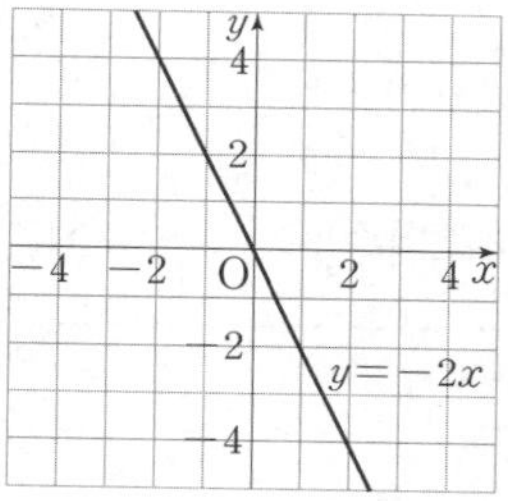

08 다음 일차함수의 그래프를 y축의 방향으로 [ ] 안의 수만큼 평행이동한 그래프의 식을 구하시오.

(1) $y=6x$ $[-7]$ (2) $y=-\frac{3}{8}x$ $\left[\frac{1}{2}\right]$

○ 일차함수 $y=ax$의 그래프를 y축의 방향으로 p만큼 평행이동한 그래프의 식
➡ $y=ax+$□

핵심문제 익히기

01 함수

● 더 다양한 문제는 RPM 2-1 124쪽

KEY POINT

y가 x에 대한 함수
➡ x의 값이 변함에 따라 y의 값이 오직 하나씩 정해진다.

다음 중 y가 x에 대한 함수가 아닌 것을 모두 고르면? (정답 2개)

① 자연수 x의 배수 y
② 한 변의 길이가 x cm인 정사각형의 둘레의 길이 y cm
③ 자연수 x보다 작은 자연수 y
④ 자연수 x를 5로 나누었을 때의 나머지 y
⑤ 물 10 L를 x명이 똑같이 나누어 마실 때, 한 사람이 마실 수 있는 물의 양 y L

풀이 ① $x=2$일 때, $y=2, 4, 6, \cdots$
즉 x의 값이 변함에 따라 y의 값이 오직 하나씩 정해지지 않으므로 y는 x에 대한 함수가 아니다.
③ $x=3$일 때, $y=1, 2$
즉 x의 값이 변함에 따라 y의 값이 오직 하나씩 정해지지 않으므로 y는 x에 대한 함수가 아니다.
④ 자연수 x를 5로 나누었을 때의 나머지는 0, 1, 2, 3, 4 중 하나의 값만을 가지므로 y는 x에 대한 함수이다.
따라서 y가 x에 대한 함수가 아닌 것은 ①, ③이다.

답 ①, ③

확인 1 다음 **보기** 중 y가 x에 대한 함수인 것의 개수를 구하시오.

보기

ㄱ. $y=-6x$
ㄴ. $y=\frac{3}{4}x$
ㄷ. $y=\frac{15}{x}$
ㄹ. $y=10-x$
ㅁ. $y=$(자연수 x의 소인수)
ㅂ. $y=$(자연수 x의 약수의 개수)

확인 2 다음 중 y가 x에 대한 함수인 것을 모두 고르면? (정답 2개)

① 절댓값이 x인 수 y
② 자연수 x보다 작은 홀수 y
③ 자연수 x의 역수 y
④ 나이가 x살인 사람의 몸무게 y kg
⑤ 시속 60 km로 x시간 동안 간 거리 y km

02 함숫값

● 더 다양한 문제는 RPM 2-1 124쪽

다음 물음에 답하시오.

(1) 함수 $f(x)=\frac{1}{3}x-4$에 대하여 $f(-3)+f(6)$의 값을 구하시오.

(2) 함수 $f(x)=\frac{10}{x}$에 대하여 $f(a)=-5$일 때, a의 값을 구하시오.

풀이 (1) $f(-3)=\frac{1}{3}\times(-3)-4=-1-4=-5$

$f(6)=\frac{1}{3}\times6-4=2-4=-2$

$\therefore f(-3)+f(6)=-5+(-2)=-7$

(2) $f(a)=-5$에서 $\frac{10}{a}=-5$

$-5a=10$ $\therefore a=-2$

답 (1) -7 (2) -2

KEY POINT

함숫값 $f(a)$

➡ $f(x)$에 x 대신 a를 대입하여 얻은 값

확인 3 함수 $f(x)=-2x+5$에 대하여 다음 중 옳지 않은 것은?

① $f(0)=5$ ② $f(-1)=7$ ③ $f(2)=1$

④ $f\left(\frac{1}{4}\right)=\frac{9}{2}$ ⑤ $f(-5)+f(3)=6$

03 함숫값이 주어질 때, 미지수 구하기

● 더 다양한 문제는 RPM 2-1 124쪽

함수 $f(x)=ax-1$에 대하여 $f(-2)=-9$일 때, 다음 물음에 답하시오.

(1) 상수 a의 값을 구하시오.

(2) $f(1)+f(2)+f(3)$의 값을 구하시오.

풀이 (1) $f(x)=ax-1$에서 $f(-2)=-9$이므로

$-2a-1=-9$, $-2a=-8$ $\therefore a=4$

(2) $f(x)=4x-1$에서

$f(1)=4\times1-1=3$, $f(2)=4\times2-1=7$, $f(3)=4\times3-1=11$

$\therefore f(1)+f(2)+f(3)=3+7+11=21$

답 (1) 4 (2) 21

KEY POINT

$f(a)=b$

➡ $f(x)$에 x 대신 a를 대입했을 때의 값이 b이다.

확인 4 함수 $f(x)=\frac{a}{x}$에 대하여 $f(4)=-5$일 때, $f(-10)$의 값을 구하시오.

(단, a는 상수이다.)

04 일차함수의 뜻

● 더 다양한 문제는 RPM 2-1 125쪽

KEY POINT

y가 x에 대한 일차함수
➡ $y=ax+b$ (a, b는 상수, $a\neq0$)

다음 **보기** 중 y가 x에 대한 일차함수인 것을 모두 고르시오.

보기

ㄱ. $y+6=0$　　ㄴ. $4x+y=3x-1$

ㄷ. $y=\frac{7}{x}+5$　　ㄹ. $y=2(x^2+x)-2x^2-9$

풀이 ㄴ. $4x+y=3x-1$에서　$y=-x-1$

ㄹ. $y=2(x^2+x)-2x^2-9$에서　$y=2x-9$

이상에서 y가 x에 대한 일차함수인 것은 ㄴ, ㄹ이다.

답 ㄴ, ㄹ

확인 5 다음 중 y가 x에 대한 일차함수가 아닌 것을 모두 고르면? (정답 2개)

① $y=\frac{x}{9}+2$　② $y=x(x-1)$　③ $y=3(8-x)$

④ $xy=5$　⑤ $y^2-3y=6x+4+y^2$

05 일차함수의 식으로 나타내기

● 더 다양한 문제는 RPM 2-1 125쪽

KEY POINT

주어진 문장을 식으로 나타내었을 때,
$y=$(x에 대한 일차식)
인 것을 찾는다.

다음 중 y가 x에 대한 일차함수인 것은?

① 한 변의 길이가 x cm인 정사각형의 넓이 y cm^2
② 300 km의 거리를 시속 x km로 달렸을 때 걸린 시간 y시간
③ 넓이가 20 cm^2인 삼각형의 밑변의 길이가 x cm일 때 높이 y cm
④ x각형의 외각의 크기의 합 $y°$
⑤ 하루 중 낮의 길이가 x시간일 때, 밤의 길이 y시간

풀이 ① $y=x^2$

② $300=xy$에서　$y=\frac{300}{x}$

③ $20=\frac{1}{2}\times x\times y$에서　$y=\frac{40}{x}$

④ $y=360$

⑤ 하루는 24시간이므로　$x+y=24$　$\therefore y=-x+24$

따라서 y가 x에 대한 일차함수인 것은 ⑤이다.

답 ⑤

확인 6 다음 **보기** 중 y가 x에 대한 일차함수인 것을 모두 고르시오.

보기

ㄱ. 반지름의 길이가 x cm인 원의 둘레의 길이 y cm
ㄴ. 30 L들이 물통에 매분 x L씩 물을 채우는 데 걸리는 시간 y분
ㄷ. 20 %의 소금물 x g에 녹아 있는 소금의 양 y g

> 정답 및 풀이 75쪽

06 일차함수의 그래프 위의 점

● 더 다양한 문제는 RPM 2-1 125쪽

다음 중 일차함수 $y=-2x+6$의 그래프 위의 점인 것은?

① $(-3,\ 0)$ ② $(-1,\ 4)$ ③ $(1,\ -4)$
④ $(2,\ 10)$ ⑤ $(4,\ -2)$

KEY POINT

점 $(a,\ b)$가 함수의 그래프 위에 있다.
➡ 함수의 식에 $x=a,\ y=b$를 대입하면 등식이 성립한다.

풀이 ① $x=-3$, $y=0$을 $y=-2x+6$에 대입하면 $0\neq-2\times(-3)+6=12$
② $x=-1$, $y=4$를 $y=-2x+6$에 대입하면 $4\neq-2\times(-1)+6=8$
③ $x=1$, $y=-4$를 $y=-2x+6$에 대입하면 $-4\neq-2\times1+6=4$
④ $x=2$, $y=10$을 $y=-2x+6$에 대입하면 $10\neq-2\times2+6=2$
⑤ $x=4$, $y=-2$를 $y=-2x+6$에 대입하면 $-2=-2\times4+6$
따라서 일차함수 $y=-2x+6$의 그래프 위의 점인 것은 ⑤이다.

답 ⑤

확인 7 일차함수 $y=\frac{5}{4}x-1$의 그래프가 두 점 $(8,\ a)$, $(b,\ -6)$을 지날 때, $a+b$의 값을 구하시오.

07 일차함수의 그래프의 평행이동

● 더 다양한 문제는 RPM 2-1 126쪽

일차함수 $y=4x+b$의 그래프를 y축의 방향으로 3만큼 평행이동하였더니 일차함수 $y=ax+2$의 그래프가 되었다. 이때 상수 a, b에 대하여 $a+b$의 값을 구하시오.

KEY POINT

일차함수 $y=ax+b$의 그래프를 y축의 방향으로 k만큼 평행이동한 그래프의 식
➡ $y=ax+b+k$

풀이 $y=4x+b$의 그래프를 y축의 방향으로 3만큼 평행이동한 그래프의 식은
$y=4x+b+3$
따라서 $4=a$, $b+3=2$이므로 $a=4$, $b=-1$
$\therefore a+b=4+(-1)=3$

답 3

확인 8 일차함수 $y=\frac{2}{3}x+3$의 그래프를 y축의 방향으로 -4만큼 평행이동한 그래프가 점 $(a,\ 7)$을 지날 때, a의 값을 구하시오.

이런 문제가 시험에 나온다

01 다음 중 y가 x에 대한 함수가 아닌 것은?

① 자연수 x보다 4만큼 작은 수 y
② 자연수 x와 3의 최소공배수 y
③ 자연수 x와 서로소인 수 y
④ 350쪽인 책에서 x쪽을 읽었을 때 남은 쪽수 y
⑤ 1500원짜리 스티커 x장을 사고 10000원을 냈을 때의 거스름돈 y원

x의 값 하나에 대응하는 y의 값이 없거나 2개 이상 정해지면 함수가 아니다.

02 함수 $f(x)=-\frac{8}{x}$에 대하여 $2f\left(\frac{1}{2}\right)+5f(-8)$의 값은?

① -30　② -27　③ -24
④ -21　⑤ -18

03 다음 중 함수 $f(x)=(x$ 이하의 소수의 개수$)$에 대하여 옳은 것은?

① $f(5)=2$　② $f(10)=5$　③ $f(2)+f(3)=4$
④ $f(6)+f(11)=8$　⑤ $f(12)=f(13)$

$f(x)=(x$에 대한 조건$)$일 때
➡ $f(a)$의 값은 a에 대한 조건을 만족시키는 값이다.

04 함수 $f(x)=-7x+a$에 대하여 $f(1)=-4$일 때, $f(-2)+f(3)$의 값을 구하시오. (단, a는 상수이다.)

함수 $y=f(x)$에서 $f(a)=b$일 때
➡ $y=f(x)$에 x 대신 a, y 대신 b를 대입한다.

05 두 함수 $f(x)=2x+1$, $g(x)=-\frac{a}{x}$에 대하여 $g(3)=-5$, $f(b)=a$일 때, $a-2b$의 값을 구하시오. (단, a는 상수이다.)

06 다음 **보기** 중 일차함수인 것의 개수를 구하시오.

보기

ㄱ. $y=-x$　　ㄴ. $y=x+7$　　ㄷ. $y=\frac{1}{x}$

ㄹ. $y=x^2-5x-1$　　ㅁ. $y=10-x-y$　　ㅂ. $\frac{x}{2}-\frac{y}{3}=1$

07 두 일차함수 $y=ax-5$, $y=3x+1$의 그래프가 모두 점 $(3, b)$를 지날 때, $b-a$의 값을 구하시오. (단, a는 상수이다.)

함수의 그래프가 점 (m, n)을 지난다.
➡ 함수의 식에 $x=m$, $y=n$을 대입하면 등식이 성립한다.

08 다음 일차함수의 그래프 중 일차함수 $y=-6x-2$의 그래프를 평행이동한 그래프와 겹쳐지는 것은?

① $y=6x+2$　　② $y=6(x-2)$　　③ $y=6(1-x)$

④ $y=\frac{1}{6}x+2$　　⑤ $y=-\frac{1}{6}x+2$

일차함수 $y=ax+b$의 그래프가 평행이동하여 $y=cx+d$의 그래프와 겹쳐지려면 $a=c$이어야 한다.

09 일차함수 $y=ax+1$의 그래프를 y축의 방향으로 p만큼 평행이동하였더니 일차함수 $y=\frac{1}{2}x-4$의 그래프가 되었다. 이때 $2a-p$의 값을 구하시오.

(단, a는 상수이다.)

UP

10 일차함수 $y=-2x+3$의 그래프를 y축의 방향으로 m만큼 평행이동한 그래프가 두 점 $(n-3, -n)$, $(-1, 4)$를 지날 때, $m-n$의 값을 구하시오.

평행이동한 그래프의 식을 구한 후 지나는 점의 좌표를 대입한다.

02 일차함수의 그래프의 절편과 기울기

개념원리 이해

1 x절편, y절편이란 무엇인가?

○ 핵심문제 01

(1) **함수의 그래프의 x절편, y절편**

① x절편: 함수의 그래프가 x축과 만나는 점의 x좌표

➡ $y=0$일 때 x의 값

② y절편: 함수의 그래프가 y축과 만나는 점의 y좌표

➡ $x=0$일 때 y의 값

참고 함수의 그래프가 x축과 만나는 점의 좌표는 (x절편, 0), y축과 만나는 점의 좌표는 (0, y절편)이다.

(2) **일차함수 $y=ax+b$의 그래프의 x절편, y절편**

① x절편: $-\frac{b}{a}$ → x축과 만나는 점의 좌표는 $\left(-\frac{b}{a}, 0\right)$

② y절편: b → y축과 만나는 점의 좌표는 $(0, b)$

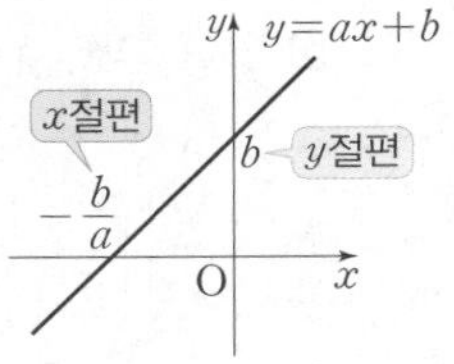

설명 일차함수 $y=ax+b$의 그래프가 x축과 만나는 점의 y좌표는 0이므로

$y=0$일 때, $0=ax+b$ $\therefore x=-\frac{b}{a}$

따라서 x절편은 $-\frac{b}{a}$이다.

또 이 함수의 그래프가 y축과 만나는 점의 x좌표는 0이므로

$x=0$일 때, $y=a\times0+b=b$

따라서 y절편은 b이다.

예 일차함수 $y=-3x+9$의 그래프의 x절편과 y절편을 구해 보자.

➡ $y=0$일 때, $0=-3x+9$, $3x=9$ $\therefore x=3$

$x=0$일 때, $y=-3\times0+9=9$

따라서 x절편은 3, y절편은 9이다.

2 x절편, y절편을 이용하여 일차함수의 그래프는 어떻게 그리는가?

○ 핵심문제 02, 06

❶ x절편, y절편을 구한다.

❷ x축, y축과 만나는 두 점, 즉 (x절편, 0), (0, y절편)을 좌표평면 위에 나타낸 후 두 점을 직선으로 연결한다.

예 일차함수 $y=2x-1$의 그래프를 x절편, y절편을 이용하여 그려 보자.

➡ ❶ $y=0$일 때, $0=2x-1$ $\therefore x=\frac{1}{2}$

$x=0$일 때, $y=-1$

즉 x절편은 $\frac{1}{2}$, y절편은 -1이다.

❷ 오른쪽 그림과 같이 좌표평면 위에 두 점 $\left(\frac{1}{2}, 0\right)$, $(0, -1)$을 나타낸 후 직선으로 연결한다.

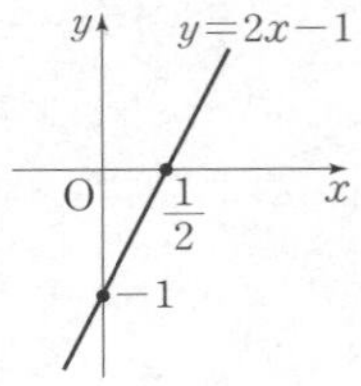

3 일차함수의 그래프의 기울기란 무엇인가?

○ 핵심문제 03, 04

일차함수 $y=ax+b$에서 x의 값의 증가량에 대한 y의 값의 증가량의 비율은 항상 a로 일정하다. 이 증가량의 비율 a를 일차함수 $y=ax+b$의 그래프의 **기울기**라 한다.

➡ 일차함수 $y=ax+b$의 그래프에서

$$(\text{기울기})=\frac{(y\text{의 값의 증가량})}{(x\text{의 값의 증가량})}=a$$ → 항상 일정하다.

설명 일차함수 $y=2x-3$에서 x의 값이 변함에 따라 정해지는 y의 값을 표로 나타내면 다음과 같다.

x	$\cdots$	-1	0	1	2	$\cdots$
y	$\cdots$	-5	-3	-1	1	$\cdots$

(x: -1→0 증가량 1, 0→2 증가량 2; y: -5→-3 증가량 2, -3→1 증가량 4)

위의 표에서 x의 값의 증가량에 대한 y의 값의 증가량의 비율은

$$\frac{(y\text{의 값의 증가량})}{(x\text{의 값의 증가량})}=\frac{2}{1}=\frac{4}{2}=\cdots=2$$

로 일정하고, 이 값은 일차함수 $y=2x-3$에서 x의 계수 2와 같다.

즉 일차함수 $y=2x-3$의 그래프의 기울기는 2이다.

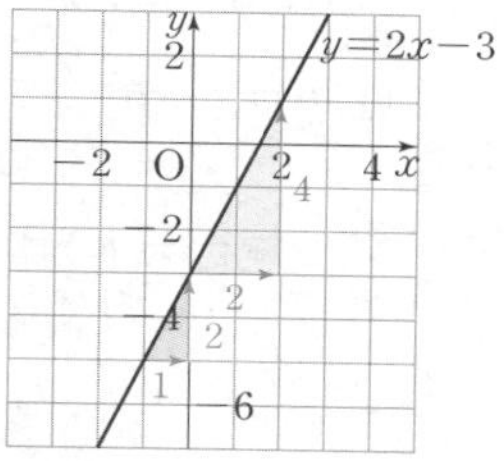

참고 두 점 (x_1, y_1), (x_2, y_2)를 지나는 일차함수의 그래프의 기울기는

$$\frac{(y\text{의 값의 증가량})}{(x\text{의 값의 증가량})}=\frac{y_2-y_1}{x_2-x_1}\left(\text{또는 } \frac{y_1-y_2}{x_1-x_2}\right)\ (\text{단, } x_1\neq x_2)$$

예 두 점 $(-3, 4)$, $(1, 9)$를 지나는 일차함수의 그래프의 기울기는

$$\frac{(y\text{의 값의 증가량})}{(x\text{의 값의 증가량})}=\frac{9-4}{1-(-3)}=\frac{5}{4}$$

4 기울기와 y절편을 이용하여 일차함수의 그래프는 어떻게 그리는가?

○ 핵심문제 05, 06

❶ y절편을 구하여 y축과 만나는 점, 즉 $(0, y\text{절편})$을 좌표평면 위에 나타낸다.

❷ 기울기를 이용하여 그래프가 지나는 다른 한 점을 찾아 좌표평면 위에 나타낸 후 두 점을 직선으로 연결한다.

예 일차함수 $y=-\frac{4}{3}x+2$의 그래프를 기울기와 y절편을 이용하여 그려 보자.

➡ ❶ $y=-\frac{4}{3}x+2$의 그래프의 y절편이 2이므로 점 $(0, 2)$를 좌표평면 위에 나타낸다.

❷ 기울기가 $-\frac{4}{3}$이므로 점 $(0, 2)$에서 x의 값이 3만큼 증가하고 y의 값이 4만큼 감소한 점 $(0+3, 2-4)$, 즉 점 $(3, -2)$를 지난다.

따라서 오른쪽 그림과 같이 좌표평면 위에 점 $(3, -2)$를 나타낸 후 두 점을 직선으로 연결한다.

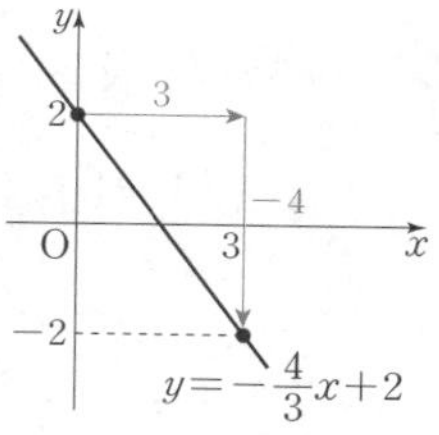

개념원리 확인하기

> 정답 및 풀이 76쪽

01 다음 일차함수의 그래프의 x절편과 y절편을 구하시오.

(1)

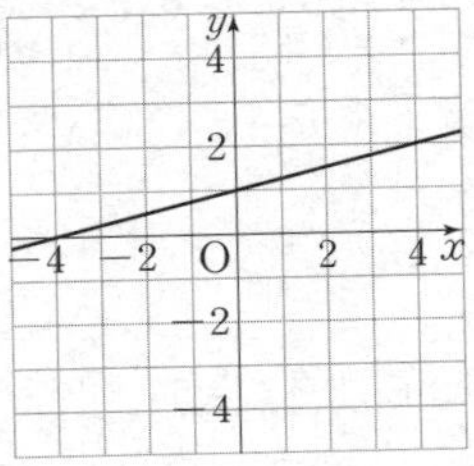

(2)

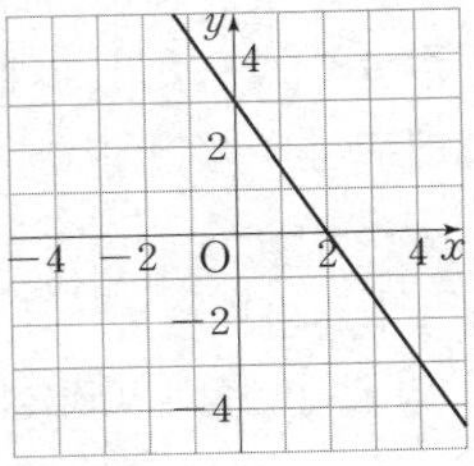

> x절편이란?
> y절편이란?

02 다음 일차함수의 그래프의 x절편과 y절편을 구하시오.

(1) $y=x-5$

(2) $y=-2x+8$

(3) $y=-\dfrac{2}{3}x-1$

(4) $y=\dfrac{3}{5}x+9$

03 다음 일차함수의 그래프의 기울기를 구하시오.

(1) $y=4x+2$

(2) $y=-x+\dfrac{2}{3}$

(3) $y=\dfrac{5}{6}x-1$

(4) $y=-\dfrac{7}{4}x-\dfrac{1}{5}$

04 다음 일차함수의 그래프의 기울기를 구하시오.

(1)

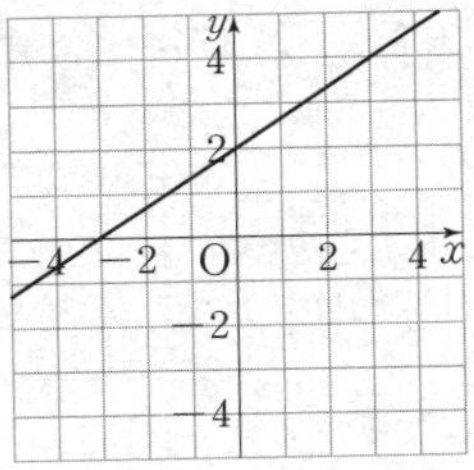

(2)

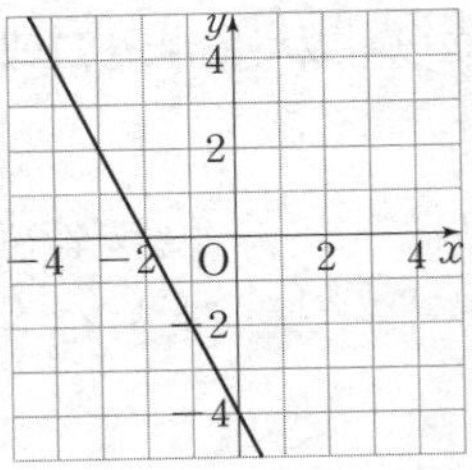

> (기울기)
> $=\dfrac{(\square\text{의 값의 증가량})}{(\square\text{의 값의 증가량})}$

05 다음 두 점을 지나는 일차함수의 그래프의 기울기를 구하시오.

(1) $(2,\ -5)$, $(4,\ 1)$

(2) $(-3,\ -1)$, $(0,\ -6)$

> 두 점 $(x_1,\ y_1)$, $(x_2,\ y_2)$를 지나는 일차함수의 그래프의 기울기
> $\Rightarrow \dfrac{y_2-\square}{x_2-\square}\left(\text{또는 } \dfrac{\square-y_2}{\square-x_2}\right)$
> (단, $x_1\neq x_2$)

01 일차함수의 그래프의 x절편, y절편

● 더 다양한 문제는 RPM 2-1 126쪽

다음 물음에 답하시오.

(1) 일차함수 $y=4x-3$의 그래프를 y축의 방향으로 7만큼 평행이동한 그래프의 x절편과 y절편을 구하시오.

(2) 일차함수 $y=ax+b$의 그래프의 x절편이 2, y절편이 -10일 때, 상수 a, b의 값을 구하시오.

KEY POINT

일차함수 $y=ax+b$의 그래프에서
① x절편: $y=0$일 때 x의 값
➡ $-\frac{b}{a}$
② y절편: $x=0$일 때 y의 값
➡ b

풀이 (1) $y=4x-3$의 그래프를 y축의 방향으로 7만큼 평행이동한 그래프의 식은
$y=4x-3+7$, 즉 $y=4x+4$
$y=0$일 때, $0=4x+4$, $4x=-4$ $\therefore x=-1$
$x=0$일 때, $y=4$
따라서 x절편은 -1, y절편은 4이다.
(2) $y=ax+b$의 그래프의 y절편이 -10이므로 $b=-10$
$y=ax-10$의 그래프의 x절편이 2이므로 $0=2a-10$
$2a=10$ $\therefore a=5$

답 (1) x절편: -1, y절편: 4 (2) $a=5$, $b=-10$

확인 1 일차함수 $y=-x+k$의 그래프의 x절편이 6일 때, y절편을 구하시오.
(단, k는 상수이다.)

02 x절편, y절편을 이용하여 그래프 그리기

● 더 다양한 문제는 RPM 2-1 128쪽

일차함수 $y=-3x-6$의 그래프를 x절편, y절편을 이용하여 그리시오.

KEY POINT

❶ x절편, y절편을 구한다.
❷ 두 점 (x절편, 0), (0, y절편)을 직선으로 연결한다.

풀이 $y=0$일 때, $0=-3x-6$, $3x=-6$ $\therefore x=-2$
$x=0$일 때, $y=-6$
즉 x절편은 -2, y절편은 -6이다.
따라서 일차함수 $y=-3x-6$의 그래프는 오른쪽 그림과 같이 두 점 $(-2, 0)$, $(0, -6)$을 지나는 직선이다.

답 풀이 참조

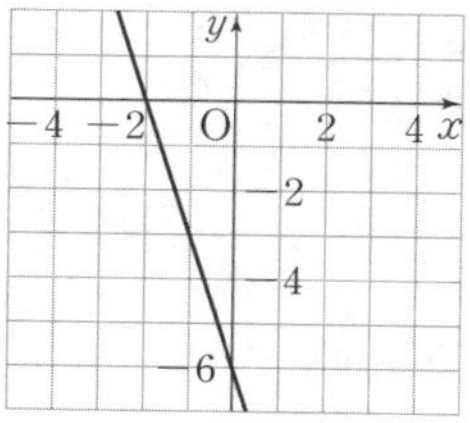

확인 2 다음 일차함수의 그래프를 x절편, y절편을 이용하여 그리시오.

(1) $y=2x+4$

(2) $y=-\frac{3}{4}x+3$

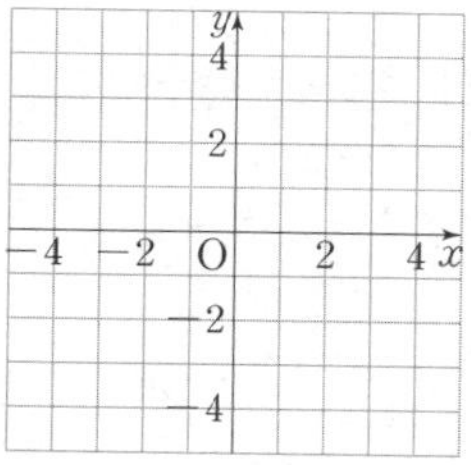

03 일차함수의 그래프의 기울기

● 더 다양한 문제는 RPM 2-1 127쪽

일차함수 $y=ax+4$의 그래프에서 x의 값이 2에서 6까지 증가할 때, y의 값은 8만큼 감소한다. 다음 물음에 답하시오.

(1) 상수 a의 값을 구하시오.

(2) x의 값이 -3에서 2까지 증가할 때, y의 값의 증가량을 구하시오.

KEY POINT

일차함수 $y=ax+b$의 그래프에서

$(\text{기울기})=\dfrac{(y\text{의 값의 증가량})}{(x\text{의 값의 증가량})}=a$

풀이 (1) $(\text{기울기})=\dfrac{(y\text{의 값의 증가량})}{(x\text{의 값의 증가량})}=\dfrac{-8}{6-2}=-2$ $\therefore a=-2$

(2) 기울기가 -2이므로 $\dfrac{(y\text{의 값의 증가량})}{2-(-3)}=-2$

$\therefore (y\text{의 값의 증가량})=-2\times5=-10$

답 (1) -2 (2) -10

확인 ③ 다음 물음에 답하시오.

(1) 일차함수 $y=\frac{5}{4}x-1$의 그래프에서 x의 값이 -2에서 2까지 증가할 때, y의 값의 증가량을 구하시오.

(2) 일차함수 $y=-\frac{a}{3}x+5$의 그래프에서 x의 값이 2만큼 증가할 때, y의 값은 6만큼 감소한다. 이때 상수 a의 값을 구하시오.

04 두 점을 지나는 일차함수의 그래프의 기울기

● 더 다양한 문제는 RPM 2-1 127쪽

두 점 $(-2,\ k)$, $(3,\ 4)$를 지나는 일차함수의 그래프의 기울기가 2일 때, k의 값을 구하시오.

KEY POINT

두 점 $(x_1,\ y_1)$, $(x_2,\ y_2)$를 지나는 일차함수의 그래프의 기울기

➡ $\dfrac{(y\text{의 값의 증가량})}{(x\text{의 값의 증가량})}=\dfrac{y_2-y_1}{x_2-x_1}\left(\text{또는 } \dfrac{y_1-y_2}{x_1-x_2}\right)$

(단, $x_1\neq x_2$)

풀이 두 점 $(-2,\ k)$, $(3,\ 4)$를 지나는 일차함수의 그래프의 기울기가 2이므로

$\dfrac{4-k}{3-(-2)}=2$, $4-k=10$

$\therefore k=-6$

답 -6

확인 ④ x절편이 6이고 y절편이 a인 일차함수의 그래프의 기울기가 $-\frac{4}{3}$일 때, a의 값은?

① -8 ② -4 ③ 2

④ 4 ⑤ 8

> 정답 및 풀이 77쪽

05 기울기와 y절편을 이용하여 그래프 그리기

● 더 다양한 문제는 RPM 2-1 128쪽

일차함수 $y=-3x+2$의 그래프를 기울기와 y절편을 이용하여 그리시오.

풀이 $y=-3x+2$의 그래프의 y절편이 2이므로 점 $(0,\ 2)$를 지난다.
또 기울기가 -3이므로 점 $(0,\ 2)$에서 x의 값이 1만큼 증가하고 y의 값이 3만큼 감소한 점 $(0+1,\ 2-3)$, 즉 점 $(1,\ -1)$을 지난다.
따라서 일차함수 $y=-3x+2$의 그래프는 오른쪽 그림과 같이 두 점 $(0,\ 2)$, $(1,\ -1)$을 지나는 직선이다.

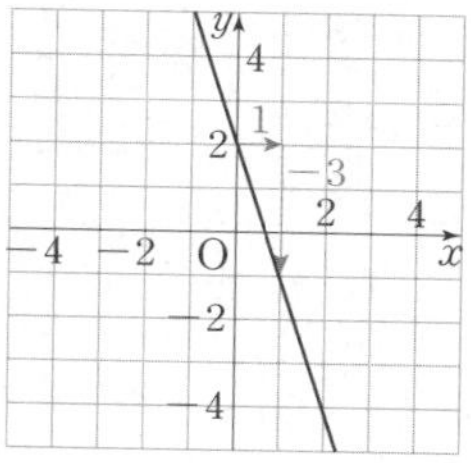

답 풀이 참조

확인 5 다음 일차함수의 그래프를 기울기와 y절편을 이용하여 그리시오.

(1) $y=\frac{2}{3}x-1$

(2) $y=-\frac{3}{4}x-2$

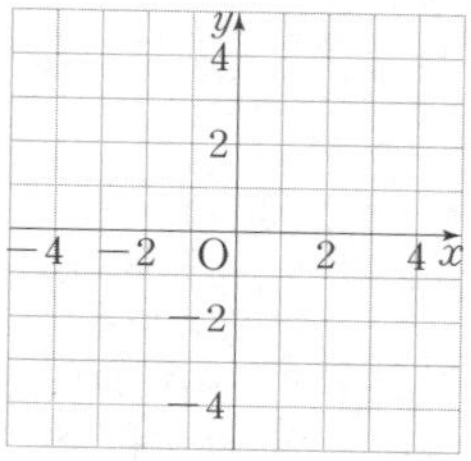

KEY POINT

일차함수 $y=\frac{n}{m}x+b$에서

❶ 좌표평면 위에 y축과 만나는 점 $(0,\ b)$를 나타낸다.

❷ 기울기를 이용하여 그래프가 지나는 다른 한 점 $(0+m,\ b+n)$을 찾아 두 점을 직선으로 연결한다.

UP 06 일차함수의 그래프와 좌표축으로 둘러싸인 도형의 넓이

● 더 다양한 문제는 RPM 2-1 129, 130쪽

일차함수 $y=\frac{5}{4}x-10$의 그래프와 x축, y축으로 둘러싸인 도형의 넓이를 구하시오.

풀이 $y=0$일 때, $0=\frac{5}{4}x-10$

$\frac{5}{4}x=10 \quad \therefore x=8$

$x=0$일 때, $y=-10$

즉 $y=\frac{5}{4}x-10$의 그래프의 x절편은 8, y절편은 -10이므로 그 그래프는 오른쪽 그림과 같다.

따라서 구하는 도형의 넓이는 $\frac{1}{2}\times 8\times 10=40$

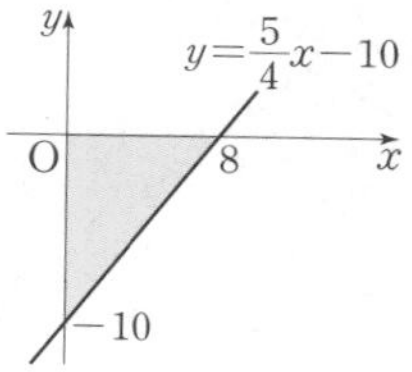

답 40

확인 6 두 일차함수 $y=x+6$, $y=-\frac{3}{2}x+6$의 그래프와 x축으로 둘러싸인 도형의 넓이를 구하시오.

KEY POINT

(일차함수의 그래프와 좌표축으로 둘러싸인 삼각형의 넓이)
$=\frac{1}{2}\times |x\text{절편}|\times |y\text{절편}|$

이런 문제가 시험에 나온다

정답 및 풀이 78쪽

01 다음 일차함수 중 그 그래프의 x절편이 나머지 넷과 다른 하나는?

① $y=-4x+1$　② $y=x-4$　③ $y=4x-1$

④ $y=2x-\frac{1}{2}$　⑤ $y=\frac{1}{2}x-\frac{1}{8}$

x절편 ➡ $y=0$일 때 x의 값

02 일차함수 $y=\frac{2}{3}x+k$의 그래프를 y축의 방향으로 5만큼 평행이동한 그래프의 y절편이 2일 때, 상수 k의 값을 구하시오.

일차함수 $y=ax+b$의 그래프의 y절편 ➡ b

03 오른쪽 그림과 같은 일차함수 $y=ax+b$의 그래프에서 y의 값이 8만큼 감소할 때, x의 값의 증가량을 구하시오. (단, a, b는 상수이다.)

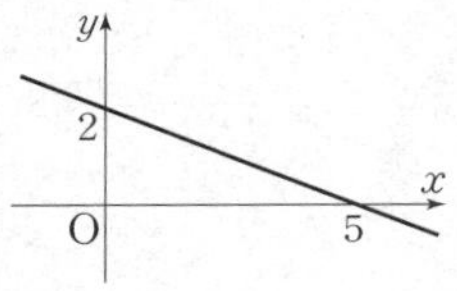

일차함수에서 $\frac{(y\text{의 값의 증가량})}{(x\text{의 값의 증가량})}$은 항상 일정하다.

04 다음 중 일차함수 $y=-\frac{1}{2}x+3$의 그래프는?

①
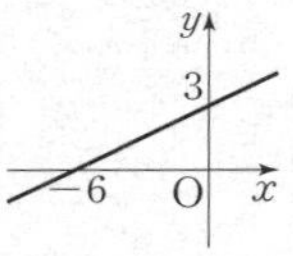

②
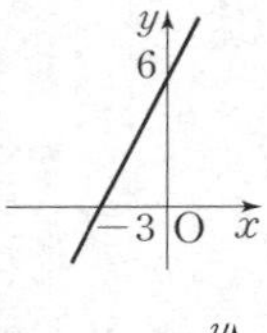

③
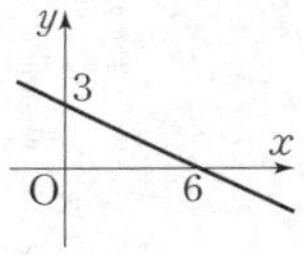

④
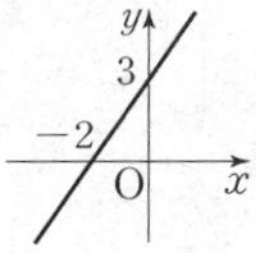

⑤
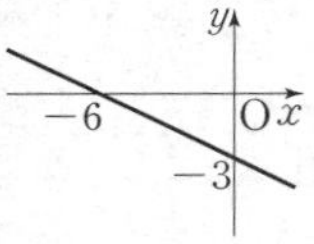

일차함수의 그래프의 x절편, y절편 또는 y절편과 기울기를 이용한다.

UP

05 일차함수 $y=ax+2a$의 그래프와 x축, y축으로 둘러싸인 도형의 넓이가 4일 때, 상수 a의 값을 구하시오. (단, $a>0$)

03 일차함수의 그래프의 성질

개념원리 **이해**

1 일차함수 $y=ax+b$의 그래프에는 어떤 성질이 있는가?

◎ 핵심문제 01, 02

일차함수 $y=ax+b$의 그래프는 기울기가 a이고 y절편이 b인 직선이다.

(1) **a의 부호**: 그래프의 모양 결정

① $a>0$이면 x의 값이 증가할 때 y의 값도 증가한다.

➡ 그래프는 오른쪽 위로 향하는 직선이다.

② $a<0$이면 x의 값이 증가할 때 y의 값은 감소한다.

➡ 그래프는 오른쪽 아래로 향하는 직선이다.

참고 일차함수 $y=ax+b$의 그래프에서 a의 절댓값이 클수록 그래프는 y축에 가까워진다.

(2) **b의 부호**: 그래프가 y축과 만나는 부분 결정

① $b>0$이면 y축과 양의 부분에서 만난다. → y절편이 양수

② $b<0$이면 y축과 음의 부분에서 만난다. → y절편이 음수

참고 $b=0$이면 원점을 지난다.

보충 학습 a, b의 부호에 따른 일차함수 $y=ax+b$의 그래프의 모양과 그래프가 지나는 사분면

$a>0$, $b>0$	$a>0$, $b<0$	$a<0$, $b>0$	$a<0$, $b<0$
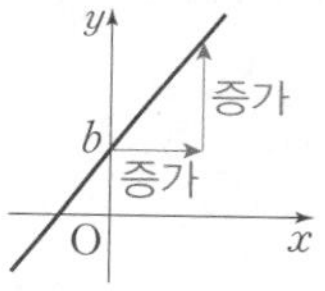	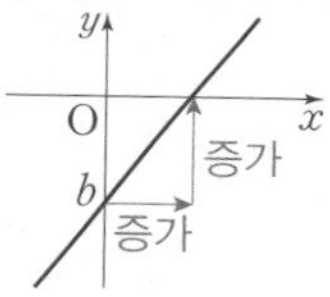	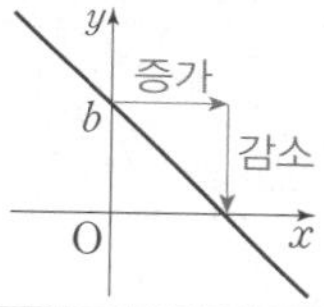	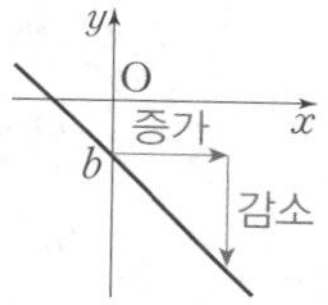
제1, 2, 3사분면	제1, 3, 4사분면	제1, 2, 4사분면	제2, 3, 4사분면

2 두 일차함수의 그래프의 평행과 일치

◎ 핵심문제 03

(1) 기울기가 같은 두 일차함수의 그래프는 평행하거나 일치한다.

두 일차함수 $y=ax+b$, $y=cx+d$에서

① 기울기가 같고 y절편이 다르면 두 일차함수의 그래프는 평행하다.

즉 $a=c$, $b\neq d$이면 ➡ 평행

② 기울기가 같고 y절편도 같으면 두 일차함수의 그래프는 일치한다.

즉 $a=c$, $b=d$이면 ➡ 일치

설명 세 일차함수 $y=2x+3$, $y=2x$, $y=2x-3$의 그래프의 기울기는 모두 2로 같고, 세 일차함수의 그래프를 좌표평면 위에 나타내면 오른쪽 그림과 같다.

이때 두 일차함수 $y=2x+3$, $y=2x-3$의 그래프는 $y=2x$의 그래프를 y축의 방향으로 각각 3, -3만큼 평행이동한 것이므로 평행하다.

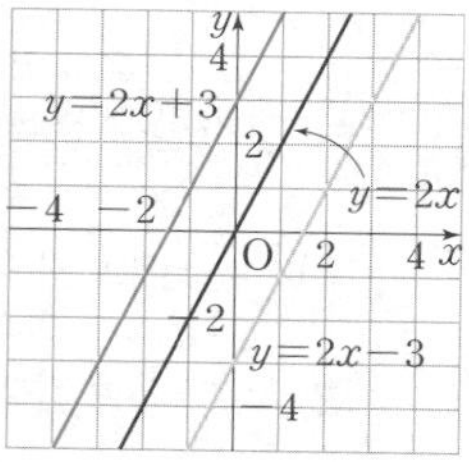

(2) 평행한 두 일차함수의 그래프의 기울기는 같다.

참고 기울기가 다른 두 일차함수의 그래프는 한 점에서 만난다.

> 정답 및 풀이 78쪽

01 그래프가 다음을 만족시키는 일차함수를 **보기**에서 모두 고르시오.

보기

ㄱ. $y=2x-6$　　ㄴ. $y=3x+1$　　ㄷ. $y=-\frac{1}{2}x+5$

ㄹ. $y=-7x+2$　　ㅁ. $y=\frac{2}{5}x$　　ㅂ. $y=-x-\frac{1}{4}$

(1) 오른쪽 위로 향하는 직선

(2) x의 값이 증가할 때 y의 값은 감소하는 직선

(3) y축과 양의 부분에서 만나는 직선

(4) y축과 음의 부분에서 만나는 직선

○ 일차함수 $y=ax+b$의 그래프에서

① □의 부호
➡ 그래프의 모양 결정

② □의 부호
➡ 그래프가 y축과 만나는 부분 결정

02 일차함수 $y=ax+b$의 그래프가 다음 그림과 같을 때, 상수 a, b의 부호를 구하시오.

(1)

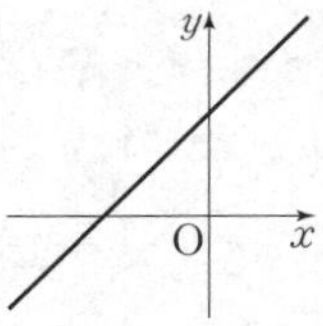

(2)

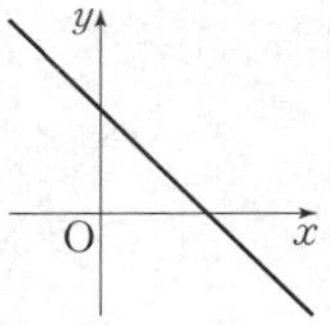

(3)

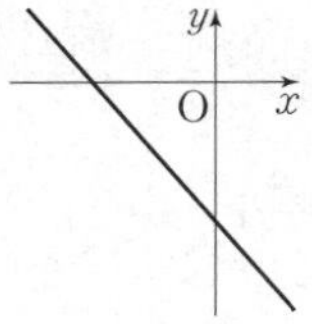

03 **보기**의 일차함수의 그래프에 대하여 다음 물음에 답하시오.

보기

ㄱ. $y=4x$　　ㄴ. $y=-\frac{1}{2}x+4$　　ㄷ. $y=3x-1$

ㄹ. $y=3x+5$　　ㅁ. $y=-\frac{1}{2}(x-8)$　　ㅂ. $y=4x-3$

(1) 그래프가 평행한 것끼리 짝 지으시오.

(2) 그래프가 일치하는 것끼리 짝 지으시오.

○ 두 일차함수 $y=ax+b$, $y=cx+d$에서

① $a=c$, $b\neq d$
➡ □

② $a=c$, $b=d$
➡ □

04 두 일차함수 $y=ax-2$, $y=-\frac{1}{3}x+b$의 그래프에 대하여 다음을 구하시오.

(1) 두 그래프가 평행하도록 하는 상수 a, b의 조건

(2) 두 그래프가 일치하도록 하는 상수 a, b의 조건

01 일차함수 $y=ax+b$의 그래프의 성질

● 더 다양한 문제는 RPM 2-1 136쪽

다음 중 일차함수 $y=\frac{1}{2}x+3$의 그래프에 대한 설명으로 옳지 않은 것은?

① 오른쪽 위로 향하는 직선이다.
② y축과 양의 부분에서 만난다.
③ 점 $(2,\ 4)$를 지난다.
④ 제1, 2, 3사분면을 지난다.
⑤ x의 값이 4만큼 증가할 때, y의 값은 1만큼 증가한다.

KEY POINT

일차함수 $y=ax+b$의 그래프에서
① $a>0$ ➡ 오른쪽 위로 향하는 직선
$a<0$ ➡ 오른쪽 아래로 향하는 직선
② $b>0$ ➡ y축과 양의 부분에서 만난다.
$b<0$ ➡ y축과 음의 부분에서 만난다.

풀이 ① (기울기)$=\frac{1}{2}>0$이므로 오른쪽 위로 향하는 직선이다.

② (y절편)$=3>0$이므로 y축과 양의 부분에서 만난다.

③ $x=2$, $y=4$를 $y=\frac{1}{2}x+3$에 대입하면 $4=\frac{1}{2}\times2+3$
즉 점 $(2,\ 4)$를 지난다.
④ 그래프는 오른쪽 그림과 같으므로 제1, 2, 3사분면을 지난다.
⑤ x의 값이 4만큼 증가할 때, y의 값은 2만큼 증가한다.
따라서 옳지 않은 것은 ⑤이다.

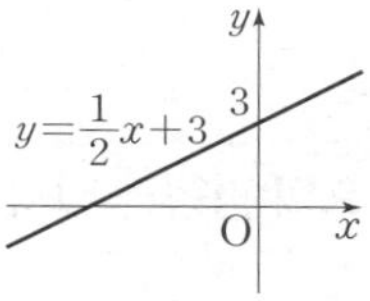

답 ⑤

확인 1 다음 **보기** 중 일차함수 $y=-5x+5$의 그래프에 대한 설명으로 옳은 것을 모두 고르시오.

보기
ㄱ. $y=-5x$의 그래프를 y축의 방향으로 5만큼 평행이동한 것이다.
ㄴ. x의 값이 증가할 때 y의 값은 감소하는 직선이다.
ㄷ. x절편은 -1, y절편은 5이다.
ㄹ. 제3사분면을 지나지 않는다.

확인 2 다음 일차함수 중 그 그래프가 y축에 가장 가까운 것은?

① $y=\frac{1}{2}x-1$　② $y=-x-1$　③ $y=\frac{3}{4}x-1$
④ $y=-\frac{4}{3}x-1$　⑤ $y=\frac{5}{2}x-1$

> 정답 및 풀이 79쪽

02 일차함수 $y=ax+b$의 그래프와 a, b의 부호

● 더 다양한 문제는 RPM 2-1 136쪽

KEY POINT

일차함수 $y=ax+b$의 그래프에서
① a의 부호 ➡ 그래프의 모양 결정
② b의 부호 ➡ 그래프가 y축과 만나는 부분 결정

$a<0$, $b>0$일 때, 다음 중 일차함수 $y=ax-b$의 그래프로 알맞은 것은?

①
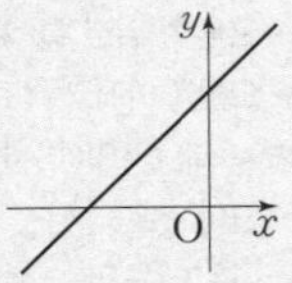

②
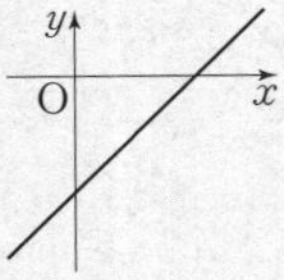

③
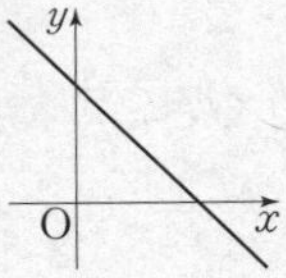

④
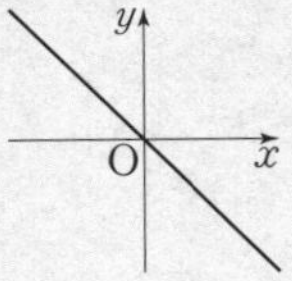

⑤
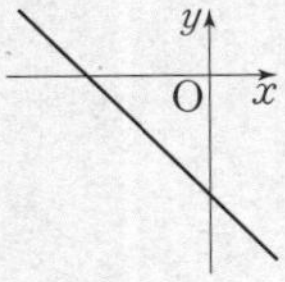

풀이 $a<0$, $-b<0$이므로 $y=ax-b$의 그래프로 알맞은 것은 ⑤이다. 답 ⑤
↳ (기울기)<0, (y절편)<0

확인 3 $a<0$, $b<0$일 때, 일차함수 $y=-ax+b$의 그래프가 지나지 않는 사분면을 구하시오.

03 두 일차함수의 그래프의 평행과 일치

● 더 다양한 문제는 RPM 2-1 137쪽

KEY POINT

① 두 일차함수의 그래프가 평행
➡ 기울기가 같고 y절편이 다르다.
② 두 일차함수의 그래프가 일치
➡ 기울기와 y절편이 각각 같다.

다음 물음에 답하시오.

(1) 일차함수 $y=ax+5$의 그래프는 일차함수 $y=-3x-3$의 그래프와 평행하고, 점 $(2, b)$를 지난다. 이때 a, b의 값을 구하시오. (단, a는 상수이다.)

(2) 두 일차함수 $y=ax-11$과 $y=7x-a+b$의 그래프가 일치할 때, 상수 a, b의 값을 구하시오.

풀이 (1) $y=ax+5$의 그래프와 $y=-3x-3$의 그래프가 평행하므로 $a=-3$
즉 $y=-3x+5$의 그래프가 점 $(2, b)$를 지나므로 $b=-3\times2+5=-1$
(2) $y=ax-11$의 그래프와 $y=7x-a+b$의 그래프가 일치하므로
$a=7$, $-11=-a+b$
따라서 $-7+b=-11$이므로 $b=-4$

답 (1) $a=-3$, $b=-1$ (2) $a=7$, $b=-4$

확인 4 다음 물음에 답하시오.

(1) 두 점 $(3, -1)$, $(6, a)$를 지나는 일차함수의 그래프가 일차함수 $y=4x+\frac{5}{3}$의 그래프와 평행할 때, a의 값을 구하시오.

(2) 일차함수 $y=-2x+5$의 그래프를 y축의 방향으로 a만큼 평행이동하면 일차함수 $y=-2x-2$의 그래프와 일치한다. 이때 a의 값을 구하시오.

01 다음 중 일차함수 $y=-\frac{1}{4}x-2$의 그래프에 대한 설명으로 옳지 않은 것은?

① 기울기는 $-\frac{1}{4}$, y절편은 -2이다.
② 제2, 3, 4사분면을 지난다.
③ 점 $(-12, 1)$을 지난다.
④ 일차함수 $y=x-2$의 그래프보다 y축에 가깝다.
⑤ $y=-\frac{1}{4}x+5$의 그래프와 평행하다.

기울기와 y절편의 부호를 조사하면 그래프가 지나는 사분면을 알 수 있다.

02 일차함수 $y=-ax-b$의 그래프가 오른쪽 그림과 같을 때, 다음 중 옳은 것은? (단, a, b는 상수이다.)

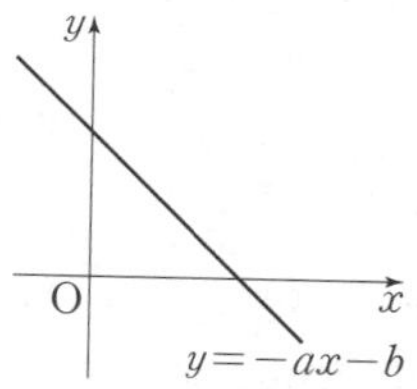

① $a>0$, $b>0$
② $a>0$, $b<0$
③ $a<0$, $b>0$
④ $a<0$, $b=0$
⑤ $a<0$, $b<0$

주어진 그래프의 모양과 그래프가 y축과 만나는 부분을 확인하여 기울기와 y절편의 부호를 조사한다.

03 다음 일차함수 중 그 그래프가 오른쪽 그림의 그래프와 평행한 것은?

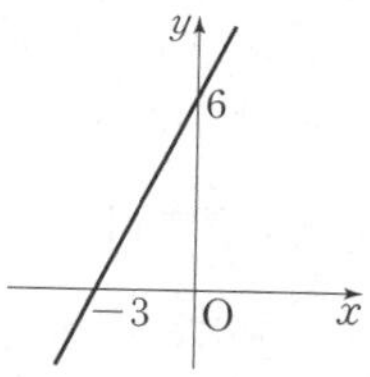

① $y=-2x-6$
② $y=-2x+6$
③ $y=\frac{1}{2}x-6$
④ $y=2x-6$
⑤ $y=2x+6$

04 두 일차함수 $y=(2a-3)x+5$, $y=(-3a+6)x-8$의 그래프가 만나지 않을 때, 상수 a의 값을 구하시오.

두 일차함수의 그래프가 만나지 않는다.
➡ 두 일차함수의 그래프가 평행하다.

05 일차함수 $y=\frac{4}{3}x+1$의 그래프를 y축의 방향으로 a만큼 평행이동하면 $y=\frac{4}{3}x+3$의 그래프와 일치하고, y축의 방향으로 b만큼 평행이동하면 $y=\frac{4}{3}x-4$의 그래프와 일치한다. 이때 $a+b$의 값을 구하시오.

04 일차함수의 식 구하기

개념원리 이해

1 일차함수의 식은 어떻게 구하는가?

○ 핵심문제 01~04

(1) **기울기와 y절편이 주어질 때**

기울기가 a이고 y절편이 b인 직선을 그래프로 하는 일차함수의 식은

$y=ax+b$

예 기울기가 2이고 y절편이 4인 직선을 그래프로 하는 일차함수의 식은

$y=2x+4$

(2) **기울기와 한 점의 좌표가 주어질 때**

기울기가 a이고 점 (x_1, y_1)을 지나는 직선을 그래프로 하는 일차함수의 식은 다음과 같은 순서로 구한다.

❶ 구하려는 일차함수의 식을 $y=ax+b$로 놓는다.

❷ $x=x_1$, $y=y_1$을 $y=ax+b$에 대입하여 b의 값을 구한다.

예 기울기가 2이고 점 $(1, 3)$을 지나는 직선을 그래프로 하는 일차함수의 식을 구해 보자.

➡ ❶ 일차함수의 식을 $y=2x+b$라 하자.

❷ $x=1$, $y=3$을 $y=2x+b$에 대입하면 $3=2\times1+b$ $\therefore b=1$

따라서 구하는 일차함수의 식은 $y=2x+1$

(3) **두 점의 좌표가 주어질 때**

두 점 (x_1, y_1), (x_2, y_2)를 지나는 직선을 그래프로 하는 일차함수의 식은 다음과 같은 순서로 구한다. (단, $x_1\neq x_2$)

❶ 기울기 a를 구한다. ➡ $a=\frac{y_2-y_1}{x_2-x_1}=\frac{y_1-y_2}{x_1-x_2}$

❷ 구하려는 일차함수의 식을 $y=ax+b$로 놓고 두 점 중 한 점의 좌표를 대입하여 b의 값을 구한다.

예 두 점 $(2, 3)$, $(4, -1)$을 지나는 직선을 그래프로 하는 일차함수의 식을 구해 보자.

➡ ❶ (기울기)$=\frac{-1-3}{4-2}=-2$

❷ 일차함수의 식을 $y=-2x+b$라 하자. $x=2$, $y=3$을 $y=-2x+b$에 대입하면

$3=-2\times2+b$ $\therefore b=7$

따라서 구하는 일차함수의 식은 $y=-2x+7$

(4) **x절편, y절편이 주어질 때**

x절편이 m, y절편이 n인 직선을 그래프로 하는 일차함수의 식은 다음과 같은 순서로 구한다.

❶ 두 점 $(m, 0)$, $(0, n)$을 지나는 일차함수의 그래프의 기울기를 구한다.

➡ (기울기)$=\frac{n-0}{0-m}=-\frac{n}{m}$

❷ y절편이 n이므로 구하는 일차함수의 식은 $y=-\frac{n}{m}x+n$

예 x절편이 3, y절편이 2인 직선을 그래프로 하는 일차함수의 식을 구해 보자.

➡ ❶ (기울기)$=\frac{2-0}{0-3}=-\frac{2}{3}$

❷ y절편이 2이므로 구하는 일차함수의 식은 $y=-\frac{2}{3}x+2$

01 다음 직선을 그래프로 하는 일차함수의 식을 구하시오.

(1) 기울기가 6이고 y절편이 -3인 직선

(2) 기울기가 -5이고 y절편이 1인 직선

(3) 기울기가 $\frac{1}{3}$이고 점 $(0,\ 4)$를 지나는 직선

(4) 일차함수 $y=-x-2$의 그래프와 평행하고 y절편이 -8인 직선

○ 기울기가 a이고 y절편이 b인 직선을 그래프로 하는 일차함수의 식
➡ $y=ax+\square$

02 다음 직선을 그래프로 하는 일차함수의 식을 구하시오.

(1) 기울기가 -1이고 점 $(1,\ 5)$를 지나는 직선

(2) 기울기가 4이고 점 $(-2,\ 0)$을 지나는 직선

(3) 일차함수 $y=\frac{6}{5}x+8$의 그래프와 평행하고 점 $(-10,\ -9)$를 지나는 직선

(4) x의 값이 3만큼 증가할 때 y의 값은 2만큼 감소하고 x절편이 6인 직선

○ 기울기가 a이고 점 $(x_1,\ y_1)$을 지나는 직선을 그래프로 하는 일차함수의 식
➡ $y=ax+b$로 놓고
$x=\square$, $y=\square$을 대입하여 b의 값을 구한다.

03 다음 두 점을 지나는 직선을 그래프로 하는 일차함수의 식을 구하시오.

(1) $(-2,\ -1)$, $(1,\ 8)$

(2) $(3,\ -9)$, $(4,\ -13)$

(3) $(-7,\ 5)$, $(0,\ -2)$

○ 서로 다른 두 점 $(x_1,\ y_1)$, $(x_2,\ y_2)$를 지나는 직선을 그래프로 하는 일차함수의 식
➡ $a=(\text{기울기})=\frac{y_2-\square}{x_2-x_1}$
을 구하여 $y=ax+b$로 놓고 두 점 중 한 점의 좌표를 대입하여 b의 값을 구한다.

04 다음 직선을 그래프로 하는 일차함수의 식을 구하시오.

(1) x절편이 6, y절편이 1인 직선

(2) x절편이 -5, y절편이 -5인 직선

핵심문제 익히기

01 기울기와 y절편이 주어질 때

● 더 다양한 문제는 RPM 2-1 138쪽

다음 중 x의 값이 3에서 5까지 증가할 때 y의 값은 4만큼 감소하고, y절편이 4인 일차함수의 그래프 위의 점이 아닌 것은?

① $(-5,\ 14)$ ② $(-2,\ 8)$ ③ $\left(\frac{1}{2},\ 3\right)$

④ $(2,\ 0)$ ⑤ $(6,\ -10)$

KEY POINT

기울기가 a이고 y절편이 b인 직선을 그래프로 하는 일차함수의 식

➡ $y=ax+b$

풀이 기울기가 $\frac{-4}{5-3}=-2$이고 y절편이 4이므로 일차함수의 식은 $y=-2x+4$

⑤ $-10\neq-2\times6+4=-8$

따라서 주어진 일차함수의 그래프 위의 점이 아닌 것은 ⑤이다.

답 ⑤

확인 1 기울기가 $\frac{2}{3}$이고 점 $(0,\ -8)$을 지나는 일차함수의 그래프가 점 $(3k,\ k)$를 지날 때, k의 값을 구하시오.

02 기울기와 한 점의 좌표가 주어질 때

● 더 다양한 문제는 RPM 2-1 138쪽

일차함수 $y=ax+b$의 그래프는 오른쪽 그림의 직선과 평행하고, 점 $(4,\ 3)$을 지난다. 상수 a, b의 값을 구하시오.

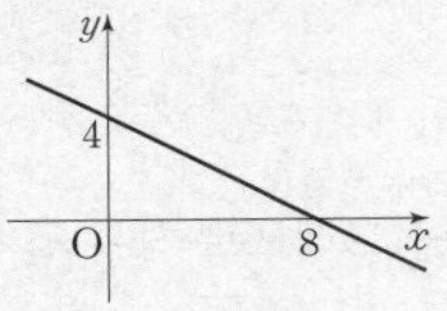

KEY POINT

기울기가 a이고 점 $(x_1,\ y_1)$을 지나는 직선을 그래프로 하는 일차함수의 식

➡ $y=ax+b$로 놓고 $x=x_1$, $y=y_1$을 대입하여 b의 값을 구한다.

풀이 주어진 직선은 두 점 $(0,\ 4)$, $(8,\ 0)$을 지나므로 기울기는 $\frac{0-4}{8-0}=-\frac{1}{2}$

일차함수 $y=ax+b$의 그래프는 주어진 직선과 평행하므로 $a=-\frac{1}{2}$

$y=-\frac{1}{2}x+b$의 그래프가 점 $(4,\ 3)$을 지나므로 $3=-\frac{1}{2}\times4+b$ $\therefore b=5$

답 $a=-\frac{1}{2}$, $b=5$

확인 2 기울기가 6이고 일차함수 $y=-\frac{1}{4}x+1$의 그래프와 x축에서 만나는 직선을 그래프로 하는 일차함수의 식은?

① $y=6x-6$ ② $y=6x-12$ ③ $y=6x-18$

④ $y=6x-24$ ⑤ $y=6x-30$

03 두 점의 좌표가 주어질 때

● 더 다양한 문제는 RPM 2-1 139쪽

오른쪽 그림과 같은 직선을 그래프로 하는 일차함수의 식은?

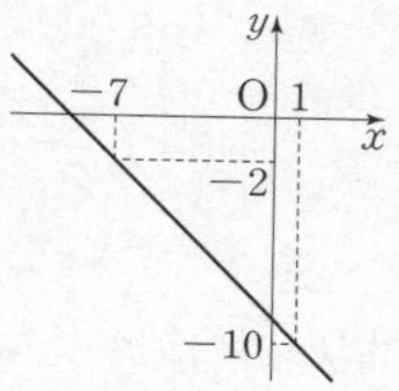

① $y=-x-10$　② $y=-x-9$
③ $y=-x-7$　④ $y=-\frac{1}{3}x-10$
⑤ $y=-\frac{1}{3}x-9$

KEY POINT

두 점 (x_1, y_1), (x_2, y_2)를 지나는 직선을 그래프로 하는 일차함수의 식
➡ 기울기 a를 구하여 일차함수의 식을 $y=ax+b$로 놓고 주어진 두 점 중 한 점의 좌표를 대입하여 b의 값을 구한다.

풀이 두 점 $(-7, -2)$, $(1, -10)$을 지나므로 기울기는 $\frac{-10-(-2)}{1-(-7)}=-1$
구하는 일차함수의 식을 $y=-x+b$라 하자.
이 함수의 그래프가 점 $(1, -10)$을 지나므로 $-10=-1+b$ $\quad\therefore b=-9$
따라서 구하는 일차함수의 식은 $y=-x-9$

답 ②

확인 3 오른쪽 그림과 같은 일차함수의 그래프의 x절편을 m, y절편을 n이라 할 때, $\frac{n}{m}$의 값을 구하시오.

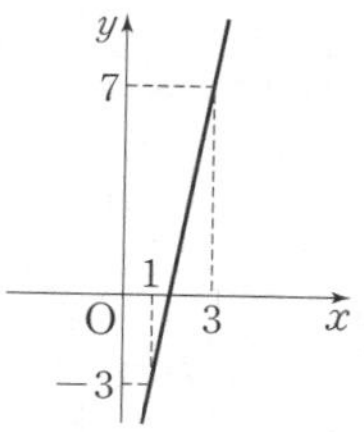

04 x절편, y절편이 주어질 때

● 더 다양한 문제는 RPM 2-1 139쪽

x절편이 6, y절편이 -5인 일차함수의 그래프가 점 $(12, k)$를 지날 때, k의 값을 구하시오.

KEY POINT

x절편이 m, y절편이 n인 일차함수의 그래프
➡ 두 점 $(m, 0)$, $(0, n)$을 지나는 일차함수의 그래프

풀이 두 점 $(6, 0)$, $(0, -5)$를 지나므로 기울기는 $\frac{-5-0}{0-6}=\frac{5}{6}$
y절편이 -5이므로 주어진 일차함수의 식은 $y=\frac{5}{6}x-5$
이 함수의 그래프가 점 $(12, k)$를 지나므로 $k=\frac{5}{6}\times12-5=5$

답 5

확인 4 x절편이 -2, y절편이 3인 일차함수의 그래프를 y축의 방향으로 -9만큼 평행이동한 그래프의 x절편을 구하시오.

이런 문제가 시험에 나온다

> 정답 및 풀이 82쪽

01 두 점 $(-4,\ 1)$, $(2,\ 10)$을 지나는 직선과 평행하고, y절편이 2인 직선을 그래프로 하는 일차함수의 식이 $y=ax+b$일 때, 상수 a, b에 대하여 ab의 값을 구하시오.

두 일차함수의 그래프가 평행하다.
➡ 기울기가 같고 y절편은 다르다.

02 기울기가 5이고 점 $(3,\ 13)$을 지나는 일차함수의 그래프의 y절편은?

① -4 ② -3 ③ -2
④ -1 ⑤ 1

03 다음 중 두 점 $(-2,\ 7)$, $(1,\ -2)$를 지나는 일차함수의 그래프에 대한 설명으로 옳은 것은?

① x절편은 3이다.
② y절편은 -1이다.
③ 점 $(-4,\ 11)$을 지난다.
④ 제3사분면을 지나지 않는다.
⑤ 일차함수 $y=3x+5$의 그래프와 평행하다.

두 점의 좌표를 이용하여 기울기를 먼저 구한다.

04 오른쪽 그림과 같은 일차함수의 그래프가 점 $\left(k,\ \frac{9}{2}\right)$를 지날 때, k의 값을 구하시오.

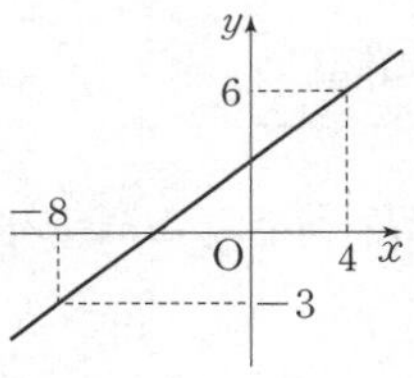

05 다음 조건을 만족시키는 직선을 그래프로 하는 일차함수의 식을 구하시오.

> (가) 일차함수 $y=x+7$의 그래프와 x축에서 만난다.
> (나) 일차함수 $y=-\frac{3}{2}x-4$의 그래프와 y축에서 만난다.

• x축에서 만난다.
➡ x절편이 같다.
• y축에서 만난다.
➡ y절편이 같다.

05 일차함수의 활용

개념원리 이해

1 일차함수의 활용 문제는 어떻게 푸는가?

◎ 핵심문제 01~04

일차함수의 활용 문제는 다음과 같은 순서로 푼다.

❶ 변수 정하기 ➡ 문제의 뜻을 파악하고 변수 x, y를 정한다.
❷ 일차함수의 식 세우기 ➡ x와 y 사이의 관계를 식으로 나타낸다.
❸ 답 구하기 ➡ 일차함수의 식이나 그래프를 이용하여 필요한 값을 구한다.
❹ 확인하기 ➡ 구한 답이 문제의 뜻에 맞는지 확인한다.

예 현재 온도가 20 ℃인 물을 끓이기 시작하면 1분마다 4 ℃씩 올라간다고 한다. 물의 온도가 60 ℃가 되는 것은 물을 끓이기 시작한 지 몇 분 후인지 구해 보자.

➡ ❶ 물을 끓이기 시작한 지 x분 후의 물의 온도를 y ℃라 하자.

❷ 현재 온도가 20 ℃이고 1분마다 물의 온도가 4 ℃씩 올라가므로 끓이기 시작한 지 x분 후에는 물의 온도가 처음보다 $4x$ ℃ 올라간다.
따라서 x와 y 사이의 관계를 식으로 나타내면 $y=4x+20$

❸ 물의 온도가 60 ℃가 되는 것은 $y=60$일 때이므로 $y=60$을 $y=4x+20$에 대입하면
$60=4x+20$, $4x=40$ $\therefore x=10$
따라서 물의 온도가 60 ℃가 되는 것은 물을 끓이기 시작한 지 10분 후이다.

2 여러 가지 활용 문제

◎ 핵심문제 01~04

(1) 온도에 대한 문제

처음 온도가 a ℃이고 1분마다 온도가 b ℃씩 올라갈 때, x분 후의 온도를 y ℃라 하면

➡ $y=a+bx$ (나중 온도 y, 처음 온도 a, 변화한 온도 bx)

(2) 길이에 대한 문제

처음 길이가 a cm이고 1분마다 길이가 b cm씩 짧아질 때, x분 후의 길이를 y cm라 하면

➡ $y=a-bx$

(3) 물의 양에 대한 문제

처음 물의 양이 a L이고 1분마다 물을 b L씩 빼낼 때, x분 후에 남아 있는 물의 양을 y L라 하면

➡ $y=a-bx$

(4) 거리, 속력, 시간에 대한 문제

시속 a km로 x시간 동안 이동한 거리를 y km라 하면 $y=ax$
↳ (거리)=(속력)×(시간)

개념원리 확인하기

> 정답 및 풀이 82쪽

01 25 L의 물이 들어 있는 물통에 1분마다 3 L씩 물을 넣는다고 한다. 다음은 물을 넣기 시작한 지 14분 후에 물통에 들어 있는 물의 양을 구하는 과정이다. □ 안에 알맞은 것을 써넣으시오.

❶ 변수 정하기	물을 넣기 시작한 지 x분 후에 물통에 들어 있는 물의 양을 y L라 하자.
❷ 일차함수의 식 세우기	1분마다 3 L씩 물을 넣으므로 물을 넣은 지 x분 후에는 물의 양이 처음보다 $3x$ L 많아진다. $\therefore y=$ □
❸ 답 구하기	위의 식에 $x=$ □를 대입하면 $y=$ □ 따라서 물을 넣기 시작한 지 14분 후에 물통에 들어 있는 물의 양은 □ L이다.

○ 일차함수의 활용 문제 푸는 순서
❶ □ 정하기
❷ 일차함수의 식 세우기
❸ 답 구하기

02 길이가 8 cm인 용수철 저울에 무게가 1 g인 추를 매달 때마다 용수철의 길이가 2 cm씩 늘어난다고 한다. 무게가 x g인 추를 매달았을 때의 용수철의 길이를 y cm라 할 때, 다음 물음에 답하시오.

(1) 아래 표를 완성하시오.

x (g)	0	1	2	3	…	x	…
y (cm)					…		…

(2) y를 x에 대한 식으로 나타내시오.

(3) 무게가 9 g인 추를 매달았을 때의 용수철의 길이를 구하시오.

03 100 ℃의 물이 담긴 주전자를 바닥에 내려놓으면 1분마다 물의 온도가 4 ℃씩 내려간다고 한다. 이 주전자를 바닥에 내려놓은 지 x분 후의 물의 온도를 y ℃라 할 때, 다음 물음에 답하시오.

(1) 아래 표를 완성하시오.

x (분)	0	1	2	3	…	x	…
y (℃)					…		…

(2) y를 x에 대한 식으로 나타내시오.

(3) 주전자를 바닥에 내려놓은 지 몇 분 후에 물의 온도가 60 ℃가 되는지 구하시오.

01 여러 가지 활용 문제

● 더 다양한 문제는 RPM 2-1 140쪽

KEY POINT
처음 기온과 지면으로부터 1 km 높아질 때마다 변하는 기온 사이의 관계를 이용하여 x와 y 사이의 관계를 식으로 나타낸다.

지면으로부터 높이가 10 km까지는 1 km 높아질 때마다 기온이 6 ℃씩 내려간다고 한다. 지면의 기온이 14 ℃일 때, 다음 물음에 답하시오.

(1) 지면으로부터 높이가 x km인 지점의 기온을 y ℃라 할 때, y를 x에 대한 식으로 나타내시오.

(2) 지면으로부터 높이가 1.2 km인 지점의 기온을 구하시오.

풀이 (1) 지면으로부터 1 km 높아질 때마다 기온은 6 ℃씩 내려가므로
$y=-6x+14$
(2) $y=-6x+14$에 $x=1.2$를 대입하면 $y=6.8$
따라서 지면으로부터 높이가 1.2 km인 지점의 기온은 6.8 ℃이다.

답 (1) $y=-6x+14$ (2) 6.8 ℃

확인 1 길이가 17 cm인 양초에 불을 붙이면 양초의 길이가 시간당 2 cm씩 짧아진다고 한다. 양초의 길이가 5 cm가 되는 것은 불을 붙인 지 몇 시간 후인지 구하시오.

02 속력에 대한 문제

● 더 다양한 문제는 RPM 2-1 141쪽

KEY POINT
(남은 거리)
=(전체 거리)−(이동한 거리)
임을 이용하여 x와 y 사이의 관계를 식으로 나타낸다.

정민이는 A 지점을 출발하여 4 km 떨어진 B 지점까지 분속 50 m로 걸어가고 있다. 다음 물음에 답하시오.

(1) 정민이가 A 지점을 출발한 지 x분 후 B 지점까지 남은 거리를 y km라 할 때, y를 x에 대한 식으로 나타내시오.

(2) 출발한 지 1시간 후에 B 지점까지 남은 거리를 구하시오.

풀이 (1) 정민이는 분속 50 m, 즉 분속 0.05 km로 걸어가고 있으므로
$y=-0.05x+4$
(2) 1시간은 60분이므로 $y=-0.05x+4$에 $x=60$을 대입하면 $y=1$
따라서 B 지점까지 남은 거리는 1 km이다.

답 (1) $y=-0.05x+4$ (2) 1 km

확인 2 서울에서 580 km만큼 떨어진 제주도 남쪽 해상에 있는 태풍의 중심이 시속 20 km로 서울을 향해 북상하고 있다. 태풍의 중심이 서울에 도착하는 데 걸리는 시간을 구하시오. (단, 태풍의 중심은 제주도에서 서울까지 직선 거리로 움직인다.)

> 정답 및 풀이 83쪽

03 도형에서의 문제

● 더 다양한 문제는 RPM 2-1 142쪽

KEY POINT

(거리)=(속력)×(시간)임을 이용하여 $\overline{BP}$의 길이를 구한 후 x와 y 사이의 관계를 식으로 나타낸다.

오른쪽 그림과 같은 직사각형 ABCD에서 점 P가 점 B를 출발하여 변 BC를 따라 매초 3 cm의 속력으로 점 C까지 움직일 때, 다음 물음에 답하시오.

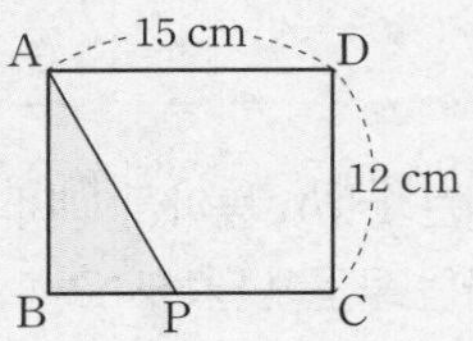

(1) 점 P가 점 B를 출발한 지 x초 후의 삼각형 ABP의 넓이를 $y\text{ cm}^2$라 할 때, y를 x에 대한 식으로 나타내시오.

(2) 삼각형 ABP의 넓이가 36 cm^2가 되는 것은 점 P가 점 B를 출발한 지 몇 초 후인지 구하시오.

풀이 (1) 출발한 지 x초 후의 $\overline{BP}$의 길이는 $3x$ cm이므로 $y=\frac{1}{2}\times 3x\times 12=18x$

(2) $y=18x$에 $y=36$을 대입하면 $36=18x$ $\therefore x=2$

따라서 삼각형 ABP의 넓이가 36 cm^2가 되는 것은 점 P가 점 B를 출발한 지 2초 후이다.

답 (1) $y=18x$ (2) 2초

확인 3 오른쪽 그림과 같이 $\angle C=90°$인 직각삼각형 ABC에서 점 P는 점 B를 출발하여 변 BC를 따라 매초 2 cm의 속력으로 점 C까지 움직인다. 점 P가 점 B를 출발한 지 3초 후의 삼각형 APC의 넓이를 구하시오.

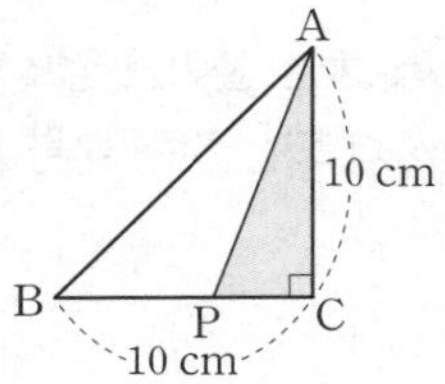

04 그래프가 주어진 경우의 문제

● 더 다양한 문제는 RPM 2-1 142쪽

KEY POINT

그래프가 지나는 두 점을 이용하여 주어진 그래프를 나타내는 일차함수의 식을 구한다.

오른쪽 그래프는 크기가 5 GB(기가바이트)인 파일을 전송하기 시작한 지 x초 후 남은 자료의 크기를 y GB라 할 때, x와 y 사이의 관계를 나타낸 것이다. 파일을 전송하기 시작한 지 24초 후 남은 자료의 크기를 구하시오.

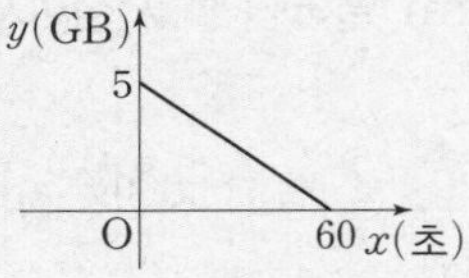

풀이 그래프가 두 점 (0, 5), (60, 0)을 지나므로 기울기는 $\frac{0-5}{60-0}=-\frac{1}{12}$

y절편은 5이므로 $y=-\frac{1}{12}x+5$

$y=-\frac{1}{12}x+5$에 $x=24$를 대입하면 $y=-\frac{1}{12}\times 24+5=3$

따라서 파일을 전송하기 시작한 지 24초 후 남은 자료의 크기는 3 GB이다.

답 3 GB

확인 4 오른쪽 그래프는 현재 높이가 20 cm인 어떤 식물의 x일 후의 높이를 y cm라 할 때, x와 y 사이의 관계를 나타낸 것이다. 15일 후의 식물의 높이를 구하시오.

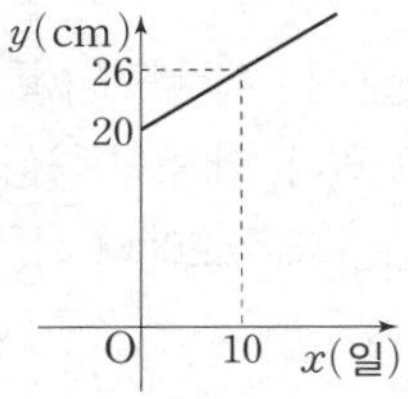

01 공기 중에서 소리의 속력은 기온이 0 ℃일 때 초속 331 m이고, 기온이 10 ℃ 오를 때마다 소리의 속력은 초속 6 m씩 빨라진다고 한다. 기온이 15 ℃일 때의 소리의 속력은?

① 초속 336 m ② 초속 338 m ③ 초속 340 m
④ 초속 342 m ⑤ 초속 344 m

기온이 1 ℃ 오를 때마다 빨라지는 소리의 속력을 구한다.

02 2 L의 휘발유로 10 km를 달릴 수 있는 자동차가 있다. 이 자동차에 40 L의 휘발유를 넣고 x km를 달린 후에 남아 있는 휘발유의 양을 y L라 할 때, 90 km를 달린 후에 남아 있는 휘발유의 양을 구하시오.

03 현진이는 10 km 단축 마라톤 대회에 참가하여 분속 150 m로 달리고 있다. 현진이의 위치에서 결승점까지의 거리가 4 km가 되는 것은 출발한 지 몇 분 후인지 구하시오.

150 m=0.15 km이므로 단위를 통일한 후 x와 y 사이의 관계를 식으로 나타낸다.

04 오른쪽 그림과 같은 직사각형 ABCD에서 점 P가 점 A를 출발하여 변 AB를 따라 매초 0.5 cm의 속력으로 점 B까지 움직인다. 점 P가 점 A를 출발한 지 20초 후의 사다리꼴 PBCD의 넓이는?

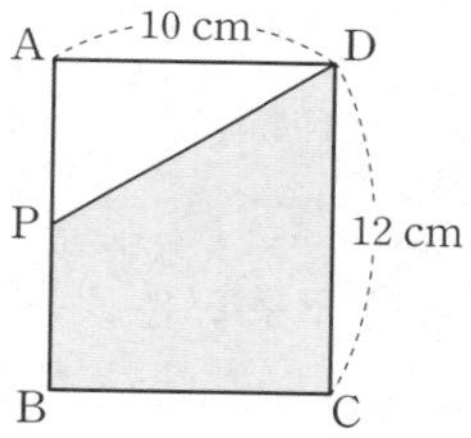

① 68 cm^2 ② 70 cm^2
③ 72 cm^2 ④ 74 cm^2
⑤ 76 cm^2

점 P가 점 A를 출발한 지 x초 후의 사다리꼴 PBCD의 넓이를 y cm^2라 하고 y를 x에 대한 식으로 나타낸다.

05 오른쪽 그래프는 500 mL의 물이 들어 있는 가습기를 x시간 동안 작동시키고 남아 있는 물의 양을 y mL라 할 때, x와 y 사이의 관계를 나타낸 것이다. 남아 있는 물의 양이 200 mL가 되는 것은 가습기를 작동시킨 지 몇 시간 후인지 구하시오.

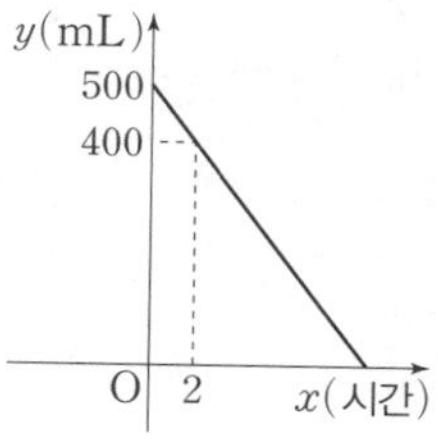

STEP 1 기본 문제

꼭나와

01 다음 중 y가 x에 대한 함수가 아닌 것을 모두 고르면? (정답 2개)

① 어떤 수 x에 가까운 정수 y
② 한 개에 300 g인 배 x개의 무게 y g
③ 현재 30살인 삼촌의 x년 후의 나이 y살
④ 우리 반에서 x월에 태어난 학생의 영어 점수 y점
⑤ 100 m 달리기를 할 때, 달린 거리 x m와 남은 거리 y m

02 함수 $f(x)=(x$와 8의 최소공배수$)$에 대하여 $f(10)+f(12)$의 값을 구하시오.

03 다음 **보기** 중 일차함수인 것을 모두 고른 것은?

보기

ㄱ. $y=\frac{x}{7}-1$ ㄴ. $y=3x(x-5)$
ㄷ. $y=-\frac{5}{x}+6$ ㄹ. $y=1-3x$
ㅁ. $y=x(x-1)+2x$ ㅂ. $x^2-y=x^2+5x-4$

① ㄱ, ㄴ, ㄷ ② ㄱ, ㄹ, ㅁ
③ ㄱ, ㄹ, ㅂ ④ ㄴ, ㅁ, ㅂ
⑤ ㄷ, ㄹ, ㅂ

04 일차함수 $y=-\frac{1}{3}x+a$의 그래프가 두 점 $(1,\ -2)$, $(b,\ 3)$을 지날 때, b의 값을 구하시오.
(단, a는 상수이다.)

꼭나와

05 다음 중 일차함수 $y=5x+4$의 그래프를 y축의 방향으로 -7만큼 평행이동한 그래프 위의 점인 것은?

① $(-2,\ -15)$ ② $\left(-\frac{1}{5},\ -5\right)$
③ $(1,\ 9)$ ④ $\left(\frac{6}{5},\ 3\right)$
⑤ $(3,\ 15)$

06 일차함수 $y=-5x+6$의 그래프의 y절편과 일차함수 $y=\frac{3}{2}x+a$의 그래프의 x절편이 같을 때, 상수 a의 값을 구하시오.

> 정답 및 풀이 84쪽

07 다음 일차함수의 그래프 중 x의 값이 3에서 5까지 증가할 때, y의 값이 4만큼 감소하는 것은?

① $y=-3x+2$ ② $y=-2x+3$
③ $y=-\frac{1}{2}x+4$ ④ $y=\frac{1}{2}x-2$
⑤ $y=3x-2$

08 다음 중 일차함수 $y=x-7$의 그래프에 대한 설명으로 옳지 않은 것은?

① 오른쪽 위로 향하는 직선이다.
② y축과 음의 부분에서 만난다.
③ 점 $(3,\ -4)$를 지난다.
④ 일차함수 $y=\frac{1}{2}x-7$의 그래프보다 y축에 가깝다.
⑤ 제4사분면을 지나지 않는다.

꼭나와

09 일차함수 $y=ax+b$의 그래프는 일차함수 $y=4x-\frac{1}{3}$의 그래프와 평행하고, 점 $(2,\ 3)$을 지난다. 이때 ab의 값은? (단, a, b는 상수이다.)

① -20 ② -15 ③ -10
④ 10 ⑤ 20

10 일차함수 $y=3ax+2$의 그래프를 y축의 방향으로 -5만큼 평행이동하면 일차함수 $y=6x+b$의 그래프와 일치한다. 이때 $a-b$의 값을 구하시오.
(단, a, b는 상수이다.)

11 x의 값이 4에서 7까지 증가할 때 y의 값은 9만큼 증가하고 y절편이 -6인 일차함수의 그래프의 x절편을 구하시오.

12 어느 가스통에 들어 있는 240 g의 가스를 연속하여 4시간 동안 일정한 속도로 연소시키면 가스가 완전히 소모된다고 한다. 이 가스통에 들어 있는 가스를 x분 동안 연소시키고 남은 가스의 무게를 y g이라 할 때, y를 x에 대한 식으로 나타내면?

① $y=240-4x$ ② $y=240-3x$
③ $y=240-x$ ④ $y=240+x$
⑤ $y=60-x$

STEP 2 발전 문제

13 다음 중 y가 x에 대한 함수인 것을 모두 고르면? (정답 2개)

① $y=$(자연수 x보다 큰 음수)
② $y=$(자연수 x와 5의 공배수)
③ $y=$(자연수 x의 소인수의 개수)
④ $y=$(자연수 x보다 큰 자연수)
⑤ $y=$(자연수 x보다 1 큰 수)

14 $y=3x(ax-2)+bx-4$가 x에 대한 일차함수가 되도록 하는 상수 a, b의 조건은?

① $a=0$, $b\neq0$　② $a=0$, $b\neq6$
③ $a\neq0$, $b=0$　④ $a\neq0$, $b=6$
⑤ $a\neq0$, $b\neq6$

15 일차함수 $y=ax-b$의 그래프의 x절편이 2, y절편이 -1일 때, 다음 중 일차함수 $y=bx+a$의 그래프인 것은? (단, a, b는 상수이다.)

①
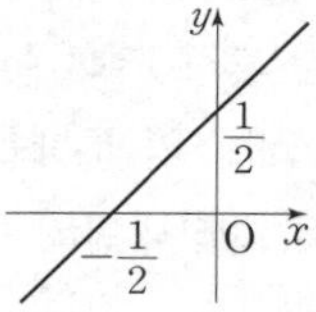

②
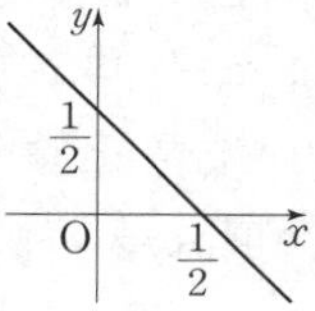

③
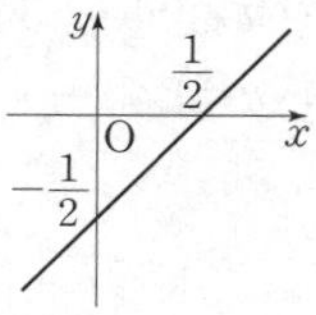

④
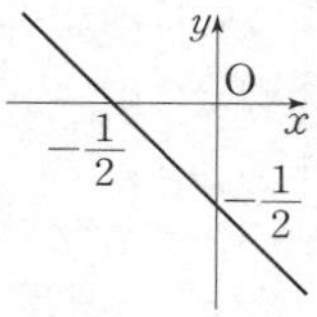

⑤
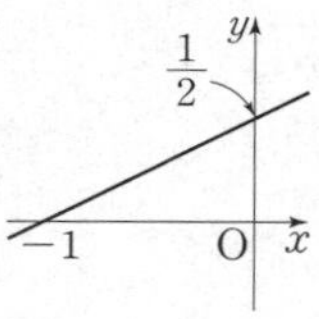

16 일차함수 $f(x)=ax-5$의 그래프 위의 두 점 $(p, f(p))$, $(q, f(q))$에 대하여 $\dfrac{f(q)-f(p)}{q-p}=4$일 때, $f(1)$의 값은?

(단, a는 상수이다.)

① -5　② -3　③ -1
④ 1　⑤ 3

꼭나와

17 세 점 $(-2, -8)$, $(2, k)$, $(4, 10)$이 한 직선 위에 있을 때, k의 값은?

① 1　② 2　③ 3
④ 4　⑤ 5

18 두 일차함수 $y=\dfrac{3}{2}x+3$, $y=-x+3$의 그래프와 x축으로 둘러싸인 도형의 넓이를 구하시오.

19 $a+b<0$, $ab>0$일 때, 일차함수 $y=ax-b$의 그래프가 지나지 않는 사분면은?

① 제1사분면 ② 제2사분면 ③ 제3사분면
④ 제4사분면 ⑤ 제1, 3사분면

꼭나와

20 오른쪽 그래프에 대한 다음 설명 중 옳은 것을 모두 고르면? (정답 2개)

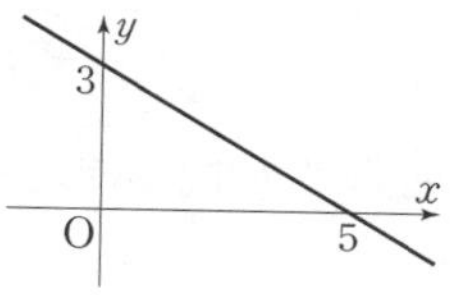

① 기울기는 $\frac{3}{5}$이다.

② 점 $\left(-1, \frac{18}{5}\right)$을 지난다.

③ x절편은 3, y절편은 5이다.

④ $y=-\frac{3}{5}x-3$의 그래프와 평행하다.

⑤ x의 값이 5만큼 증가할 때, y의 값은 3만큼 증가한다.

21 오른쪽 그림의 직선 ㉠과 평행하면서 직선 ㉡과 x절편이 같은 직선을 그래프로 하는 일차함수의 식은?

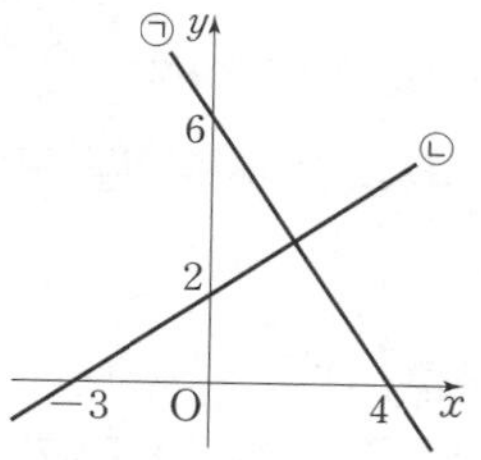

① $y=-\frac{3}{2}x-6$

② $y=-\frac{3}{2}x-\frac{9}{2}$

③ $y=-\frac{3}{2}x-3$

④ $y=\frac{3}{2}x+3$

⑤ $y=\frac{3}{2}x+\frac{9}{2}$

STEP 3 실력 UP

22 다음 그림의 세 점 A(6, 4), B(1, 5), C(0, 3)과 점 D(a, b)를 꼭짓점으로 하는 사각형 ABCD가 평행사변형일 때, 점 D의 좌표를 구하시오.

(단, $a>0$, $b<3$)

해설 강의

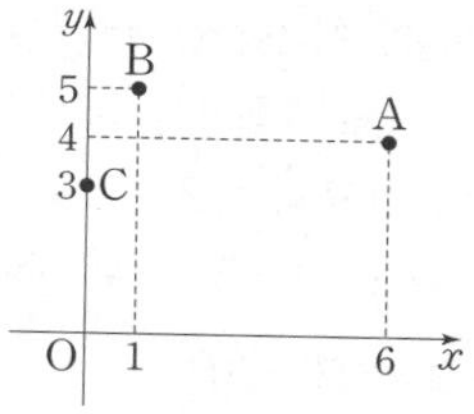

23 x절편이 서로 같은 두 일차함수 $y=\frac{1}{3}x-2$, $y=ax+b$의 그래프가 y축과 만나는 점을 각각 P, Q라 할 때, $\overline{PQ}=4$이다. 이때 ab의 값을 모두 구하시오. (단, a, b는 상수이다.)

해설 강의

24 어떤 비행기가 화물, 승객, 연료를 합하여 총 1000 kg을 싣고 비행을 하려고 한다. 오른쪽 그래프는 이 비행기의 연료의 무게 x kg에 따른 최대 비행시간을 y시간이라 할 때, x와 y 사이의 관계를 나타낸 것이다. 화물의 무게가 228 kg, 승객의 무게가 472 kg일 때, 이 비행기의 최대 비행시간을 구하시오.

(단, $x\geq60$)

해설 강의

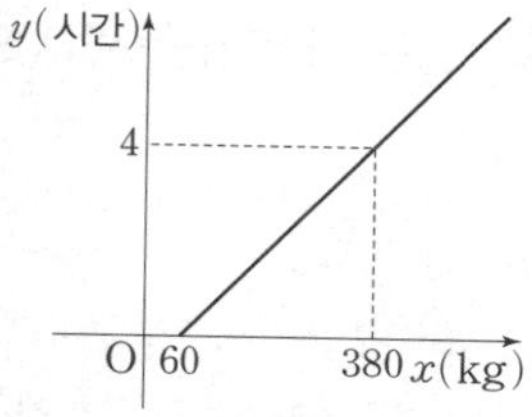

예제 1

해설 강의

일차함수 $y=ax-1$의 그래프를 y축의 방향으로 -3만큼 평행이동한 그래프의 x절편이 -2, y절편이 b일 때, $a-b$의 값을 구하시오. (단, a는 상수이다.) [6점]

풀이 과정

1단계 평행이동한 그래프의 식 구하기 • 2점

$y=ax-1$의 그래프를 y축의 방향으로 -3만큼 평행이동한 그래프의 식은

$y=ax-1-3$ $\quad\therefore y=ax-4$

2단계 a, b의 값 구하기 • 3점

이 그래프의 x절편이 -2이므로 $x=-2$, $y=0$을 $y=ax-4$에 대입하면

$0=-2a-4$ $\quad\therefore a=-2$

$y=-2x-4$의 그래프의 y절편이 -4이므로

$b=-4$

3단계 $a-b$의 값 구하기 • 1점

$a-b=-2-(-4)=2$

답 2

유제 1

일차함수 $y=-\frac{5}{4}x+b$의 그래프를 y축의 방향으로 7만큼 평행이동한 그래프의 x절편이 a, y절편이 10일 때, $a-b$의 값을 구하시오. (단, b는 상수이다.) [6점]

풀이 과정

1단계 평행이동한 그래프의 식 구하기 • 2점

2단계 a, b의 값 구하기 • 3점

3단계 $a-b$의 값 구하기 • 1점

답

예제 2

해설 강의

일차함수 $y=ax+b$의 그래프가 오른쪽 그림과 같을 때, 일차함수 $y=-\frac{b}{a}x-b$의 그래프가 지나지 않는 사분면을 구하시오.

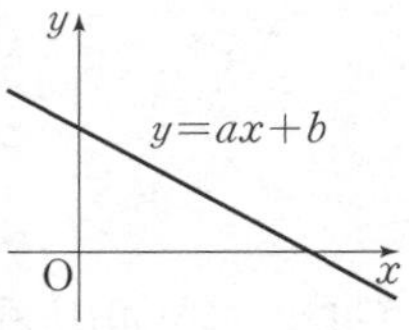

(단, a, b는 상수이다.) [6점]

풀이 과정

1단계 a, b의 부호 구하기 • 2점

주어진 그래프에서 $\quad a<0$, $b>0$

2단계 지나지 않는 사분면 구하기 • 4점

$-\frac{b}{a}>0$, $-b<0$이므로

$y=-\frac{b}{a}x-b$의 그래프는 오른쪽 그림과 같다.

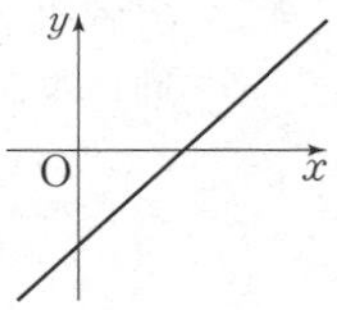

즉 제2사분면을 지나지 않는다.

답 제2사분면

유제 2

일차함수 $y=-ax+b$의 그래프가 오른쪽 그림과 같을 때, 일차함수 $y=abx-\frac{1}{b}$의 그래프가 지나지 않는 사분면을 구하시오.

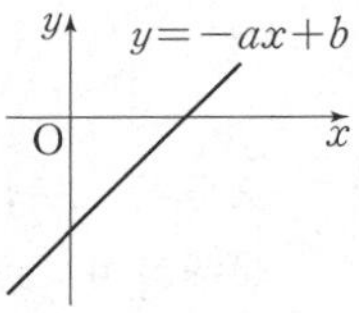

(단, a, b는 상수이다.) [6점]

풀이 과정

1단계 a, b의 부호 구하기 • 2점

2단계 지나지 않는 사분면 구하기 • 4점

답

스스로 서술하기

유제 3 일차함수 $f(x)=ax+b$에 대하여 $f(k)=-5$, $f(k-4)=7$일 때, a의 값을 구하시오.
(단, a, b는 상수이다.) [6점]

풀이 과정

답

유제 4 일차함수 $y=3x-14$의 그래프를 y축의 방향으로 p만큼 평행이동하면 일차함수 $y=-\frac{3}{5}x+6$의 그래프와 x축에서 만난다. 이때 p의 값을 구하시오.
[6점]

풀이 과정

답

유제 5 일차함수 $y=2x-10$의 그래프와 평행하고 점 $(-7, -6)$을 지나는 일차함수의 그래프와 x축, y축으로 둘러싸인 도형의 넓이를 구하시오. [7점]

풀이 과정

답

유제 6 오른쪽 그림에서 점 P는 점 B를 출발하여 점 C까지 매초 2 cm의 속력으로 $\overline{BC}$ 위를 움직인다. 점 P가 출발한 지 x초 후의 삼각형 ABP와 삼각형 DPC의 넓이의 합을 $y\text{ cm}^2$라 할 때, 다음 물음에 답하시오. [총 8점]

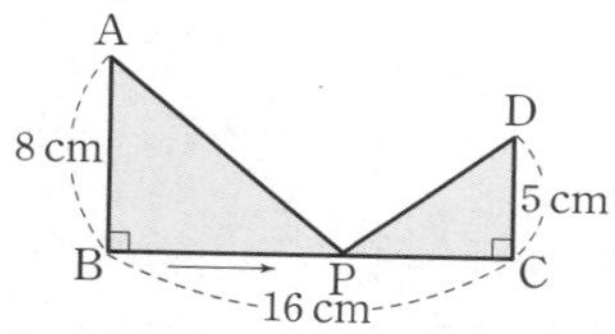

(1) y를 x에 대한 식으로 나타내시오. [5점]

(2) 점 P가 점 B를 출발한 지 몇 초 후에 삼각형 ABP와 삼각형 DPC의 넓이의 합이 55 cm^2가 되는지 구하시오. [3점]

풀이 과정

답 (1) (2)

공감 한 스푼

간절히 꿈꾸고
열심히 노력하면
반드시 이루어진다

서령(@seoryung_213)

V-1 | 일차함수와 그 그래프

V-2 일차함수와 일차방정식의 관계

이 단원의 학습 계획을 세우고 하나하나 실천하는 습관을 기르자!! 나는 할 수 있어!

		공부한 날	학습 완료도
01 일차함수와 일차방정식	개념원리 이해 & 개념원리 확인하기	월 일	□□□
	핵심문제 익히기	월 일	○○○
	이런 문제가 시험에 나온다	월 일	○○○
02 일차방정식의 그래프와 연립방정식의 해	개념원리 이해 & 개념원리 확인하기	월 일	□□□
	핵심문제 익히기	월 일	○○○
	이런 문제가 시험에 나온다	월 일	○○○
중단원 마무리하기		월 일	○○○
서술형 대비 문제		월 일	○○○

개념 학습 guide

- 개념을 이해했으면 ■■■, 개념을 문제에 적용할 수 있으면 ■■■, 개념을 친구에게 설명할 수 있으면 ■■■로 색칠한다.
- 부족한 부분의 개념을 반복 학습하여 ■■■ 3칸 모두 색칠하면 학습을 마친다.

문제 학습 guide

- 맞힌 문제가 전체의 50% 미만이면 ●●●, 맞힌 문제가 50% 이상 90% 미만이면 ●●●, 맞힌 문제가 90% 이상이면 ●●●로 색칠한다. 문제를 찍지 말자!
- 틀린 문제는 왜 틀렸는지 그 이유를 파악한 후 다시 풀어 본다. 며칠 후 틀린 문제를 다시 풀어 보고, 풀이 과정과 답이 맞으면 학습을 마친다.

01 일차함수와 일차방정식

개념원리 **이해**

1 일차함수와 일차방정식은 어떤 관계가 있는가?

◎ 핵심문제 01~04

(1) 미지수가 2개인 일차방정식의 그래프

일차방정식 $ax+by+c=0$ (a, b, c는 상수, $a\neq0$, $b\neq0$)의 해 (x, y)를 좌표로 하는 점을 좌표평면 위에 나타낸 것을 이 일차방정식의 그래프라 한다.

참고 일차방정식 $ax+by+c=0$에서 x, y의 값이 구체적으로 주어지지 않으면 x, y의 값의 범위는 수 전체로 생각한다.

(2) 일차함수와 미지수가 2개인 일차방정식의 관계

미지수가 2개인 일차방정식 $ax+by+c=0$ (a, b, c는 상수, $a\neq0$, $b\neq0$)의 그래프는 일차함수 $y=-\frac{a}{b}x-\frac{c}{b}$의 그래프와 같다.

$ax+by+c=0$ ($a\neq0$, $b\neq0$) —일차함수→ $y=-\frac{a}{b}x-\frac{c}{b}$
←일차방정식—

예 일차방정식 $4x-y-3=0$의 그래프는 일차함수 $y=4x-3$의 그래프와 같다.

2 방정식 $x=p$, $y=q$의 그래프는 어떻게 그리는가?

◎ 핵심문제 05, 06

(1) 방정식 $x=p$, $y=q$ ($p\neq0$, $q\neq0$)의 그래프

① 방정식 $x=p$ ($p\neq0$)의 그래프는 점 $(p, 0)$을 지나고 y축에 평행한 (x축에 수직인) 직선이다.

② 방정식 $y=q$ ($q\neq0$)의 그래프는 점 $(0, q)$를 지나고 x축에 평행한 (y축에 수직인) 직선이다.

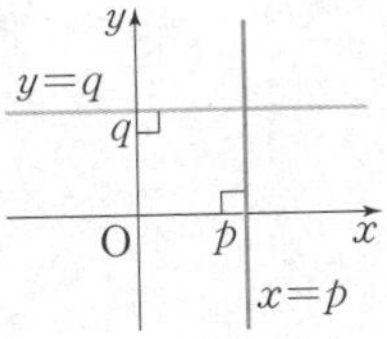

참고 방정식 $x=0$의 그래프는 y축을, 방정식 $y=0$의 그래프는 x축을 나타낸다.

예 ① 방정식 $x=3$의 그래프

➡ 점 $(3, 0)$을 지나고 y축에 평행한 직선

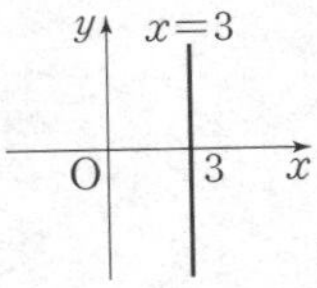

② 방정식 $y=-5$의 그래프

➡ 점 $(0, -5)$를 지나고 x축에 평행한 직선

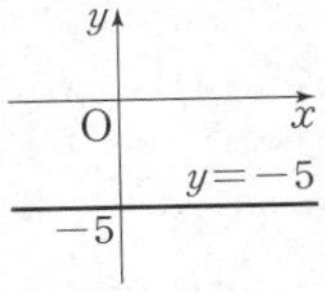

(2) 직선의 방정식

x, y의 값의 범위가 수 전체일 때, 방정식 $ax+by+c=0$ (a, b, c는 상수, $a\neq0$ 또는 $b\neq0$)의 그래프는 직선이고, 이 방정식을 **직선의 방정식**이라 한다.

참고 직선의 방정식 $ax+by+c=0$에서 a, b의 값에 따른 직선의 모양은 다음과 같다.

(1) $a\neq0$, $b\neq0$이면 $y=-\frac{a}{b}x-\frac{c}{b}$

(2) $a\neq0$, $b=0$이면 $x=-\frac{c}{a}$

(3) $a=0$, $b\neq0$이면 $y=-\frac{c}{b}$

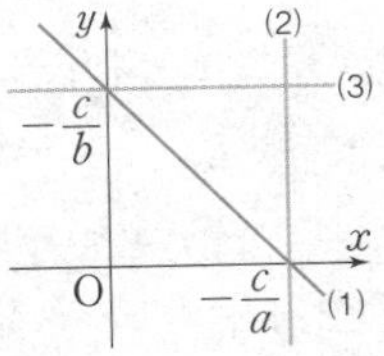

01 다음 일차방정식을 $y=ax+b$의 꼴로 나타내시오.

(1) $-x+y+7=0$

(2) $x+2y-8=0$

(3) $4x-5y=10$

(4) $x+\frac{1}{3}y=-2$

02 다음 □ 안에 알맞은 것을 써넣고, 일차방정식의 그래프를 좌표평면 위에 그리시오.

(1) $3x+2y-6=0$ ➡ $y=$□

① 기울기: □

② x절편: □

③ y절편: □

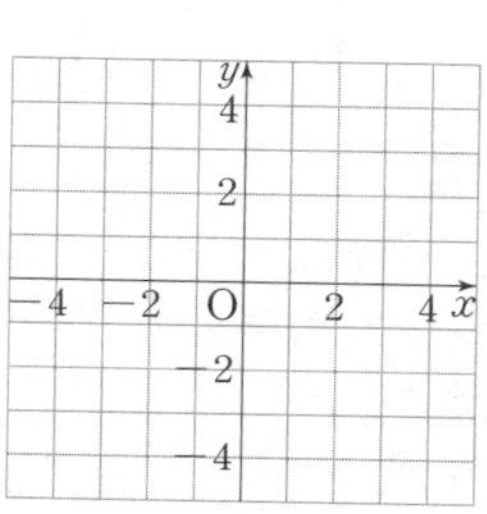

(2) $4x-y+4=0$ ➡ $y=$□

① 기울기: □

② x절편: □

③ y절편: □

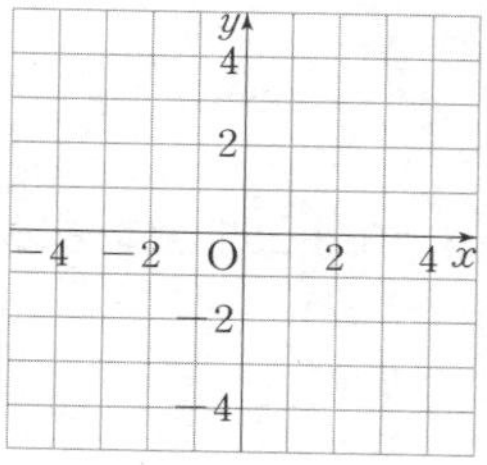

○ $ax+by+c=0$
(a, b, c는 상수, $a\neq0$, $b\neq0$)
➡ $y=-\frac{a}{b}x-$□
➡ 기울기: □, y절편: □

03 다음 □ 안에 알맞은 것을 써넣고, 방정식의 그래프를 좌표평면 위에 그리시오.

(1) $x=-1$
➡ 점 (□, 0)을 지나고 □축에 평행한 직선이다.

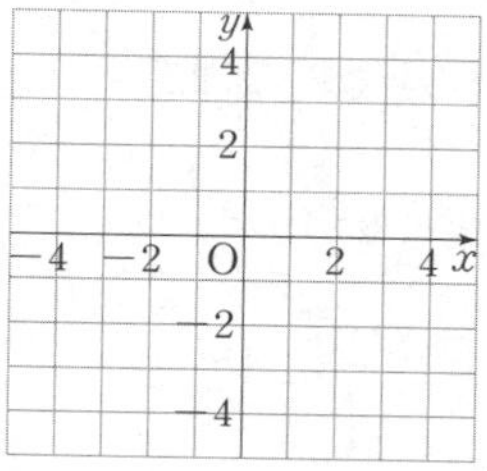

(2) $y=3$
➡ 점 (0, □)을 지나고 □축에 평행한 직선이다.

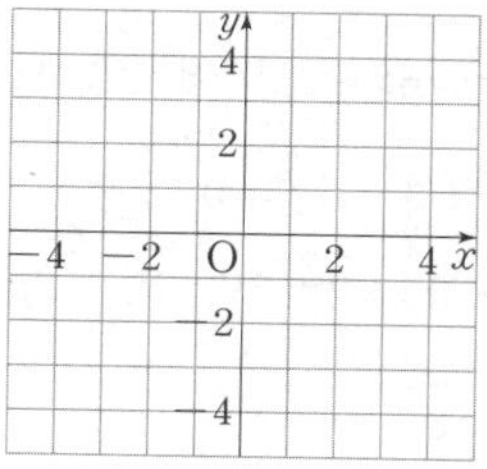

○ ① 방정식 $x=p$ $(p\neq0)$의 그래프
➡ □축에 평행
(□축에 수직)

② 방정식 $y=q$ $(q\neq0)$의 그래프
➡ □축에 평행
(□축에 수직)

핵심문제 익히기

01 일차함수와 일차방정식의 관계

● 더 다양한 문제는 RPM 2-1 152쪽

다음 중 일차방정식 $x+3y+3=0$의 그래프에 대한 설명으로 옳지 않은 것은?

① x절편은 -3이다.
② y절편은 -1이다.
③ 오른쪽 아래로 향하는 직선이다.
④ 제4사분면을 지나지 않는다.
⑤ 일차함수 $y=-\frac{1}{3}x$의 그래프와 평행하다.

KEY POINT
일차방정식 $ax+by+c=0$ (a, b, c는 상수, $a\neq0$, $b\neq0$)의 그래프
➡ 일차함수 $y=-\frac{a}{b}x-\frac{c}{b}$의 그래프와 같다.

풀이 $x+3y+3=0$에서 $3y=-x-3$ $\therefore y=-\frac{1}{3}x-1$ …… ㉠

①, ② $y=0$일 때, $0=-\frac{1}{3}x-1$, $\frac{1}{3}x=-1$ $\therefore x=-3$
$x=0$일 때, $y=-1$
따라서 x절편은 -3, y절편은 -1이다.

③ ㉠에서 그래프의 기울기는 음수이므로 오른쪽 아래로 향하는 직선이다.

④ ㉠의 그래프는 오른쪽 그림과 같으므로 제1사분면을 지나지 않는다.

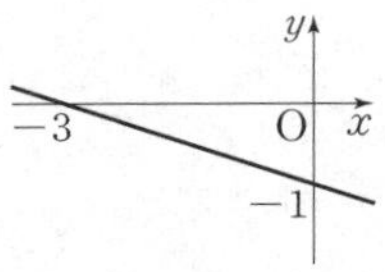

따라서 옳지 않은 것은 ④이다.

답 ④

확인 1 일차방정식 $8x-5y-5=0$의 그래프의 기울기를 a, x절편을 b, y절편을 c라 할 때, abc의 값을 구하시오.

02 일차방정식의 그래프 위의 점

● 더 다양한 문제는 RPM 2-1 152쪽

다음 중 일차방정식 $4x-6y+3=0$의 그래프 위의 점이 아닌 것은?

① $\left(-6, -\frac{7}{2}\right)$
② $\left(-3, -\frac{3}{2}\right)$
③ $\left(0, \frac{1}{2}\right)$
④ $\left(\frac{3}{4}, 1\right)$
⑤ $\left(\frac{15}{4}, 4\right)$

KEY POINT
점 (p, q)가 일차방정식 $ax+by+c=0$의 그래프 위의 점이다.
➡ $ap+bq+c=0$

풀이 ⑤ $x=\frac{15}{4}$, $y=4$를 $4x-6y+3=0$에 대입하면

$4\times\frac{15}{4}-6\times4+3=-6\neq0$

따라서 일차방정식 $4x-6y+3=0$의 그래프 위의 점이 아닌 것은 ⑤이다.

답 ⑤

확인 2 일차방정식 $x-2y-6=0$의 그래프가 점 $(k, k-5)$를 지날 때, k의 값을 구하시오.

03 일차방정식 $ax+by+c=0$의 그래프와 a, b, c의 부호

● 더 다양한 문제는 RPM 2-1 153쪽

KEY POINT

일차방정식 $ax+by+c=0$의 꼴을 일차함수 $y=-\frac{a}{b}x-\frac{c}{b}$의 꼴로 나타낸 후 기울기와 y절편의 부호를 이용한다.

일차방정식 $ax-by+2=0$의 그래프가 오른쪽 그림과 같을 때, 다음 중 옳은 것은? (단, a, b는 상수이다.)

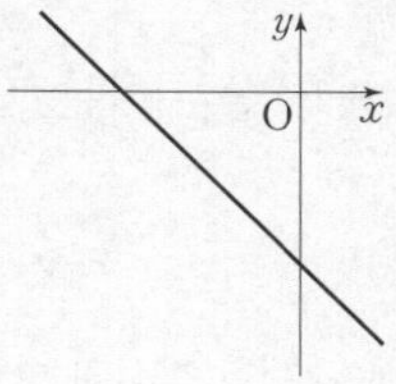

① $a>0$, $b>0$　② $a>0$, $b<0$
③ $a<0$, $b>0$　④ $a<0$, $b<0$
⑤ $a<0$, $b=0$

풀이 $ax-by+2=0$에서　$by=ax+2$　$\therefore y=\frac{a}{b}x+\frac{2}{b}$

주어진 그래프에서 $\underset{\text{기울기}}{\frac{a}{b}}<0$, $\underset{y\text{절편}}{\frac{2}{b}}<0$이므로　$a>0$, $b<0$　답 ②

확인 3 $a>0$, $b<0$, $c>0$일 때, 일차방정식 $ax+by-c=0$의 그래프가 지나지 <u>않는</u> 사분면을 구하시오.

04 직선의 방정식 구하기

● 더 다양한 문제는 RPM 2-1 154쪽

KEY POINT

주어진 조건을 이용하여 직선의 방정식을 $y=mx+n$의 꼴로 나타낸 후 $ax+by+c=0$의 꼴로 변형한다.

일차함수 $y=\frac{1}{4}x+5$의 그래프와 평행하고 점 $(8, -1)$을 지나는 직선의 방정식은?

① $x-4y-16=0$　② $x-4y-12=0$　③ $x+4y-12=0$
④ $4x-y-12=0$　⑤ $4x+y-12=0$

풀이 일차함수 $y=\frac{1}{4}x+5$의 그래프와 평행한 직선의 방정식을 $y=\frac{1}{4}x+b$라 하자.

이 직선이 점 $(8, -1)$을 지나므로

$-1=\frac{1}{4}\times 8+b$　$\therefore b=-3$

따라서 구하는 직선의 방정식은　$y=\frac{1}{4}x-3$, 즉 $x-4y-12=0$　답 ②

확인 4 두 점 $(-2, 3)$, $(1, -3)$을 지나는 직선과 평행하고 점 $(0, 7)$을 지나는 직선의 방정식은?

① $x+2y-7=0$　② $x+2y+7=0$　③ $2x-y-7=0$
④ $2x+y-7=0$　⑤ $2x+y+7=0$

> 정답 및 풀이 89쪽

05 방정식 $x=p$, $y=q$의 그래프

● 더 다양한 문제는 RPM 2-1 154쪽

KEY POINT

① y축에 평행한 (x축에 수직인) 직선의 방정식
➡ $x=p$ ($p\neq0$)의 꼴

② x축에 평행한 (y축에 수직인) 직선의 방정식
➡ $y=q$ ($q\neq0$)의 꼴

다음 물음에 답하시오.

(1) 점 $(3, 5)$를 지나고 y축에 평행한 직선의 방정식을 구하시오.

(2) 두 점 $(-4, a-1)$, $(2, 3a+5)$를 지나는 직선이 x축에 평행할 때, a의 값을 구하시오.

풀이 (1) 점 $(3, 5)$를 지나고 y축에 평행한 직선의 방정식은 $x=3$

(2) 두 점 $(-4, a-1)$, $(2, 3a+5)$를 지나는 직선이 x축에 평행하려면 두 점의 y좌표가 같아야 하므로

$a-1=3a+5$, $-2a=6$

$\therefore a=-3$

답 (1) $x=3$ (2) -3

확인 5 다음 물음에 답하시오.

(1) 점 $(-7, 8)$을 지나고 x축에 수직인 직선의 방정식을 구하시오.

(2) 두 점 $(-2a+3, 1)$, $(a-6, -4)$를 지나는 직선이 y축에 평행할 때, a의 값을 구하시오.

06 좌표축에 평행한 네 직선으로 둘러싸인 도형의 넓이

● 더 다양한 문제는 RPM 2-1 155쪽

KEY POINT

좌표축에 평행한 네 직선으로 둘러싸인 도형은 직사각형이므로 네 직선을 그려서 직사각형의 가로, 세로의 길이를 구한다.

다음 네 방정식의 그래프로 둘러싸인 도형의 넓이를 구하시오.

$x=2$, $2x-8=0$, $3y=9$, $y+1=0$

풀이 $2x-8=0$에서 $x=4$

$3y=9$에서 $y=3$

$y+1=0$에서 $y=-1$

따라서 주어진 네 방정식의 그래프는 오른쪽 그림과 같으므로 구하는 도형의 넓이는

$(4-2)\times\{3-(-1)\}=8$

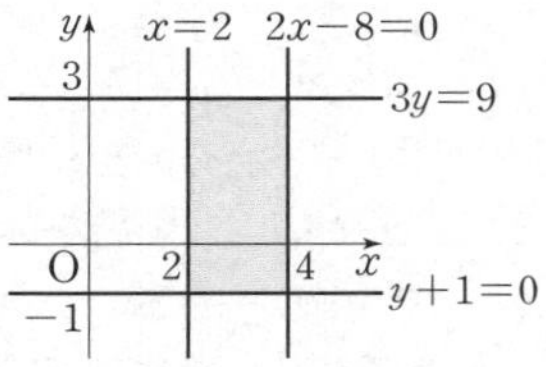

답 8

확인 6 네 방정식 $x=0$, $x-6=0$, $3y+24=0$, $5y=0$의 그래프로 둘러싸인 도형의 넓이를 구하시오.

> 정답 및 풀이 89쪽

01 다음 중 일차방정식 $2x-y+3=0$의 그래프인 것은?

①
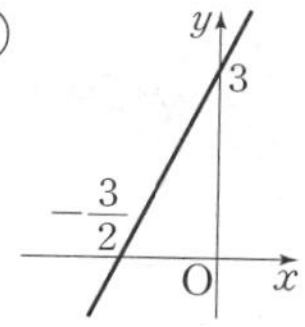

②
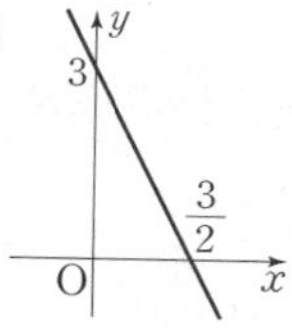

③
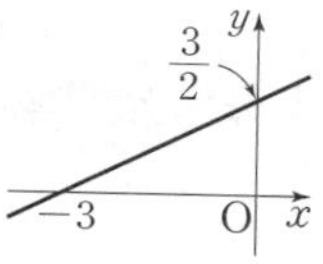

④
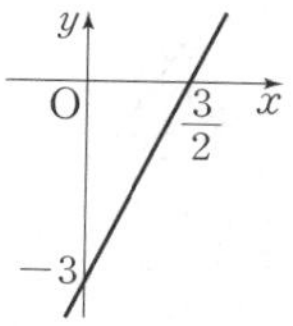

⑤
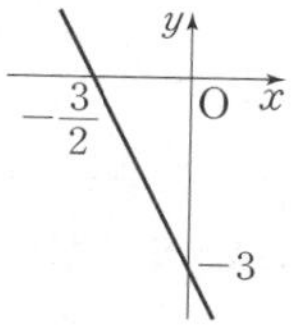

02 일차방정식 $5x+ay-15=0$의 그래프가 오른쪽 그림과 같을 때, ab의 값을 구하시오. (단, a는 상수이다.)

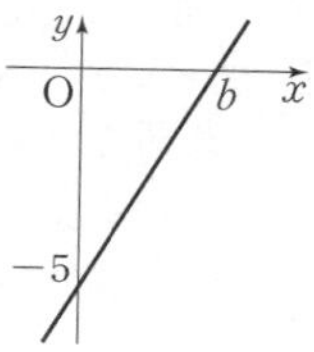

주어진 일차방정식의 그래프가 지나는 점의 좌표를 찾는다.

03 두 점 $(-1, 6)$, $(3, -2)$를 지나는 직선과 일차방정식 $ax+5y-2=0$의 그래프가 평행할 때, 상수 a의 값을 구하시오.

04 직선 $x=-3$에 수직이고 점 $(-1, 6)$을 지나는 직선의 방정식을 구하시오.

직선 $x=p$에 수직인 직선의 방정식 ➡ $y=q$의 꼴

05 다음 중 오른쪽 그림의 그래프에 대한 설명으로 옳은 것은?

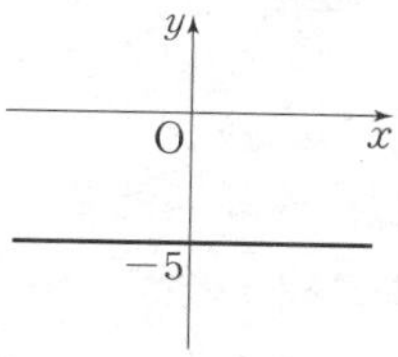

① x축에 수직인 직선이다.
② 두 점 $(-3, -5)$, $(-5, 1)$을 지난다.
③ 직선의 방정식은 $x=-5$이다.
④ 직선 $x=5$와 만나지 않는다.
⑤ 직선 $y=2$와 평행하다.

UP

06 다음 네 방정식의 그래프로 둘러싸인 도형의 넓이가 20일 때, 양수 k의 값을 구하시오.

$$4x+8=0, \quad x-3=0, \quad y+2=0, \quad y=k$$

좌표축에 평행한 네 직선으로 둘러싸인 도형은 직사각형이다.

02 일차방정식의 그래프와 연립방정식의 해

개념원리 **이해**

1 일차방정식의 그래프와 연립일차방정식은 어떤 관계가 있는가?

○ 핵심문제 01~03, 06

연립일차방정식 $\begin{cases} ax+by+c=0 \\ a'x+b'y+c'=0 \end{cases}$의 해는 두 일차방정식 $ax+by+c=0$, $a'x+b'y+c'=0$의 그래프의 교점의 좌표와 같다.

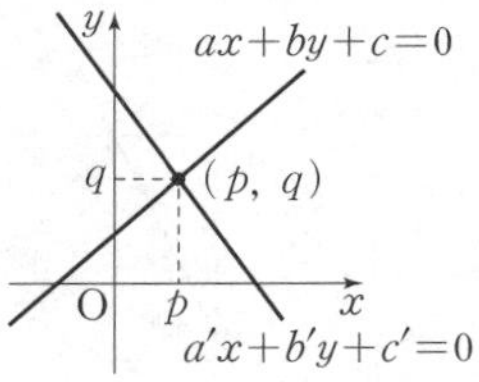

연립방정식의 해		두 그래프의 교점의 좌표
$x=p$, $y=q$	⇄	(p, q)

예 두 일차방정식 $x-y=1$, $2x+y=5$의 그래프를 좌표평면 위에 나타내면 오른쪽 그림과 같다. 두 그래프의 교점의 좌표가 $(2, 1)$이므로 연립방정식 $\begin{cases} x-y=1 \\ 2x+y=5 \end{cases}$의 해는 $x=2$, $y=1$이다.

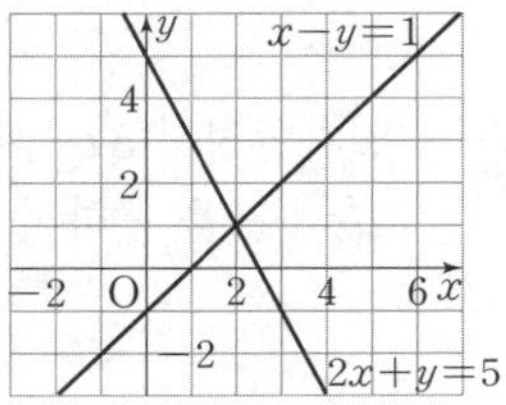

2 두 그래프의 위치 관계와 연립방정식의 해의 개수

○ 핵심문제 04, 05

연립방정식 $\begin{cases} ax+by+c=0 \\ a'x+b'y+c'=0 \end{cases}$의 해의 개수는 두 일차방정식 $ax+by+c=0$, $a'x+b'y+c'=0$의 그래프의 교점의 개수와 같다.

두 일차방정식의 그래프	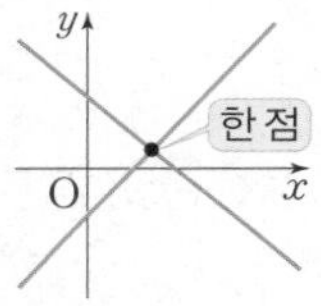	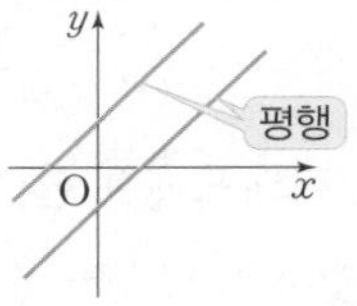	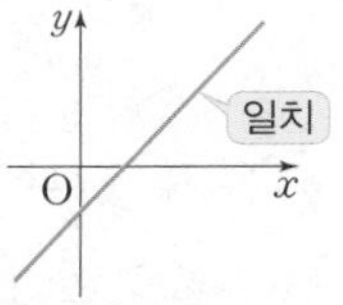
두 그래프의 위치 관계	한 점에서 만난다.	평행하다.	일치한다.
두 그래프의 교점	한 개이다.	없다.	무수히 많다.
연립방정식의 해	한 쌍의 해를 갖는다.	해가 없다.	해가 무수히 많다.
기울기와 y절편	기울기가 다르다.	기울기는 같고 y절편은 다르다.	기울기와 y절편이 각각 같다.
	$\frac{a}{a'} \neq \frac{b}{b'}$	$\frac{a}{a'} = \frac{b}{b'} \neq \frac{c}{c'}$	$\frac{a}{a'} = \frac{b}{b'} = \frac{c}{c'}$

예 (1) 연립방정식 $\begin{cases} 2x+y=1 \\ 4x+2y=-2 \end{cases}$에서 두 일차방정식 $2x+y=1$, $4x+2y=-2$의 그래프가 평행하므로 해가 없다.

$2x+y=1$ → $y=-2x+1$, $4x+2y=-2$ → $y=-2x-1$

(2) 연립방정식 $\begin{cases} 2x+5y=2 \\ 4x+10y=4 \end{cases}$에서 두 일차방정식 $2x+5y=2$, $4x+10y=4$의 그래프가 일치하므로 해가 무수히 많다.

$2x+5y=2$ → $y=-\frac{2}{5}x+\frac{2}{5}$, $4x+10y=4$ → $y=-\frac{2}{5}x+\frac{2}{5}$

01 오른쪽 그림은 두 일차방정식 $2x-y=-1$, $x+y=4$의 그래프를 그린 것이다. 그래프를 이용하여 연립방정식 $\begin{cases} 2x-y=-1 \\ x+y=4 \end{cases}$를 푸시오.

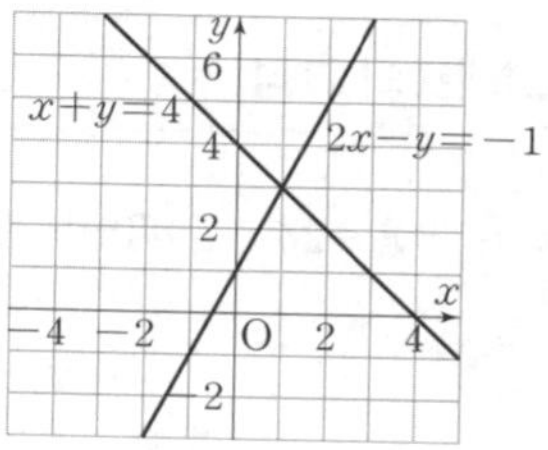

(두 직선의 교점의 좌표) =(연립방정식의 □)

02 연립방정식을 이용하여 다음 두 일차방정식의 그래프의 교점의 좌표를 구하시오.

(1) $x+y=1$, $x-y=-3$

(2) $2x-3y=3$, $3x-4y=5$

03 다음 연립방정식에서 두 일차방정식의 그래프를 그리고, 연립방정식을 푸시오.

(1) $\begin{cases} x+y=-1 \\ 2x-y=4 \end{cases}$

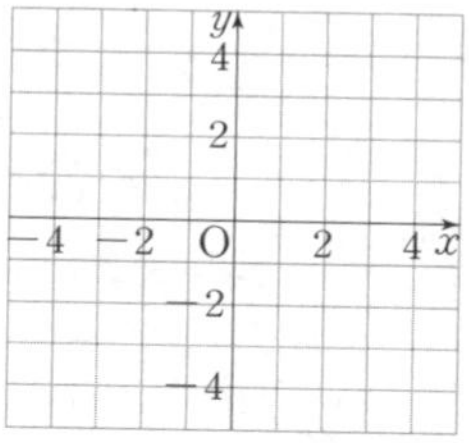

(2) $\begin{cases} x+y=-2 \\ 2x+2y=4 \end{cases}$

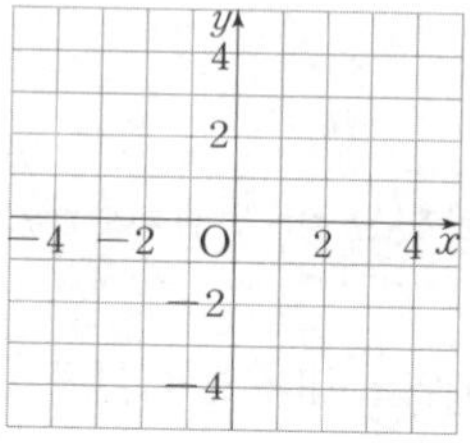

(3) $\begin{cases} 3x-2y=-6 \\ 6x-4y=-12 \end{cases}$

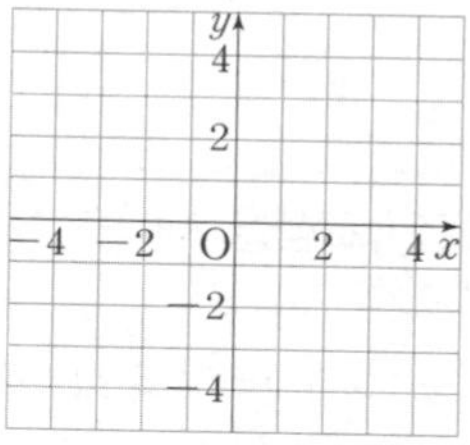

두 일차방정식의 그래프가
① 한 점에서 만나면 □ 쌍의 해를 갖는다.
② 평행하면 해가 □.
③ 일치하면 해가 □.

04 일차방정식의 그래프를 이용하여 **보기**의 연립방정식 중 다음에 해당하는 것을 고르시오.

보기

ㄱ. $\begin{cases} x+2y=3 \\ 2x+4y=6 \end{cases}$ ㄴ. $\begin{cases} 3x-y=-1 \\ 2x-3y=-4 \end{cases}$ ㄷ. $\begin{cases} 3x+y=2 \\ 6x+2y=-2 \end{cases}$

(1) 한 쌍의 해를 갖는 연립방정식

(2) 해가 무수히 많은 연립방정식

(3) 해가 없는 연립방정식

연립방정식의 해의 개수는 두 일차방정식의 그래프의 □와 같다.

핵심문제 익히기

01 연립방정식의 해와 그래프의 교점

● 더 다양한 문제는 RPM 2-1 155, 156쪽

두 일차방정식 $2x-5y+13=0$, $3x-2y-8=0$의 그래프의 교점의 좌표를 (a, b)라 할 때, ab의 값을 구하시오.

KEY POINT

연립방정식의 해
➡ 두 일차방정식의 그래프의 교점의 좌표와 같다.

풀이

$\begin{cases} 2x-5y+13=0 & \cdots\cdots ㉠ \\ 3x-2y-8=0 & \cdots\cdots ㉡ \end{cases}$

㉠×3−㉡×2를 하면 $\quad -11y+55=0, \quad -11y=-55 \quad \therefore y=5$

$y=5$를 ㉠에 대입하면 $\quad 2x-5\times5+13=0, \quad 2x=12 \quad \therefore x=6$

따라서 두 일차방정식의 그래프의 교점의 좌표는 $(6, 5)$이므로 $\quad a=6, b=5$

$\therefore ab=6\times5=30$

답 30

확인 1 오른쪽 그림은 연립방정식 $\begin{cases} ax-y+3=0 \\ 4x+y-b=0 \end{cases}$의 해를 구하기 위하여 두 일차방정식의 그래프를 그린 것이다. 이때 상수 a, b에 대하여 $a+b$의 값을 구하시오.

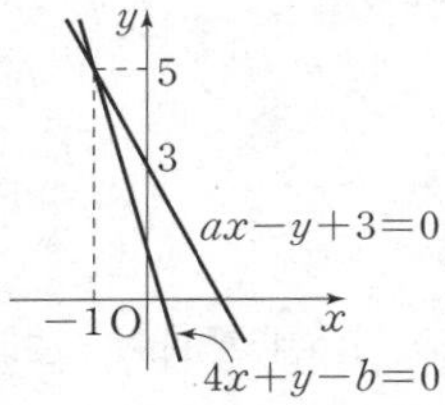

02 두 일차방정식의 그래프의 교점을 지나는 직선의 방정식

● 더 다양한 문제는 RPM 2-1 156쪽

두 일차방정식 $2x+3y-3=0$, $x-y+1=0$의 그래프의 교점을 지나고, 직선 $3x-y=0$과 평행한 직선의 방정식을 구하시오.

KEY POINT

두 일차방정식의 그래프의 교점을 지나는 직선의 방정식
➡ 연립방정식의 해를 구하여 두 일차방정식의 그래프의 교점의 좌표를 구한 후 조건에 맞는 직선의 방정식을 구한다.

풀이

$\begin{cases} 2x+3y-3=0 & \cdots\cdots ㉠ \\ x-y+1=0 & \cdots\cdots ㉡ \end{cases}$

㉠−㉡×2를 하면 $\quad 5y-5=0, \quad 5y=5 \quad \therefore y=1$

$y=1$을 ㉡에 대입하면 $\quad x=0$

즉 두 일차방정식 ㉠, ㉡의 그래프의 교점의 좌표는 $\quad (0, 1)$

한편 직선 $3x-y=0$, 즉 $y=3x$와 평행하므로 구하는 직선의 기울기는 3이다.

따라서 기울기가 3이고 점 $(0, 1)$을 지나는 직선의 방정식은 $\quad y=3x+1$ (→ y절편: 1)

$\therefore 3x-y+1=0$

답 $3x-y+1=0$

확인 2 두 일차방정식 $-x+2y=4$, $x-3y=-8$의 그래프의 교점을 지나고, x절편이 2인 직선의 방정식을 구하시오.

03 세 직선이 한 점에서 만날 때

● 더 다양한 문제는 RPM 2-1 157쪽

세 직선 $x-y+3=0$, $2x-y+1=0$, $x+ky+18=0$이 한 점에서 만날 때, 상수 k의 값을 구하시오.

KEY POINT

세 직선이 한 점에서 만난다.
➡ 두 직선의 교점을 나머지 한 직선이 지난다.

풀이 $\begin{cases} x-y+3=0 & \cdots\cdots ㉠ \\ 2x-y+1=0 & \cdots\cdots ㉡ \end{cases}$

㉠−㉡을 하면 $-x+2=0$ $\quad \therefore x=2$

$x=2$를 ㉠에 대입하면 $2-y+3=0$ $\quad \therefore y=5$

따라서 두 직선 ㉠, ㉡의 교점의 좌표는 $(2, 5)$이다.

직선 $x+ky+18=0$은 점 $(2, 5)$를 지나므로

$2+5k+18=0$, $\quad 5k=-20$ $\quad \therefore k=-4$

답 -4

확인 3 세 직선 $x+y-10=0$, $4x-y+k=0$, $3x-2y+5=0$이 한 점에서 만날 때, 상수 k의 값을 구하시오.

04 연립방정식의 해의 개수와 그래프의 교점의 개수(1)

● 더 다양한 문제는 RPM 2-1 157쪽

연립방정식 $\begin{cases} 2x+2y=b \\ 3ax-y=4 \end{cases}$의 해가 무수히 많을 때, 상수 a, b에 대하여 ab의 값을 구하시오.

KEY POINT

연립방정식의 해가 무수히 많다.
➡ 두 그래프의 교점이 무수히 많다.
➡ 두 그래프가 일치한다.
➡ 두 그래프의 기울기와 y절편이 각각 같다.

풀이 $2x+2y=b$에서 $\quad y=-x+\frac{b}{2}$

$3ax-y=4$에서 $\quad y=3ax-4$

해가 무수히 많으려면 두 그래프가 일치해야 하므로

$-1=3a$, $\frac{b}{2}=-4$ $\quad \therefore a=-\frac{1}{3}$, $b=-8$

$\therefore ab=-\frac{1}{3}\times(-8)=\frac{8}{3}$

답 $\frac{8}{3}$

확인 4 두 일차방정식 $ax-12y+b=0$, $7x-3y+1=0$의 그래프의 교점이 무수히 많을 때, 상수 a, b에 대하여 $a-b$의 값을 구하시오.

> 정답 및 풀이 91쪽

05 연립방정식의 해의 개수와 그래프의 교점의 개수(2)

● 더 다양한 문제는 RPM 2-1 157쪽

KEY POINT

연립방정식의 해가 없다.
➡ 두 그래프의 교점이 없다.
➡ 두 그래프가 평행하다.
➡ 두 그래프의 기울기는 같지만 y절편은 다르다.

연립방정식 $\begin{cases} 6x-5y=2 \\ ax+10y=6 \end{cases}$의 해가 없을 때, 상수 a의 값을 구하시오.

풀이 $6x-5y=2$에서 $y=\frac{6}{5}x-\frac{2}{5}$

$ax+10y=6$에서 $y=-\frac{a}{10}x+\frac{3}{5}$

해가 없으려면 두 그래프가 평행해야 하므로

$\frac{6}{5}=-\frac{a}{10}$ $\therefore a=-12$

답 -12

확인 5 두 일차방정식 $4x-y-a=0$, $bx+y-7=0$의 그래프의 교점이 존재하지 않도록 하는 상수 a, b의 조건을 구하시오.

UP

06 직선으로 둘러싸인 도형의 넓이

● 더 다양한 문제는 RPM 2-1 158쪽

KEY POINT

두 직선의 x절편, y절편, 교점을 이용한다.

오른쪽 그림과 같이 두 직선 $x-y+1=0$, $x+y-5=0$과 x축으로 둘러싸인 도형의 넓이를 구하시오.

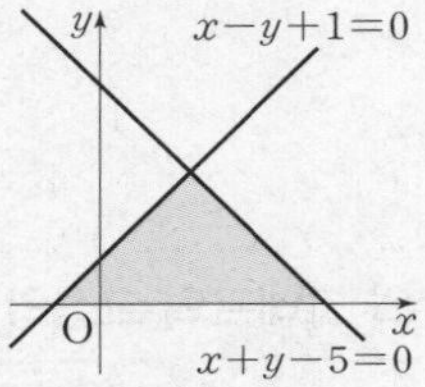

풀이 $\begin{cases} x-y+1=0 & \cdots\cdots \text{㉠} \\ x+y-5=0 & \cdots\cdots \text{㉡} \end{cases}$

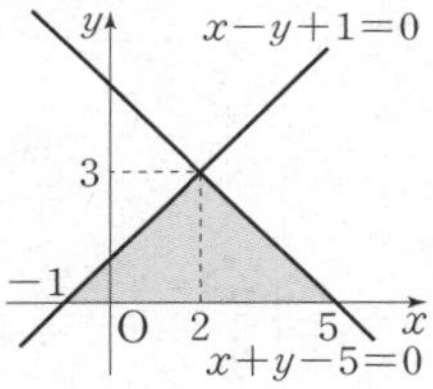

㉠+㉡을 하면 $2x-4=0$, $2x=4$ $\therefore x=2$

$x=2$를 ㉠에 대입하면 $2-y+1=0$ $\therefore y=3$

따라서 두 직선 ㉠, ㉡의 교점의 좌표는 $(2, 3)$

한편 두 직선 $x-y+1=0$, $x+y-5=0$의 x절편은 각각 -1, 5이므로 구하는 넓이는

$\frac{1}{2}\times\{5-(-1)\}\times 3=9$

답 9

확인 6 오른쪽 그림과 같이 두 직선 $8x-5y+20=0$, $y+4=0$과 y축으로 둘러싸인 도형의 넓이를 구하시오.

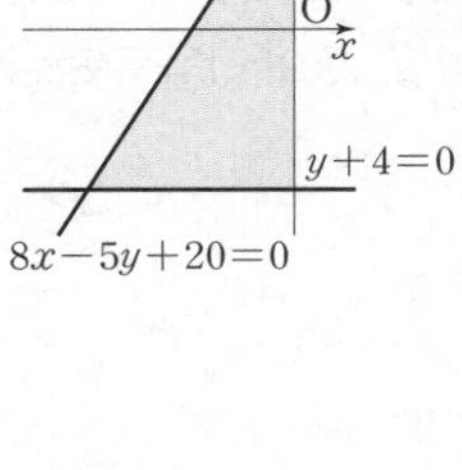

01 오른쪽 그림은 연립방정식 $\begin{cases} x+y=5 \\ ax-y=-2 \end{cases}$의 해를 구하기 위하여 두 일차방정식의 그래프를 그린 것이다. 이때 상수 a의 값을 구하시오.

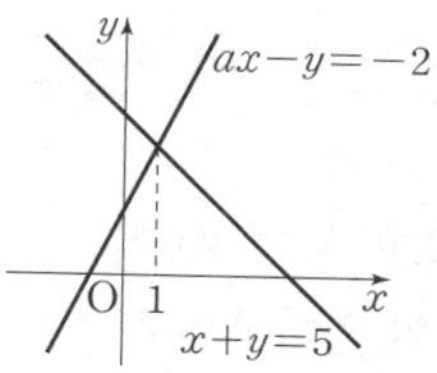

02 두 직선 $2x-3y=10$, $3x+2y=2$의 교점을 지나고, x축에 수직인 직선의 방정식은?

① $x=-2$ ② $x=2$ ③ $y=-2$
④ $y=2$ ⑤ $y=x+2$

03 직선 $x+y-2=0$이 두 직선 $x-ay-10=0$, $5x+4y-12=0$의 교점을 지날 때, 상수 a의 값을 구하시오.

세 직선이 한 점에서 만나는 경우이므로 두 직선의 교점의 좌표를 먼저 구한다.

04 다음 연립방정식 중 해가 오직 한 쌍 존재하는 것은?

① $\begin{cases} 2x+y=-2 \\ 4x+2y=-4 \end{cases}$ ② $\begin{cases} -4x+2y=10 \\ 2x-y=-5 \end{cases}$ ③ $\begin{cases} -2x+y=-1 \\ 4x-2y=3 \end{cases}$

④ $\begin{cases} x-y=-3 \\ 2x-4y=1 \end{cases}$ ⑤ $\begin{cases} -x+\frac{1}{2}y=1 \\ 2x-y=3 \end{cases}$

해가 오직 한 쌍이다.
➡ 두 일차방정식의 그래프가 한 점에서 만난다.

UP **05** 오른쪽 그림과 같이 세 직선 $7x-8y-3=0$, $x+3=0$, $2y-8=0$으로 둘러싸인 도형의 넓이를 구하시오.

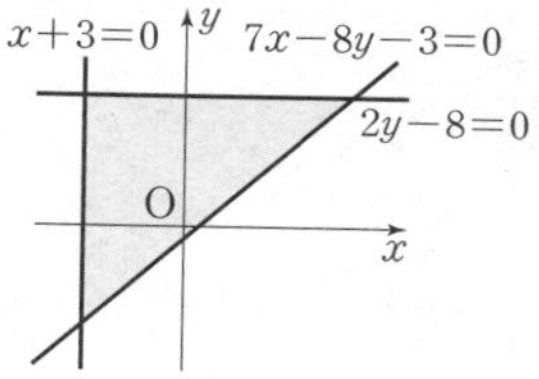

두 직선의 교점의 좌표를 모두 구한 후 세 직선으로 둘러싸인 도형의 넓이를 구한다.

중단원 마무리하기

STEP 1 기본 문제

01 다음 일차함수 중 그 그래프가 일차방정식 $6x-y+4=0$의 그래프와 일치하는 것은?

① $y=-6x+4$　② $y=\frac{1}{6}x-4$
③ $y=\frac{1}{6}x+4$　④ $y=6x+\frac{1}{4}$
⑤ $y=6x+4$

02 일차방정식 $x-ay+9=0$의 그래프가 점 $(-3, 2)$를 지날 때, 이 그래프의 y절편은?
(단, a는 상수이다.)

① 1　② 2　③ 3
④ 4　⑤ 5

03 $a>0$, $b>0$, $c>0$일 때, 일차방정식 $ax+by+c=0$의 그래프가 지나는 사분면을 모두 구하시오.

04 다음 중 x축에 평행한 직선의 방정식인 것을 모두 고르면? (정답 2개)

① $x=-5$　② $y=2$　③ $2x+3=0$
④ $4x=0$　⑤ $-6y=18$

05 다음 중 방정식 $x+7=0$의 그래프에 대한 설명으로 옳지 않은 것은?

① y축에 평행한 직선이다.
② 점 $(-7, 5)$를 지난다.
③ 직선 $x=1$과 만나지 않는다.
④ 직선 $y=-4$와 한 점에서 만난다.
⑤ 제3사분면과 제4사분면을 지난다.

꼭나와

06 두 일차방정식 $2x-y+1=0$, $-5x+y-13=0$의 그래프의 교점이 직선 $y=ax+9$ 위에 있을 때, 상수 a의 값은?

① 1　② 2　③ 3
④ 4　⑤ 5

> 정답 및 풀이 92쪽

07 두 직선 $2x+3y-5=0$, $3x-y+9=0$의 교점을 지나고, y절편이 15인 직선의 방정식을 구하시오.

꼭나와

08 다음 네 직선이 한 점에서 만날 때, 상수 a, b에 대하여 $a+b$의 값을 구하시오.

$x+4y=6$,	$ax-7y=11$
$3x+by=10$,	$5x-2y=8$

09 다음 연립방정식 중 해가 없는 것은?

① $\begin{cases} 2x+y=1 \\ 6x+3y=3 \end{cases}$ ② $\begin{cases} 2x+y=3 \\ -x-\frac{1}{2}y=\frac{3}{2} \end{cases}$

③ $\begin{cases} x+y=3 \\ 2x-y=-1 \end{cases}$ ④ $\begin{cases} x-y=-1 \\ 2x-2y=-2 \end{cases}$

⑤ $\begin{cases} x+2y=-3 \\ 2x-3y=8 \end{cases}$

STEP 2 발전 문제

10 일차방정식 $-2ax+(b+1)y+3=0$의 그래프가 점 $\left(-\frac{3}{4}, 2\right)$를 지나고 직선 $x=4$와 평행할 때, 상수 a, b에 대하여 ab의 값은?

① 1 ② $\frac{3}{2}$ ③ 2
④ $\frac{5}{2}$ ⑤ 3

꼭나와

11 두 직선 $4x-y=a$, $x+2y=14-a$의 교점이 직선 $y=2x$ 위에 있을 때, 상수 a의 값은?

① 1 ② 2 ③ 3
④ 4 ⑤ 5

12 연립방정식 $\begin{cases} 4x-2y=1 \\ ax+by-2=0 \end{cases}$의 해가 무수히 많을 때, 일차함수 $y=bx-a$의 그래프와 x축, y축으로 둘러싸인 삼각형의 넓이를 구하시오.
(단, a, b는 상수이다.)

> 정답 및 풀이 94쪽

13 네 직선 $x+y-4=0$, $y=-1$, $4x-y+5=0$, $y=-3$으로 둘러싸인 도형의 넓이는?

① 10 ② $\frac{25}{2}$ ③ $\frac{31}{2}$
④ 18 ⑤ 20

꼭나와

14 형과 동생이 집으로부터 4 km 떨어진 역에 가는데 형이 먼저 출발하고 20분 후에 동생이 출발하였다. 오른쪽 그래프는 형이 집에서 출발한 지 x분 후의 형과 동생의 집으로부터의 거리를 y km라 할 때, x와 y 사이의 관계를 나타낸 것이다. 다음 물음에 답하시오.

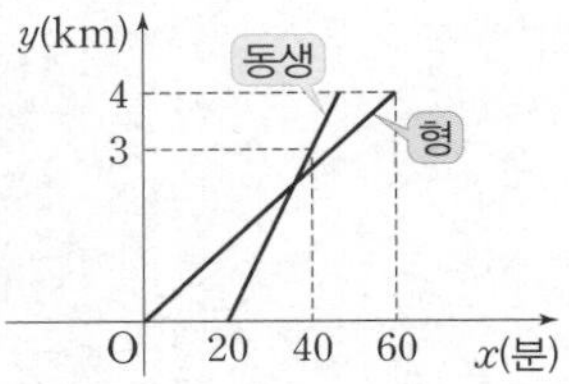

(1) 형과 동생이 만나는 것은 형이 출발한 지 몇 분 후인지 구하시오.

(2) 형과 동생이 만나는 지점은 집으로부터 몇 km 떨어져 있는지 구하시오.

15 오른쪽 그림과 같이 좌표평면 위에 두 점 A(1, 6), B(2, 3)이 있다. 직선 $y=ax+2$가 선분 AB와 만나도록 하는 상수 a의 값의 범위를 구하시오.

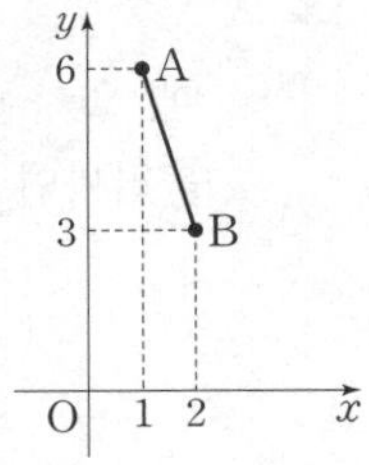

STEP 3 실력 UP

16 두 일차함수 $y=ax+b$, $y=bx+a$의 그래프의 교점이 제4사분면 위에 있을 때, 점 (a, b)는 제몇 사분면 위의 점인지 구하시오.
(단, a, b는 상수이고 $ab>0$, $a\neq b$이다.)

해설 강의

17 세 직선 $2x-y-3=0$, $x-y-1=0$, $3x-ky-8=0$에 의하여 삼각형이 만들어지지 않을 때, 상수 k의 값을 모두 구하시오. (단, $k\neq 0$)

해설 강의

18 오른쪽 그림과 같이 두 직선 $x-y+2=0$, $2x+y-8=0$과 x축의 교점을 각각 A, B라 하고 두 직선의 교점을 P라 하자. 이때 점 P를 지나고 △PAB의 넓이를 이등분하는 직선의 방정식을 구하시오.

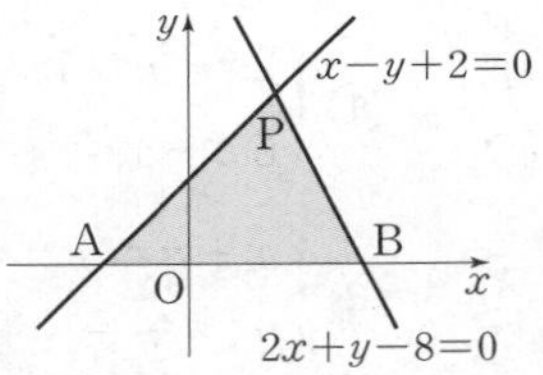

해설 강의

> 정답 및 풀이 96쪽

예제 1

해설 강의

일차방정식 $ax+by=6$의 그래프가 오른쪽 그림과 같을 때, 상수 a, b에 대하여 $a-b$의 값을 구하시오. [6점]

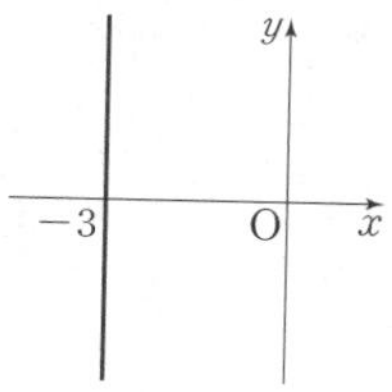

풀이 과정

1단계 그래프의 식 구하기 • 3점

주어진 그래프는 점 $(-3, 0)$을 지나고 y축에 평행한 직선이므로 그 그래프의 식은

$x=-3$

2단계 a, b의 값 구하기 • 2점

$x=-3$에서 $-2x=6$

이 식이 $ax+by=6$과 같으므로

$a=-2$, $b=0$

3단계 $a-b$의 값 구하기 • 1점

$a-b=-2-0=-2$

답 -2

유제 1 일차방정식 $ax-by=-1$의 그래프가 오른쪽 그림과 같을 때, 상수 a, b에 대하여 $b-a$의 값을 구하시오. [6점]

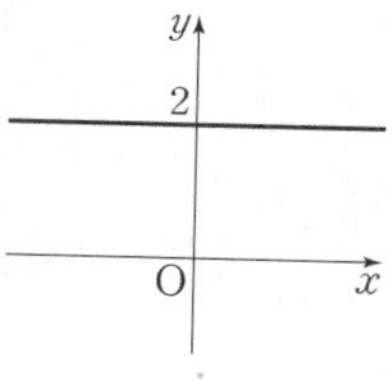

풀이 과정

1단계 그래프의 식 구하기 • 3점

2단계 a, b의 값 구하기 • 2점

3단계 $b-a$의 값 구하기 • 1점

답

유제 2 연립방정식 $\begin{cases} ax-3y=10 \\ 6x+9y=b \end{cases}$의 해가 무수히 많을 때, 일차함수 $y=ax-b$의 그래프가 지나지 않는 사분면을 구하시오. (단, a, b는 상수이다.) [7점]

풀이 과정

답

유제 3 오른쪽 그림과 같이 두 직선 $ax-y-7=0$, $x-2y+6=0$과 y축으로 둘러싸인 도형의 넓이가 20일 때, 상수 a의 값을 구하시오. [7점]

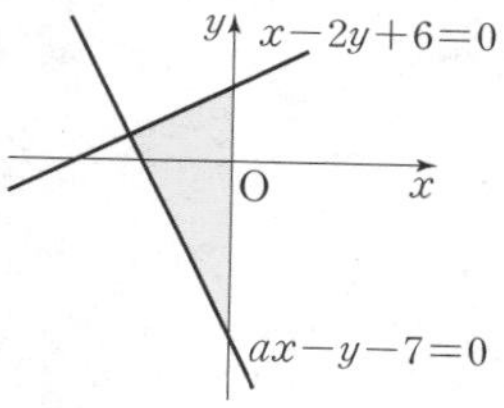

풀이 과정

답

V-2 일차함수와 일차방정식의 관계

MEMO

개념원리 검토위원

"현장 친화적인 교재를 만들기 위해 전국의 열정 가득한 선생님들의 의견을 적극 반영하였습니다."

강원
김서인 세모가꿈꾸는수학당학원
노명희 탑클래스
박면순 순수학교습소
박준규 홍인학원
원혜경 최상위수학마루슬기로운 영어생활학원
이상록 입시전문유승학원

경기
김기영 이화수학플러스학원
김도완 프라매쓰 수학학원
김도훈 양서고등학교
김민정 은여울교실
김상윤 막강한 수학학원
김서림 엠베스트SE갈매학원
김영아 브레인캐슬 사고력학원
김영준 청솔교육
김용삼 백영고등학교
김은지 탑브레인 수학과학학원
김종대 김앤문연세학원
김지현 GMT수학과학학원
김태익 설봉중학교
김태환 제이스터디 수학교습소
김혜정 수학을 말하다
두보경 성문고등학교
류지애 류지애수학학원
류진성 마테마티카 수학학원
문태현 한올학원
박미영 루멘수학교습소
박민선 성남최상위 수학학원
박상욱 양명고등학교
박선민 수원고등학교
박세환 부천 류수학학원
박수현 씨앗학원
박수현 리더가되는수학교습소
박용성 진접최강학원
박재연 아이셀프 수학교습소
박재현 렛츠학원
박중혁 미라클왕수학학원
박진규 M&S Academy
성진석 마스터수학학원
손귀순 남다른수학학원
손윤미 생각하는 아이들 학원
신현아 양명고등학교
심현아 수리인수학학원
엄보용 경안고등학교
유환 도당비전스터디
윤재원 양명고등학교
이나래 토리103수학학원
이수연 매향여자정보고등학교
이영현 찐사고력학원
이윤정 브레인수학학원
이진수 안양고등학교
이태현 류지애수학학원
임태은 김상희 수학학원
임호직 열정 수학학원
전원중 큐이디학원
정수연 the오름수학
정윤상 제이에스학원
조기민 일산동고등학교
조정기 김포페이스메이커학원
주효은 성남최상위수학학원
천기분 이지(EZ)수학
최영성 에이블수학영어학원
한수민 SM수학학원
한지희 이음수학
홍흥선 잠원중학교
황정민 하이수학학원

경상
강성민 진주대아고등학교
강혜연 BK영수전문학원
김보배 참수학교습소
김양준 이룸학원
김영석 진주동명고등학교
김형도 진주제일여자고등학교
남영준 아르베수학전문학원
백은애 매쓰플랜수학학원 양산물금지점
송민수 창원남고등학교
신승용 유신수학전문학원
우하람 하람수학교습소
이준현 진샘제이에스학원
장초향 이룸수학교습소
정은미 수학의봄학원
정진희 위드멘토 수학학원
최병헌 프라임수학전문학원

광주
김대균 김대균수학학원
박서정 더강한수학전문학원
오성진 오성진선생의 수학스케치학원
오재은 바이블수학교습소
정은정 이화수학교습소
최희철 Speedmath학원

대구
김동현 달콤 수학학원
김미경 민쌤 수학교습소
김봉수 범어신사고학원
박주영 에픽수학
배세혁 수클래스학원
이동우 더프라임수학학원
이수현 하이매쓰수학교습소
최진혁 시원수학교습소

대전
강옥선 한밭고등학교
김영상 루틴아카데미학원
정서인 안녕, 수학
홍진국 저스트 수학

부산
김민규 다비드수학학원
김성완 드림에듀학원
모상철 수학에반하다수학학원
박경옥 좋은문화학원
박정호 웰수학
서지원 코어영어수학전문학원
윤종성 경혜여자고등학교
이재관 황소 수학전문학원
임종화 필 수학전문학원
정지원 감각수학
조태환 HU수학학원
주유미 M2수학
차용화 리바이브 수학전문학원
채송화 채송화 수학
허윤정 올림수학전문학원

서울
강성철 목동일타수학학원
고수현 강북세일학원
권대중 PGA NEO H
김경희 TYP 수학학원
김미란 퍼펙트 수학
김수환 CSM 17
김여옥 매쓰홀릭학원
김재남 문영여자고등학교
김진규 서울바움수학(역삼럭키)
남정민 강동중학교
박경보 최고수챌린지에듀학원
박다슬 매쓰필드 수학교습소
박병민 CSM 17
박태원 솔루션수학
배재형 배재형수학
백승정 CSM 17
변만섭 빼어날수학원
소병호 세일교육
손아름 에스온수리영재아카데미
송우성 에듀서강고등부
연홍자 강북세일학원
윤기원 용문고등학교
윤상문 청어람수학원
윤세현 두드림에듀
이건우 송파이지엠수학학원
이무성 백인백색수학학원
이상일 수학불패학원
이세미 이쌤수학교습소
이승현 신도림케이투학원
이재서 최상위수학학원
이혜림 다오른수학
정수정 대치수학클리닉
정연화 풀우리수학교습소
최윤정 최쌤수학

세종
김수경 김수경 수학교실
김우진 정진수학학원
이후랑 새으뜸수학교습소
전알찬 알매쓰 수학학원
최시안 데카르트 수학학원

울산
김대순 더셀럽학원
김봉조 퍼스트클래스 수학영어전문학원
김정수 필로매쓰학원
박동민 동지수학과학전문학원
박성애 알수록수학교습소
이아영 아이비수학학원
이재광 이재광수학전문학원
이재문 포스텍수학전문학원
정나경 하이레벨정쌤수학학원
정인규 옥동명인학원

인천
권기우 하늘스터디수학학원
권혁동 매쓰뷰학원
김기주 이명학원
김남희 올심수학학원
김민성 민성학원
김유미 꼼꼼수학교습소
김정원 이명학원
김현순 이명학원
박미현 강한수학
박소이 다빈치창의수학교습소
박승국 이명학원
박주원 이명학원
서명철 남동솔로몬2관학원
서해나 이명학원
오성민 코다연세수학
왕재훈 청라현수학학원
윤경원 서울대대치수학
윤여태 호크마수학전문학원
이명신 이명학원
이성희 과수원학원
이정홍 이명학원
이창성 틀세움수학
이현희 애프터스쿨학원
정청용 고대수학원
조성환 수플러스수학교습소
차승민 황제수학학원
최낙현 이명학원
허갑재 허갑재 수학학원
황면식 늘품과학수학학원

전라
강대웅 오송길벗학원
강민정 유일여자고등학교
강선희 태강수학영어학원
강원택 탑시드영수학원
김진실 전주고등학교
나일강 전주고등학교
박경문 전주해성중학교
박상준 전주근영여자고등학교
백행선 멘토스쿨학원
심은정 전주고등학교
안정은 최상위영재학원
양예슬 전라고등학교
진의섭 제이투엠학원
진인섭 호남제일고등학교

충청
김경희 점프업수학
김미경 시티자이수학
김서한 운호고등학교
김성완 상당고등학교
김현태 운호고등학교
김희범 세광고등학교
안승현 중앙학원(충북혁신)
옥정화 당진수학나무
우명제 필즈수학학원
윤석봉 세광고등학교
이선영 운호고등학교
이아람 퍼펙트브레인학원
이은빈 주성고등학교
이혜진 주성고등학교
임은아 청주일신여자고등학교
홍순동 홍수학영어학원

– 함께 만들어 나가는 개념원리

함께 만드는 개념원리

개념원리는

선생님이
가르치기 쉽고

학생이
배우기 쉬운

교육 콘텐츠를
만듭니다.

전국 360명 선생님이 교재 개발 참여

총 2,540명 학생의 실사용 의견 청취

(2017년도~2023년도 교재 VOC 누적)

NEW

2022 개정 도서

5,500 만

누적 5천5백만의
인정을 받은 **신뢰성**
(2003년도~2022년도
매출 수량 누적)

1/2

학생 2명 중 1명이
선택하는 **대중성**
(고등학생 수 대비
개념원리 판매기준)

10

10차례 검토
과정을 마친 **정확성**

SINCE 1991

30년 이상
축적된 **전문성**

개념원리

수학의 시작 개념원리

중학 수학 2-1

정답 및 풀이

I-1 유리수와 순환소수

01 유리수와 소수

개념원리 확인하기

> 본문 11쪽

01 (1) 0.25, 유한소수 (2) -0.4, 유한소수
(3) 1.666…, 무한소수 (4) 0.8181…, 무한소수
(5) 0.35, 유한소수 (6) 0.4333…, 무한소수

02 (1) × (2) ○ (3) ○ (4) ×

03 (1) 8, $0.\dot{8}$ (2) 4, $1.90\dot{4}$ (3) 73, $0.\dot{7}\dot{3}$ (4) 05, $2.3\dot{0}\dot{5}$
(5) 469, $3.\dot{4}6\dot{9}$ (6) 201, $0.6\dot{2}0\dot{1}$

04 (1) 0.8333…, 3, $0.8\dot{3}$
(2) -0.777…, 7, $-0.\dot{7}$
(3) 0.272727…, 27, $0.\dot{2}\dot{7}$

01 (1) $\frac{1}{4}=0.25$이므로 유한소수이다.

(2) $-\frac{2}{5}=-0.4$이므로 유한소수이다.

(3) $\frac{5}{3}=1.666\cdots$이므로 무한소수이다.

(4) $\frac{9}{11}=0.8181\cdots$이므로 무한소수이다.

(5) $\frac{7}{20}=0.35$이므로 유한소수이다.

(6) $\frac{13}{30}=0.4333\cdots$이므로 무한소수이다.

답 (1) 0.25, 유한소수 (2) -0.4, 유한소수
(3) 1.666…, 무한소수 (4) 0.8181…, 무한소수
(5) 0.35, 유한소수 (6) 0.4333…, 무한소수

02 (1) 0은 유리수이다.

(4) $\frac{7}{8}=0.875$이므로 유한소수이다.

답 (1) × (2) ○ (3) ○ (4) ×

03 (1) 순환마디는 8이므로
$0.888\cdots=0.\dot{8}$

(2) 순환마디는 4이므로
$1.90444\cdots=1.90\dot{4}$

(3) 순환마디는 73이므로
$0.737373\cdots=0.\dot{7}\dot{3}$

(4) 순환마디는 05이므로
$2.3050505\cdots=2.3\dot{0}\dot{5}$

(5) 순환마디는 469이므로
$3.469469469\cdots=3.\dot{4}6\dot{9}$

(6) 순환마디는 201이므로
$0.6201201201\cdots=0.6\dot{2}0\dot{1}$

답 (1) 8, $0.\dot{8}$ (2) 4, $1.90\dot{4}$ (3) 73, $0.\dot{7}\dot{3}$
(4) 05, $2.3\dot{0}\dot{5}$ (5) 469, $3.\dot{4}6\dot{9}$ (6) 201, $0.6\dot{2}0\dot{1}$

04

분수	소수	순환마디	순환소수의 표현
(1) $\frac{5}{6}$	0.8333…	3	$0.8\dot{3}$
(2) $-\frac{7}{9}$	$-0.777\cdots$	7	$-0.\dot{7}$
(3) $\frac{3}{11}$	0.272727…	27	$0.\dot{2}\dot{7}$

답 (1) 0.8333…, 3, $0.8\dot{3}$
(2) -0.777…, 7, $-0.\dot{7}$
(3) 0.272727…, 27, $0.\dot{2}\dot{7}$

핵심문제 익히기

> 본문 12 ~ 13쪽

1 ⑤
2 ②, ⑤
3 (1) $3.\dot{4}$ (2) $0.4\dot{6}$ (3) $0.\dot{1}3\dot{5}$ (4) $0.2\dot{4}\dot{5}$
4 9

1 ① $\frac{7}{4}=1.75$이므로 유한소수이다.

② $\frac{3}{10}=0.3$이므로 유한소수이다.

③ $\frac{9}{16}=0.5625$이므로 유한소수이다.

④ $\frac{4}{25}=0.16$이므로 유한소수이다.

⑤ $\frac{17}{33}=0.5151\cdots$이므로 무한소수이다.

따라서 무한소수가 되는 것은 ⑤이다. 답 ⑤

2 ② $0.434343\cdots=0.\dot{4}\dot{3}$
⑤ $6.532653265326\cdots=6.\dot{5}32\dot{6}$
따라서 옳지 않은 것은 ②, ⑤이다. 답 ②, ⑤

3 (1) $\frac{31}{9}=3.444\cdots=3.\dot{4}$

(2) $\frac{7}{15}=0.4666\cdots=0.4\dot{6}$

(3) $\frac{5}{37}=0.135135135\cdots=0.\dot{1}3\dot{5}$

(4) $\frac{27}{110}=0.2454545\cdots=0.2\dot{4}\dot{5}$

답 (1) $3.\dot{4}$ (2) $0.4\dot{6}$ (3) $0.\dot{1}3\dot{5}$ (4) $0.2\dot{4}\dot{5}$

4 $\frac{13}{27}=0.481481481\cdots=0.\dot{4}8\dot{1}$이므로 순환마디를 이루는 숫자는 4, 8, 1의 3개이다.

$45=3\times15$이므로 소수점 아래 45번째 자리의 숫자는 순환마디의 마지막 숫자인 1이다.

$\therefore x=1$

$80=3\times26+2$이므로 소수점 아래 80번째 자리의 숫자는 순환마디의 2번째 숫자인 8이다.

$\therefore y=8$

$\therefore x+y=1+8=9$ 답 9

이런 문제가 시험에 나온다

> 본문 14쪽

01 ⑤ 02 ③ 03 ④ 04 ⑤
05 2

01 ⑤ $\frac{11}{30}=0.3666\cdots$이므로 무한소수이다.
따라서 옳지 않은 것은 ⑤이다. 답 ⑤

02 ㄱ. $0.666\cdots=0.\dot{6}$
ㄷ. $3.535353\cdots=3.\dot{5}\dot{3}$
이상에서 옳은 것은 ㄴ, ㄹ이다. 답 ③

03 ① 02 ② 15 ③ 71 ⑤ 82
따라서 순환소수와 순환마디가 바르게 연결된 것은 ④이다. 답 ④

04 주어진 분수를 소수로 나타내어 순환마디의 숫자의 개수를 구하면 다음과 같다.

① $\frac{4}{3}=1.333\cdots$ ➡ 3의 1개

② $\frac{7}{6}=1.1666\cdots$ ➡ 6의 1개

③ $\frac{5}{11}=0.454545\cdots$ ➡ 45의 2개

④ $\frac{11}{18}=0.6111\cdots$ ➡ 1의 1개

⑤ $\frac{19}{37}=0.513513513\cdots$ ➡ 513의 3개

따라서 순환마디의 숫자의 개수가 가장 많은 것은 ⑤이다. 답 ⑤

05 $\frac{3}{13}=0.\dot{2}3076\dot{9}$이므로 순환마디를 이루는 숫자는 2, 3, 0, 7, 6, 9의 6개이다.
$30=6\times5$이므로 소수점 아래 30번째 자리의 숫자는 순환마디의 마지막 숫자인 9이다.

$\therefore a=9$

$40=6\times6+4$이므로 소수점 아래 40번째 자리의 숫자는 순환마디의 4번째 숫자인 7이다.

$\therefore b=7$

$\therefore a-b=9-7=2$ 답 2

02 유한소수로 나타낼 수 있는 분수

개념원리 확인하기

> 본문 16쪽

01 풀이 참조
02 (1) ○ (2) × (3) × (4) ○ (5) × (6) ○
03 (1) ○ (2) × (3) ○ (4) × (5) ○ (6) ×

01 (1) $\frac{5}{4}=\frac{5}{2^2}=\frac{5\times\boxed{5^2}}{2^2\times\boxed{5^2}}=\frac{125}{\boxed{100}}=\boxed{1.25}$

(2) $\frac{1}{8}=\frac{1}{2^3}=\frac{1\times\boxed{5^3}}{2^3\times\boxed{5^3}}=\frac{\boxed{125}}{1000}=\boxed{0.125}$

(3) $\frac{1}{20}=\frac{1}{2^2\times5}=\frac{1\times\boxed{5}}{2^2\times5\times\boxed{5}}=\frac{5}{2^2\times\boxed{5^2}}$
$=\frac{5}{\boxed{100}}=\boxed{0.05}$

(4) $\frac{3}{250}=\frac{3}{2\times5^3}=\frac{3\times\boxed{2^2}}{2\times5^3\times\boxed{2^2}}=\frac{3\times\boxed{2^2}}{\boxed{2^3}\times5^3}$
$=\frac{\boxed{12}}{1000}=\boxed{0.012}$ 답 풀이 참조

02 (1) $\frac{7}{2\times5^2}$
➡ 분모의 소인수가 2와 5뿐이므로 유한소수로 나타낼 수 있다.

(2) $\frac{11}{5^3\times13}$
➡ 분모의 소인수 중에 13이 있으므로 유한소수로 나타낼 수 없다.

(3) $\frac{6}{2^2\times3^2}=\frac{1}{2\times3}$
➡ 분모의 소인수 중에 3이 있으므로 유한소수로 나타낼 수 없다.

(4) $\frac{35}{2^3\times7}=\frac{5}{2^3}$
➡ 분모의 소인수가 2뿐이므로 유한소수로 나타낼 수 있다.

(5) $\frac{9}{3\times5\times11}=\frac{3}{5\times11}$
➡ 분모의 소인수 중에 11이 있으므로 유한소수로 나타낼 수 없다.

(6) $\frac{21}{3\times5^2\times7}=\frac{1}{5^2}$
➡ 분모의 소인수가 5뿐이므로 유한소수로 나타낼 수 있다.

답 (1) ○ (2) × (3) × (4) ○ (5) × (6) ○

03 (1) $\frac{3}{8}=\frac{3}{2^3}$
➡ 분모의 소인수가 2뿐이므로 유한소수로 나타낼 수 있다.

(2) $\frac{9}{14}=\frac{9}{2\times7}$

➡ 분모의 소인수 중에 7이 있으므로 유한소수로 나타낼 수 없다.

(3) $\frac{11}{40}=\frac{11}{2^3\times5}$

➡ 분모의 소인수가 2와 5뿐이므로 유한소수로 나타낼 수 있다.

(4) $\frac{38}{60}=\frac{19}{30}=\frac{19}{2\times3\times5}$

➡ 분모의 소인수 중에 3이 있으므로 유한소수로 나타낼 수 없다.

(5) $\frac{12}{75}=\frac{4}{25}=\frac{4}{5^2}$

➡ 분모의 소인수가 5뿐이므로 유한소수로 나타낼 수 있다.

(6) $\frac{28}{105}=\frac{4}{15}=\frac{4}{3\times5}$

➡ 분모의 소인수 중에 3이 있으므로 유한소수로 나타낼 수 없다.

답 (1) ○ (2) × (3) ○ (4) × (5) ○ (6) ×

핵심문제 익히기 > 본문 17～19쪽

1 200.175	2 ④	3 14	4 7
5 47	6 18		

1 $\frac{7}{40}=\frac{7}{2^3\times5}=\frac{7\times5^2}{2^3\times5\times5^2}=\frac{175}{1000}=0.175$

따라서 $a=5^2=25$, $b=175$, $c=0.175$이므로

$a+b+c=25+175+0.175=200.175$

답 200.175

2 ① $\frac{5}{16}=\frac{5}{2^4}$

➡ 분모의 소인수가 2뿐이므로 유한소수로 나타낼 수 있다.

② $\frac{11}{20}=\frac{11}{2^2\times5}$

➡ 분모의 소인수가 2와 5뿐이므로 유한소수로 나타낼 수 있다.

③ $\frac{9}{30}=\frac{3}{10}=\frac{3}{2\times5}$

➡ 분모의 소인수가 2와 5뿐이므로 유한소수로 나타낼 수 있다.

④ $\frac{30}{72}=\frac{5}{12}=\frac{5}{2^2\times3}$

➡ 분모의 소인수 중에 3이 있으므로 순환소수로 나타낼 수 있다.

⑤ $\frac{21}{175}=\frac{3}{25}=\frac{3}{5^2}$

➡ 분모의 소인수가 5뿐이므로 유한소수로 나타낼 수 있다.

따라서 순환소수로 나타낼 수 있는 것은 ④이다.

답 ④

3 $\frac{a}{112}$가 유한소수가 되려면 기약분수로 나타내었을 때, 분모의 소인수가 2 또는 5뿐이어야 한다.

이때 $\frac{a}{112}=\frac{a}{2^4\times7}$이므로 a는 7의 배수이어야 한다.

따라서 a의 값이 될 수 있는 가장 작은 두 자리 자연수는 14이다.

답 14

4 $\frac{15}{40\times x}=\frac{3}{2^3\times x}$이 유한소수가 되도록 하는 x의 값은 소인수가 2 또는 5뿐인 수 또는 3의 약수 또는 이들의 곱으로 이루어진 수이다.

따라서 이를 만족시키는 한 자리 자연수 x는

1, 2, 3, 4, 5, 6, 8

의 7개이다.

답 7

5 $\frac{x}{210}=\frac{x}{2\times3\times5\times7}$가 유한소수가 되려면 x는 $3\times7=21$의 배수이어야 한다.

이때 $40<x<50$이므로

$x=42$

따라서 $\frac{42}{210}=\frac{1}{5}$이므로

$y=5$

$\therefore x+y=42+5=47$

답 47

개념 더하기

분수 $\frac{x}{A}$를 소수로 나타내면 유한소수가 되고, 기약분수로 나타내면 $\frac{B}{y}$가 되는 x, y의 값은 다음과 같은 순서로 구한다.

❶ x는 A의 소인수 중 2와 5를 제외한 소인수들의 곱의 배수임을 이용하여 x의 값을 모두 구한다.

❷ ❶에서 구한 값을 $\frac{x}{A}$에 대입한 후 약분하여 분자가 B가 되는 x의 값과 그때의 y의 값을 구한다.

6 $\frac{7}{2^2\times5\times x}$이 순환소수가 되려면 기약분수로 나타내었을 때, 분모에 2와 5 이외의 소인수가 있어야 한다.

이때 x가 한 자리 자연수이므로

$x=3, 6, 9$

따라서 구하는 합은

$3+6+9=18$

답 18

이런 문제가 시험에 나온다

> 본문 20쪽

01 80　02 ⑤　03 99　04 39
05 53　06 4

01 $\frac{17}{20}=\frac{17}{2^2\times5}=\frac{17\times5}{2^2\times5\times5}=\frac{85}{100}=0.85$

따라서 $a=5$, $b=100$, $c=0.85$이므로

$bc-a=100\times0.85-5=80$

답 80

02 ① $\frac{5}{44}=\frac{5}{2^2\times11}$

➡ 분모의 소인수 중에 11이 있으므로 유한소수로 나타낼 수 없다.

② $\frac{12}{90}=\frac{2}{15}=\frac{2}{3\times5}$

➡ 분모의 소인수 중에 3이 있으므로 유한소수로 나타낼 수 없다.

③ $\frac{4}{2\times5\times7}=\frac{2}{5\times7}$

➡ 분모의 소인수 중에 7이 있으므로 유한소수로 나타낼 수 없다.

④ $\frac{9}{2^2\times3^3\times5}=\frac{1}{2^2\times3\times5}$

➡ 분모의 소인수 중에 3이 있으므로 유한소수로 나타낼 수 없다.

⑤ $\frac{42}{2^3\times3\times7}=\frac{1}{2^2}$

➡ 분모의 소인수가 2뿐이므로 유한소수로 나타낼 수 있다.

따라서 유한소수로 나타낼 수 있는 것은 ⑤이다.

답 ⑤

03 $\frac{11}{72}\times x$가 유한소수가 되려면 기약분수로 나타내었을 때, 분모의 소인수가 2 또는 5뿐이어야 한다.

이때 $\frac{11}{72}=\frac{11}{2^3\times3^2}$이므로 x는 $3^2=9$의 배수이어야 한다.

따라서 x의 값이 될 수 있는 가장 큰 두 자리 자연수는 99이다.

답 99

04 $\frac{13}{78}=\frac{1}{6}=\frac{1}{2\times3}$이므로 $\frac{13}{78}\times N$이 유한소수가 되려면 N은 3의 배수이어야 한다.

$\frac{14}{130}=\frac{7}{65}=\frac{7}{5\times13}$이므로 $\frac{14}{130}\times N$이 유한소수가 되려면 N은 13의 배수이어야 한다.

따라서 N은 3과 13의 공배수, 즉 39의 배수이므로 가장 작은 자연수 N의 값은 39이다.

답 39

개념 더하기

두 분수가 모두 유한소수가 되도록 곱하는 어떤 자연수는 다음과 같은 순서로 구한다.

❶ 두 분수를 각각 기약분수로 나타낸 후 분모를 소인수분해 한다.

❷ 두 분수의 분모의 소인수 중 2와 5 이외의 소인수들의 공배수를 곱한다.

05 $\frac{a}{350}=\frac{a}{2\times5^2\times7}$가 유한소수가 되려면 a는 7의 배수이어야 한다.

이때 $20<a<30$이므로

$a=21$ 또는 $a=28$

(ⅰ) $a=21$일 때,

$\frac{21}{350}=\frac{3}{50}\neq\frac{2}{b}$

(ⅱ) $a=28$일 때,

$\frac{28}{350}=\frac{2}{25}=\frac{2}{b}$

$\therefore b=25$

(ⅰ), (ⅱ)에서 $a=28$, $b=25$이므로

$a+b=28+25=53$

답 53

06 $\frac{1}{2\times5^2\times x}$이 순환소수가 되려면 분모에 2와 5 이외의 소인수가 있어야 한다.

따라서 이를 만족시키는 한 자리 자연수 x는

3, 6, 7, 9

의 4개이다.

답 4

03 순환소수를 분수로 나타내기

개념원리 확인하기

> 본문 22쪽

01 풀이 참조

02 (1) $\frac{34}{9}$　(2) $\frac{5}{33}$　(3) $\frac{19}{37}$　(4) $\frac{5}{6}$　(5) $\frac{173}{990}$　(6) $\frac{481}{450}$

03 (1) ○　(2) ×　(3) ○　(4) ○　(5) ×　(6) ○

01 (1) $0.\dot{6}$을 x라 하면

$x=0.666\cdots$ ······ ㉠

㉠의 양변에 $\boxed{10}$을 곱하면

$\boxed{10}x=6.666\cdots$ ······ ㉡

㉡－㉠을 하면

$\boxed{9}x=6$

$\therefore x=\boxed{\frac{2}{3}}$

(2) $1.4\dot{2}$를 x라 하면

$x=1.4222\cdots$ ······ ㉠

㉠의 양변에 $\boxed{100}$ 을 곱하면

$\boxed{100}\,x=142.222\cdots$ ······ ㉡

㉠의 양변에 $\boxed{10}$ 을 곱하면

$\boxed{10}\,x=14.222\cdots$ ······ ㉢

㉡−㉢을 하면

$\boxed{90}\,x=128$

$\therefore x=\boxed{\dfrac{64}{45}}$

(3) $0.2\dot{3}\dot{6}$을 x라 하면

$x=0.23636\cdots$ ······ ㉠

㉠의 양변에 $\boxed{1000}$ 을 곱하면

$\boxed{1000}\,x=236.3636\cdots$ ······ ㉡

㉠의 양변에 $\boxed{10}$ 을 곱하면

$\boxed{10}\,x=2.3636\cdots$ ······ ㉢

㉡−㉢을 하면

$\boxed{990}\,x=234$

$\therefore x=\boxed{\dfrac{13}{55}}$

답 풀이 참조

02 (1) $3.\dot{7}=\dfrac{37-3}{9}=\dfrac{34}{9}$

(2) $0.\dot{1}\dot{5}=\dfrac{15}{99}=\dfrac{5}{33}$

(3) $0.\dot{5}1\dot{3}=\dfrac{513}{999}=\dfrac{19}{37}$

(4) $0.8\dot{3}=\dfrac{83-8}{90}=\dfrac{75}{90}=\dfrac{5}{6}$

(5) $0.1\dot{7}\dot{4}=\dfrac{174-1}{990}=\dfrac{173}{990}$

(6) $1.06\dot{8}=\dfrac{1068-106}{900}=\dfrac{962}{900}=\dfrac{481}{450}$

답 (1) $\dfrac{34}{9}$ (2) $\dfrac{5}{33}$ (3) $\dfrac{19}{37}$ (4) $\dfrac{5}{6}$ (5) $\dfrac{173}{990}$ (6) $\dfrac{481}{450}$

03 (2) 순환소수가 아닌 무한소수는 유리수가 아니다.

(5) $\pi=3.141592\cdots$로 순환소수가 아닌 무한소수이므로 유리수가 아니다.

답 (1) ○ (2) × (3) ○ (4) ○ (5) × (6) ○

핵심문제 익히기 본문 23~26쪽

1 (1) $\dfrac{259}{99}$ (2) $\dfrac{71}{333}$ (3) $\dfrac{137}{45}$ (4) $\dfrac{427}{990}$

2 (1) ㄱ (2) ㄷ (3) ㄴ (4) ㄹ

3 ④ 4 ③ 5 $0.\dot{1}\dot{3}$

6 (1) $0.4\dot{5}$ (2) $0.\dot{0}0\dot{1}$ 7 ③, ⑤ 8 ⑤

1 (1) $2.\dot{6}\dot{1}$을 x라 하면

$x=2.6161\cdots$ ······ ㉠

㉠의 양변에 100을 곱하면

$100x=261.6161\cdots$ ······ ㉡

㉡−㉠을 하면

$99x=259 \quad \therefore x=\dfrac{259}{99}$

(2) $0.\dot{2}1\dot{3}$을 x라 하면

$x=0.213213\cdots$ ······ ㉠

㉠의 양변에 1000을 곱하면

$1000x=213.213213\cdots$ ······ ㉡

㉡−㉠을 하면

$999x=213$

$\therefore x=\dfrac{213}{999}=\dfrac{71}{333}$

(3) $3.0\dot{4}$를 x라 하면

$x=3.0444\cdots$ ······ ㉠

㉠의 양변에 100을 곱하면

$100x=304.444\cdots$ ······ ㉡

㉠의 양변에 10을 곱하면

$10x=30.444\cdots$ ······ ㉢

㉡−㉢을 하면

$90x=274$

$\therefore x=\dfrac{274}{90}=\dfrac{137}{45}$

(4) $0.4\dot{3}\dot{1}$을 x라 하면

$x=0.43131\cdots$ ······ ㉠

㉠의 양변에 1000을 곱하면

$1000x=431.3131\cdots$ ······ ㉡

㉠의 양변에 10을 곱하면

$10x=4.3131\cdots$ ······ ㉢

㉡−㉢을 하면

$990x=427$

$\therefore x=\dfrac{427}{990}$

답 (1) $\dfrac{259}{99}$ (2) $\dfrac{71}{333}$ (3) $\dfrac{137}{45}$ (4) $\dfrac{427}{990}$

2 (1)

$$\begin{array}{rl} & 10x=5.555\cdots \\ -) & x=0.555\cdots \\ \hline & 9x=5 \end{array}$$

$\therefore x=\dfrac{5}{9}$

따라서 가장 편리한 식은 ㄱ이다.

(2)

$$\begin{array}{rl} & 1000x=2094.094094\cdots \\ -) & x=\quad 2.094094\cdots \\ \hline & 999x=2092 \end{array}$$

$\therefore x=\dfrac{2092}{999}$

따라서 가장 편리한 식은 ㄷ이다.

(3) $\begin{array}{r} 100x=438.888\cdots \\ -\underline{)\ \ 10x=\ \ 43.888\cdots} \\ 90x=395 \end{array}$

$\therefore x=\dfrac{79}{18}$

따라서 가장 편리한 식은 ㄴ이다.

(4) $\begin{array}{r} 1000x=316.666\cdots \\ -\underline{)\ \ 100x=\ \ 31.666\cdots} \\ 900x=285 \end{array}$

$\therefore x=\dfrac{19}{60}$

따라서 가장 편리한 식은 ㄹ이다.

답 (1) ㄱ (2) ㄷ (3) ㄴ (4) ㄹ

3 ④ $0.06\dot{3}=\dfrac{63-6}{900}$

따라서 옳지 않은 것은 ④이다. 답 ④

4 $1.6\dot{3}=\dfrac{163-16}{90}=\dfrac{147}{90}=\dfrac{49}{30}=\dfrac{49}{2\times3\times5}$

이때 $1.6\dot{3}\times x$가 유한소수가 되려면 x는 3의 배수이어야 한다.

따라서 x의 값이 될 수 없는 것은 ③이다.

답 ③

5 형우는 분자를 제대로 보았으므로

$0.1\dot{4}=\dfrac{14-1}{90}=\dfrac{13}{90}$

에서 처음 기약분수의 분자는 13이다.

$\therefore a=13$

이서는 분모를 제대로 보았으므로

$0.\dot{3}\dot{1}=\dfrac{31}{99}$

에서 처음 기약분수의 분모는 99이다.

$\therefore b=99$

따라서 $\dfrac{a}{b}=\dfrac{13}{99}$이므로 이를 순환소수로 나타내면

$\dfrac{13}{99}=0.\dot{1}\dot{3}$ 답 $0.\dot{1}\dot{3}$

6 (1) $\dfrac{7}{15}-0.0\dot{1}=\dfrac{7}{15}-\dfrac{1}{90}$

$=\dfrac{42}{90}-\dfrac{1}{90}$

$=\dfrac{41}{90}$

$=0.4\dot{5}$

(2) $0.\dot{8}3\dot{7}=A\times837$에서

$\dfrac{837}{999}=A\times837$

$\therefore A=\dfrac{1}{999}=0.\dot{0}0\dot{1}$

답 (1) $0.4\dot{5}$ (2) $0.\dot{0}0\dot{1}$

7 ① $0.\dot{3}=\dfrac{3}{9}$이므로 $0.\dot{3}>\dfrac{3}{10}$

② $0.\dot{5}=0.555\cdots$, $0.\dot{5}\dot{0}=0.5050\cdots$이므로

$0.\dot{5}>0.\dot{5}\dot{0}$

③ $0.1\dot{2}\dot{3}=0.12323\cdots$, $0.\dot{1}2\dot{3}=0.123123\cdots$이므로

$0.1\dot{2}\dot{3}>0.\dot{1}2\dot{3}$

④ $\dfrac{11}{15}=\dfrac{66}{90}$, $0.7\dot{4}=\dfrac{74-7}{90}=\dfrac{67}{90}$이므로

$\dfrac{11}{15}<0.7\dot{4}$

⑤ $0.58\dot{2}=0.58222\cdots$, $0.5\dot{8}\dot{2}=0.58282\cdots$이므로

$0.58\dot{2}<0.5\dot{8}\dot{2}$

따라서 옳은 것은 ③, ⑤이다. 답 ③, ⑤

8 ⑤ 순환소수가 아닌 무한소수는 유리수가 아니므로 분수 $\dfrac{a}{b}$의 꼴로 나타낼 수 없다. 답 ⑤

이런 문제가 시험에 나온다

본문 27쪽

01 ⑤	02 ④	03 88	04 ③
05 4	06 ④		

01 $\begin{array}{r} 1000x=1345.555\cdots \\ -\underline{)\ \ 100x=\ \ 134.555\cdots} \\ 900x=1211 \end{array}$

$\therefore x=\dfrac{1211}{900}$

따라서 가장 편리한 식은 ⑤이다. 답 ⑤

02 ① $2.\dot{1}=\dfrac{21-2}{9}=\dfrac{19}{9}$

② $0.\dot{7}\dot{8}=\dfrac{78}{99}=\dfrac{26}{33}$

③ $4.\dot{2}\dot{1}=\dfrac{421-4}{99}=\dfrac{417}{99}=\dfrac{139}{33}$

④ $1.4\dot{3}=\dfrac{143-14}{90}=\dfrac{129}{90}=\dfrac{43}{30}$

⑤ $0.24\dot{5}=\dfrac{245-24}{900}=\dfrac{221}{900}$

따라서 옳은 것은 ④이다. 답 ④

03 $0.6\dot{1}\dot{8}=\dfrac{618-6}{990}=\dfrac{612}{990}=\dfrac{34}{55}=\dfrac{34}{5\times11}$

이때 $0.6\dot{1}\dot{8}\times x$가 유한소수가 되려면 x는 11의 배수이어야 한다.

따라서 x의 값이 될 수 있는 가장 작은 자연수는 11, 가장 큰 두 자리 자연수는 99이므로

$a=11$, $b=99$

$\therefore b-a=99-11=88$ 답 88

04 $\frac{17}{30}=x+0.0\dot{1}$에서

$\frac{17}{30}=x+\frac{1}{90}$

$\therefore x=\frac{17}{30}-\frac{1}{90}=\frac{51}{90}-\frac{1}{90}=\frac{50}{90}=\frac{5}{9}=0.\dot{5}$

답 ③

05 $\frac{1}{3}<0.\dot{x}<\frac{4}{5}$에서

$\frac{1}{3}<\frac{x}{9}<\frac{4}{5}$

$\therefore \frac{15}{45}<\frac{5x}{45}<\frac{36}{45}$

따라서 이를 만족시키는 한 자리 자연수 x는 4, 5, 6, 7의 4개이다.

답 4

06 ④ 기약분수의 분모의 소인수가 2 또는 5뿐이면 유한소수로 나타낼 수 있다.

따라서 옳지 않은 것은 ④이다.

답 ④

중단원 마무리하기

본문 28～31쪽

01 ④	02 ⑤	03 ②	04 ③
05 3	06 ④	07 (가) 100 (나) 10 (다) 90	
08 ④	09 ③, ⑤	10 ③	11 ②
12 ⑤	13 ④	14 3	15 119
16 ①	17 ③	18 55	19 ④
20 $0.\dot{1}\dot{5}$	21 ②	22 226	23 20
24 1			

01 전략 소수점 아래에서 순환마디를 찾아 순환마디의 양 끝의 숫자 위에 점을 찍어 나타낸다.

④ $2.312312312\cdots=2.\dot{3}1\dot{2}$

따라서 옳지 않은 것은 ④이다.

답 ④

02 전략 분자를 분모로 나누어 소수점 아래에서 한없이 되풀이 되는 일정한 숫자의 배열을 찾는다.

① $\frac{1}{3}=0.\dot{3}$ ➡ 3

② $\frac{5}{6}=0.8\dot{3}$ ➡ 3

③ $\frac{7}{12}=0.58\dot{3}$ ➡ 3

④ $\frac{2}{15}=0.1\dot{3}$ ➡ 3

⑤ $\frac{13}{18}=0.7\dot{2}$ ➡ 2

따라서 순환마디가 나머지 넷과 다른 하나는 ⑤이다.

답 ⑤

03 전략 분모의 소인수 2와 5의 지수가 같아지도록 분모, 분자에 2 또는 5의 거듭제곱을 곱한다.

$\frac{6}{80}=\frac{3}{40}=\frac{3}{2^3\times5}=\frac{3\times5^2}{2^3\times5\times5^2}$

$=\frac{75}{10^3}=\frac{750}{10^4}=\frac{7500}{10^5}=\cdots$

따라서 $a+n$의 값 중 가장 작은 것은 $a=75$, $n=3$일 때이므로

$75+3=78$

답 ②

04 전략 주어진 분수를 기약분수로 나타낸 후 분모의 소인수가 2 또는 5뿐인지 확인한다.

ㄱ. $\frac{5}{25}=\frac{1}{5}$

ㄴ. $\frac{49}{198}=\frac{49}{2\times3^2\times11}$

ㄷ. $\frac{65}{2^3\times13}=\frac{5}{2^3}$

ㄹ. $\frac{9}{2^3\times3\times5^2}=\frac{3}{2^3\times5^2}$

ㅁ. $\frac{6}{2^3\times3^2\times5}=\frac{1}{2^2\times3\times5}$

이상에서 유한소수로 나타낼 수 있는 것은 ㄱ, ㄷ, ㄹ이다.

답 ③

05 전략 분수가 유한소수가 되도록 하는 a의 조건을 알아본다.

$\frac{14a}{2^3\times3\times5^2\times7}=\frac{2\times7\times a}{2^3\times3\times5^2\times7}=\frac{a}{2^2\times3\times5^2}$

이 분수가 유한소수가 되려면 a는 3의 배수이어야 하므로 a의 값이 될 수 있는 가장 작은 자연수는 3이다.

답 3

06 전략 분모에 2와 5 이외의 소인수가 있는 기약분수는 순환소수로 나타낼 수 있다.

$\frac{x}{56}=\frac{x}{2^3\times7}$가 순환소수가 되려면 x는 7의 배수가 아니어야 한다.

따라서 x의 값이 될 수 없는 것은 ④이다.

답 ④

07 전략 소수점 아래의 부분이 같은 두 식이 만들어지도록 10의 거듭제곱을 곱한다.

$x=0.3\dot{2}=0.3222\cdots$라 하면

$\boxed{100}\,x=32.222\cdots$ …… ㉠

$\boxed{10}\,x=3.222\cdots$ …… ㉡

㉠−㉡을 하면

$\boxed{90}\,x=29$

$\therefore x=\frac{29}{\boxed{90}}$

답 (가) 100 (나) 10 (다) 90

08 전략 순환소수를 분수로 나타내는 두 가지 방법을 생각해 본다.

④ $1000x-10x=437$

따라서 옳지 않은 것은 ④이다. 답 ④

09 전략 공식을 이용하여 주어진 순환소수를 분수로 나타낸다.

① $1.\dot{7}=\frac{17-1}{9}=\frac{16}{9}$

② $2.\dot{1}\dot{9}=\frac{219-2}{99}=\frac{217}{99}$

③ $3.2\dot{1}=\frac{321-32}{90}=\frac{289}{90}$

④ $0.0\dot{3}\dot{7}=\frac{37}{990}$

⑤ $1.02\dot{8}=\frac{1028-102}{900}=\frac{926}{900}=\frac{463}{450}$

따라서 옳은 것은 ③, ⑤이다. 답 ③, ⑤

10 전략 순환소수를 분수로 나타낸 후 a, b의 값을 구한다.

$0.\dot{5}=a\times0.\dot{1}$에서 $\frac{5}{9}=a\times\frac{1}{9}$

$\therefore a=5$

$0.\dot{1}\dot{5}=b\times0.\dot{0}\dot{1}$에서 $\frac{15}{99}=b\times\frac{1}{99}$

$\therefore b=15$

$\therefore b-a=15-5=10$ 답 ③

11 전략 순환소수를 풀어 쓰고 각 자리의 숫자를 비교한다.

① 0.278

② 0.27888⋯

③ 0.27878⋯

④ 0.278278⋯

⑤ 0.278777⋯

따라서 가장 큰 수는 ②이다. 답 ②

12 전략 유리수와 소수의 관계를 생각해 본다.

⑤ 순환소수가 아닌 무한소수는 분수로 나타낼 수 없다.

따라서 옳지 않은 것은 ⑤이다. 답 ⑤

13 전략 순환마디를 이루는 숫자의 개수를 구한 후 규칙을 찾는다.

$\frac{22}{37}=0.\dot{5}9\dot{4}$이므로 순환마디를 이루는 숫자는 3개이다.

$20=3\times6+2$이므로 소수점 아래 20번째 자리의 숫자는 순환마디의 2번째 숫자인 9이다.

$\therefore a=9$

$0.1\dot{7}\dot{4}=0.17474\cdots$이므로 소수점 아래 첫째 자리를 제외한 홀수 번째 자리의 숫자는 4이다.

즉 소수점 아래 35번째 자리의 숫자는 4이므로

$b=4$

$\therefore a+b=9+4=13$ 답 ④

14 전략 두 분수 $\frac{2}{5}$와 $\frac{7}{12}$의 분모를 60으로 통분한다.

$\frac{2}{5}=\frac{24}{60}$, $\frac{7}{12}=\frac{35}{60}$이므로 $\frac{2}{5}$와 $\frac{7}{12}$ 사이에 있는 분모가 60인 분수를 $\frac{A}{60}$라 하면

$\frac{24}{60}<\frac{A}{60}<\frac{35}{60}$

그런데 $\frac{A}{60}=\frac{A}{2^2\times3\times5}$가 유한소수가 되려면 A는 3의 배수이어야 한다.

$\therefore A=27, 30, 33$

따라서 주어진 조건을 만족시키는 분수는 $\frac{27}{60}$, $\frac{30}{60}$, $\frac{33}{60}$의 3개이다. 답 3

15 전략 두 분수가 모두 유한소수가 되도록 하는 A의 조건을 알아본다.

$\frac{45}{252}=\frac{5}{28}=\frac{5}{2^2\times7}$이므로 $\frac{45}{252}\times A$가 유한소수가 되려면 A는 7의 배수이어야 한다.

$\frac{6}{85}=\frac{6}{5\times17}$이므로 $\frac{6}{85}\times A$가 유한소수가 되려면 A는 17의 배수이어야 한다.

따라서 A는 7과 17의 공배수, 즉 119의 배수이므로 가장 작은 자연수 A의 값은 119이다. 답 119

16 전략 주어진 조건을 이용하여 먼저 a의 값을 구한다.

$\frac{a}{180}=\frac{a}{2^2\times3^2\times5}$가 유한소수가 되려면 a는 $3^2=9$의 배수이어야 한다.

또 기약분수로 나타내면 $\frac{11}{b}$이므로 a는 11의 배수이어야 한다.

따라서 a는 9와 11의 공배수, 즉 99의 배수인 두 자리 자연수이므로

$a=99$

이때 $\frac{99}{180}=\frac{11}{20}$이므로

$b=20$

$\therefore a-b=99-20=79$ 답 ①

17 전략 주어진 순환소수를 각각 기약분수로 나타낸다.

$0.5333\cdots=0.5\dot{3}=\frac{53-5}{90}=\frac{48}{90}=\frac{8}{15}$

$\therefore x=8$

$2.030303\cdots=2.\dot{0}\dot{3}=\frac{203-2}{99}=\frac{201}{99}=\frac{67}{33}$

$\therefore y=67$

$\therefore x+y=8+67=75$ 답 ③

18 전략 $4.\dot{0}\dot{9}$를 기약분수로 나타낸 후 x의 조건을 생각해 본다.

$4.\dot{0}\dot{9}=\frac{409-4}{99}=\frac{405}{99}=\frac{45}{11}=\frac{3^2\times5}{11}$

따라서 x는 $5\times11\times(\text{자연수})^2$의 꼴이어야 하므로 가장 작은 자연수는

$5\times11=55$

답 55

19 전략 $0.0\dot{5}\dot{4}$, $0.11\dot{6}$을 각각 기약분수로 나타낸 후 처음 기약분수의 분모, 분자를 구한다.

처음에는 분모를 제대로 보았으므로

$0.0\dot{5}\dot{4}=\frac{54}{990}=\frac{3}{55}$

에서 처음 기약분수의 분모는 55이다.

다음에는 분자를 제대로 보았으므로

$0.11\dot{6}=\frac{116-11}{900}=\frac{105}{900}=\frac{7}{60}$

에서 처음 기약분수의 분자는 7이다.

따라서 처음 기약분수는 $\frac{7}{55}$이므로 이를 순환소수로 나타내면

$\frac{7}{55}=0.1\dot{2}\dot{7}$

답 ④

20 전략 주어진 분수의 합을 순환소수로 나타낸다.

$\frac{3}{4}\times\left(\frac{2}{10}+\frac{2}{1000}+\frac{2}{100000}+\frac{2}{10000000}+\cdots\right)$

$=\frac{3}{4}\times(0.2+0.002+0.00002+0.0000002+\cdots)$

$=\frac{3}{4}\times0.\dot{2}\dot{0}$

$=\frac{3}{4}\times\frac{20}{99}$

$=\frac{5}{33}$

$=0.\dot{1}\dot{5}$

답 $0.\dot{1}\dot{5}$

21 전략 어떤 자연수를 미지수로 놓고 방정식을 세운다.

어떤 자연수를 x라 하면

$x\times4.\dot{2}-x\times4.2=0.6$

$\frac{38}{9}x-\frac{21}{5}x=\frac{3}{5}$, $\frac{1}{45}x=\frac{3}{5}$

$\therefore x=27$

따라서 어떤 자연수는 27이다.

답 ②

22 전략 먼저 $\frac{2}{7}$의 순환마디를 구한다.

$\frac{2}{7}=0.\dot{2}8571\dot{4}$이므로 a_1, a_2, a_3, a_4, $\cdots$, a_{49}, a_{50}의 값은 2, 8, 5, 7, 1, 4가 순서대로 반복된다.

$\therefore a_1+a_2+a_3+a_4+a_5+a_6=2+8+5+7+1+4$

$=27$

$50=6\times8+2$이므로

$a_1+a_2+a_3+a_4+\cdots+a_{49}+a_{50}$

$=(a_1+a_2+\cdots+a_6)\times8+a_{49}+a_{50}$

$=27\times8+2+8$

$=216+10$

$=226$

답 226

23 전략 분모의 소인수에 따라 경우를 나누어 생각해 본다.

$\frac{63}{360\times x}=\frac{7}{40\times x}=\frac{7}{2^3\times5\times x}$

(i) 분모의 소인수가 2 또는 5뿐일 때, x는

$1, 2, 2^2, 2^3, 2^4, 2^5, 2^6, 5, 2\times5,$
$2^2\times5, 2^3\times5, 2^4\times5, 5^2, 2\times5^2$

의 14개이다.

(ii) 분모의 소인수에 7이 포함될 때, x는

$7, 2\times7, 2^2\times7, 2^3\times7, 5\times7, 2\times5\times7$

의 6개이다.

(i), (ii)에서 구하는 x의 개수는

$14+6=20$

답 20

24 전략 순환소수를 분수로 나타낸 후 식을 간단히 한다.

$0.\dot{a}\dot{b}+0.\dot{b}\dot{a}=\frac{10a+b}{99}+\frac{10b+a}{99}$

$=\frac{11(a+b)}{99}=\frac{a+b}{9}$

$0.\dot{3}=\frac{3}{9}$이므로 $\frac{a+b}{9}=\frac{3}{9}$

따라서 $a+b=3$이고 $a>b$이므로

$a=2$, $b=1$

$\therefore a-b=2-1=1$

답 1

서술형 대비 문제

> 본문 32~33쪽

1 12	2 1	3 33, 99
4 $0.\dot{5}\dot{3}$	5 85	6 6

1 1단계 $\frac{47}{111}$을 순환소수로 나타내면

$\frac{47}{111}=0.\dot{4}2\dot{3}$

2단계 순환마디를 이루는 숫자는 4, 2, 3의 3개이므로

$a=3$

$100=3\times33+1$이므로 소수점 아래 100번째 자리의 숫자는 순환마디의 첫 번째 숫자인 4이다.

$\therefore b=4$

3단계 $ab=3\times4=12$

답 12

2 1단계 $\frac{x}{420}=\frac{x}{2^2\times3\times5\times7}$가 유한소수가 되려면 x는 $3\times7=21$의 배수이어야 한다.

2단계 (i) $x=21$일 때,

$$\frac{21}{2^2\times3\times5\times7}=\frac{1}{2^2\times5}=\frac{1}{20}$$

이므로 $\quad y=20$

(ii) $x=42$일 때,

$$\frac{42}{2^2\times3\times5\times7}=\frac{1}{2\times5}=\frac{1}{10}$$

이므로 $\quad y=10$

이때 $10<y<25$를 만족시키지 않는다.

(i), (ii)에서 $\quad x=21,\ y=20$

3단계 $x-y=21-20=1$

답 1

3 1단계 $\frac{1}{60}=\frac{1}{2^2\times3\times5}$이므로 $\frac{1}{60}\times a$가 유한소수가 되려면 a는 3의 배수이어야 한다.

$\frac{1}{110}=\frac{1}{2\times5\times11}$이므로 $\frac{1}{110}\times a$가 유한소수가 되려면 a는 11의 배수이어야 한다.

따라서 a는 3과 11의 공배수, 즉 33의 배수이어야 한다.

2단계 이때 a의 값이 될 수 있는 두 자리 자연수 중 가장 작은 수는 33, 가장 큰 수는 99이다.

답 33, 99

단계	채점 요소	배점
1	a가 33의 배수임을 알기	4점
2	a의 값이 될 수 있는 가장 작은 수와 가장 큰 수 구하기	2점

4 1단계 태우는 분자를 제대로 보았으므로

$$0.5\dot{8}=\frac{58-5}{90}=\frac{53}{90}$$

에서 처음 기약분수의 분자는 53이다.

2단계 슬기는 분모를 제대로 보았으므로

$$0.\dot{7}\dot{1}=\frac{71}{99}$$

에서 처음 기약분수의 분모는 99이다.

3단계 처음 기약분수는 $\frac{53}{99}$이므로 이를 순환소수로 나타내면

$$\frac{53}{99}=0.\dot{5}\dot{3}$$

답 $0.\dot{5}\dot{3}$

단계	채점 요소	배점
1	처음 기약분수의 분자 구하기	2점
2	처음 기약분수의 분모 구하기	2점
3	처음 기약분수를 순환소수로 나타내기	3점

5 1단계 $1.9\dot{5}=\frac{195-19}{90}=\frac{176}{90}=\frac{88}{45}$,

$$0.0\dot{6}=\frac{6}{90}=\frac{1}{15}$$

2단계 $1.9\dot{5}\times\frac{n}{m}=0.0\dot{6}$에서

$$\frac{88}{45}\times\frac{n}{m}=\frac{1}{15}$$

$$\therefore \frac{n}{m}=\frac{1}{15}\times\frac{45}{88}=\frac{3}{88}$$

3단계 $m=88$, $n=3$이므로

$$m-n=88-3=85$$

답 85

단계	채점 요소	배점
1	$1.9\dot{5}$, $0.0\dot{6}$을 분수로 나타내기	2점
2	$\frac{n}{m}$의 값 구하기	2점
3	$m-n$의 값 구하기	2점

6 1단계 $1.36\dot{5}=1.36555\cdots$

$1.\dot{3}6\dot{5}=1.365365\cdots$

$1.3\dot{6}=1.3666\cdots$

$1.3\dot{6}\dot{5}=1.36565\cdots$

이때 크기가 큰 것부터 차례대로 나열하면

$1.3\dot{6}$, $1.3\dot{6}\dot{5}$, $1.36\dot{5}$, $1.\dot{3}6\dot{5}$

이므로 두 번째에 오는 수는 $1.3\dot{6}\dot{5}$이다.

2단계 $1.3\dot{6}\dot{5}=1.36565\cdots$의 소수점 아래 짝수 번째 자리의 숫자는 6이므로 소수점 아래 40번째 자리의 숫자는 6이다.

답 6

단계	채점 요소	배점
1	두 번째에 오는 수 구하기	4점
2	소수점 아래 40번째 자리의 숫자 구하기	4점

Ⅱ-1 단항식의 계산

01 지수법칙

개념원리 확인하기 본문 38쪽

01 (1) x^9 (2) 3^8 (3) y^{10} (4) z^{11}

02 (1) x^{18} (2) y^{12} (3) a^{14} (4) 2^{30}

03 (1) x^4 (2) 1 (3) $\frac{1}{b^8}$ (4) 7^5

04 (1) x^8y^{12} (2) $a^{15}b^{10}$ (3) $81x^8$ (4) $-a^3b^9$

05 (1) $\frac{y^4}{x^6}$ (2) $\frac{a^3b^3}{8}$ (3) $\frac{y^9}{27x^3}$ (4) $\frac{b^{20}}{a^8}$

01 (1) $x^4\times x^5=x^{4+5}=x^9$

(2) $3^2\times 3^6=3^{2+6}=3^8$

(3) $y\times y^3\times y^6=y^{1+3+6}=y^{10}$

(4) $z^2\times z^4\times z^5=z^{2+4+5}=z^{11}$

답 (1) x^9 (2) 3^8 (3) y^{10} (4) z^{11}

02 (1) $(x^3)^6=x^{3\times 6}=x^{18}$

(2) $(y^4)^3=y^{4\times 3}=y^{12}$

(3) $(a^7)^2=a^{7\times 2}=a^{14}$

(4) $(2^6)^5=2^{6\times 5}=2^{30}$

답 (1) x^{18} (2) y^{12} (3) a^{14} (4) 2^{30}

03 (1) $x^{10}\div x^6=x^{10-6}=x^4$

(2) 지수가 같으므로

$a^5\div a^5=1$

(3) $b^4\div b^{12}=\frac{1}{b^{12-4}}=\frac{1}{b^8}$

(4) $7^{12}\div 7^5\div 7^2=7^{12-5}\div 7^2=7^7\div 7^2=7^{7-2}=7^5$

답 (1) x^4 (2) 1 (3) $\frac{1}{b^8}$ (4) 7^5

04 (1) $(x^2y^3)^4=(x^2)^4\times(y^3)^4=x^8y^{12}$

(2) $(a^3b^2)^5=(a^3)^5\times(b^2)^5=a^{15}b^{10}$

(3) $(3x^2)^4=3^4\times(x^2)^4=81x^8$

(4) $(-ab^3)^3=-a^3\times(b^3)^3=-a^3b^9$

답 (1) x^8y^{12} (2) $a^{15}b^{10}$ (3) $81x^8$ (4) $-a^3b^9$

개념 더하기

$a>0$일 때,

$$(-a)^m=\begin{cases} a^m & (m\text{이 짝수}) \\ -a^m & (m\text{이 홀수}) \end{cases}$$

05 (1) $\left(\frac{y^2}{x^3}\right)^2=\frac{(y^2)^2}{(x^3)^2}=\frac{y^4}{x^6}$

(2) $\left(\frac{ab}{2}\right)^3=\frac{(ab)^3}{2^3}=\frac{a^3b^3}{8}$

(3) $\left(\frac{y^3}{3x}\right)^3=\frac{(y^3)^3}{(3x)^3}=\frac{y^9}{3^3\times x^3}=\frac{y^9}{27x^3}$

(4) $\left(-\frac{b^5}{a^2}\right)^4=\frac{(b^5)^4}{(a^2)^4}=\frac{b^{20}}{a^8}$

답 (1) $\frac{y^4}{x^6}$ (2) $\frac{a^3b^3}{8}$ (3) $\frac{y^9}{27x^3}$ (4) $\frac{b^{20}}{a^8}$

핵심문제 익히기 본문 39～42쪽

1 (1) 6 (2) 3

2 (1) 4 (2) 6

3 (1) 10 (2) 13

4 (1) $a=3$, $b=25$ (2) $a=7$, $b=9$

5 27

6 (1) $\frac{1}{A^2}$ (2) $16A^4$

7 (1) 8자리 (2) 12자리

8 11

1 (1) $x^2\times x^{\square}\times x^4=x^{2+\square+4}=x^{6+\square}=x^{12}$이므로

$6+\square=12$ $\therefore \square=6$

(2) $81=3^4$이므로

$3^{\square}\times 3^4=3^7$, $3^{\square+4}=3^7$

즉 $\square+4=7$이므로 $\square=3$

답 (1) 6 (2) 3

2 (1) $(x^{\square})^5=x^{\square\times 5}=x^{20}$이므로

$\square\times 5=20$ $\therefore \square=4$

(2) $(x^5)^3\times(x^3)^{\square}=x^{15}\times x^{3\times\square}=x^{15+3\times\square}=x^{33}$이므로

$15+3\times\square=33$, $3\times\square=18$

$\therefore \square=6$

답 (1) 4 (2) 6

3 (1) $x^{\square}\div x^5\div x^3=x^{\square-5-3}=x^{\square-8}=x^2$이므로

$\square-8=2$ $\therefore \square=10$

(2) $(x^3)^3\div x^{\square}=x^9\div x^{\square}=\frac{1}{x^{\square-9}}=\frac{1}{x^4}$이므로

$\square-9=4$ $\therefore \square=13$

답 (1) 10 (2) 13

4 (1) $(-5x^ay^5)^2=25x^{2a}y^{10}=bx^6y^{10}$이므로

$25=b$, $2a=6$

$\therefore a=3$, $b=25$

(2) $\left(\frac{4y^a}{x^3}\right)^3=\frac{64y^{3a}}{x^9}=\frac{64y^{21}}{x^b}$이므로

$3a=21$, $9=b$

$\therefore a=7$, $b=9$

답 (1) $a=3$, $b=25$ (2) $a=7$, $b=9$

5 $2^5\times2^5\times2^5\times2^5=2^{5+5+5+5}=2^{20}$이므로

$a=20$

$2^5+2^5+2^5+2^5=4\times2^5=2^2\times2^5=2^{2+5}=2^7$이므로

$b=7$

$\therefore a+b=20+7=27$

답 27

6 (1) $\left(\frac{1}{9}\right)^5=\left(\frac{1}{3^2}\right)^5=\frac{1}{(3^2)^5}=\frac{1}{3^{10}}=\frac{1}{(3^5)^2}=\frac{1}{A^2}$

(2) $A=2^{x-1}=2^x\div2=\frac{2^x}{2}$에서

$2^x=2A$

$\therefore 16^x=(2^4)^x=2^{4x}=(2^x)^4=(2A)^4=16A^4$

답 (1) $\frac{1}{A^2}$ (2) $16A^4$

7 (1) $2^5\times5^8=5^3\times(2^5\times5^5)=5^3\times(2\times5)^5=125\times10^5$

따라서 $2^5\times5^8$은 8자리 자연수이다.

(2) $2^{11}\times5^{10}\times7^2=2\times7^2\times(2^{10}\times5^{10})$

$=2\times7^2\times(2\times5)^{10}$

$=98\times10^{10}$

따라서 $2^{11}\times5^{10}\times7^2$은 12자리 자연수이다.

답 (1) 8자리 (2) 12자리

8 1시간마다 박테리아의 수가 2배씩 증가하므로 9시간 후의 박테리아의 수는

$4\times2^9=2^2\times2^9=2^{2+9}=2^{11}$

$\therefore a=11$

답 11

계산력 강화하기

> 본문 43쪽

01 (1) x^8 (2) y^{10} (3) 5^{17} (4) a^5b^{10}

02 (1) a^{30} (2) x^{21} (3) $a^{16}b^{14}$ (4) $x^{29}y^{13}$

03 (1) 3^8 (2) x^2 (3) 1 (4) $\frac{1}{x^6}$

04 (1) 1 (2) y^6 (3) $\frac{1}{a^{13}}$ (4) $\frac{1}{16}$

05 (1) $x^{12}y^8$ (2) $16x^4$ (3) $a^{10}b^5c^{15}$ (4) $-125a^9b^3$

06 (1) $\frac{b^5}{a^{10}}$ (2) $\frac{y^6}{x^{14}}$ (3) $-\frac{x^6}{27}$ (4) $\frac{16b^8}{a^{12}}$

01 (1) $x^7\times x=x^{7+1}=x^8$

(2) $y^2\times y^5\times y^3=y^{2+5+3}=y^{10}$

(3) $5^3\times5^6\times5^8=5^{3+6+8}=5^{17}$

(4) $a^2\times b^5\times b^4\times a^3\times b=a^{2+3}\times b^{5+4+1}=a^5b^{10}$

답 (1) x^8 (2) y^{10} (3) 5^{17} (4) a^5b^{10}

02 (1) $(a^3)^6\times(a^6)^2=a^{18}\times a^{12}=a^{18+12}=a^{30}$

(2) $x^5\times(x^2)^3\times(x^5)^2=x^5\times x^6\times x^{10}$

$=x^{5+6+10}=x^{21}$

(3) $(a^3)^3\times b^4\times a^7\times(b^2)^5=a^9\times b^4\times a^7\times b^{10}$

$=a^{9+7}\times b^{4+10}$

$=a^{16}b^{14}$

(4) $(x^4)^2\times(y^5)^2\times(x^7)^3\times y^3=x^8\times y^{10}\times x^{21}\times y^3$

$=x^{8+21}\times y^{10+3}$

$=x^{29}y^{13}$

답 (1) a^{30} (2) x^{21} (3) $a^{16}b^{14}$ (4) $x^{29}y^{13}$

03 (1) $3^{10}\div3^2=3^{10-2}=3^8$

(2) $x^9\div x^3\div x^4=x^{9-3}\div x^4=x^6\div x^4=x^{6-4}=x^2$

(3) $a^{11}\div a^8\div a^3=a^{11-8}\div a^3=a^3\div a^3=1$

(4) $x^6\div x^5\div x^7=x^{6-5}\div x^7=x\div x^7$

$=\frac{1}{x^{7-1}}=\frac{1}{x^6}$

답 (1) 3^8 (2) x^2 (3) 1 (4) $\frac{1}{x^6}$

04 (1) $x^{18}\div(x^3)^6=x^{18}\div x^{18}=1$

(2) $(y^5)^4\div(y^2)^7=y^{20}\div y^{14}=y^{20-14}=y^6$

(3) $(a^4)^2\div(a^3)^2\div(a^5)^3=a^8\div a^6\div a^{15}$

$=a^{8-6}\div a^{15}$

$=a^2\div a^{15}$

$=\frac{1}{a^{15-2}}=\frac{1}{a^{13}}$

(4) $(2^2)^3\div2\div(2^3)^3=2^6\div2\div2^9$

$=2^{6-1}\div2^9$

$=2^5\div2^9$

$=\frac{1}{2^{9-5}}=\frac{1}{2^4}=\frac{1}{16}$

답 (1) 1 (2) y^6 (3) $\frac{1}{a^{13}}$ (4) $\frac{1}{16}$

05 (1) $(x^3y^2)^4=(x^3)^4\times(y^2)^4=x^{12}y^8$

(2) $(-4x^2)^2=4^2\times(x^2)^2=16x^4$

(3) $(a^2bc^3)^5=(a^2)^5\times b^5\times(c^3)^5=a^{10}b^5c^{15}$

(4) $(-5a^3b)^3=-5^3\times(a^3)^3\times b^3=-125a^9b^3$

답 (1) $x^{12}y^8$ (2) $16x^4$ (3) $a^{10}b^5c^{15}$ (4) $-125a^9b^3$

06 (1) $\left(\frac{b}{a^2}\right)^5=\frac{b^5}{(a^2)^5}=\frac{b^5}{a^{10}}$

(2) $\left(\frac{y^3}{x^7}\right)^2=\frac{(y^3)^2}{(x^7)^2}=\frac{y^6}{x^{14}}$

(3) $\left(-\frac{x^2}{3}\right)^3=-\frac{(x^2)^3}{3^3}=-\frac{x^6}{27}$

(4) $\left(-\frac{2b^2}{a^3}\right)^4=\frac{2^4\times(b^2)^4}{(a^3)^4}=\frac{16b^8}{a^{12}}$

답 (1) $\frac{b^5}{a^{10}}$ (2) $\frac{y^6}{x^{14}}$ (3) $-\frac{x^6}{27}$ (4) $\frac{16b^8}{a^{12}}$

이런 문제가 시험에 나온다

> 본문 44～45쪽

01 ⑤　02 3　03 ④　04 13
05 ③, ④　06 8　07 2　08 ②
09 ③　10 25

01 ① $a^2\times a^4=a^{2+4}=a^6$
② $a\times a^2\times a^5=a^{1+2+5}=a^8$
③ $(a^3)^4=a^{3\times4}=a^{12}$
④ $(a^2)^3\times a^9=a^6\times a^9=a^{6+9}=a^{15}$
⑤ $(a^7)^2\times(a^3)^3=a^{14}\times a^9=a^{14+9}=a^{23}$
따라서 옳지 않은 것은 ⑤이다.
답 ⑤

02 $64=2^6$, $8^x=(2^3)^x=2^{3x}$이므로 $2^x\times64=8^x$에서
$2^x\times2^6=2^{3x}$,　$2^{x+6}=2^{3x}$
즉 $x+6=3x$이므로
$2x=6$　$\therefore x=3$
답 3

03 ① $x^7\div x^3=x^{7-3}=x^4$
② $x^{10}\div x^4\div x^2=x^{10-4}\div x^2=x^6\div x^2$
$=x^{6-2}=x^4$
③ $x^9\div(x^6\div x)=x^9\div x^{6-1}=x^9\div x^5$
$=x^{9-5}=x^4$
④ $x^6\div(x^2)^5=x^6\div x^{10}=\dfrac{1}{x^{10-6}}=\dfrac{1}{x^4}$
⑤ $(x^8)^2\div(x^4)^3=x^{16}\div x^{12}=x^{16-12}=x^4$
따라서 계산 결과가 나머지 넷과 다른 하나는 ④이다.
답 ④

04 $3^a\div3^5=27$에서
$3^a\div3^5=3^3$,　$3^{a-5}=3^3$
즉 $a-5=3$이므로　$a=8$
$7^3\div7^b=\dfrac{1}{49}$에서
$7^3\div7^b=\dfrac{1}{7^{b-3}}=\dfrac{1}{7^2}$
즉 $b-3=2$이므로　$b=5$
$\therefore a+b=8+5=13$
답 13

05 ① $(xy^3)^4=x^4\times(y^3)^4=x^4y^{12}$
② $(-6x^4)^2=6^2\times(x^4)^2=36x^8$
③ $(-x^2y^5)^3=-(x^2)^3\times(y^5)^3=-x^6y^{15}$
④ $\left(\dfrac{y}{2x}\right)^4=\dfrac{y^4}{2^4\times x^4}=\dfrac{y^4}{16x^4}$
⑤ $\left(-\dfrac{y^2}{x^3}\right)^5=-\dfrac{(y^2)^5}{(x^3)^5}=-\dfrac{y^{10}}{x^{15}}$
따라서 옳은 것은 ③, ④이다.
답 ③, ④

06 $\left(\dfrac{5y^a}{x^3}\right)^b=\dfrac{5^by^{ab}}{x^{3b}}=\dfrac{125y^6}{x^c}$이므로
$5^b=125=5^3$, $ab=6$, $3b=c$
따라서 $a=2$, $b=3$, $c=9$이므로
$a-b+c=2-3+9=8$
답 8

07 $3^7+3^7+3^7=3\times3^7=3^{1+7}=3^8$이므로
$x=8$
$4^5+4^5+4^5+4^5=4\times4^5=4^{1+5}=4^6$이므로
$y=6$
$\therefore x-y=8-6=2$
답 2

08 $A=3^{x-1}=3^x\div3=\dfrac{3^x}{3}$에서　$3^x=3A$
$\therefore 27^x=(3^3)^x=3^{3x}=(3^x)^3=(3A)^3=27A^3$
답 ②

09 $16^4\times5^{13}=(2^4)^4\times5^{13}$
$=2^{16}\times5^{13}$
$=2^3\times(2^{13}\times5^{13})$
$=2^3\times(2\times5)^{13}$
$=8\times10^{13}$
따라서 $16^4\times5^{13}$은 14자리 자연수이므로
$n=14$
답 ③

10 $32\,(\text{MB})=32\times2^{10}\,(\text{KB})$
$=32\times2^{10}\times2^{10}\,(\text{B})$
$=2^5\times2^{10}\times2^{10}\,(\text{B})$
$=2^{5+10+10}\,(\text{B})$
$=2^{25}\,(\text{B})$
$\therefore a=25$
답 25

02 단항식의 곱셈과 나눗셈

개념원리 확인하기

> 본문 47쪽

01 (1) $28ab^2$　(2) $-5a^3b^4$　(3) $-3x^5$　(4) $8x^4y^5$
02 (1) $5x^2$　(2) $2a^4$　(3) $-8x^3y$　(4) $-\dfrac{9b^3}{a^2}$
03 (1) $12a^2$　(2) $-\dfrac{8}{x}$　(3) $4a^4b^3$　(4) $-24x^5y$
04 (1) $-\dfrac{2}{3}a$　(2) $8xy^2$　(3) $-20a^2b^2$　(4) $4x^5$

01 (1) $4a\times7b^2=(4\times7)\times(a\times b^2)=28ab^2$
(2) $(-5a^2b)\times ab^3=(-5)\times(a^2b\times ab^3)=-5a^3b^4$
(3) $6x^2\times\left(-\dfrac{1}{2}x^3\right)=\left\{6\times\left(-\dfrac{1}{2}\right)\right\}\times(x^2\times x^3)=-3x^5$

(4) $(-12x^3y)\times\left(-\frac{2}{3}xy^4\right)$

$=\left\{(-12)\times\left(-\frac{2}{3}\right)\right\}\times(x^3y\times xy^4)$

$=8x^4y^5$

답 (1) $28ab^2$ (2) $-5a^3b^4$ (3) $-3x^5$ (4) $8x^4y^5$

02 (1) $25x^3\div 5x=\frac{25x^3}{5x}=5x^2$

(2) $(-14a^7)\div(-7a^3)=\frac{-14a^7}{-7a^3}=2a^4$

(3) $48x^4y^3\div(-6xy^2)=\frac{48x^4y^3}{-6xy^2}=-8x^3y$

(4) $(-81a^6b^8)\div 9a^8b^5=\frac{-81a^6b^8}{9a^8b^5}=-\frac{9b^3}{a^2}$

답 (1) $5x^2$ (2) $2a^4$ (3) $-8x^3y$ (4) $-\frac{9b^3}{a^2}$

03 (1) $10a^4\div\frac{5}{6}a^2=10a^4\times\frac{6}{5a^2}$

$=\left(10\times\frac{6}{5}\right)\times\left(a^4\times\frac{1}{a^2}\right)=12a^2$

(2) $(-4x^2)\div\frac{1}{2}x^3=(-4x^2)\times\frac{2}{x^3}$

$=\{(-4)\times 2\}\times\left(x^2\times\frac{1}{x^3}\right)$

$=-\frac{8}{x}$

(3) $16a^3b^2\div\frac{4}{ab}=16a^3b^2\times\frac{ab}{4}$

$=\left(16\times\frac{1}{4}\right)\times(a^3b^2\times ab)$

$=4a^4b^3$

(4) $\frac{8}{3}x^7y^4\div\left(-\frac{x^2y^3}{9}\right)=\frac{8}{3}x^7y^4\times\left(-\frac{9}{x^2y^3}\right)$

$=\left\{\frac{8}{3}\times(-9)\right\}\times\left(x^7y^4\times\frac{1}{x^2y^3}\right)$

$=-24x^5y$

답 (1) $12a^2$ (2) $-\frac{8}{x}$ (3) $4a^4b^3$ (4) $-24x^5y$

04 (1) $3a\times(-2a)\div 9a$

$=3a\times(-2a)\times\frac{1}{9a}$

$=\left\{3\times(-2)\times\frac{1}{9}\right\}\times\left(a\times a\times\frac{1}{a}\right)$

$=-\frac{2}{3}a$

(2) $16x^2y\div(-4x)\times(-2y)$

$=16x^2y\times\left(-\frac{1}{4x}\right)\times(-2y)$

$=\left\{16\times\left(-\frac{1}{4}\right)\times(-2)\right\}\times\left(x^2y\times\frac{1}{x}\times y\right)$

$=8xy^2$

(3) $28a^2b\div(-7ab)\times 5ab^2$

$=28a^2b\times\left(-\frac{1}{7ab}\right)\times 5ab^2$

$=\left\{28\times\left(-\frac{1}{7}\right)\times 5\right\}\times\left(a^2b\times\frac{1}{ab}\times ab^2\right)$

$=-20a^2b^2$

(4) $2x^3\times 3xy\div\frac{3y}{2x}=2x^3\times 3xy\times\frac{2x}{3y}$

$=\left(2\times 3\times\frac{2}{3}\right)\times\left(x^3\times xy\times\frac{x}{y}\right)$

$=4x^5$

답 (1) $-\frac{2}{3}a$ (2) $8xy^2$ (3) $-20a^2b^2$ (4) $4x^5$

핵심문제 익히기

본문 48～49쪽

1 (1) $6x^2y^2$ (2) $\frac{15}{2}x^7y^8$
2 (1) $-\frac{a}{2b}$ (2) $3x^4y^{10}$
3 (1) $18xy$ (2) $40b$
4 (1) $-3x^4y^3$ (2) $-x^2y$

1 (1) $(-5x)\times\left(-\frac{3}{5}y\right)\times 2xy$

$=\left\{(-5)\times\left(-\frac{3}{5}\right)\times 2\right\}\times(x\times y\times xy)$

$=6x^2y^2$

(2) $\left(-\frac{5}{6}x^2y\right)\times(-3xy^2)^2\times(-xy)^3$

$=\left(-\frac{5}{6}x^2y\right)\times 9x^2y^4\times(-x^3y^3)$

$=\left\{\left(-\frac{5}{6}\right)\times 9\times(-1)\right\}\times(x^2y\times x^2y^4\times x^3y^3)$

$=\frac{15}{2}x^7y^8$

답 (1) $6x^2y^2$ (2) $\frac{15}{2}x^7y^8$

2 (1) $4a^4b^5\div(-2ab^2)^3=4a^4b^5\div(-8a^3b^6)$

$=\frac{4a^4b^5}{-8a^3b^6}=-\frac{a}{2b}$

(2) $(x^2y^3)^5\div\left(-\frac{2}{3}x^3y\right)^2\div\frac{3}{4}y^3$

$=x^{10}y^{15}\div\frac{4}{9}x^6y^2\div\frac{3}{4}y^3$

$=x^{10}y^{15}\times\frac{9}{4x^6y^2}\times\frac{4}{3y^3}$

$=\left(\frac{9}{4}\times\frac{4}{3}\right)\times\left(x^{10}y^{15}\times\frac{1}{x^6y^2}\times\frac{1}{y^3}\right)$

$=3x^4y^{10}$

답 (1) $-\frac{a}{2b}$ (2) $3x^4y^{10}$

3 (1) $3x^2y\times(-2xy^2)^2\div\frac{2}{3}x^3y^4$

$=3x^2y\times4x^2y^4\times\frac{3}{2x^3y^4}$

$=\left(3\times4\times\frac{3}{2}\right)\times\left(x^2y\times x^2y^4\times\frac{1}{x^3y^4}\right)$

$=18xy$

(2) $(ab^2c)^2\div\left(-\frac{1}{2}abc\right)^3\times(-5ac)$

$=a^2b^4c^2\div\left(-\frac{1}{8}a^3b^3c^3\right)\times(-5ac)$

$=a^2b^4c^2\times\left(-\frac{8}{a^3b^3c^3}\right)\times(-5ac)$

$=\{(-8)\times(-5)\}\times\left(a^2b^4c^2\times\frac{1}{a^3b^3c^3}\times ac\right)$

$=40b$

답 (1) $18xy$ (2) $40b$

4 (1) $(-48xy^2)\div6xy\times\square=24x^4y^4$에서

$(-48xy^2)\times\frac{1}{6xy}\times\square=24x^4y^4$

$\therefore\ \square=\left(-\frac{1}{48xy^2}\right)\times6xy\times24x^4y^4$

$=\left\{\left(-\frac{1}{48}\right)\times6\times24\right\}$

$\times\left(\frac{1}{xy^2}\times xy\times x^4y^4\right)=-3x^4y^3$

(2) $\square\times(-3xy^2)^3\div(-3xy^6)=-9x^4y$에서

$\square\times(-27x^3y^6)\times\left(-\frac{1}{3xy^6}\right)=-9x^4y$

$\therefore\ \square=\left(-\frac{1}{27x^3y^6}\right)\times(-3xy^6)\times(-9x^4y)$

$=\left\{\left(-\frac{1}{27}\right)\times(-3)\times(-9)\right\}$

$\times\left(\frac{1}{x^3y^6}\times xy^6\times x^4y\right)=-x^2y$

답 (1) $-3x^4y^3$ (2) $-x^2y$

계산력 강화하기

› 본문 50쪽

01 (1) $35a^4$ (2) $-12a^3x^4$ (3) $-9x^3y^6$ (4) $\frac{1}{3}x^7$

(5) $-2a^7b^3$ (6) $48a^6$ (7) $54x^9y^7$ (8) $-60x^8y^3$

02 (1) $7a^3$ (2) $-4x^4y$ (3) $-\frac{a^2}{3b}$ (4) $-8x^2$

03 (1) $-\frac{10}{x}$ (2) $2b$ (3) $5a^6$ (4) $-\frac{1}{4x^4}$

(5) $-10x^2y^7$ (6) $\frac{x^7y}{3}$

04 (1) $4a^2b^2$ (2) $-\frac{16a^2}{b^2}$ (3) $20x^4y^5$ (4) $-7x^4$

(5) $-2a^5x^9$ (6) $10y^3$

01 (1) $7a\times5a^3=(7\times5)\times(a\times a^3)=35a^4$

(2) $3a^2x\times(-4ax^3)=\{3\times(-4)\}\times(a^2x\times ax^3)$

$=-12a^3x^4$

(3) $(-xy^2)\times9x^2y^4=\{(-1)\times9\}\times(xy^2\times x^2y^4)$

$=-9x^3y^6$

(4) $\left(\frac{1}{3}x\right)^3\times(-3x^2)^2=\frac{1}{27}x^3\times9x^4$

$=\left(\frac{1}{27}\times9\right)\times(x^3\times x^4)=\frac{1}{3}x^7$

(5) $a^4\times(-10a^2b)\times\frac{1}{5}ab^2$

$=\left\{(-10)\times\frac{1}{5}\right\}\times(a^4\times a^2b\times ab^2)$

$=-2a^7b^3$

(6) $2a\times(-3a^2)\times(-2a)^3$

$=2a\times(-3a^2)\times(-8a^3)$

$=\{2\times(-3)\times(-8)\}\times(a\times a^2\times a^3)$

$=48a^6$

(7) $(-x^2y)\times2xy^3\times(-3x^2y)^3$

$=(-x^2y)\times2xy^3\times(-27x^6y^3)$

$=\{(-1)\times2\times(-27)\}\times(x^2y\times xy^3\times x^6y^3)$

$=54x^9y^7$

(8) $(-5x^2y)\times(-6x^3)^2\times\frac{1}{3}y^2$

$=(-5x^2y)\times36x^6\times\frac{1}{3}y^2$

$=\left\{(-5)\times36\times\frac{1}{3}\right\}\times(x^2y\times x^6\times y^2)$

$=-60x^8y^3$

답 (1) $35a^4$ (2) $-12a^3x^4$ (3) $-9x^3y^6$ (4) $\frac{1}{3}x^7$

(5) $-2a^7b^3$ (6) $48a^6$ (7) $54x^9y^7$ (8) $-60x^8y^3$

02 (1) $49a^5\div7a^2=\frac{49a^5}{7a^2}=7a^3$

(2) $(-36x^6y^4)\div9x^2y^3=\frac{-36x^6y^4}{9x^2y^3}=-4x^4y$

(3) $6a^3b\div(-18ab^2)=\frac{6a^3b}{-18ab^2}=-\frac{a^2}{3b}$

(4) $(-8x^4)^2\div(-2x^2)^3=64x^8\div(-8x^6)$

$=\frac{64x^8}{-8x^6}=-8x^2$

답 (1) $7a^3$ (2) $-4x^4y$ (3) $-\frac{a^2}{3b}$ (4) $-8x^2$

03 (1) $5x^3\div\left(-\frac{1}{2}x^4\right)=5x^3\times\left(-\frac{2}{x^4}\right)$

$=\{5\times(-2)\}\times\left(x^3\times\frac{1}{x^4}\right)$

$=-\frac{10}{x}$

(2) $\frac{3}{4}ab^2\div\frac{3}{8}ab=\frac{3}{4}ab^2\times\frac{8}{3ab}$

$=\left(\frac{3}{4}\times\frac{8}{3}\right)\times\left(ab^2\times\frac{1}{ab}\right)=2b$

(3) $(-30a^{10})\div(-6a^5)\div\frac{1}{a}$

$=(-30a^{10})\times\left(-\frac{1}{6a^5}\right)\times a$

$=\left\{(-30)\times\left(-\frac{1}{6}\right)\right\}\times\left(a^{10}\times\frac{1}{a^5}\times a\right)$

$=5a^6$

(4) $4x^3\div(-2x)^3\div 2x^4$

$=4x^3\div(-8x^3)\div 2x^4$

$=4x^3\times\left(-\frac{1}{8x^3}\right)\times\frac{1}{2x^4}$

$=\left\{4\times\left(-\frac{1}{8}\right)\times\frac{1}{2}\right\}\times\left(x^3\times\frac{1}{x^3}\times\frac{1}{x^4}\right)$

$=-\frac{1}{4x^4}$

(5) $(5xy^3)^2\div\frac{1}{4}x\div\left(-\frac{10}{xy}\right)$

$=25x^2y^6\div\frac{1}{4}x\div\left(-\frac{10}{xy}\right)$

$=25x^2y^6\times\frac{4}{x}\times\left(-\frac{xy}{10}\right)$

$=\left\{25\times4\times\left(-\frac{1}{10}\right)\right\}\times\left(x^2y^6\times\frac{1}{x}\times xy\right)$

$=-10x^2y^7$

(6) $\left(-\frac{2}{3}x^5y^2\right)^2\div\frac{4}{9}x^2y^2\div 3xy$

$=\frac{4}{9}x^{10}y^4\times\frac{9}{4x^2y^2}\times\frac{1}{3xy}$

$=\left(\frac{4}{9}\times\frac{9}{4}\times\frac{1}{3}\right)\times\left(x^{10}y^4\times\frac{1}{x^2y^2}\times\frac{1}{xy}\right)$

$=\frac{x^7y}{3}$

답 (1) $-\frac{10}{x}$ (2) $2b$ (3) $5a^6$ (4) $-\frac{1}{4x^4}$
(5) $-10x^2y^7$ (6) $\frac{x^7y}{3}$

04 (1) $6ab^2\times2a^2b\div3ab$

$=6ab^2\times2a^2b\times\frac{1}{3ab}$

$=\left(6\times2\times\frac{1}{3}\right)\times\left(ab^2\times a^2b\times\frac{1}{ab}\right)=4a^2b^2$

(2) $12a^2b\div3ab^3\times(-4a)$

$=12a^2b\times\frac{1}{3ab^3}\times(-4a)$

$=\left\{12\times\frac{1}{3}\times(-4)\right\}\times\left(a^2b\times\frac{1}{ab^3}\times a\right)$

$=-\frac{16a^2}{b^2}$

(3) $(-4x^5y^2)\div\left(-\frac{x^2}{y}\right)\times5xy^2$

$=(-4x^5y^2)\times\left(-\frac{y}{x^2}\right)\times5xy^2$

$=\{(-4)\times(-1)\times5\}\times\left(x^5y^2\times\frac{y}{x^2}\times xy^2\right)$

$=20x^4y^5$

(4) $(-7x^2)^2\times\frac{3}{7}x\div(-3x)$

$=49x^4\times\frac{3}{7}x\times\left(-\frac{1}{3x}\right)$

$=\left\{49\times\frac{3}{7}\times\left(-\frac{1}{3}\right)\right\}\times\left(x^4\times x\times\frac{1}{x}\right)$

$=-7x^4$

(5) $32ax^2\times(-a^2x^3)^3\div(-4ax)^2$

$=32ax^2\times(-a^6x^9)\div16a^2x^2$

$=32ax^2\times(-a^6x^9)\times\frac{1}{16a^2x^2}$

$=\left\{32\times(-1)\times\frac{1}{16}\right\}\times\left(ax^2\times a^6x^9\times\frac{1}{a^2x^2}\right)$

$=-2a^5x^9$

(6) $(-2xy)^4\div\frac{x^3y^2}{5}\times\frac{y}{8x}$

$=16x^4y^4\div\frac{x^3y^2}{5}\times\frac{y}{8x}$

$=16x^4y^4\times\frac{5}{x^3y^2}\times\frac{y}{8x}$

$=\left(16\times5\times\frac{1}{8}\right)\times\left(x^4y^4\times\frac{1}{x^3y^2}\times\frac{y}{x}\right)$

$=10y^3$

답 (1) $4a^2b^2$ (2) $-\frac{16a^2}{b^2}$ (3) $20x^4y^5$
(4) $-7x^4$ (5) $-2a^5x^9$ (6) $10y^3$

이런 문제가 시험에 나온다 > 본문 51쪽

01 ⑤ 02 1 03 ③ 04 $\frac{1}{2}x$
05 $4b^2$

01 ① $2xy\times(-3x^2)=\{2\times(-3)\}\times(xy\times x^2)$
$=-6x^3y$

② $\frac{2}{3}x^2y\times(-6xy^3)=\left\{\frac{2}{3}\times(-6)\right\}\times(x^2y\times xy^3)$
$=-4x^3y^4$

③ $(-ab)^3\times(-7a^2b^4)$
$=(-a^3b^3)\times(-7a^2b^4)$
$=\{(-1)\times(-7)\}\times(a^3b^3\times a^2b^4)$
$=7a^5b^7$

④ $40a^3b^5\div8a^4b^4=\frac{40a^3b^5}{8a^4b^4}=\frac{5b}{a}$

⑤ $(-x^2y^3)^2\div\frac{1}{3}xy=x^4y^6\times\frac{3}{xy}=3x^3y^5$

따라서 옳지 않은 것은 ⑤이다.

답 ⑤

02 $32x^6y^8\div(-2x^2y)^3\div\left(-\frac{y}{x}\right)^2$

$=32x^6y^8\div(-8x^6y^3)\div\frac{y^2}{x^2}$

$=32x^6y^8\times\left(-\frac{1}{8x^6y^3}\right)\times\frac{x^2}{y^2}$

$=\left\{32\times\left(-\frac{1}{8}\right)\right\}\times\left(x^6y^8\times\frac{1}{x^6y^3}\times\frac{x^2}{y^2}\right)$

$=-4x^2y^3$

따라서 $a=-4$, $b=2$, $c=3$이므로

$a+b+c=-4+2+3=1$ 답 1

03 ㄱ. $5x^2\times(-4x^5)\div10x^3$

$=5x^2\times(-4x^5)\times\frac{1}{10x^3}$

$=\left\{5\times(-4)\times\frac{1}{10}\right\}\times\left(x^2\times x^5\times\frac{1}{x^3}\right)$

$=-2x^4$

ㄴ. $(-a^3b^4)\div\left(-\frac{2}{ab}\right)\times(-6a)^2$

$=(-a^3b^4)\div\left(-\frac{2}{ab}\right)\times36a^2$

$=(-a^3b^4)\times\left(-\frac{ab}{2}\right)\times36a^2$

$=\left\{(-1)\times\left(-\frac{1}{2}\right)\times36\right\}\times(a^3b^4\times ab\times a^2)$

$=18a^6b^5$

ㄷ. $(-3xy^2)^3\div9x^4y^3\times\frac{x}{y^4}$

$=(-27x^3y^6)\div9x^4y^3\times\frac{x}{y^4}$

$=(-27x^3y^6)\times\frac{1}{9x^4y^3}\times\frac{x}{y^4}$

$=\left\{(-27)\times\frac{1}{9}\right\}\times\left(x^3y^6\times\frac{1}{x^4y^3}\times\frac{x}{y^4}\right)$

$=-\frac{3}{y}$

이상에서 옳은 것은 ㄱ, ㄷ이다. 답 ③

04 $(-64x^2y^4)\times\square\div8xy^3=-4x^2y$에서

$\square=\left(-\frac{1}{64x^2y^4}\right)\times8xy^3\times(-4x^2y)$

$=\left\{\left(-\frac{1}{64}\right)\times8\times(-4)\right\}\times\left(\frac{1}{x^2y^4}\times xy^3\times x^2y\right)$

$=\frac{1}{2}x$ 답 $\frac{1}{2}x$

05 직육면체의 부피가 $120a^2b^3$이므로

$6a^2\times5b\times(\text{높이})=120a^2b^3$

$30a^2b\times(\text{높이})=120a^2b^3$

$\therefore(\text{높이})=\frac{120a^2b^3}{30a^2b}=4b^2$ 답 $4b^2$

중단원 마무리하기

본문 52~55쪽

01 ⑤	02 ④	03 3	04 ③
05 25	06 ①	07 ③	08 ⑤
09 36	10 ②	11 ④	12 $9a^3b^3$
13 ⑤	14 ①	15 5	16 3
17 ④	18 ③	19 ③	20 $-2x^6y$
21 $\frac{3}{4}r$	22 9	23 9	24 40

01 전략 지수법칙을 이용하여 식을 간단히 한다.

⑤ $\left(\frac{2}{3^3}\right)^3=\frac{2^3}{3^9}$

따라서 옳지 않은 것은 ⑤이다. 답 ⑤

02 전략 지수법칙을 이용하여 □ 안에 알맞은 수를 구한다.

① $a^{\square}\times a^2=a^{\square+2}=a^7$이므로

$\square+2=7$ $\therefore\square=5$

② $a^{12}\div a^{\square}=a^{12-\square}=a^5$이므로

$12-\square=5$ $\therefore\square=7$

③ $a^{\square}\div a^{10}=\frac{1}{a^{10-\square}}=\frac{1}{a^4}$이므로

$10-\square=4$ $\therefore\square=6$

④ $(2a^3)^3=\boxed{8}a^9$이므로 $\square=8$

⑤ $\left(\frac{b^2}{a}\right)^4=\frac{b^8}{a^{\boxed{4}}}$이므로 $\square=4$

따라서 □ 안에 알맞은 수 중 가장 큰 것은 ④이다.

답 ④

03 전략 81을 3의 거듭제곱으로 나타낸다.

$3^a\times81=(3^5)^2$에서

$3^a\times3^4=3^{10}$, $3^{a+4}=3^{10}$

즉 $a+4=10$이므로 $a=6$

$(7^b)^3\div7^9=1$에서 $7^{3b}\div7^9=1$

즉 $3b=9$이므로 $b=3$

$\therefore a-b=6-3=3$ 답 3

04 전략 288을 소인수분해 한다.

$288=2^5\times3^2$이므로 $288^3=(2^5\times3^2)^3=2^{15}\times3^6$

따라서 $x=15$, $y=6$이므로

$x+y=15+6=21$ 답 ③

05 전략 지수법칙을 이용하여 좌변을 간단히 한 후 우변과 비교한다.

$\left(\frac{2x^az}{y^5}\right)^3=\frac{8x^{3a}z^3}{y^{15}}=\frac{cx^6z^3}{y^b}$이므로

$8=c$, $3a=6$, $15=b$

따라서 $a=2$, $b=15$, $c=8$이므로

$a+b+c=2+15+8=25$ 답 25

06 전략 같은 수의 덧셈을 곱셈으로 바꾸어 나타낸다.

$\frac{5^4+5^4+5^4+5^4+5^4}{25}=\frac{5\times5^4}{5^2}=\frac{5^5}{5^2}=5^3$

답 ①

07 전략 8을 2의 거듭제곱으로 나타낸다.

$\frac{1}{8^{10}}=\frac{1}{(2^3)^{10}}=\frac{1}{2^{30}}=\frac{1}{(2^{10})^3}=\frac{1}{A^3}$

답 ③

08 전략 단항식의 나눗셈은 분수의 꼴 또는 곱셈으로 바꾸어 계산한다.

⑤ $(-6xy)^2\div\left(-\frac{3}{x}\right)=36x^2y^2\times\left(-\frac{x}{3}\right)=-12x^3y^2$

따라서 옳지 않은 것은 ⑤이다.

답 ⑤

09 전략 주어진 등식의 좌변을 계산한 후 우변과 비교한다.

$(-2x^2y)^3\times\frac{x^2}{y^5}\times\left(-\frac{x}{4}\right)=(-8x^6y^3)\times\frac{x^2}{y^5}\times\left(-\frac{x}{4}\right)$

$=\frac{2x^9}{y^2}$

따라서 $a=2$, $b=9$, $c=2$이므로

$abc=2\times9\times2=36$

답 36

10 전략 단항식의 곱셈과 나눗셈의 혼합 계산은 나눗셈을 곱셈으로 바꾸고 앞에서부터 차례대로 계산한다.

$(-a^3b^2)^3\div\left(-\frac{2}{3}ab^2\right)^2\times8a^4b^3$

$=(-a^9b^6)\div\frac{4}{9}a^2b^4\times8a^4b^3$

$=(-a^9b^6)\times\frac{9}{4a^2b^4}\times8a^4b^3$

$=-18a^{11}b^5$

답 ②

11 전략 $A\times B\div\square=C$ ➡ $\square=A\times B\times\frac{1}{C}$

$6xy^4\times\left(-\frac{2}{y}\right)^2\div\square=\frac{8y}{x}$에서

$6xy^4\times\frac{4}{y^2}\times\frac{1}{\square}=\frac{8y}{x}$

$\therefore\ \square=6xy^4\times\frac{4}{y^2}\times\frac{x}{8y}=3x^2y$

답 ④

12 전략 (삼각형의 넓이)$=\frac{1}{2}\times$(밑변의 길이)$\times$(높이)임을 이용하여 식을 세운다.

(삼각형의 넓이)$=\frac{1}{2}\times6ab^2\times3a^2b$

$=9a^3b^3$

답 $9a^3b^3$

13 전략 주어진 등식의 좌변을 소인수분해 한 후 지수법칙을 이용한다.

$6\times8\times9\times10\times12\times15\times20$

$=(2\times3)\times2^3\times3^2\times(2\times5)\times(2^2\times3)\times(3\times5)\times(2^2\times5)$

$=2^9\times3^5\times5^3$

따라서 $a=9$, $b=5$, $c=3$이므로

$a-b+c=9-5+3=7$

답 ⑤

14 전략 지수법칙을 이용하여 지수를 같게 한 후 밑의 대소를 비교한다.

① $2^{50}=(2^5)^{10}=32^{10}$

② $3^{30}=(3^3)^{10}=27^{10}$

③ $5^{20}=(5^2)^{10}=25^{10}$

④ $9^{15}=(3^2)^{15}=3^{30}=27^{10}$

⑤ 15^{10}

이때 지수는 모두 10으로 같으므로 밑이 가장 큰 수가 가장 크다.

따라서 가장 큰 수는 ①이다.

답 ①

개념 더하기

자연수 a, b, m, n에 대하여

① $a<b$이면 $a^m<b^m$

➡ 지수가 같을 때, 밑이 클수록 큰 수이다.

② $m<n$이면 $a^m<a^n$ (단, $a\neq1$)

➡ 밑이 같을 때, 지수가 클수록 큰 수이다.

15 전략 밑이 같아지도록 식을 변형한다.

조건 (가)에서 $8^{2x-1}=2^{x+7}$이므로

$(2^3)^{2x-1}=2^{x+7}$

$2^{6x-3}=2^{x+7}$

즉 $6x-3=x+7$이므로

$5x=10\quad\therefore\ x=2$

조건 (나)에서 $16^4\times8^y\div32^3=2^{10}$이므로

$(2^4)^4\times(2^3)^y\div(2^5)^3=2^{10}$

$2^{16+3y-15}=2^{10}$

$2^{3y+1}=2^{10}$

즉 $3y+1=10$이므로

$3y=9\quad\therefore\ y=3$

$\therefore\ x+y=2+3=5$

답 5

16 전략 주어진 등식의 좌변을 $a\times3^x$의 꼴로 나타낸다.

$3^{x+1}+3^x=3^x\times3+3^x$

$=(3+1)\times3^x$

$=4\times3^x=108$

따라서 $3^x=27=3^3$이므로

$x=3$

답 3

17 전략 2^x, 5^x을 각각 A, B를 사용한 식으로 나타낸다.

$A=2^{x+1}=2^x\times2$이므로 $\quad 2^x=\dfrac{A}{2}$

$B=5^{x-2}=5^x\div5^2=5^x\times\dfrac{1}{25}$이므로 $\quad 5^x=25B$

$\therefore 10^x=(2\times5)^x=2^x\times5^x$

$=\dfrac{A}{2}\times25B=\dfrac{25}{2}AB$

답 ④

18 전략 주어진 식을 $a\times10^k$의 꼴로 나타낸다.

$\dfrac{2^{15}\times15^{20}}{45^{10}}=\dfrac{2^{15}\times(3\times5)^{20}}{(3^2\times5)^{10}}$

$=\dfrac{2^{15}\times3^{20}\times5^{20}}{3^{20}\times5^{10}}$

$=2^{15}\times5^{10}$

$=2^5\times(2^{10}\times5^{10})$

$=2^5\times(2\times5)^{10}$

$=32\times10^{10}$

따라서 $\dfrac{2^{15}\times15^{20}}{45^{10}}$은 12자리 자연수이므로

$n=12$

답 ③

19 전략 주어진 등식의 좌변을 간단히 한 후 우변과 비교한다.

$(-2x^4y^3)^A\div8x^By^2\div x^4y^8$

$=(-2)^Ax^{4A}y^{3A}\times\dfrac{1}{8x^By^2}\times\dfrac{1}{x^4y^8}$

$=\dfrac{(-2)^Ax^{4A}y^{3A}}{8x^{B+4}y^{10}}$

$=\dfrac{(-2)^A}{8}x^{4A-(B+4)}y^{3A-10}$

즉 $\dfrac{(-2)^A}{8}x^{4A-(B+4)}y^{3A-10}=Cx^4y^2$이므로

$3A-10=2,\ 4A-(B+4)=4,\ C=\dfrac{(-2)^A}{8}$

$3A-10=2$에서 $\quad 3A=12 \quad \therefore A=4$

$4A-(B+4)=4$에서

$16-(B+4)=4 \quad \therefore B=8$

$C=\dfrac{(-2)^A}{8}=\dfrac{(-2)^4}{8}=2$

$\therefore A+B-C=4+8-2=10$

답 ③

20 전략 주어진 계산 과정에 따라 식을 세운다.

(나)에 알맞은 식은

$\dfrac{54y^2}{x}\times\left(-\dfrac{1}{3}xy^3\right)^3\div\left(\dfrac{y^5}{x^2}\right)^2$

$=\dfrac{54y^2}{x}\times\left(-\dfrac{1}{27}x^3y^9\right)\div\dfrac{y^{10}}{x^4}$

$=\dfrac{54y^2}{x}\times\left(-\dfrac{1}{27}x^3y^9\right)\times\dfrac{x^4}{y^{10}}$

$=-2x^6y$

답 $-2x^6y$

21 전략 (기둥의 부피)=(밑넓이)×(높이)임을 이용하여 식을 세운다.

원기둥 B의 높이를 h라 하면

(원기둥 A의 부피)$=\pi r^2\times3r=3\pi r^3$

(원기둥 B의 부피)$=\pi\times(2r)^2\times h=4\pi r^2\times h$

두 원기둥 A와 B의 부피가 같으므로

$3\pi r^3=4\pi r^2\times h$

$\therefore h=\dfrac{3\pi r^3}{4\pi r^2}=\dfrac{3}{4}r$

답 $\dfrac{3}{4}r$

22 전략 d의 값이 될 수 있는 자연수는 x, y, z의 지수의 공약수임을 이용한다.

$(x^ay^bz^c)^d=x^{ad}y^{bd}z^{cd}=x^{24}y^{32}z^{16}$이므로

$ad=24,\ bd=32,\ cd=16$ ...... ㉠

따라서 이를 만족시키는 가장 큰 자연수 d는 24, 32, 16의 최대공약수이어야 하므로

$d=8$

$d=8$을 ㉠에 대입하면

$8a=24,\ 8b=32,\ 8c=16$

따라서 $a=3,\ b=4,\ c=2$이므로

$a+b+c=3+4+2=9$

답 9

23 전략 27과 9를 3의 거듭제곱으로 나타낸다.

$\dfrac{27^{10}+9^{15}+3^{30}}{27^4+9^6+3^{12}}=\dfrac{(3^3)^{10}+(3^2)^{15}+3^{30}}{(3^3)^4+(3^2)^6+3^{12}}$

$=\dfrac{3^{30}+3^{30}+3^{30}}{3^{12}+3^{12}+3^{12}}$

$=\dfrac{3\times3^{30}}{3\times3^{12}}=3^{18}$

$3^1=3,\ 3^2=9,\ 3^3=27,\ 3^4=81,\ 3^5=243,\ \cdots$이므로 3의 거듭제곱의 일의 자리의 숫자는 3, 9, 7, 1의 순서대로 반복된다.

이때 $18=4\times4+2$이므로 3^{18}의 일의 자리의 숫자는 9이다.

답 9

24 전략 먼저 A, B를 각각 구한다.

$A\times(-3a^2b)^2=-18a^8b^3$에서

$A\times9a^4b^2=-18a^8b^3$

$\therefore A=\dfrac{-18a^8b^3}{9a^4b^2}=-2a^4b$

$5a^4b^3\div B\times(-2ab^2)^3=8a^5b^6$에서

$5a^4b^3\div B\times(-8a^3b^6)=8a^5b^6$

$\therefore B=5a^4b^3\times(-8a^3b^6)\times\dfrac{1}{8a^5b^6}=-5a^2b^3$

$\therefore AB=(-2a^4b)\times(-5a^2b^3)$

$=10a^6b^4=10(a^3b^2)^2$

$=10\times2^2=40$

답 40

서술형 대비 문제

본문 56~57쪽

1 $\frac{5}{64}A^3B$ 2 40 3 6
4 32 5 $\frac{45x^5}{y^2}$ 6 $6b$

1 1단계 $A=2^{x+2}=2^x\times2^2=4\times2^x$이므로

$2^x=\frac{A}{4}$

2단계 $B=5^{x-1}=5^x\div5=5^x\times\frac{1}{5}$이므로

$5^x=5B$

3단계 $40^x=(2^3\times5)^x$

$=2^{3x}\times5^x$

$=(2^x)^3\times5^x$

$=\left(\frac{A}{4}\right)^3\times5B$

$=\frac{5}{64}A^3B$

답 $\frac{5}{64}A^3B$

2 1단계 $(-2x^2y)^A\div6xy^B\times27x^2y^3$

$=(-2)^Ax^{2A}y^A\times\frac{1}{6xy^B}\times27x^2y^3$

$=(-2)^A\times\frac{9}{2}\times x^{2A-1+2}y^{A-B+3}$

$=(-2)^A\times\frac{9}{2}\times x^{2A+1}y^{A-B+3}$

2단계 $2A+1=7$에서 $A=3$

$A-B+3=5$에서

$3-B+3=5$ $\therefore B=1$

$C=(-2)^A\times\frac{9}{2}=(-2)^3\times\frac{9}{2}$

$=(-8)\times\frac{9}{2}=-36$

3단계 $A+B-C=3+1-(-36)=40$

답 40

3 1단계 $2^5\times2^5\times2^5\times2^5\times2^5=2^{5+5+5+5+5}=2^{25}$

$\therefore A=25$

2단계 $4^6+4^6+4^6+4^6=4\times4^6=4^7$

$\therefore B=7$

3단계 $(5^3)^4=5^{12}$ $\therefore C=12$

4단계 $A-B-C=25-7-12=6$

답 6

단계	채점 요소	배점
1	A의 값 구하기	2점
2	B의 값 구하기	2점
3	C의 값 구하기	1점
4	$A-B-C$의 값 구하기	1점

4 1단계 $4^{11}\times7\times5^{20}=(2^2)^{11}\times7\times5^{20}$

$=2^{22}\times7\times5^{20}$

$=2^2\times7\times(2^{20}\times5^{20})$

$=28\times(2\times5)^{20}$

$=28\times10^{20}$

2단계 $4^{11}\times7\times5^{20}$은 22자리 자연수이므로

$n=22$

3단계 각 자리의 숫자의 합은 $2+8=10$이므로

$p=10$

4단계 $n+p=22+10=32$

답 32

단계	채점 요소	배점
1	주어진 식을 $a\times10^k$의 꼴로 나타내기	3점
2	n의 값 구하기	2점
3	p의 값 구하기	2점
4	$n+p$의 값 구하기	1점

5 1단계 어떤 식을 A라 하면

$A\div\left(-\frac{3x}{y^2}\right)=5x^3y^2$

$\therefore A=5x^3y^2\times\left(-\frac{3x}{y^2}\right)=-15x^4$

2단계 바르게 계산하면

$(-15x^4)\times\left(-\frac{3x}{y^2}\right)=\frac{45x^5}{y^2}$

답 $\frac{45x^5}{y^2}$

단계	채점 요소	배점
1	어떤 식 구하기	4점
2	바르게 계산한 식 구하기	2점

6 1단계 $V_1=\frac{1}{3}\times\pi\times(2ab)^2\times\frac{1}{3}a$

$=\frac{1}{3}\times\pi\times4a^2b^2\times\frac{1}{3}a=\frac{4}{9}\pi a^3b^2$

2단계 $V_2=\frac{1}{3}\times\pi\times\left(\frac{1}{3}a\right)^2\times2ab$

$=\frac{1}{3}\times\pi\times\frac{1}{9}a^2\times2ab=\frac{2}{27}\pi a^3b$

3단계 $V_1\div V_2=\frac{4}{9}\pi a^3b^2\div\frac{2}{27}\pi a^3b$

$=\frac{4}{9}\pi a^3b^2\times\frac{27}{2\pi a^3b}=6b$

답 $6b$

단계	채점 요소	배점
1	V_1 구하기	3점
2	V_2 구하기	3점
3	$V_1\div V_2$ 구하기	2점

Ⅱ-2 다항식의 계산

01 다항식의 덧셈과 뺄셈

개념원리 확인하기

> 본문 61쪽

01 (1) $5a+b$ (2) $-2x-3y$ (3) $3x+y-5$ (4) $\frac{4}{3}a-\frac{1}{3}b$

02 (1) $-2x+y$ (2) $4x-3y$ (3) $-4a+b+1$ (4) $3a-b$

03 ㄱ, ㄷ

04 (1) $-4x^2-3x+6$ (2) a^2-3a+4 (3) $2x^2+4x-2$ (4) $11a^2-7a$

05 (1) $3x+y$ (2) $4a-3b$ (3) $-5x$

01 (1) $(a+2b)+(4a-b)$

$=a+2b+4a-b$

$=a+4a+2b-b$

$=5a+b$

(2) $(-3x+2y)+(x-5y)$

$=-3x+2y+x-5y$

$=-3x+x+2y-5y$

$=-2x-3y$

(3) $(2x-y)+(x+2y-5)$

$=2x-y+x+2y-5$

$=2x+x-y+2y-5$

$=3x+y-5$

(4) $\left(a+\frac{2}{3}b\right)+\left(\frac{1}{3}a-b\right)$

$=a+\frac{2}{3}b+\frac{1}{3}a-b$

$=a+\frac{1}{3}a+\frac{2}{3}b-b$

$=\frac{4}{3}a-\frac{1}{3}b$

답 (1) $5a+b$ (2) $-2x-3y$ (3) $3x+y-5$ (4) $\frac{4}{3}a-\frac{1}{3}b$

02 (1) $(6x-4y)-(8x-5y)$

$=6x-4y-8x+5y$

$=6x-8x-4y+5y$

$=-2x+y$

(2) $(3x-y)-(-x+2y)$

$=3x-y+x-2y$

$=3x+x-y-2y$

$=4x-3y$

(3) $(a-3b+2)-(5a-4b+1)$

$=a-3b+2-5a+4b-1$

$=a-5a-3b+4b+2-1$

$=-4a+b+1$

(4) $\left(-4a+\frac{1}{2}b\right)-\left(-7a+\frac{3}{2}b\right)$

$=-4a+\frac{1}{2}b+7a-\frac{3}{2}b$

$=-4a+7a+\frac{1}{2}b-\frac{3}{2}b$

$=3a-b$

답 (1) $-2x+y$ (2) $4x-3y$ (3) $-4a+b+1$ (4) $3a-b$

03 ㄱ. x에 대한 이차식이다.

ㄴ. 일차식이다.

ㄷ. a에 대한 이차식이다.

ㄹ. 분모에 문자가 있으므로 다항식이 아니다.

이상에서 이차식인 것은 ㄱ, ㄷ이다.

답 ㄱ, ㄷ

04 (1) $(x^2-3x)+(-5x^2+6)$

$=x^2-3x-5x^2+6$

$=x^2-5x^2-3x+6$

$=-4x^2-3x+6$

(2) $(5a^2+2a-3)+(-4a^2-5a+7)$

$=5a^2+2a-3-4a^2-5a+7$

$=5a^2-4a^2+2a-5a-3+7$

$=a^2-3a+4$

(3) $(4x^2-x+1)-(2x^2-5x+3)$

$=4x^2-x+1-2x^2+5x-3$

$=4x^2-2x^2-x+5x+1-3$

$=2x^2+4x-2$

(4) $(8a^2-3a-2)-(-3a^2+4a-2)$

$=8a^2-3a-2+3a^2-4a+2$

$=8a^2+3a^2-3a-4a-2+2$

$=11a^2-7a$

답 (1) $-4x^2-3x+6$ (2) a^2-3a+4 (3) $2x^2+4x-2$ (4) $11a^2-7a$

05 (1) $4x+\{x-(2x-y)\}$

$=4x+(x-2x+y)$

$=4x+(-x+y)$

$=4x-x+y$

$=3x+y$

(2) $7a-\{5b-(2b-3a)\}$
$=7a-(5b-2b+3a)$
$=7a-(3b+3a)$
$=7a-3b-3a$
$=4a-3b$

(3) $y-[x-\{2y-(4x+3y)\}]$
$=y-\{x-(2y-4x-3y)\}$
$=y-\{x-(-4x-y)\}$
$=y-(x+4x+y)$
$=y-(5x+y)$
$=y-5x-y$
$=-5x$

답 (1) $3x+y$ (2) $4a-3b$ (3) $-5x$

핵심문제 익히기

> 본문 62～63쪽

1 (1) $9a-17b+8$ (2) $-\frac{5}{6}x+\frac{11}{6}y$
2 (1) $8x^2-7x-7$ (2) $-y^2+y+3$
3 (1) $8x-27y$ (2) $11x^2+7x-5$
4 $5x^2+11x-8$

1 (1) $-5(a+2b-3)+7(2a-b-1)$
$=-5a-10b+15+14a-7b-7$
$=9a-17b+8$

(2) $\frac{x+3y}{2}-\frac{4x-y}{3}$
$=\frac{3(x+3y)-2(4x-y)}{6}$
$=\frac{3x+9y-8x+2y}{6}$
$=-\frac{5}{6}x+\frac{11}{6}y$

답 (1) $9a-17b+8$ (2) $-\frac{5}{6}x+\frac{11}{6}y$

개념 더하기

분수의 꼴인 다항식의 덧셈과 뺄셈은 분모의 최소공배수로 통분한 후 동류항끼리 모아서 계산한다.
이때 부호에 주의한다.
➡ $-\frac{B+C}{A}=\frac{-B-C}{A}$, $-\frac{B-C}{A}=\frac{-B+C}{A}$

2 (1) $2(x^2+x-5)+3(2x^2-3x+1)$
$=2x^2+2x-10+6x^2-9x+3$
$=8x^2-7x-7$

(2) $\left(-\frac{3}{4}y^2-\frac{2}{3}y+1\right)-\left(\frac{1}{4}y^2-\frac{5}{3}y-2\right)$
$=-\frac{3}{4}y^2-\frac{2}{3}y+1-\frac{1}{4}y^2+\frac{5}{3}y+2$
$=-y^2+y+3$

답 (1) $8x^2-7x-7$ (2) $-y^2+y+3$

3 (1) $4x-\{2x+6y-3(2x-7y)\}$
$=4x-(2x+6y-6x+21y)$
$=4x-(-4x+27y)$
$=4x+4x-27y$
$=8x-27y$

(2) $5x^2-[4x-\{7x+3-(-5x+8)\}-(6x^2-x)]$
$=5x^2-\{4x-(7x+3+5x-8)-6x^2+x\}$
$=5x^2-\{4x-(12x-5)-6x^2+x\}$
$=5x^2-(4x-12x+5-6x^2+x)$
$=5x^2-(-6x^2-7x+5)$
$=5x^2+6x^2+7x-5$
$=11x^2+7x-5$

답 (1) $8x-27y$ (2) $11x^2+7x-5$

4 어떤 식을 A라 하면
$A+(-x^2-4x+3)=4x^2+7x-5$
$\therefore A=4x^2+7x-5-(-x^2-4x+3)$
$=4x^2+7x-5+x^2+4x-3$
$=5x^2+11x-8$

답 $5x^2+11x-8$

개념 더하기

① $A+X=Y$ ➡ $A=Y-X$
② $A-X=Y$ ➡ $A=Y+X$
③ $X-A=Y$ ➡ $A=X-Y$

계산력 강화하기

> 본문 64쪽

01 (1) $x+y$ (2) $-8a+3b$ (3) $-5x+9y-1$
(4) $7x+12y-4$ (5) $11a-5b+6$ (6) $2x-6y$

02 (1) $\frac{13}{12}a-\frac{1}{6}b$ (2) $-4x+y$ (3) $\frac{11}{15}a-\frac{8}{15}b$
(4) $-\frac{4}{3}x$

03 (1) $5x^2+3x-5$ (2) $-2x^2-6x+3$
(3) $-7a^2+13a+2$ (4) $17x^2-9x+8$
(5) $8x^2-10x+4$ (6) $-y^2+3y-4$

04 (1) $12x-12y$ (2) $a+11b$ (3) $9x-6y+7$
(4) $5b$ (5) $-20x^2+5x+4$

01 (1) $(3x-2y)+(-2x+3y)$
$=3x-2y-2x+3y$
$=x+y$
(2) $(-5a+2b)-(3a-b)$
$=-5a+2b-3a+b$
$=-8a+3b$
(3) $(x-3y+2)+3(-2x+4y-1)$
$=x-3y+2-6x+12y-3$
$=-5x+9y-1$
(4) $2(4x+5y)-(x-2y+4)$
$=8x+10y-x+2y-4$
$=7x+12y-4$
(5) $5(a+2b-3)+3(2a-5b+7)$
$=5a+10b-15+6a-15b+21$
$=11a-5b+6$
(6) $4(3x-y-2)-2(5x+y-4)$
$=12x-4y-8-10x-2y+8$
$=2x-6y$
답 (1) $x+y$ (2) $-8a+3b$ (3) $-5x+9y-1$
(4) $7x+12y-4$ (5) $11a-5b+6$ (6) $2x-6y$

02 (1) $\left(\frac{1}{3}a-\frac{1}{2}b\right)+\left(\frac{3}{4}a+\frac{1}{3}b\right)$
$=\frac{1}{3}a-\frac{1}{2}b+\frac{3}{4}a+\frac{1}{3}b$
$=\frac{1}{3}a+\frac{3}{4}a-\frac{1}{2}b+\frac{1}{3}b$
$=\frac{4}{12}a+\frac{9}{12}a-\frac{3}{6}b+\frac{2}{6}b$
$=\frac{13}{12}a-\frac{1}{6}b$
(2) $\left(-\frac{3}{2}x+\frac{2}{5}y\right)-\left(\frac{5}{2}x-\frac{3}{5}y\right)$
$=-\frac{3}{2}x+\frac{2}{5}y-\frac{5}{2}x+\frac{3}{5}y$
$=-4x+y$
(3) $\frac{a-b}{3}+\frac{2a-b}{5}$
$=\frac{5(a-b)+3(2a-b)}{15}$
$=\frac{5a-5b+6a-3b}{15}$
$=\frac{11}{15}a-\frac{8}{15}b$
(4) $\frac{x+3y}{6}-\frac{3x+y}{2}$
$=\frac{x+3y-3(3x+y)}{6}$
$=\frac{x+3y-9x-3y}{6}=-\frac{4}{3}x$
답 (1) $\frac{13}{12}a-\frac{1}{6}b$ (2) $-4x+y$
(3) $\frac{11}{15}a-\frac{8}{15}b$ (4) $-\frac{4}{3}x$

03 (1) $(7x^2-2x+3)+(-2x^2+5x-8)$
$=7x^2-2x+3-2x^2+5x-8$
$=5x^2+3x-5$
(2) $(5x^2-6x-2)-(7x^2-5)$
$=5x^2-6x-2-7x^2+5$
$=-2x^2-6x+3$
(3) $3(-a^2+4a+1)+(-4a^2+a-1)$
$=-3a^2+12a+3-4a^2+a-1$
$=-7a^2+13a+2$
(4) $(5x^2-7x+2)-2(-6x^2+x-3)$
$=5x^2-7x+2+12x^2-2x+6$
$=17x^2-9x+8$
(5) $\frac{1}{2}(6x^2+10x-2)+5(x^2-3x+1)$
$=3x^2+5x-1+5x^2-15x+5$
$=8x^2-10x+4$
(6) $\left(-\frac{1}{4}y^2-\frac{1}{2}y+1\right)-\left(\frac{3}{4}y^2-\frac{7}{2}y+5\right)$
$=-\frac{1}{4}y^2-\frac{1}{2}y+1-\frac{3}{4}y^2+\frac{7}{2}y-5$
$=-y^2+3y-4$
답 (1) $5x^2+3x-5$ (2) $-2x^2-6x+3$
(3) $-7a^2+13a+2$ (4) $17x^2-9x+8$
(5) $8x^2-10x+4$ (6) $-y^2+3y-4$

04 (1) $9x-\{7y-(3x-5y)\}$
$=9x-(7y-3x+5y)$
$=9x-(-3x+12y)$
$=9x+3x-12y$
$=12x-12y$
(2) $3a+\{5b-2(a-3b)\}$
$=3a+(5b-2a+6b)$
$=3a+(-2a+11b)$
$=3a-2a+11b$
$=a+11b$
(3) $-2x+y-\{-2x+y-3(3x-2y)-7\}$
$=-2x+y-(-2x+y-9x+6y-7)$
$=-2x+y-(-11x+7y-7)$
$=-2x+y+11x-7y+7$
$=9x-6y+7$
(4) $7a-[3a-\{2b-(4a-3b)\}]$
$=7a-\{3a-(2b-4a+3b)\}$
$=7a-\{3a-(-4a+5b)\}$
$=7a-(3a+4a-5b)$
$=7a-(7a-5b)$
$=7a-7a+5b$
$=5b$

(5) $8x^2-[5x-3-\{5-2x-4(7x^2-3x+1)\}]$
$=8x^2-\{5x-3-(5-2x-28x^2+12x-4)\}$
$=8x^2-\{5x-3-(-28x^2+10x+1)\}$
$=8x^2-(5x-3+28x^2-10x-1)$
$=8x^2-(28x^2-5x-4)$
$=8x^2-28x^2+5x+4$
$=-20x^2+5x+4$

답 (1) $12x-12y$ (2) $a+11b$
(3) $9x-6y+7$ (4) $5b$
(5) $-20x^2+5x+4$

이런 문제가 시험에 나온다

> 본문 65쪽

01 ⑤ 02 1 03 -3 04 ④
05 (1) $-5x^2-5x+12$ (2) $-3x^2-8x+17$

01 ① $(a+2b)+(9a-5b)$
$=a+2b+9a-5b$
$=10a-3b$
② $(-3x+5y)-(2x-7y+4)$
$=-3x+5y-2x+7y-4$
$=-5x+12y-4$
③ $(4a-7b-3)+5(a+2b-1)$
$=4a-7b-3+5a+10b-5$
$=9a+3b-8$
④ $(7x-3y+2)-\frac{1}{3}(9x+12y-3)$
$=7x-3y+2-3x-4y+1$
$=4x-7y+3$
⑤ $\frac{3a-4b}{2}-\frac{2a-5b}{3}$
$=\frac{3(3a-4b)-2(2a-5b)}{6}$
$=\frac{9a-12b-4a+10b}{6}$
$=\frac{5}{6}a-\frac{1}{3}b$
따라서 옳지 않은 것은 ⑤이다.

답 ⑤

02 $6\left(x^2-\frac{3}{2}x+\frac{1}{3}\right)-2(2x^2+x-4)$
$=6x^2-9x+2-4x^2-2x+8$
$=2x^2-11x+10$
따라서 $a=2$, $b=-11$, $c=10$이므로
$a+b+c=2+(-11)+10=1$

답 1

03 $2x-3y-\{5x-6y-(4x-7y)\}$
$=2x-3y-(5x-6y-4x+7y)$
$=2x-3y-(x+y)$
$=2x-3y-x-y$
$=x-4y$
따라서 x의 계수는 1, y의 계수는 -4이므로 구하는 합은
$1+(-4)=-3$

답 -3

04 $(-4x^2+10x+5)-\square=2x^2-7x-3$에서
$\square=(-4x^2+10x+5)-(2x^2-7x-3)$
$=-4x^2+10x+5-2x^2+7x+3$
$=-6x^2+17x+8$

답 ④

05 (1) 어떤 식을 A라 하면
$A-(2x^2-3x+5)=-7x^2-2x+7$
$\therefore A=-7x^2-2x+7+(2x^2-3x+5)$
$=-7x^2-2x+7+2x^2-3x+5$
$=-5x^2-5x+12$
(2) 바르게 계산한 식은
$(-5x^2-5x+12)+(2x^2-3x+5)$
$=-5x^2-5x+12+2x^2-3x+5$
$=-3x^2-8x+17$

답 (1) $-5x^2-5x+12$ (2) $-3x^2-8x+17$

02 단항식과 다항식의 곱셈과 나눗셈

개념원리 확인하기

> 본문 68쪽

01 (1) $-3ab-12a$ (2) $5x^2-2x$
(3) $-a^2b+8ab^2$ (4) $4x^2-14xy+6x$
(5) $10x^2y-5xy^2-4xy$ (6) $-2a^3+3a^2-5a$
02 (1) $3a+7b$ (2) $2x-5y$
(3) $-9x^3-3$ (4) $-6a+2ab-3$
03 (1) $6x+16$ (2) $10x^2-6y$
(3) $-5a-15b$ (4) $-3a^2+9a+6$
04 (1) $9x^2-19xy$ (2) $7x+2$ (3) a^2-5ab
(4) $-2b^2+ab$ (5) $14x$

01 (1) $-3a(b+4)=(-3a)\times b+(-3a)\times 4$
$=-3ab-12a$

(2) $x(5x-2)=x\times 5x+x\times(-2)$

$=5x^2-2x$

(3) $(-a+8b)\times ab=(-a)\times ab+8b\times ab$

$=-a^2b+8ab^2$

(4) $(-2x+7y-3)\times(-2x)$

$=(-2x)\times(-2x)+7y\times(-2x)+(-3)\times(-2x)$

$=4x^2-14xy+6x$

(5) $10xy\left(x-\frac{1}{2}y-\frac{2}{5}\right)$

$=10xy\times x+10xy\times\left(-\frac{1}{2}y\right)+10xy\times\left(-\frac{2}{5}\right)$

$=10x^2y-5xy^2-4xy$

(6) $(6a^2-9a+15)\times\left(-\frac{a}{3}\right)$

$=6a^2\times\left(-\frac{a}{3}\right)+(-9a)\times\left(-\frac{a}{3}\right)+15\times\left(-\frac{a}{3}\right)$

$=-2a^3+3a^2-5a$

답 (1) $-3ab-12a$ (2) $5x^2-2x$
(3) $-a^2b+8ab^2$ (4) $4x^2-14xy+6x$
(5) $10x^2y-5xy^2-4xy$ (6) $-2a^3+3a^2-5a$

02 (1) $\frac{3a^2+7ab}{a}=\frac{3a^2}{a}+\frac{7ab}{a}=3a+7b$

(2) $(10x^2-25xy)\div 5x$

$=\frac{10x^2-25xy}{5x}$

$=\frac{10x^2}{5x}-\frac{25xy}{5x}$

$=2x-5y$

(3) $(27x^3y+9y)\div(-3y)$

$=\frac{27x^3y+9y}{-3y}$

$=\frac{27x^3y}{-3y}+\frac{9y}{-3y}$

$=-9x^3-3$

(4) $(12a^2b-4a^2b^2+6ab)\div(-2ab)$

$=\frac{12a^2b-4a^2b^2+6ab}{-2ab}$

$=\frac{12a^2b}{-2ab}-\frac{4a^2b^2}{-2ab}+\frac{6ab}{-2ab}$

$=-6a+2ab-3$

답 (1) $3a+7b$ (2) $2x-5y$
(3) $-9x^3-3$ (4) $-6a+2ab-3$

03 (1) $(3x^2+8x)\div\frac{1}{2}x$

$=(3x^2+8x)\times\frac{2}{x}$

$=3x^2\times\frac{2}{x}+8x\times\frac{2}{x}$

$=6x+16$

(2) $(15x^2y-9y^2)\div\frac{3}{2}y$

$=(15x^2y-9y^2)\times\frac{2}{3y}$

$=15x^2y\times\frac{2}{3y}+(-9y^2)\times\frac{2}{3y}$

$=10x^2-6y$

(3) $(a^2b+3ab^2)\div\left(-\frac{1}{5}ab\right)$

$=(a^2b+3ab^2)\times\left(-\frac{5}{ab}\right)$

$=a^2b\times\left(-\frac{5}{ab}\right)+3ab^2\times\left(-\frac{5}{ab}\right)$

$=-5a-15b$

(4) $(4a^3-12a^2-8a)\div\left(-\frac{4}{3}a\right)$

$=(4a^3-12a^2-8a)\times\left(-\frac{3}{4a}\right)$

$=4a^3\times\left(-\frac{3}{4a}\right)+(-12a^2)\times\left(-\frac{3}{4a}\right)$

$+(-8a)\times\left(-\frac{3}{4a}\right)$

$=-3a^2+9a+6$

답 (1) $6x+16$ (2) $10x^2-6y$
(3) $-5a-15b$ (4) $-3a^2+9a+6$

04 (1) $x(3x+8y)+3x(2x-9y)$

$=3x^2+8xy+6x^2-27xy$

$=9x^2-19xy$

(2) $\frac{5x^2-3x}{x}+\frac{14x^2+35x}{7x}$

$=5x-3+2x+5$

$=7x+2$

(3) $a(a-2b)-27a^3b^3\div(-3ab)^2$

$=a(a-2b)-27a^3b^3\div 9a^2b^2$

$=a^2-2ab-3ab$

$=a^2-5ab$

(4) $\frac{2ab^2-3a^2b}{a}-4b(b-a)$

$=2b^2-3ab-4b^2+4ab$

$=-2b^2+ab$

(5) $\frac{x}{3}(6x+12)-(4x^3-20x^2)\div 2x$

$=\frac{x}{3}(6x+12)-\frac{4x^3-20x^2}{2x}$

$=2x^2+4x-(2x^2-10x)$

$=2x^2+4x-2x^2+10x$

$=14x$

답 (1) $9x^2-19xy$ (2) $7x+2$
(3) a^2-5ab (4) $-2b^2+ab$
(5) $14x$

핵심문제 익히기

> 본문 69～71쪽

1 (1) $8x^3-4x^2+12x$ (2) $10x^2y-9xy^2+xy$
2 (1) $5x^3y^2+2xy-4$ (2) $-4x^2+8xy-2y$
3 (1) $5x^2-12x$ (2) $x-10y$
4 $5a+3$
5 (1) -6 (2) -4 (3) -11
6 $16x-10$
7 $19x-7y$

1 (1) $-4x(-2x^2+x-3)$

$=(-4x)\times(-2x^2)+(-4x)\times x+(-4x)\times(-3)$

$=8x^3-4x^2+12x$

(2) $\left(\frac{2}{3}x-\frac{3}{5}y+\frac{1}{15}\right)\times 15xy$

$=\frac{2}{3}x\times 15xy+\left(-\frac{3}{5}y\right)\times 15xy+\frac{1}{15}\times 15xy$

$=10x^2y-9xy^2+xy$

답 (1) $8x^3-4x^2+12x$ (2) $10x^2y-9xy^2+xy$

2 (1) $(45x^5y^3+18x^3y^2-36x^2y)\div 9x^2y$

$=\frac{45x^5y^3+18x^3y^2-36x^2y}{9x^2y}$

$=\frac{45x^5y^3}{9x^2y}+\frac{18x^3y^2}{9x^2y}-\frac{36x^2y}{9x^2y}$

$=5x^3y^2+2xy-4$

(2) $\left(5x^2y-10xy^2+\frac{5}{2}y^2\right)\div\left(-\frac{5}{4}y\right)$

$=\left(5x^2y-10xy^2+\frac{5}{2}y^2\right)\times\left(-\frac{4}{5y}\right)$

$=5x^2y\times\left(-\frac{4}{5y}\right)+(-10xy^2)\times\left(-\frac{4}{5y}\right)$

$+\frac{5}{2}y^2\times\left(-\frac{4}{5y}\right)$

$=-4x^2+8xy-2y$

답 (1) $5x^3y^2+2xy-4$ (2) $-4x^2+8xy-2y$

3 (1) $2x(x-5)-(12x^3-8x^2)\div(-4x)$

$=2x(x-5)-\frac{12x^3-8x^2}{-4x}$

$=2x^2-10x-(-3x^2+2x)$

$=2x^2-10x+3x^2-2x$

$=5x^2-12x$

(2) $(-xy+y^2)\div\left(-\frac{1}{5}y\right)-(12x^2+15xy)\div 3x$

$=(-xy+y^2)\times\left(-\frac{5}{y}\right)-\frac{12x^2+15xy}{3x}$

$=5x-5y-(4x+5y)$

$=5x-5y-4x-5y$

$=x-10y$

답 (1) $5x^2-12x$ (2) $x-10y$

4 (직육면체의 부피) = (밑넓이) × (높이)이므로

$3a\times 6b\times$(높이)$=90a^2b+54ab$

$18ab\times$(높이)$=90a^2b+54ab$

$\therefore$ (높이)$=(90a^2b+54ab)\div 18ab$

$=\frac{90a^2b+54ab}{18ab}$

$=5a+3$

답 $5a+3$

5 (1) $(3x^2y+6xy^2)\div 3xy\times xy$

$=\frac{3x^2y+6xy^2}{3xy}\times xy$

$=(x+2y)\times xy$

$=x^2y+2xy^2$

$=4^2\times\left(-\frac{1}{2}\right)+2\times 4\times\left(-\frac{1}{2}\right)^2$

$=-8+2$

$=-6$

(2) $\frac{6a^2-3ab}{3a}-\frac{15ab-10b^2}{5b}$

$=2a-b-(3a-2b)$

$=2a-b-3a+2b$

$=-a+b$

$=-1+(-3)$

$=-4$

(3) $(5xy-x^2)\div\frac{1}{3}x-(3y^2-2xy)\div\frac{1}{2}y$

$=(5xy-x^2)\times\frac{3}{x}-(3y^2-2xy)\times\frac{2}{y}$

$=15y-3x-6y+4x$

$=x+9y$

$=-2+9\times(-1)$

$=-11$

답 (1) -6 (2) -4 (3) -11

6 $-5x-3y+2=-5x-3(-7x+4)+2$

$=-5x+21x-12+2$

$=16x-10$

답 $16x-10$

7 $5(A-2B)-2(3A-7B)$

$=5A-10B-6A+14B$

$=-A+4B$

$=-(x+3y)+4(5x-y)$

$=-x-3y+20x-4y$

$=19x-7y$

답 $19x-7y$

계산력 강화하기

> 본문 72쪽

01 (1) $6a^2-3a$ (2) $-a^2+3ab-5a$
(3) $-8x^2-4xy+12x$ (4) $20xy-10y^2+5y$
(5) $2a^3+6a^2+10a$ (6) $3x^2y-6xy^2+15xy$

02 (1) $5a+7b$ (2) $-3x^2+2x$
(3) $2ab+4a-7b$ (4) $6x-4$
(5) $-4a-8b$ (6) $-6x+3y-15$

03 (1) $3x^2+10x$ (2) $-x^2-18xy$ (3) $-9x$
(4) x^2+5x-3 (5) $-9x+3y$

04 (1) $3x^2+xy$ (2) $-3xy-4y^2$
(3) $-2y+1$ (4) $15x^2-3xy$
(5) $12x^2-7x+2y^2$

01 (1) $3a(2a-1)=6a^2-3a$

(2) $-a(a-3b+5)=-a^2+3ab-5a$

(3) $-4x(2x+y-3)=-8x^2-4xy+12x$

(4) $(4x-2y+1)\times 5y=20xy-10y^2+5y$

(5) $(9a^2+27a+45)\times\frac{2}{9}a=2a^3+6a^2+10a$

(6) $(-5x+10y-25)\times\left(-\frac{3}{5}xy\right)$
$=3x^2y-6xy^2+15xy$

답 (1) $6a^2-3a$ (2) $-a^2+3ab-5a$
(3) $-8x^2-4xy+12x$ (4) $20xy-10y^2+5y$
(5) $2a^3+6a^2+10a$ (6) $3x^2y-6xy^2+15xy$

02 (1) $(30a^2+42ab)\div 6a$
$=\frac{30a^2+42ab}{6a}$
$=5a+7b$

(2) $(6x^2y-4xy)\div(-2y)$
$=\frac{6x^2y-4xy}{-2y}$
$=-3x^2+2x$

(3) $(14a^2b^2+28a^2b-49ab^2)\div 7ab$
$=\frac{14a^2b^2+28a^2b-49ab^2}{7ab}$
$=2ab+4a-7b$

(4) $(15x^2-10x)\div\frac{5}{2}x$
$=(15x^2-10x)\times\frac{2}{5x}$
$=6x-4$

(5) $(a^2+2ab)\div\left(-\frac{a}{4}\right)$
$=(a^2+2ab)\times\left(-\frac{4}{a}\right)$
$=-4a-8b$

(6) $(8x^2y-4xy^2+20xy)\div\left(-\frac{4}{3}xy\right)$
$=(8x^2y-4xy^2+20xy)\times\left(-\frac{3}{4xy}\right)$
$=-6x+3y-15$

답 (1) $5a+7b$ (2) $-3x^2+2x$
(3) $2ab+4a-7b$ (4) $6x-4$
(5) $-4a-8b$ (6) $-6x+3y-15$

03 (1) $2x(3x-1)+3x(4-x)$
$=6x^2-2x+12x-3x^2$
$=3x^2+10x$

(2) $(2x+y)\times(-3x)+(x-3y)\times 5x$
$=-6x^2-3xy+5x^2-15xy$
$=-x^2-18xy$

(3) $4x\left(\frac{1}{2}x-3\right)-6x\left(\frac{1}{3}x-\frac{1}{2}\right)$
$=2x^2-12x-2x^2+3x$
$=-9x$

(4) $\frac{5x^3+4x^2-x}{x}-\frac{12x^4-3x^3+6x^2}{3x^2}$
$=5x^2+4x-1-(4x^2-x+2)$
$=5x^2+4x-1-4x^2+x-2$
$=x^2+5x-3$

(5) $(3x^2-9xy)\div 3x+(15x^2y-9xy^2)\div\left(-\frac{3}{2}xy\right)$
$=\frac{3x^2-9xy}{3x}+(15x^2y-9xy^2)\times\left(-\frac{2}{3xy}\right)$
$=x-3y-10x+6y$
$=-9x+3y$

답 (1) $3x^2+10x$ (2) $-x^2-18xy$ (3) $-9x$
(4) x^2+5x-3 (5) $-9x+3y$

04 (1) $x(5x+4y)-\frac{2x^3y+3x^2y^2}{xy}$
$=5x^2+4xy-(2x^2+3xy)$
$=5x^2+4xy-2x^2-3xy$
$=3x^2+xy$

(2) $(25x^2y+10xy^2)\div(-5x)+(x-y)\times 2y$
$=\frac{25x^2y+10xy^2}{-5x}+(x-y)\times 2y$
$=-5xy-2y^2+2xy-2y^2$
$=-3xy-4y^2$

(3) $\left(-\frac{2}{9}x^2+\frac{x}{3}\right)\div\frac{x}{3}+\frac{2}{3}(x-3y)$
$=\left(-\frac{2}{9}x^2+\frac{x}{3}\right)\times\frac{3}{x}+\frac{2}{3}(x-3y)$
$=-\frac{2}{3}x+1+\frac{2}{3}x-2y$
$=-2y+1$

(4) $\left(6x-\frac{2}{3}y\right)\times\frac{3}{2}x-\left(\frac{4}{3}x^2y-4x^3\right)\div\frac{2}{3}x$

$=\left(6x-\frac{2}{3}y\right)\times\frac{3}{2}x-\left(\frac{4}{3}x^2y-4x^3\right)\times\frac{3}{2x}$

$=9x^2-xy-2xy+6x^2$

$=15x^2-3xy$

(5) $3x(4x-1)-(xy^3-2x^2y)\div\left(-\frac{1}{2}xy\right)$

$=3x(4x-1)-(xy^3-2x^2y)\times\left(-\frac{2}{xy}\right)$

$=12x^2-3x+2y^2-4x$

$=12x^2-7x+2y^2$

답 (1) $3x^2+xy$ (2) $-3xy-4y^2$ (3) $-2y+1$
(4) $15x^2-3xy$ (5) $12x^2-7x+2y^2$

이런 문제가 시험에 나온다

> 본문 73쪽

01 ⑤　02 $-8x^2y+4x$　03 6
04 ③　05 5　06 $13x+2y$

01 ③ $(-6x^2+9xy)\div3x=\frac{-6x^2+9xy}{3x}=-2x+3y$

④ $(4xy^2+2x^2y)\div\frac{1}{2}xy=(4xy^2+2x^2y)\times\frac{2}{xy}$

$=4x+8y$

⑤ $(6x^2y^2-4xy^3)\div\left(-\frac{2}{3}xy\right)$

$=(6x^2y^2-4xy^3)\times\left(-\frac{3}{2xy}\right)$

$=-9xy+6y^2$

따라서 옳지 않은 것은 ⑤이다.

답 ⑤

02 어떤 다항식을 A라 하면

$A\times\left(-\frac{3}{4}xy\right)=6x^3y^2-3x^2y$

$\therefore A=(6x^3y^2-3x^2y)\div\left(-\frac{3}{4}xy\right)$

$=(6x^3y^2-3x^2y)\times\left(-\frac{4}{3xy}\right)$

$=-8x^2y+4x$

답 $-8x^2y+4x$

03 $5x(x-1)-\{x^2-x(-2x+3)\}\div(-x)$

$=5x^2-5x-(x^2+2x^2-3x)\div(-x)$

$=5x^2-5x-(3x^2-3x)\div(-x)$

$=5x^2-5x-\frac{3x^2-3x}{-x}$

$=5x^2-5x-(-3x+3)$

$=5x^2-5x+3x-3$

$=5x^2-2x-3$

따라서 $a=5$, $b=-2$, $c=-3$이므로

$a+b-c=5+(-2)-(-3)=6$

답 6

04 (색칠한 부분의 넓이)

=(큰 직사각형의 넓이)−(작은 직사각형의 넓이)

$=5x(2x+y)-3x(x+2y)$

$=10x^2+5xy-3x^2-6xy$

$=7x^2-xy$

답 ③

05 $\frac{x^3y-2xy^2}{xy}+\frac{5y^2-2x^2y}{y}$

$=x^2-2y+5y-2x^2$

$=-x^2+3y$

$=-(-1)^2+3\times2$

$=-1+6=5$

답 5

06 $7A-4(A-2B)=7A-4A+8B$

$=3A+8B$

$=3\times\frac{x-2y}{3}+8\times\frac{3x+y}{2}$

$=x-2y+4(3x+y)$

$=x-2y+12x+4y$

$=13x+2y$

답 $13x+2y$

중단원 마무리하기

> 본문 74~77쪽

01 ⑤　02 ③, ④　03 10　04 ①
05 $5x^2-x+7$　06 ④　07 ③
08 ③　09 ②　10 $12ab+9a^2b$
11 ②　12 ①　13 ③　14 ①
15 $-5x^2+3x+7$　16 ④
17 $-8x^2+16x-7$　18 ④　19 ③
20 ⑤　21 -3　22 $7x^2+4x-9$
23 3　24 $8x^2-10x-10$

01 전략 분모를 통분한 후 동류항끼리 모아서 계산한다.

$\frac{5x-y}{6}-\frac{x+3y}{2}=\frac{5x-y-3(x+3y)}{6}$

$=\frac{5x-y-3x-9y}{6}$

$=\frac{1}{3}x-\frac{5}{3}y$

따라서 $a=\frac{1}{3}$, $b=-\frac{5}{3}$이므로

$a-b=\frac{1}{3}-\left(-\frac{5}{3}\right)=2$

답 ⑤

02 전략 각 항의 차수 중 가장 큰 차수가 2인 다항식을 찾는다.

① 일차식이다.

② 분모에 문자가 있으므로 다항식이 아니다.

⑤ $a^2+5a-a^2=5a$이므로 일차식이다.

따라서 이차식인 것은 ③, ④이다. 답 ③, ④

03 전략 괄호를 풀고 동류항끼리 모아서 계산한다.

$\frac{1}{3}(21x^2-3x+6)-(-4x^2-10x+3)$

$=7x^2-x+2+4x^2+10x-3$

$=11x^2+9x-1$

따라서 x^2의 계수는 11, 상수항은 -1이므로 구하는 합은

$11+(-1)=10$ 답 10

04 전략 (소괄호) → {중괄호} → [대괄호]의 순서로 괄호를 풀어서 계산한다.

$3a-5b-[6a-3b-\{2a-3(a+5b)\}]$

$=3a-5b-\{6a-3b-(2a-3a-15b)\}$

$=3a-5b-\{6a-3b-(-a-15b)\}$

$=3a-5b-(6a-3b+a+15b)$

$=3a-5b-(7a+12b)$

$=3a-5b-7a-12b$

$=-4a-17b$ 답 ①

05 전략 $A-X=Y$ ➡ $A=Y+X$임을 이용한다.

$A-(6x^2+2x-1)=-x^2-3x+8$에서

$A=-x^2-3x+8+(6x^2+2x-1)$

$=5x^2-x+7$ 답 $5x^2-x+7$

06 전략 (단항식)×(다항식) ➡ 분배법칙을 이용하여 단항식을 다항식의 각 항에 곱한다.

④ $x^2(2x-y-8)=2x^3-x^2y-8x^2$

따라서 옳지 않은 것은 ④이다. 답 ④

07 전략 (다항식)÷(단항식) ➡ 분수의 꼴 또는 곱셈으로 바꾸어 계산한다.

① $3a(a-2b)=3a^2-6ab$

② $(-2a+4b)\times\left(-\frac{3}{2}a\right)=3a^2-6ab$

③ $(15a^2b-30b^2)\div5b=\frac{15a^2b-30b^2}{5b}$

$=3a^2-6b$

④ $(-6a^3+12a^2b)\div(-2a)=\frac{-6a^3+12a^2b}{-2a}$

$=3a^2-6ab$

⑤ $(a^2b-2ab^2)\div\frac{b}{3}=(a^2b-2ab^2)\times\frac{3}{b}$

$=3a^2-6ab$

따라서 계산 결과가 나머지 넷과 다른 하나는 ③이다.

답 ③

08 전략 $\square\div A=B$ ➡ $\square=B\times A$임을 이용한다.

$\square\div\left(-\frac{5}{6}x^2y\right)=\frac{3}{5}xy-2y$에서

$\square=\left(\frac{3}{5}xy-2y\right)\times\left(-\frac{5}{6}x^2y\right)$

$=-\frac{1}{2}x^3y^2+\frac{5}{3}x^2y^2$ 답 ③

09 전략 곱셈과 나눗셈을 먼저 계산한 후 덧셈과 뺄셈을 계산한다.

$x(x-3y)-(2x^2y-xy^2)\div\frac{y}{5}$

$=x(x-3y)-(2x^2y-xy^2)\times\frac{5}{y}$

$=x^2-3xy-10x^2+5xy$

$=-9x^2+2xy$ 답 ②

10 전략 (뿔의 부피)$=\frac{1}{3}\times$(밑넓이)$\times$(높이)임을 이용하여 식을 세운다.

$\frac{1}{3}\times(2b)^2\times$(높이)$=16ab^3+12a^2b^3$이므로

$\frac{4b^2}{3}\times$(높이)$=16ab^3+12a^2b^3$

∴ (높이)$=(16ab^3+12a^2b^3)\div\frac{4b^2}{3}$

$=(16ab^3+12a^2b^3)\times\frac{3}{4b^2}$

$=12ab+9a^2b$

답 $12ab+9a^2b$

11 전략 주어진 식을 계산한 후 문자 대신 수를 대입한다.

$\frac{9xy^2-12xy}{-3y}-\frac{8x^2-16x^2y}{2x}$

$=-3xy+4x-(4x-8xy)$

$=-3xy+4x-4x+8xy$

$=5xy$

$=5\times(-2)\times\frac{1}{2}$

$=-5$ 답 ②

12 전략 주어진 식을 간단히 한 후 식을 대입한다.

$5A-2(A-3B)=5A-2A+6B$
$=3A+6B$
$=3(2x-5y)+6(-3x+y)$
$=6x-15y-18x+6y$
$=-12x-9y$

답 ①

13 전략 괄호가 있는 식은 괄호를 푼 후 동류항끼리 모아서 계산하고, 단항식과 다항식의 계산은 분배법칙을 이용한다.

① $(2a+b)-3(a-2b+1)$
$=2a+b-3a+6b-3$
$=-a+7b-3$

② $(-x^2+x+5)+(4x^2-x+3)$
$=-x^2+x+5+4x^2-x+3$
$=3x^2+8$

③ $(-2a+b)\times(-ab)=2a^2b-ab^2$

④ $(8a^2b+2ab^2)\div(-2a)=\dfrac{8a^2b+2ab^2}{-2a}$
$=-4ab-b^2$

⑤ $(3x^3y-x^2y^2)\div\dfrac{1}{3}x^2y=(3x^3y-x^2y^2)\times\dfrac{3}{x^2y}$
$=9x-3y$

따라서 옳지 않은 것은 ③이다.

답 ③

14 전략 주어진 식을 계산한 후 x의 계수가 6임을 이용한다.

$(4x^2-2x-3)-2(x^2+ax+1)$
$=4x^2-2x-3-2x^2-2ax-2$
$=2x^2+(-2-2a)x-5$

따라서 $-2-2a=6$이므로

$-2a=8\quad\therefore a=-4$

답 ①

15 전략 먼저 마주 보는 면에 적힌 두 다항식의 합을 구한다.

마주 보는 면에 적힌 두 다항식의 합은

$(-4x^2+7x)+(x^2-3x+6)=-3x^2+4x+6$

따라서 $(2x^2+x-1)+A=-3x^2+4x+6$이므로

$A=-3x^2+4x+6-(2x^2+x-1)$
$=-3x^2+4x+6-2x^2-x+1$
$=-5x^2+3x+7$

답 $-5x^2+3x+7$

16 전략 괄호를 풀어서 좌변의 식을 간단히 한다.

$4x+\{3x-4y-(x-3y-\square)\}=8x-6y$에서

$4x+(3x-4y-x+3y+\square)=8x-6y$
$4x+2x-y+\square=8x-6y$
$6x-y+\square=8x-6y$

$\therefore \square=8x-6y-(6x-y)$
$=8x-6y-6x+y$
$=2x-5y$

답 ④

17 전략 어떤 식을 A로 놓고 식을 세운다.

어떤 식을 A라 하면

$A+(2x^2-5x+3)=-4x^2+6x-1$
$\therefore A=-4x^2+6x-1-(2x^2-5x+3)$
$=-4x^2+6x-1-2x^2+5x-3$
$=-6x^2+11x-4$

따라서 바르게 계산한 식은

$(-6x^2+11x-4)-(2x^2-5x+3)$
$=-6x^2+11x-4-2x^2+5x-3$
$=-8x^2+16x-7$

답 $-8x^2+16x-7$

18 전략 먼저 다항식 A를 구한다.

$A\times\dfrac{3}{x^2}=9xy^2+15y$에서

$A=(9xy^2+15y)\times\dfrac{x^2}{3}=3x^3y^2+5x^2y$

$\therefore A\div\dfrac{x^2y}{2}=(3x^3y^2+5x^2y)\div\dfrac{x^2y}{2}$
$=(3x^3y^2+5x^2y)\times\dfrac{2}{x^2y}$
$=6xy+10$

답 ④

19 전략 주어진 식을 계산한 후 x^2의 계수와 x의 계수를 구한다.

$4x(2x-5)-\left\{(x^3y-5x^2y)\div\dfrac{1}{2}xy-5x\right\}$
$=4x(2x-5)-\left\{(x^3y-5x^2y)\times\dfrac{2}{xy}-5x\right\}$
$=4x(2x-5)-(2x^2-10x-5x)$
$=8x^2-20x-2x^2+15x$
$=6x^2-5x$

따라서 x^2의 계수는 6, x의 계수는 -5이므로

$a=6,\ b=-5$
$\therefore a-b=6-(-5)=11$

답 ③

20 전략 (삼각형의 넓이)$=\dfrac{1}{2}\times$(밑변의 길이)$\times$(높이)임을 이용하여 식을 세운다.

(색칠한 부분의 넓이)
$=\dfrac{1}{2}\times4a\times b+\dfrac{1}{2}\times a\times b+\dfrac{1}{2}\times3a\times2b$
$=2ab+\dfrac{1}{2}ab+3ab$
$=\dfrac{11}{2}ab$

답 ⑤

21 전략 분모에 분수를 대입하는 경우 나눗셈 기호를 다시 쓴다.

$$\frac{xy-2yz+3xz}{xyz}=\frac{1}{z}-\frac{2}{x}+\frac{3}{y}$$
$$=1\div\left(-\frac{1}{2}\right)-2\div\frac{2}{5}+3\div\frac{3}{4}$$
$$=1\times(-2)-2\times\frac{5}{2}+3\times\frac{4}{3}$$
$$=-2-5+4$$
$$=-3$$

답 -3

22 전략 주어진 규칙에 따라 빈칸에 알맞은 식을 구한다.

맨 오른쪽 칸의 두 식을 각각 A, B라 하면

$A=(-4x^2+x-5)+(7x^2-3x+1)$
$=3x^2-2x-4$
$B=(x^2-4x+2)+(-5x^2-2x+3)$
$=-4x^2-6x+5$

따라서 (가)에 알맞은 식은

$A-B=(3x^2-2x-4)-(-4x^2-6x+5)$
$=3x^2-2x-4+4x^2+6x-5$
$=7x^2+4x-9$

답 $7x^2+4x-9$

23 전략 먼저 지수법칙을 이용하여 a, b의 값을 구한다.

$(-2x^a)^b=(-2)^bx^{ab}=-8x^{15}$이므로
$(-2)^b=-8$, $ab=15$
$\therefore a=5,\ b=3$

$2a-[b-\{3a-4(a+2b)\}-5a]$
$=2a-\{b-(3a-4a-8b)-5a\}$
$=2a-\{b-(-a-8b)-5a\}$
$=2a-(b+a+8b-5a)$
$=2a-(-4a+9b)$
$=2a+4a-9b$
$=6a-9b$

따라서 $6a-9b$에 $a=5$, $b=3$을 대입하면
$6a-9b=6\times5-9\times3=3$

답 3

24 전략 먼저 A, B, C를 간단히 한다.

$A=3x(x-2)+5x+1$
$=3x^2-6x+5x+1$
$=3x^2-x+1$

$B=(8x^3-18x^2)\div(-2x)-(15x^2-6x)\div3x$
$=\frac{8x^3-18x^2}{-2x}-\frac{15x^2-6x}{3x}$
$=-4x^2+9x-(5x-2)$
$=-4x^2+9x-5x+2$
$=-4x^2+4x+2$

$C=3x^2-4x+5-2x(x-3)$
$=3x^2-4x+5-2x^2+6x$
$=x^2+2x+5$

$\therefore A-\{2B-A-(B-2C)\}$
$=A-(2B-A-B+2C)$
$=A-(-A+B+2C)$
$=A+A-B-2C$
$=2A-B-2C$
$=2(3x^2-x+1)-(-4x^2+4x+2)$
$\quad-2(x^2+2x+5)$
$=6x^2-2x+2+4x^2-4x-2-2x^2-4x-10$
$=8x^2-10x-10$

답 $8x^2-10x-10$

서술형 대비 문제

› 본문 78～79쪽

1 -12	2 30
3 $11x^2+x-9$	4 $48a-16b-32$
5 $(b+3)$배	6 $-35x+3y$

1 1단계 $4x^2-[3x-\{2x^2-(2x-3)-5\}]$
$=4x^2-\{3x-(2x^2-2x+3-5)\}$
$=4x^2-\{3x-(2x^2-2x-2)\}$
$=4x^2-(3x-2x^2+2x+2)$
$=4x^2-(-2x^2+5x+2)$
$=4x^2+2x^2-5x-2$
$=6x^2-5x-2$

2단계 x^2의 계수는 6이고 상수항은 -2이므로 그 곱은
$6\times(-2)=-12$

답 -12

2 1단계 $(12a^3b-4a^2b^2)\div\frac{4}{3}ab+\frac{3}{2}a(10a-4b)$
$=(12a^3b-4a^2b^2)\times\frac{3}{4ab}+\frac{3}{2}a(10a-4b)$
$=9a^2-3ab+15a^2-6ab$
$=24a^2-9ab$

2단계 $24a^2-9ab$에 $a=1$, $b=-\frac{2}{3}$를 대입하면
$24\times1^2-9\times1\times\left(-\frac{2}{3}\right)$
$=24+6=30$

답 30

3 1단계 $A+(-2x^2+7x+3)=5x^2-2x-1$에서

$$A=5x^2-2x-1-(-2x^2+7x+3)$$
$$=5x^2-2x-1+2x^2-7x-3$$
$$=7x^2-9x-4$$

2단계 $3x^2+4x-1-B=-x^2-6x+4$에서

$$B=3x^2+4x-1-(-x^2-6x+4)$$
$$=3x^2+4x-1+x^2+6x-4$$
$$=4x^2+10x-5$$

3단계 $A+B=(7x^2-9x-4)+(4x^2+10x-5)$

$$=11x^2+x-9$$

답 $11x^2+x-9$

단계	채점 요소	배점
1	A 구하기	2점
2	B 구하기	2점
3	$A+B$ 계산하기	2점

4 1단계 어떤 식을 A라 하면

$$A\times\left(-\frac{3}{4}ab\right)=-9a^2b^3+27a^3b^2-18a^2b^2$$
$$\therefore A=(-9a^2b^3+27a^3b^2-18a^2b^2)\div\left(-\frac{3}{4}ab\right)$$
$$=(-9a^2b^3+27a^3b^2-18a^2b^2)\times\left(-\frac{4}{3ab}\right)$$
$$=12ab^2-36a^2b+24ab$$

2단계 바르게 계산한 식은

$$(12ab^2-36a^2b+24ab)\div\left(-\frac{3}{4}ab\right)$$
$$=(12ab^2-36a^2b+24ab)\times\left(-\frac{4}{3ab}\right)$$
$$=48a-16b-32$$

답 $48a-16b-32$

단계	채점 요소	배점
1	어떤 식 구하기	4점
2	바르게 계산한 식 구하기	2점

5 1단계 (사다리꼴의 넓이) $=\frac{1}{2}\times(ab^3+3ab^2)\times4ab$

$$=2a^2b^4+6a^2b^3$$

2단계 (직사각형의 넓이) $=b^2\times2a^2b=2a^2b^3$

3단계 (사다리꼴의 넓이) $\div$ (직사각형의 넓이)

$$=(2a^2b^4+6a^2b^3)\div2a^2b^3$$
$$=\frac{2a^2b^4+6a^2b^3}{2a^2b^3}$$
$$=b+3$$

따라서 사다리꼴의 넓이는 직사각형의 넓이의 $(b+3)$배이다.

답 $(b+3)$배

단계	채점 요소	배점
1	사다리꼴의 넓이 구하기	2점
2	직사각형의 넓이 구하기	2점
3	몇 배인지 구하기	3점

6 1단계 $A=\left(-3x^2y+\frac{1}{5}xy^2\right)\div\frac{3}{5}xy$

$$=\left(-3x^2y+\frac{1}{5}xy^2\right)\times\frac{5}{3xy}$$
$$=-5x+\frac{1}{3}y$$

2단계 $B=\frac{5}{2}\left(4x-\frac{2}{5}y\right)=10x-y$

3단계 $3A+\{A-3B-(A-B)\}$

$$=3A+(A-3B-A+B)$$
$$=3A-2B$$
$$=3\left(-5x+\frac{1}{3}y\right)-2(10x-y)$$
$$=-15x+y-20x+2y$$
$$=-35x+3y$$

답 $-35x+3y$

단계	채점 요소	배점
1	A 간단히 하기	2점
2	B 간단히 하기	2점
3	주어진 식을 x, y에 대한 식으로 나타내기	3점

III-1 일차부등식

01 부등식과 그 성질

개념원리 확인하기

> 본문 84쪽

01 (1) × (2) ○ (3) × (4) ○
02 (1) $x+1>5$ (2) $x-3\leq7$
(3) $5x-7<20$ (4) $2x\geq10$
03 (1) ○ (2) × (3) × (4) ○
04 (1) 0, 1 (2) 2
05 (1) > (2) > (3) > (4) <

01 부등식은 부등호 >, <, ≥, ≤를 사용하여 수 또는 식의 대소 관계를 나타낸 식이다.
(1) 등식이다.
(3) 부등호가 없으므로 부등식이 아니다.

답 (1) × (2) ○ (3) × (4) ○

02 (4) x의 2배는 10보다 작지 않다.
➡ x의 2배는 10보다 크거나 같다.
➡ $2x\geq10$

답 (1) $x+1>5$ (2) $x-3\leq7$
(3) $5x-7<20$ (4) $2x\geq10$

03 $x=3$을 각 부등식에 대입하면
(1) $3-2>0$에서 $1>0$ (참)
(2) $4\times3<10$에서 $12<10$ (거짓)
(3) $5-3\geq3$에서 $2\geq3$ (거짓)
(4) $3\times3\leq2\times3+3$에서 $9\leq9$ (참)

답 (1) ○ (2) × (3) × (4) ○

참고 (4) $3x\leq2x+3$은 $3x<2x+3$ 또는 $3x=2x+3$을 나타낸 것이므로 $3x<2x+3$ 또는 $3x=2x+3$ 중 하나만 성립해도 참이다.

04 (1) $x=0, 1, 2$를 부등식 $2x+3<7$에 차례대로 대입하면
$x=0$일 때, $2\times0+3<7$에서 $3<7$ (참)
$x=1$일 때, $2\times1+3<7$에서 $5<7$ (참)
$x=2$일 때, $2\times2+3<7$에서 $7<7$ (거짓)
따라서 부등식 $2x+3<7$의 해는 0, 1이다.
(2) $x=0, 1, 2$를 부등식 $3x-1>4$에 차례대로 대입하면
$x=0$일 때, $3\times0-1>4$에서 $-1>4$ (거짓)
$x=1$일 때, $3\times1-1>4$에서 $2>4$ (거짓)
$x=2$일 때, $3\times2-1>4$에서 $5>4$ (참)
따라서 부등식 $3x-1>4$의 해는 2이다.

답 (1) 0, 1 (2) 2

05 (1) $a>b$의 양변에 1을 더하면
$a+1 \boxed{>} b+1$
(2) $a>b$의 양변에서 4를 빼면
$a-4 \boxed{>} b-4$
(3) $a>b$의 양변에 3을 곱하면
$3a \boxed{>} 3b$
(4) $a>b$의 양변을 -5로 나누면
$-\frac{a}{5} \boxed{<} -\frac{b}{5}$

답 (1) > (2) > (3) > (4) <

핵심문제 익히기

> 본문 85~87쪽

1 ③ 2 ①, ⑤ 3 ③ 4 ④
5 ⑤ 6 (1) $2\leq4-x<7$ (2) $-9<2x-3\leq1$

1 ③ 등식이다.
따라서 부등식이 아닌 것은 ③이다.

답 ③

2 ② $x+6\geq3x$
③ $x+10\leq20$
④ $2(x+5)\geq30$
따라서 옳은 것은 ①, ⑤이다.

답 ①, ⑤

3 [ ] 안의 수를 주어진 부등식의 x에 대입하면
① $2+2>3$에서 $4>3$ (참)
② $2\times5-1\leq10$에서 $9\leq10$ (참)
③ $3\times(-1)\geq-1+2$에서 $-3\geq1$ (거짓)
④ $-2\times(-2)\leq-2+6$에서 $4\leq4$ (참)
⑤ $5\times(-3)+8<2\times(-3)+1$에서 $-7<-5$ (참)
따라서 [ ] 안의 수가 주어진 부등식의 해가 아닌 것은 ③이다.

답 ③

4 ① $a>b$의 양변에 3을 더하면
$a+3 \boxed{>} b+3$
② $a>b$의 양변에서 7을 빼면
$a-7 \boxed{>} b-7$
③ $a>b$의 양변에 4를 곱하면
$4a \boxed{>} 4b$
④ $a>b$의 양변에 -1을 곱하면
$-a<-b$
$-a<-b$의 양변에 1을 더하면
$-a+1 \boxed{<} -b+1$

⑤ $a>b$의 양변을 2로 나누면

$\frac{a}{2}>\frac{b}{2}$

$\frac{a}{2}>\frac{b}{2}$의 양변에서 5를 빼면

$\frac{a}{2}-5 \boxed{>} \frac{b}{2}-5$

따라서 □ 안에 알맞은 부등호의 방향이 나머지 넷과 다른 하나는 ④이다.

답 ④

5 $\frac{a}{4}-1<\frac{b}{4}-1$의 양변에 1을 더하면

$\frac{a}{4}<\frac{b}{4}$

$\frac{a}{4}<\frac{b}{4}$의 양변에 4를 곱하면

$a<b$

① $a<b$의 양변에 3을 곱하면

$3a<3b$

② $a<b$의 양변을 -8로 나누면

$-\frac{a}{8}>-\frac{b}{8}$

③ $a<b$의 양변에 2를 곱하면

$2a<2b$

$2a<2b$의 양변에 7을 더하면

$2a+7<2b+7$

④ $a<b$의 양변을 -6으로 나누면

$-\frac{a}{6}>-\frac{b}{6}$

$-\frac{a}{6}>-\frac{b}{6}$의 양변에 3을 더하면

$-\frac{a}{6}+3>-\frac{b}{6}+3$

⑤ $a<b$의 양변에 -9를 곱하면

$-9a>-9b$

$-9a>-9b$의 양변에서 2를 빼면

$-9a-2>-9b-2$

따라서 옳지 않은 것은 ⑤이다.

답 ⑤

6 (1) $-3<x\le 2$의 각 변에 -1을 곱하면

$-2\le -x<3$

$-2\le -x<3$의 각 변에 4를 더하면

$2\le 4-x<7$

(2) $-3<x\le 2$의 각 변에 2를 곱하면

$-6<2x\le 4$

$-6<2x\le 4$의 각 변에서 3을 빼면

$-9<2x-3\le 1$

답 (1) $2\le 4-x<7$ (2) $-9<2x-3\le 1$

이런 문제가 시험에 나온다

> 본문 88쪽

01 $2+3a\le 25$ 02 ④ 03 3
04 ⑤ 05 ③

01 (넘지 않는다.)=(작거나 같다.)이므로

$2+3a\le 25$

답 $2+3a\le 25$

02 $x=-3$을 각 부등식에 대입하면

① $3\times(-3)-1>-5$에서 $-10>-5$ (거짓)

② $-4\times(-3)+2<10$에서 $14<10$ (거짓)

③ $4\times(-3)+1\ge 3\times(-3)-1$에서

$-11\ge -10$ (거짓)

④ $2\times(-3)-3<-(-3)-9$에서 $-9<-6$ (참)

⑤ $\frac{5}{3}\ge\frac{-3}{6}+3$에서 $\frac{5}{3}\ge\frac{5}{2}$ (거짓)

따라서 $x=-3$을 해로 갖는 부등식은 ④이다.

답 ④

03 $x=1, 2, 3, 4$를 부등식 $3x-2\le 7$에 차례대로 대입하면

$x=1$일 때, $3\times 1-2\le 7$에서 $1\le 7$ (참)

$x=2$일 때, $3\times 2-2\le 7$에서 $4\le 7$ (참)

$x=3$일 때, $3\times 3-2\le 7$에서 $7\le 7$ (참)

$x=4$일 때, $3\times 4-2\le 7$에서 $10\le 7$ (거짓)

따라서 x가 4 이하의 자연수일 때, 부등식 $3x-2\le 7$의 해는 1, 2, 3의 3개이다.

답 3

04 ① $a+3<b+3$의 양변에서 3을 빼면

$a \boxed{<} b$

② $-\frac{a}{2}>-\frac{b}{2}$의 양변에 -2를 곱하면

$a \boxed{<} b$

③ $-a-7>-b-7$의 양변에 7을 더하면

$-a>-b$

$-a>-b$의 양변에 -1을 곱하면

$a \boxed{<} b$

④ $\frac{a}{6}-2<\frac{b}{6}-2$의 양변에 2를 더하면

$\frac{a}{6}<\frac{b}{6}$

$\frac{a}{6}<\frac{b}{6}$의 양변에 6을 곱하면

$a \boxed{<} b$

⑤ $2-3a<2-3b$의 양변에서 2를 빼면

$-3a<-3b$

$-3a<-3b$의 양변을 -3으로 나누면

$a \boxed{>} b$

따라서 □ 안에 알맞은 부등호의 방향이 나머지 넷과 다른 하나는 ⑤이다. 답 ⑤

05 $-2\le x<6$의 각 변을 -2로 나누면

$-3<-\frac{x}{2}\le 1$

$-3<-\frac{x}{2}\le 1$의 각 변에 11을 더하면

$8<11-\frac{x}{2}\le 12$

$\therefore 8<A\le 12$ 답 ③

02 일차부등식의 풀이

개념원리 확인하기 > 본문 90쪽

01 (1) ○ (2) × (3) × (4) ○
02 (1) 16, 8 (2) -2, $\le$
03 풀이 참조
04 (1) $2x+4$, -5, $\le$
(2) 10, $3-2x$, 7, 3
(3) 6, $x+4$, 20, $>$

01 (1) $x-6\ge 4x+2$에서 $-3x-8\ge 0$
따라서 일차부등식이다.
(2) $x^2-3x<1$에서 $x^2-3x-1<0$
따라서 일차부등식이 아니다.
(3) $-x+5\le 2-x$에서 $3\le 0$
따라서 일차부등식이 아니다.
(4) $x^2-6>x^2-4x$에서 $4x-6>0$
따라서 일차부등식이다.

답 (1) ○ (2) × (3) × (4) ○

02 (1) $-7-x>9-3x$에서
$-x+3x>9+7$
$2x>\boxed{16}$
양변을 2로 나누면
$x>\boxed{8}$
(2) $x-1\ge 3x-5$에서
$x-3x\ge -5+1$
$\boxed{-2}x\ge -4$
양변을 -2로 나누면
$x\boxed{\le}2$

답 (1) 16, 8 (2) -2, $\le$

03 (1) $x-12\le 4x$에서 $-3x\le 12$
$\therefore x\ge -4$
따라서 해를 수직선 위에 나타내면 오른쪽 그림과 같다.

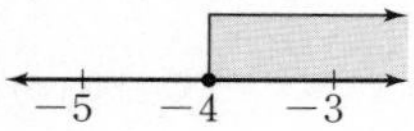

(2) $2x+3<8-3x$에서 $5x<5$
$\therefore x<1$
따라서 해를 수직선 위에 나타내면 오른쪽 그림과 같다.

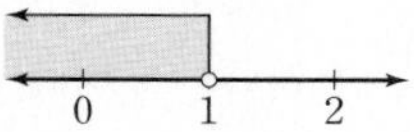

답 풀이 참조

04 (1) 괄호를 풀면
$\boxed{2x+4}\ge 3x-1$
$-x\ge\boxed{-5}$
$\therefore x\boxed{\le}5$
(2) 양변에 $\boxed{10}$을 곱하면
$5x-18>\boxed{3-2x}$
$\boxed{7}x>21$
$\therefore x>\boxed{3}$
(3) 양변에 $\boxed{6}$을 곱하면
$\boxed{x+4}<3x+24$
$-2x<\boxed{20}$
$\therefore x\boxed{>}-10$

답 (1) $2x+4$, -5, $\le$
(2) 10, $3-2x$, 7, 3
(3) 6, $x+4$, 20, $>$

핵심문제 익히기 > 본문 91~94쪽

1 ③　　2 ㄴ, ㄷ
3 (1) $x<-3$ (2) $x\ge -4$ (3) $x\ge 2$ (4) $x<\frac{2}{3}$
4 (1) $x>5$ (2) $x\le -6$ (3) $x\le -2$ (4) $x>15$
5 (1) $x<-5$ (2) $x\ge\frac{7}{a}$　　6 3
7 4　　8 $-1<a\le 0$

1 부등식의 모든 항을 좌변으로 이항하여 정리하면
① $4x-5>0$
② $-2x+6\ge 0$
③ $5\le 0$
④ $\frac{1}{3}x-7<0$
⑤ $-x+3>0$
따라서 일차부등식이 아닌 것은 ③이다. 답 ③

2 주어진 수직선이 나타내는 x의 값의 범위는

$x\le 2$

ㄱ. $2x+4\le 0$에서 $2x\le -4$

$\therefore x\le -2$

ㄴ. $5-x\ge 3$에서 $-x\ge -2$

$\therefore x\le 2$

ㄷ. $8x-1\le 3x+9$에서 $5x\le 10$

$\therefore x\le 2$

ㄹ. $4x-6\le 11x+8$에서 $-7x\le 14$

$\therefore x\ge -2$

이상에서 해가 $x\le 2$인 것은 ㄴ, ㄷ이다.

답 ㄴ, ㄷ

3 (1) $6(x+4)<-2x$에서

$6x+24<-2x$

$8x<-24$

$\therefore x<-3$

(2) $x-6\le 5(x+2)$에서

$x-6\le 5x+10$

$-4x\le 16$

$\therefore x\ge -4$

(3) $2(3x-1)-1\ge 3(-x+5)$에서

$6x-2-1\ge -3x+15$

$9x\ge 18$

$\therefore x\ge 2$

(4) $4(x-1)>2(x-3)+5x$에서

$4x-4>2x-6+5x$

$-3x>-2$

$\therefore x<\frac{2}{3}$

답 (1) $x<-3$ (2) $x\ge -4$ (3) $x\ge 2$ (4) $x<\frac{2}{3}$

4 (1) $0.2x-0.35>0.13x$의 양변에 100을 곱하면

$20x-35>13x$

$7x>35$

$\therefore x>5$

(2) $1.3(2x-3)\ge 3.5x+1.5$의 양변에 10을 곱하면

$13(2x-3)\ge 35x+15$

$26x-39\ge 35x+15$

$-9x\ge 54$

$\therefore x\le -6$

(3) $\frac{3}{2}x+1\le \frac{5}{6}x-\frac{1}{3}$의 양변에 6을 곱하면

$9x+6\le 5x-2$

$4x\le -8$

$\therefore x\le -2$

(4) $\frac{2x+3}{3}-\frac{3x-5}{4}<1$의 양변에 12를 곱하면

$4(2x+3)-3(3x-5)<12$

$8x+12-9x+15<12$

$-x<-15$

$\therefore x>15$

답 (1) $x>5$ (2) $x\le -6$ (3) $x\le -2$ (4) $x>15$

5 (1) $-ax-5a>0$에서 $-ax>5a$

이때 $a>0$에서 $-a<0$이므로 양변을 $-a$로 나누면 부등호의 방향이 바뀐다.

$\therefore x<-5$

(2) $3ax\le 2ax+7$에서 $ax\le 7$

이때 $a<0$이므로 양변을 a로 나누면 부등호의 방향이 바뀐다.

$\therefore x\ge \frac{7}{a}$

답 (1) $x<-5$ (2) $x\ge \frac{7}{a}$

6 $x+5\ge 3x-a$에서 $-2x\ge -a-5$

$\therefore x\le \frac{a+5}{2}$

이때 주어진 부등식의 해가 $x\le 4$이므로

$\frac{a+5}{2}=4$, $a+5=8$

$\therefore a=3$

답 3

7 $0.2x+1>0.5x-0.8$에서

$2x+10>5x-8$

$-3x>-18$

$\therefore x<6$

$3-\frac{1}{6}x<-x+2a$에서

$18-x<-6x+12a$

$5x<12a-18$

$\therefore x<\frac{12a-18}{5}$

이때 두 부등식의 해가 서로 같으므로

$6=\frac{12a-18}{5}$, $12a-18=30$

$12a=48$ $\therefore a=4$

답 4

8 $x+3>2x-a$에서 $-x>-a-3$

$\therefore x<a+3$

이를 만족시키는 자연수 x가 2개이려면 오른쪽 그림과 같아야 하므로

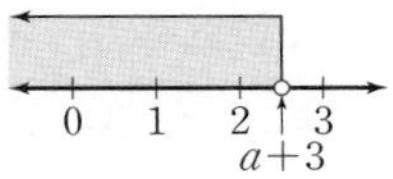

$2<a+3\le 3$

$\therefore -1<a\le 0$

답 $-1<a\le 0$

개념 더하기

부등식을 만족시키는 자연수 x가 n개일 때, 상수 k의 값의 범위는 수직선을 그려 생각한다. 이때 등호에 주의한다.

① $x<k$일 때,

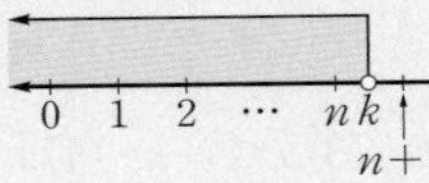

➡ $n<k\le n+1$

② $x\le k$일 때,

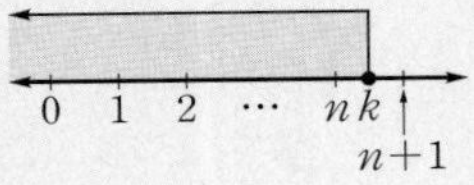

➡ $n\le k<n+1$

계산력 강화하기

> 본문 95쪽

01 (1) $x>-7$ (2) $x<-9$ (3) $x\le-2$
(4) $x\le1$ (5) $x>4$ (6) $x<-3$

02 (1) $x\le1$ (2) $x>-5$ (3) $x>3$
(4) $x\le-8$ (5) $x\ge4$ (6) $x\le2$

03 (1) $x>6$ (2) $x<-2$ (3) $x\ge2$
(4) $x\le-7$ (5) $x>-4$ (6) $x\ge-1$

04 (1) $x<10$ (2) $x>-4$ (3) $x\le12$
(4) $x\le-7$ (5) $x>15$ (6) $x<5$

01 (1) $4x+5>3x-2$에서
$x>-7$

(2) $6x-5>8x+13$에서 $-2x>18$
$\therefore x<-9$

(3) $x+9\le3-2x$에서 $3x\le-6$
$\therefore x\le-2$

(4) $7-x\ge5x+1$에서 $-6x\ge-6$
$\therefore x\le1$

(5) $-1+2x<-13+5x$에서 $-3x<-12$
$\therefore x>4$

(6) $3x-8<-x-20$에서 $4x<-12$
$\therefore x<-3$

답 (1) $x>-7$ (2) $x<-9$ (3) $x\le-2$
(4) $x\le1$ (5) $x>4$ (6) $x<-3$

02 (1) $2(x+3)\le-x+9$에서
$2x+6\le-x+9$
$3x\le3$
$\therefore x\le1$

(2) $2x-5(x+2)<5$에서
$2x-5x-10<5$
$-3x<15$
$\therefore x>-5$

(3) $5(x-2)>8-x$에서
$5x-10>8-x$
$6x>18$
$\therefore x>3$

(4) $3(x-2)\ge2(2x+1)$에서
$3x-6\ge4x+2$
$-x\ge8$
$\therefore x\le-8$

(5) $5-(x+4)\le3(2x-9)$에서
$5-x-4\le6x-27$
$-7x\le-28$
$\therefore x\ge4$

(6) $-2(x+1)\ge5(2x-3)-11$에서
$-2x-2\ge10x-15-11$
$-12x\ge-24$
$\therefore x\le2$

답 (1) $x\le1$ (2) $x>-5$ (3) $x>3$
(4) $x\le-8$ (5) $x\ge4$ (6) $x\le2$

03 (1) $0.1x>9-1.4x$의 양변에 10을 곱하면
$x>90-14x$
$15x>90$
$\therefore x>6$

(2) $x+0.6<0.2x-1$의 양변에 10을 곱하면
$10x+6<2x-10$
$8x<-16$
$\therefore x<-2$

(3) $0.8-0.2x\le0.5x-0.6$의 양변에 10을 곱하면
$8-2x\le5x-6$
$-7x\le-14$
$\therefore x\ge2$

(4) $0.05x-0.01\ge0.08x+0.2$의 양변에 100을 곱하면
$5x-1\ge8x+20$
$-3x\ge21$
$\therefore x\le-7$

(5) $1.1x+2.9>0.5(x+1)$의 양변에 10을 곱하면
$11x+29>5(x+1)$
$11x+29>5x+5$
$6x>-24$
$\therefore x>-4$

(6) $0.3(2x-3)-2\le3.5x$의 양변에 10을 곱하면
$3(2x-3)-20\le35x$
$6x-9-20\le35x$
$-29x\le29$
$\therefore x\ge-1$

답 (1) $x>6$ (2) $x<-2$ (3) $x\ge2$
(4) $x\le-7$ (5) $x>-4$ (6) $x\ge-1$

04 (1) $\frac{2x+1}{7}-1<2$의 양변에 7을 곱하면

$2x+1-7<14$

$2x<20$

$\therefore x<10$

(2) $\frac{5}{4}x-1<\frac{3}{2}x$의 양변에 4를 곱하면

$5x-4<6x$, $\quad -x<4$

$\therefore x>-4$

(3) $\frac{2}{3}x-\frac{3}{2}\leq\frac{1}{4}x+\frac{7}{2}$의 양변에 12를 곱하면

$8x-18\leq 3x+42$

$5x\leq 60$

$\therefore x\leq 12$

(4) $x-\frac{2x-1}{3}\geq\frac{x+3}{2}$의 양변에 6을 곱하면

$6x-2(2x-1)\geq 3(x+3)$

$6x-4x+2\geq 3x+9$

$-x\geq 7$

$\therefore x\leq -7$

(5) $\frac{1}{3}x-\frac{x+1}{4}>1$의 양변에 12를 곱하면

$4x-3(x+1)>12$

$4x-3x-3>12$

$\therefore x>15$

(6) $\frac{x+5}{5}-\frac{3x-9}{2}>-1$의 양변에 10을 곱하면

$2(x+5)-5(3x-9)>-10$

$2x+10-15x+45>-10$

$-13x>-65$

$\therefore x<5$

답 (1) $x<10$ (2) $x>-4$ (3) $x\leq 12$
(4) $x\leq -7$ (5) $x>15$ (6) $x<5$

이런 문제가 시험에 나온다

> 본문 96 ~ 97쪽

01 ③, ④	02 ⑤	03 2	04 ②
05 13	06 ①	07 ④	08 1
09 5	10 $a\geq -6$		

01 부등식의 모든 항을 좌변으로 이항하여 정리하면

① $\frac{1}{x}-8>0$

② $2\geq 0$

③ $2x-5\leq 0$

④ $4x+1<0$

⑤ $-x^2-3x+1<0$

따라서 일차부등식인 것은 ③, ④이다. 답 ③, ④

02 ① $4x-5<11$에서 $\quad 4x<16$

$\therefore x<4$

② $8-3x>-x$에서 $\quad -2x>-8$

$\therefore x<4$

③ $5x+3<2x+15$에서 $\quad 3x<12$

$\therefore x<4$

④ $1-2x>-x-3$에서 $\quad -x>-4$

$\therefore x<4$

⑤ $x-7>6x+13$에서 $\quad -5x>20$

$\therefore x<-4$

따라서 해가 나머지 넷과 다른 하나는 ⑤이다.

답 ⑤

03 $3(2x+1)>-2(x-7)+1$에서

$6x+3>-2x+14+1$

$8x>12 \quad \therefore x>\frac{3}{2}$

따라서 이를 만족시키는 가장 작은 정수 x의 값은 2이다.

답 2

04 $0.4x+1<0.7x+1.3$의 양변에 10을 곱하면

$4x+10<7x+13$

$-3x<3 \quad \therefore x>-1$

따라서 부등식의 해를 수직선 위에 나타내면 오른쪽 그림과 같다.

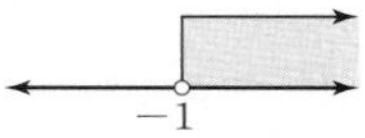

답 ②

05 $x-\frac{4x-1}{3}\geq -4$의 양변에 3을 곱하면

$3x-(4x-1)\geq -12$

$3x-4x+1\geq -12$

$-x\geq -13$

$\therefore x\leq 13$

따라서 자연수 x는 1, 2, 3, ⋯, 13의 13개이다.

답 13

06 $0.5(x+2)\leq\frac{x}{7}-1.5$에서

$\frac{1}{2}(x+2)\leq\frac{x}{7}-\frac{3}{2}$

양변에 14를 곱하면

$7(x+2)\leq 2x-21$

$7x+14\leq 2x-21$

$5x\leq -35$

$\therefore x\leq -7$ 답 ①

개념 더하기

계수에 소수와 분수가 섞여 있는 일차부등식
➡ 소수를 분수로 바꾼 후 양변에 분모의 최소공배수를 곱하여 계수를 정수로 고치면 편리하다.

07 $2a-ax>0$에서 $\quad -ax>-2a$

이때 $a>0$에서 $-a<0$이므로 양변을 $-a$로 나누면 부등호의 방향이 바뀐다.

$\therefore x<2$

답 ④

08 $\frac{x-a}{2}\le x+1$에서

$x-a\le 2x+2$

$-x\le a+2$

$\therefore x\ge -a-2$

이때 주어진 부등식의 해가 $x\ge -3$이므로

$-a-2=-3, \quad -a=-1$

$\therefore a=1$

답 1

09 $6x-3>4x+a$에서 $\quad 2x>a+3$

$\therefore x>\frac{a+3}{2}$

$\frac{x}{4}<0.5x-1$에서 $\quad x<2x-4$

$-x<-4 \quad \therefore x>4$

이때 두 부등식의 해가 서로 같으므로

$\frac{a+3}{2}=4, \quad a+3=8$

$\therefore a=5$

답 5

10 $3(x-1)+a<-6x$에서

$3x-3+a<-6x$

$9x<3-a$

$\therefore x<\frac{3-a}{9}$

이를 만족시키는 자연수 x가 존재하지 않으려면 오른쪽 그림과 같아야 하므로

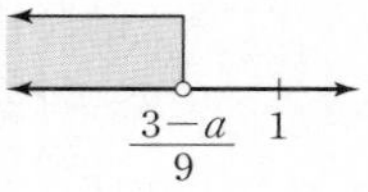

$\frac{3-a}{9}\le 1, \quad 3-a\le 9$

$-a\le 6 \quad \therefore a\ge -6$

답 $a\ge -6$

중단원 마무리하기

> 본문 98 ~ 101쪽

01 ④	02 ④	03 ⑤	
04 $-5\le A<10$		05 ④	06 $x<8$
07 ②, ④	08 10	09 ④	10 ①
11 ③	12 −2	13 ⑤	14 ②, ⑤
15 ③	16 ⑤	17 2	18 $x>1$
19 ②	20 −3	21 ④	22 35
23 $x>-1$	24 −23		

01 전략 주어진 문장을 조건에 맞게 부등식으로 나타내어 본다.

④ $3x+4\le 10$

따라서 옳지 않은 것은 ④이다.

답 ④

02 전략 x에 [ ] 안의 수를 대입하여 부등식이 참이 되는지 확인한다.

① $5\times(-2)+6<-2$에서 $\quad -4<-2$ (참)

② $-3\times(-1)-1<4$에서 $\quad 2<4$ (참)

③ $2\times 3-1\le 5$에서 $\quad 5\le 5$ (참)

④ $3-2\times 4\ge -4$에서 $\quad -5\ge -4$ (거짓)

⑤ $\frac{3}{2}\times 6-5>\frac{1}{3}\times 6$에서 $\quad 4>2$ (참)

따라서 [ ] 안의 수가 주어진 부등식의 해가 아닌 것은 ④이다.

답 ④

03 전략 부등식의 양변에 같은 음수를 곱하거나 양변을 같은 음수로 나누면 부등호의 방향이 바뀐다.

① $a\le b$의 양변에 6을 곱하면

$6a\le 6b$

$6a\le 6b$의 양변에 3을 더하면

$6a+3\le 6b+3$

② $a\le b$의 양변을 -3으로 나누면

$-\frac{a}{3}\ge -\frac{b}{3}$

$-\frac{a}{3}\ge -\frac{b}{3}$의 양변에서 1을 빼면

$-\frac{a}{3}-1\ge -\frac{b}{3}-1$

③ $a\le b$의 양변을 4로 나누면

$\frac{a}{4}\le \frac{b}{4}$

$\frac{a}{4}\le \frac{b}{4}$의 양변에서 5를 빼면

$\frac{a}{4}-5\le \frac{b}{4}-5$

④ $a\le b$의 양변에 -2를 곱하면

$-2a\ge -2b$

$-2a\ge -2b$의 양변에 3을 더하면

$3-2a\ge 3-2b$

⑤ $a\le b$의 양변에 5를 곱하면

$5a\le 5b$

$5a\le 5b$의 양변에서 9를 빼면

$-9+5a\le -9+5b$

따라서 옳지 않은 것은 ⑤이다.

답 ⑤

04 전략 부등식의 성질을 이용하여 A의 값의 범위를 구한다.

$-2<x\le 3$의 각 변에 -3을 곱하면

$-9\le -3x<6$

$-9\le -3x<6$의 각 변에 4를 더하면

$-5\le 4-3x<10$

$\therefore -5\le A<10$ 답 $-5\le A<10$

05 전략 모든 항을 좌변으로 이항하여 정리한다.

모든 항을 좌변으로 이항하여 정리하면

① $-x^2+x-1<0$

② $-7\le 0$

③ $7x-2=0$

④ $-6x+11\ge 0$

⑤ $-12>0$

따라서 일차부등식인 것은 ④이다. 답 ④

06 전략 먼저 주어진 일차방정식의 해를 구한다.

$7x-9=4x$에서 $3x=9$

$\therefore x=3$

따라서 $a=3$이므로 주어진 부등식은

$2x+3>3x-5,\quad -x>-8$

$\therefore x<8$ 답 $x<8$

07 전략 각각의 일차부등식을 풀어 해가 $x\ge 3$인 것을 찾는다.

주어진 수직선이 나타내는 x의 값의 범위는

$x\ge 3$

① $5x\ge x+8$에서

$4x\ge 8 \quad \therefore x\ge 2$

② $2-3x\le -7$에서

$-3x\le -9 \quad \therefore x\ge 3$

③ $7x+2\ge 5x-4$에서

$2x\ge -6 \quad \therefore x\ge -3$

④ $7-x\le x+1$에서

$-2x\le -6 \quad \therefore x\ge 3$

⑤ $3x-10\le -2x+5$에서

$5x\le 15 \quad \therefore x\le 3$

따라서 해가 $x\ge 3$인 것은 ②, ④이다.

답 ②, ④

08 전략 괄호가 있으면 분배법칙을 이용하여 괄호를 먼저 푼다.

$11-2(x+3)<5(4-x)$에서

$11-2x-6<20-5x$

$3x<15$

$\therefore x<5$

따라서 이를 만족시키는 자연수 x는 1, 2, 3, 4이므로 구하는 합은

$1+2+3+4=10$ 답 10

09 전략 계수에 소수와 분수가 섞여 있으면 적당한 수를 곱하여 계수를 정수로 고친다.

$0.4x-\frac{1}{2}x>1.2+\frac{1}{5}x$에서

$\frac{2}{5}x-\frac{1}{2}x>\frac{6}{5}+\frac{1}{5}x$

양변에 10을 곱하면

$4x-5x>12+2x$

$-3x>12$

$\therefore x<-4$

따라서 $x<-4$를 수직선 위에 나타내면 오른쪽 그림과 같다.

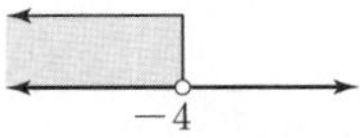

답 ④

10 전략 주어진 부등식을 정리한 후 x의 계수의 부호를 따져 본다.

$2-ax<5$에서 $-ax<3$

이때 $a<0$에서 $-a>0$이므로 양변을 $-a$로 나누면

$x<-\frac{3}{a}$ 답 ①

11 전략 주어진 부등식의 해를 a를 사용한 식으로 나타낸다.

$\frac{x+3}{5}\ge\frac{x}{4}+a$에서

$4(x+3)\ge 5x+20a$

$4x+12\ge 5x+20a$

$-x\ge 20a-12$

$\therefore x\le -20a+12$

이때 주어진 부등식의 해가 $x\le -8$이므로

$-20a+12=-8$

$-20a=-20$

$\therefore a=1$ 답 ③

12 전략 두 부등식의 해를 각각 구한 후 해를 비교한다.

$0.1x+1<0.6x+0.5$에서

$x+10<6x+5$

$-5x<-5$

$\therefore x>1$

$3x+a>1-2(1-x)$에서

$3x+a>1-2+2x$

$\therefore x>-1-a$

이때 두 부등식의 해가 서로 같으므로

$1=-1-a$

$\therefore a=-2$ 답 -2

13 전략 부등식의 성질을 이용하여 식을 변형한다.

① $a-2<b-2$의 양변에 2를 더하면

$a<b$

② $1-a<1-b$의 양변에서 1을 빼면

$-a<-b$

$-a<-b$의 양변에 -1을 곱하면

$a>b$

③ $\frac{a}{4}>\frac{b}{4}$의 양변에 -8을 곱하면

$-2a<-2b$

④ $-3a>-3b$의 양변을 -3으로 나누면

$a<b$

$a<b$의 양변에 1을 더하면

$a+1<b+1$

⑤ $-2a+7>-2b+7$의 양변에서 7을 빼면

$-2a>-2b$

$-2a>-2b$의 양변을 -6으로 나누면

$\frac{a}{3}<\frac{b}{3}$

따라서 옳지 않은 것은 ⑤이다. 답 ⑤

14 전략 $a<b<0$을 만족시키는 a, b의 값을 대입하여 참, 거짓을 판별한다.

① $a<b$의 양변에 -1을 곱하면

$-a>-b$

$-a>-b$의 양변에 5를 더하면

$5-a>5-b$

② $a<b<0$이므로 $|a|>|b|$

$\therefore a^2>b^2$

③ $a<b$의 양변에 -2를 곱하면

$-2a>-2b$

④ $a=-2$, $b=-1$이면 $-\frac{1}{2}>-1$이므로 $\frac{1}{a}>\frac{1}{b}$이다.

⑤ $a<b$의 양변을 -7로 나누면

$-\frac{a}{7}>-\frac{b}{7}$

$-\frac{a}{7}>-\frac{b}{7}$의 양변에 2를 더하면

$2-\frac{a}{7}>2-\frac{b}{7}$

따라서 옳은 것은 ②, ⑤이다. 답 ②, ⑤

15 전략 부등식의 성질을 이용하여 $-5<-4x+7\leq 15$를 만족시키는 x의 값의 범위를 구한다.

$y=-4x+7$이므로

$-5<-4x+7\leq 15$

$-5<-4x+7\leq 15$의 각 변에서 7을 빼면

$-12<-4x\leq 8$

$-12<-4x\leq 8$의 각 변을 -4로 나누면

$-2\leq x<3$

따라서 정수 x는 -2, -1, 0, 1, 2의 5개이다.

답 ③

16 전략 모든 항을 좌변으로 이항하여 정리한 후 (x의 계수)$\neq 0$임을 이용한다.

$x+5>ax+7-2x$에서

$3x-ax-2>0$

$(3-a)x-2>0$

이 부등식이 x에 대한 일차부등식이 되려면

$3-a\neq 0$

$\therefore a\neq 3$

따라서 a의 값이 될 수 없는 것은 ⑤이다.

답 ⑤

17 전략 두 부등식의 해를 각각 구한 후 조건을 만족시키는 a, b의 값을 구한다.

$\frac{x}{2}-0.75\left(x+\frac{1}{2}\right)>0.25x$에서

$\frac{x}{2}-\frac{3}{4}\left(x+\frac{1}{2}\right)>\frac{1}{4}x$

$\frac{x}{2}-\frac{3}{4}x-\frac{3}{8}>\frac{1}{4}x$

양변에 8을 곱하면

$4x-6x-3>2x$

$-4x>3$

$\therefore x<-\frac{3}{4}$

이때 x의 값 중에서 가장 큰 정수는 -1이므로

$a=-1$

또 $\frac{x+1}{3}-\frac{2x-5}{2}<1$의 양변에 6을 곱하면

$2(x+1)-3(2x-5)<6$

$2x+2-6x+15<6$

$-4x<-11$

$\therefore x>\frac{11}{4}$

이때 x의 값 중에서 가장 작은 정수는 3이므로

$b=3$

$\therefore a+b=-1+3=2$ 답 2

18 전략 먼저 순환소수를 분수로 나타낸다.

$0.\dot{6}=\frac{6}{9}=\frac{2}{3}$, $1.\dot{3}=\frac{13-1}{9}=\frac{4}{3}$,

$0.1\dot{6}=\frac{16-1}{90}=\frac{1}{6}$

즉 $0.5x+0.\dot{6}<1.\dot{3}x-0.1\dot{6}$에서

$\frac{1}{2}x+\frac{2}{3}<\frac{4}{3}x-\frac{1}{6}$

양변에 6을 곱하면

$3x+4<8x-1$

$-5x<-5$

$\therefore x>1$ 답 $x>1$

19 전략 x에 대한 일차부등식을 정리한 후 x의 계수의 부호를 따져 본다.

$a(x+3)-1\le 5+2x$에서

$ax+3a-1\le 5+2x$

$ax-2x\le -3a+6$

$(a-2)x\le -3(a-2)$

이때 $a<2$에서 $a-2<0$이므로 양변을 $a-2$로 나누면 부등호의 방향이 바뀐다.

$\therefore x\ge -3$ 답 ②

20 전략 부등식의 해가 $x<-2$임을 이용한다.

$ax+3>5-2x$에서

$ax+2x>2$

$(a+2)x>2$

그런데 부등식의 해가 $x<-2$이므로

$a+2<0$

따라서 $x<\dfrac{2}{a+2}$이므로

$\dfrac{2}{a+2}=-2$

$a+2=-1$

$\therefore a=-3$ 답 -3

개념 더하기

일차부등식 $ax>b$의 해가

① $x>k$ ➡ $a>0$이고 $\dfrac{b}{a}=k$

② $x<k$ ➡ $a<0$이고 $\dfrac{b}{a}=k$

21 전략 먼저 주어진 부등식의 해를 a를 사용한 식으로 나타낸다.

$\dfrac{x-2a}{4}\ge -x+2.5$에서

$x-2a\ge -4x+10$

$5x\ge 2a+10$

$\therefore x\ge \dfrac{2a+10}{5}$

부등식을 만족시키는 가장 작은 x의 값이 6이므로

$\dfrac{2a+10}{5}=6,\quad 2a+10=30$

$2a=20\quad \therefore a=10$ 답 ④

개념 더하기

일차부등식 $ax\ge b$의 해 중에서

① 가장 작은 수가 p이면 $x\ge p$이므로

$a>0,\ \dfrac{b}{a}=p$

② 가장 큰 수가 q이면 $x\le q$이므로

$a<0,\ \dfrac{b}{a}=q$

22 전략 부등식의 성질을 이용하여 $4x-3y$의 값의 범위를 구한다.

$-2\le x\le 3$의 각 변에 4를 곱하면

$-8\le 4x\le 12$ …… ㉠

$-1\le y\le 4$의 각 변에 -3을 곱하면

$-12\le -3y\le 3$ …… ㉡

㉠+㉡을 하면

$-20\le 4x-3y\le 15$

따라서 $M=15$, $m=-20$이므로

$M-m=15-(-20)=35$ 답 35

23 전략 $(a+2b)x-2a+5b>0$의 해가 $x<\dfrac{1}{2}$임을 이용하여 a, b 사이의 관계를 식으로 나타낸다.

$(a+2b)x-2a+5b>0$에서

$(a+2b)x>2a-5b$

이때 부등식의 해가 $x<\dfrac{1}{2}$이므로

$a+2b<0$ …… ㉠

따라서 $x<\dfrac{2a-5b}{a+2b}$이므로

$\dfrac{2a-5b}{a+2b}=\dfrac{1}{2}$

$4a-10b=a+2b$

$3a=12b$

$\therefore a=4b$ …… ㉡

㉡을 ㉠에 대입하면

$4b+2b<0,\quad 6b<0$

$\therefore b<0$

㉡을 $(2a-3b)x+a+b<0$에 대입하면

$(2\times 4b-3b)x+4b+b<0,\quad 5bx+5b<0$

$5bx<-5b$

이때 $b<0$이므로

$x>-1$ 답 $x>-1$

24 전략 주어진 부등식의 해를 구한 후 수직선을 이용하여 조건을 만족시키는 a의 값의 범위를 구한다.

$2x-3\ge 7x+a$에서

$-5x\ge a+3$

$\therefore x\le -\dfrac{a+3}{5}$

이때 부등식을 만족시키는 자연수 x가 4개 이상이려면 오른쪽 그림과 같아야 하므로

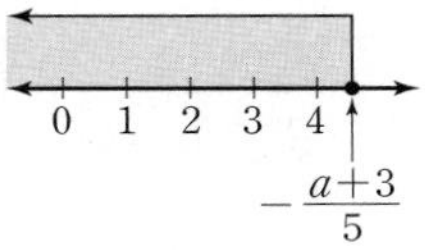

$-\dfrac{a+3}{5}\ge 4$

$a+3\le -20$

$\therefore a\le -23$

따라서 상수 a의 값 중 가장 큰 수는 -23이다. 답 -23

서술형 대비 문제

> 본문 102 ~ 103쪽

1 -5	2 8	3 16
4 8	5 $x>5$	6 $1\le a<\frac{3}{2}$

1 1단계 $x+9>4(x-1)+7$에서

$x+9>4x-4+7$

$-3x>-6$

$\therefore x<2$

2단계 $x<2$의 양변을 2로 나누면

$\frac{1}{2}x<1$

$\frac{1}{2}x<1$의 양변에서 5를 빼면

$\frac{1}{2}x-5<-4$

$\therefore A<-4$

3단계 가장 큰 정수 A의 값은 -5이다.

답 -5

2 1단계 $3-\frac{x-a}{3}\le\frac{a+x}{2}$에서

$18-2(x-a)\le 3(a+x)$

$18-2x+2a\le 3a+3x$

$-5x\le a-18$

$\therefore x\ge-\frac{a-18}{5}$

2단계 $-0.6(x-1)\ge 0.2(5-4x)$에서

$-6x+6\ge 10-8x$

$2x\ge 4$ $\quad\therefore x\ge 2$

3단계 두 부등식의 해가 서로 같으므로

$-\frac{a-18}{5}=2,\quad -a+18=10$

$\therefore a=8$

답 8

3 1단계 $-6<x\le 12$의 각 변을 -3으로 나누면

$-4\le-\frac{x}{3}<2$

$-4\le-\frac{x}{3}<2$의 각 변에서 1을 빼면

$-5\le-1-\frac{x}{3}<1$

$\therefore -5\le A<1$

2단계 $a=-5$, $b=1$이므로

3단계 $b-3a=1-3\times(-5)=16$

답 16

단계	채점 요소	배점
1	A의 값의 범위 구하기	3점
2	a, b의 값 구하기	2점
3	$b-3a$의 값 구하기	1점

4 1단계 $1.2x+0.7>0.3x-2$의 양변에 10을 곱하면

$12x+7>3x-20$

$9x>-27$

$\therefore x>-3$

$\therefore a=-3$

2단계 $\frac{3x+2}{5}>\frac{2x-1}{3}$의 양변에 15를 곱하면

$3(3x+2)>5(2x-1)$

$9x+6>10x-5$

$-x>-11$

$\therefore x<11$

$\therefore b=11$

3단계 $a+b=-3+11=8$

답 8

단계	채점 요소	배점
1	a의 값 구하기	3점
2	b의 값 구하기	3점
3	$a+b$의 값 구하기	1점

5 1단계 $5x+a\ge 1-2x$에서 $\quad 7x\ge 1-a$

$\therefore x\ge\frac{1-a}{7}$

2단계 이 부등식의 해가 $x\ge 1$이므로

$\frac{1-a}{7}=1,\quad 1-a=7$

$\therefore a=-6$

3단계 $19-4x<x-6$에서 $\quad -5x<-25$

$\therefore x>5$

답 $x>5$

단계	채점 요소	배점
1	$5x+a\ge 1-2x$의 해 구하기	2점
2	a의 값 구하기	2점
3	$19-4x<x+a$의 해 구하기	2점

6 1단계 $2(x+a)<3x-6$에서 $\quad 2x+2a<3x-6$

$-x<-2a-6\quad\therefore x>2a+6$

2단계 x의 값 중 가장 작은 정수가 9이려면 오른쪽 그림과 같아야 하므로

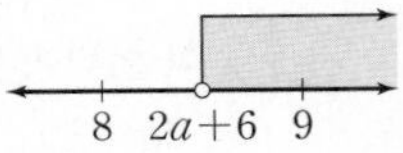

$8\le 2a+6<9$

3단계 $2\le 2a<3\quad\therefore 1\le a<\frac{3}{2}$

답 $1\le a<\frac{3}{2}$

단계	채점 요소	배점
1	일차부등식의 해 구하기	2점
2	$2a+6$의 값의 범위 구하기	3점
3	a의 값의 범위 구하기	2점

Ⅲ-2 일차부등식의 활용

01 일차부등식의 활용 (1)

개념원리 확인하기

> 본문 107쪽

01 2000, 2000, 15, 15
02 (1) $2x+9<4x-15$ (2) $x>12$ (3) 13
03 (1) $1000x$원, $(800x+1800)$원
(2) $1000x>800x+1800$ (3) $x>9$ (4) 10권

01 쿠키를 x개 산다고 하자.
쿠키를 사는 데 드는 비용은
$(1200x+\boxed{2000})$원
전체 금액이 20000원 이하이어야 하므로
$1200x+\boxed{2000}\le 20000$ ······ ㉠
㉠의 부등식을 풀면
$1200x\le 18000$ $\therefore x\le \boxed{15}$
따라서 쿠키는 최대 $\boxed{15}$개까지 살 수 있다.
㉠에 $x=15$를 대입하면 부등식이 참이고, $x=16$을 대입하면 부등식이 거짓이므로 문제의 뜻에 맞는다.

답 2000, 2000, 15, 15

02 (1) 어떤 자연수를 x라 하면
$2x+9<4x-15$
(2) $2x+9<4x-15$에서 $-2x<-24$
$\therefore x>12$
(3) 어떤 자연수 중 가장 작은 수는 13이다.

답 (1) $2x+9<4x-15$ (2) $x>12$ (3) 13

03 (1) 공책을 x권 산다고 하면 집 앞 문구점에서 공책을 사는 데 드는 비용은 $1000x$원, 할인 매장에서 공책을 사는 데 드는 비용은 $(800x+1800)$원이다.
(2) 할인 매장에서 사는 것이 유리하려면
$1000x>800x+1800$
(3) $1000x>800x+1800$에서
$200x>1800$ $\therefore x>9$
(4) 공책을 10권 이상 사는 경우 할인 매장에서 사는 것이 유리하다.

답 (1) $1000x$원, $(800x+1800)$원
(2) $1000x>800x+1800$ (3) $x>9$ (4) 10권

참고 '유리하다'는 것은 '비용이 적게 든다'는 것을 의미한다. 따라서 할인 매장에서 사는 것이 유리하려면
(집 앞 문구점에서 사는 데 드는 비용)
>(할인 매장에서 사는 데 드는 비용)
이어야 한다.

핵심문제 익히기

> 본문 108~111쪽

1 (1) 30, 31, 32 (2) 5　2 11개월　3 29000원
4 10명　5 23장　6 29명　7 18 cm
8 7000원

1 (1) 연속하는 세 자연수를 $x-1$, x, $x+1$이라 하면
$(x-1)+x+(x+1)<96$
$3x<96$ $\therefore x<32$
이때 x의 값 중 가장 큰 자연수는 31이므로 구하는 세 자연수는 30, 31, 32이다.
(2) 차가 5인 두 정수를 x, $x+5$라 하면
$x+(x+5)>14$, $2x>9$
$\therefore x>\frac{9}{2}$
따라서 x의 값이 될 수 있는 가장 작은 수는 5이다.

답 (1) 30, 31, 32 (2) 5

2 x개월 후부터 형의 예금액이 동생의 예금액의 3배보다 많아진다고 하면 x개월 후의 형의 예금액은 $(40000+5000x)$원, 동생의 예금액은 $(20000+1000x)$원이므로
$40000+5000x>3(20000+1000x)$
$40000+5000x>60000+3000x$
$2000x>20000$ $\therefore x>10$
따라서 11개월 후부터 형의 예금액이 동생의 예금액의 3배보다 많아진다.

답 11개월

3 이번 달 휴대 전화 요금을 x원이라 하면
$\frac{26000+33000+32000+x}{4}\le 30000$
$91000+x\le 120000$
$\therefore x\le 29000$
따라서 이번 달 휴대 전화 요금은 29000원 이하이어야 한다.

답 29000원

4 어른을 x명이라 하면 어린이는 $(30-x)$명이므로
$3000x+1500(30-x)\le 60000$
$3000x+45000-1500x\le 60000$
$1500x\le 15000$ $\therefore x\le 10$
따라서 어른은 최대 10명까지 관람할 수 있다.

답 10명

5 증명사진을 x장 인화한다고 하면
$15000+600(x-8)\le 24000$
$15000+600x-4800\le 24000$
$600x\le 13800$ $\therefore x\le 23$
따라서 증명사진을 최대 23장까지 인화할 수 있다.

답 23장

6 x명이 입장한다고 할 때, 40명의 단체 입장권을 사는 것이 유리하려면

$2000x > 2000 \times 0.7 \times 40$

$\therefore x > 28$

따라서 29명 이상부터 40명의 단체 입장권을 사는 것이 유리하다. 답 29명

참고 x명이 입장할 때, a명의 단체 입장권을 사는 것이 유리한 경우 (단, $x < a$)

➡ (x명의 입장료)>(a명의 단체 입장료)

7 직사각형의 세로의 길이를 x cm라 하면

$2(12+x) \le 60, \quad 24+2x \le 60$

$2x \le 36 \quad \therefore x \le 18$

따라서 세로의 길이는 18 cm 이하이어야 한다.

답 18 cm

8 원가를 x원이라 하면

$\left(1-\frac{30}{100}\right) \times 11000 - x \ge \frac{10}{100}x$

$7700 - x \ge \frac{1}{10}x$

$-\frac{11}{10}x \ge -7700$

$\therefore x \le 7000$

따라서 원가는 7000원 이하이어야 한다.

답 7000원

이런 문제가 시험에 나온다

> 본문 112쪽

01 5, 6　02 6개월　03 18개　04 15곡
05 46명　06 ①

01 주사위를 던져 나온 눈의 수를 x라 하면

$5x > 2(x+6), \quad 5x > 2x+12$

$3x > 12 \quad \therefore x > 4$

따라서 구하는 주사위의 눈의 수는 5, 6이다.

답 5, 6

02 x개월 후부터 주희의 예금액이 일승이의 예금액의 2배보다 많아진다고 하면

$60000+8000x > 2(35000+3000x)$

$60000+8000x > 70000+6000x$

$2000x > 10000$

$\therefore x > 5$

따라서 6개월 후부터 주희의 예금액이 일승이의 예금액의 2배보다 많아진다. 답 6개월

03 한 번에 x개의 상자를 운반한다고 하면

$60+40x \le 800, \quad 40x \le 740$

$\therefore x \le \frac{37}{2} = 18.5$

따라서 최대 18개의 상자를 운반할 수 있다.

답 18개

04 x곡을 내려받는다고 하면

$4000+500(x-5) \le 600x$

$4000+500x-2500 \le 600x$

$-100x \le -1500$

$\therefore x \ge 15$

따라서 최소 15곡을 내려받으면 된다. 답 15곡

05 x명이 관람한다고 하면

$30000x > 30000 \times 0.9 \times 50$

$\therefore x > 45$

따라서 46명 이상부터 50명의 단체 티켓을 사는 것이 유리하다. 답 46명

06 가장 긴 변의 길이가 $x+9$이므로

$x+9 < x+(x+2)$

$-x < -7$

$\therefore x > 7$

따라서 x의 값이 될 수 없는 것은 ①이다.

답 ①

개념 더하기

삼각형이 되는 조건

➡ (가장 긴 변의 길이)<(나머지 두 변의 길이의 합)

02 일차부등식의 활용 (2)

개념원리 확인하기

> 본문 114쪽

01 (1) ○　(2) ×　(3) ○　(4) ×
02 풀이 참조　03 풀이 참조

01 (2) 시속 x km로 5 km를 달렸을 때 걸린 시간은 $\frac{5}{x}$시간이다.

(4) 소금물 200 g에 소금 x g이 들어 있을 때 소금물의 농도는

$\frac{x}{200} \times 100 = \frac{x}{2}$ (%)

답 (1) ○　(2) ×　(3) ○　(4) ×

02 (1)

	올라갈 때	내려올 때
거리	x km	x km
속력	시속 2 km	시속 4 km
시간	$\frac{x}{2}$시간	$\frac{x}{4}$시간

(2) 3시간 이내에 등산을 마쳐야 하므로

$\frac{x}{2}+\frac{x}{4}\le 3$

(3) $\frac{x}{2}+\frac{x}{4}\le 3$에서

$2x+x\le 12$

$3x\le 12$

$\therefore x\le 4$

따라서 최대 4 km 떨어진 지점까지 갔다 올 수 있다.

답 풀이 참조

03 (1)

	증발시키기 전	증발시킨 후
농도(%)	4	6
소금물의 양(g)	300	$300-x$
소금의 양(g)	$\frac{4}{100}\times 300$	$\frac{6}{100}\times(300-x)$

(2) 농도가 6 % 이상이어야 하므로

$\frac{4}{100}\times 300\ge\frac{6}{100}\times(300-x)$

(3) $\frac{4}{100}\times 300\ge\frac{6}{100}\times(300-x)$에서

$1200\ge 1800-6x$

$6x\ge 600$

$\therefore x\ge 100$

따라서 최소 100 g의 물을 증발시켜야 한다.

답 풀이 참조

핵심문제 익히기

> 본문 115~116쪽

1 $\frac{5}{2}$ km 2 8 km 3 200 g 4 100 g

1 역에서 상점까지의 거리를 x km라 하면

$\frac{x}{4}+\frac{15}{60}+\frac{x}{4}\le 1\frac{30}{60}$

$\frac{x}{4}+\frac{1}{4}+\frac{x}{4}\le\frac{3}{2}$

$\frac{x}{2}\le\frac{5}{4}$

$\therefore x\le\frac{5}{2}$

따라서 역에서 $\frac{5}{2}$ km 이내에 있는 상점을 이용해야 한다.

답 $\frac{5}{2}$ km

2 시속 6 km로 달린 거리를 x km라 하면 시속 3 km로 걸은 거리는 $(10-x)$ km이므로

$\frac{10-x}{3}+\frac{x}{6}\le 2$

$2(10-x)+x\le 12$

$20-2x+x\le 12$

$-x\le -8$

$\therefore x\ge 8$

따라서 8 km 이상을 시속 6 km로 달려야 한다.

답 8 km

3 물을 x g 증발시킨다고 하면 물을 증발시킨 후의 소금물의 양은 $(500-x)$ g이므로

$\frac{6}{100}\times 500\ge\frac{10}{100}\times(500-x)$

$3000\ge 5000-10x$

$10x\ge 2000$

$\therefore x\ge 200$

따라서 200 g 이상의 물을 증발시켜야 한다.

답 200 g

4 13 %의 소금물의 양을 x g이라 하면 섞은 후의 소금물의 양은 $(400+x)$ g이므로

$\frac{8}{100}\times 400+\frac{13}{100}\times x\le\frac{9}{100}\times(400+x)$

$3200+13x\le 3600+9x$

$4x\le 400$

$\therefore x\le 100$

따라서 13 %의 소금물을 최대 100 g까지 섞을 수 있다.

답 100 g

이런 문제가 시험에 나온다

> 본문 117쪽

01 ② 02 10 km 03 20분 04 120 g 05 200 g

01 학원에서 서점까지의 거리를 x km라 하면

$\frac{x}{3}+\frac{10}{60}+\frac{x}{3}\le\frac{40}{60}$

$\frac{x}{3}+\frac{1}{6}+\frac{x}{3}\le\frac{2}{3}$

$\frac{2}{3}x\le\frac{1}{2}$

$\therefore x\le\frac{3}{4}$

따라서 학원에서 최대 $\frac{3}{4}$ km 이내에 있는 서점을 이용해야 한다.

답 ②

02 시속 5 km로 걸은 거리를 x km라 하면 시속 4 km로 걸은 거리는 $(14-x)$ km이므로

$$\frac{14-x}{4}+\frac{x}{5}\le 3$$
$$5(14-x)+4x\le 60$$
$$70-5x+4x\le 60$$
$$-x\le -10$$
$$\therefore x\ge 10$$

따라서 시속 5 km로 걸은 거리는 최소 10 km이다.

답 10 km

03 지애와 이서가 x분 동안 걷는다고 하면

$$60x+90x\ge 3000$$
$$150x\ge 3000$$
$$\therefore x\ge 20$$

따라서 20분 이상 걸어야 한다. 답 20분

04 물을 x g 넣는다고 하면 물을 넣은 후의 소금물의 양은 $(300+x)$ g이므로

$$\frac{7}{100}\times 300\le \frac{5}{100}\times(300+x)$$
$$2100\le 1500+5x$$
$$-5x\le -600$$
$$\therefore x\ge 120$$

따라서 120 g 이상의 물을 넣어야 한다.

답 120 g

05 15 %의 설탕물의 양을 x g이라 하면 9 %의 설탕물의 양은 $(600-x)$ g이므로

$$\frac{9}{100}\times(600-x)+\frac{15}{100}\times x\ge \frac{11}{100}\times 600$$
$$5400-9x+15x\ge 6600$$
$$6x\ge 1200$$
$$\therefore x\ge 200$$

따라서 15 %의 설탕물은 최소 200 g 섞어야 한다.

답 200 g

중단원 마무리하기

> 본문 118 ~ 120쪽

01 ④	02 ③	03 2400원	04 800원
05 ⑤	06 ④	07 ③	08 6 km
09 150 g	10 ⑤	11 ②	12 25명
13 ④	14 12분	15 375 g	16 ④
17 4대	18 200 g		

01 전략 연속하는 두 홀수를 x, $x+2$로 놓고 부등식을 세운다.

연속하는 두 홀수를 x, $x+2$라 하면

$$3x-10\ge 2(x+2),\qquad 3x-10\ge 2x+4$$
$$\therefore x\ge 14$$

이때 x의 값 중 가장 작은 홀수는 15이므로 가장 작은 두 홀수는 15, 17이다.

따라서 구하는 합은 $15+17=32$ 답 ④

02 전략 현재 a살인 사람의 x년 후의 나이는 $(a+x)$살이다.

x년 후부터 할아버지의 나이가 손자의 나이의 3배 이하가 된다고 하면 x년 후의 할아버지의 나이는 $(65+x)$살, 손자의 나이는 $(15+x)$살이므로

$$65+x\le 3(15+x)$$
$$65+x\le 45+3x$$
$$-2x\le -20$$
$$\therefore x\ge 10$$

따라서 10년 후부터 할아버지의 나이가 손자의 나이의 3배 이하가 된다. 답 ③

03 전략 형과 동생이 받을 몫을 각각 미지수로 나타낸 후 부등식을 세운다.

형이 받을 몫을 x원이라 하면 동생이 받을 몫은 $(4000-x)$원이므로

$$2x\ge 3(4000-x)$$
$$2x\ge 12000-3x$$
$$5x\ge 12000$$
$$\therefore x\ge 2400$$

따라서 형이 받을 몫의 최소 금액은 2400원이다.

답 2400원

04 전략 매일 저금해야 하는 금액을 미지수로 놓고 25일 후의 저금액을 구해 본다.

매일 x원씩 저금한다고 하면

$$10000+25x\ge 30000,\qquad 25x\ge 20000$$
$$\therefore x\ge 800$$

따라서 매일 저금해야 하는 금액은 최소 800원이다.

답 800원

05 전략 $(\text{평균})=\frac{(\text{변량의 총합})}{(\text{변량의 개수})}$임을 이용한다.

다섯 번째 시험에서 x점을 받는다고 하면

$$\frac{92+89+74+98+x}{5}\ge 90$$
$$353+x\ge 450$$
$$\therefore x\ge 97$$

따라서 다섯 번째 시험에서 97점 이상을 받아야 한다.

답 ⑤

06 전략 유리하려면 비용이 더 적게 들어야 한다.

초콜릿을 x개 산다고 하면

$1500x > 1200x + 2500$

$300x > 2500$

$\therefore x > \frac{25}{3} = 8.333\cdots$

따라서 초콜릿을 9개 이상 사는 경우 인터넷 쇼핑몰에서 사는 것이 유리하다.

답 ④

07 전략 (삼각형의 넓이)$=\frac{1}{2}\times$(밑변의 길이)$\times$(높이)임을 이용한다.

삼각형의 높이를 x cm라 하면

$\frac{1}{2}\times 10 \times x \le 80,\quad 5x \le 80$

$\therefore x \le 16$

따라서 삼각형의 높이는 16 cm 이하이어야 한다.

답 ③

08 전략 올라갈 때 걸린 시간과 내려올 때 걸린 시간의 합이 5시간 이내이어야 한다.

x km 떨어진 지점까지 갔다 온다고 하면

$\frac{x}{2} + \frac{x}{3} \le 5,\quad 3x + 2x \le 30$

$5x \le 30 \quad \therefore x \le 6$

따라서 최대 6 km 떨어진 지점까지 갔다 올 수 있다.

답 6 km

09 전략 소금물에서 물을 증발시켜도 소금의 양은 변하지 않는다.

물을 x g 증발시킨다고 하면 증발시킨 후의 소금물의 양은 $(350-x)$ g이므로

$\frac{8}{100}\times 350 \ge \frac{14}{100}\times(350-x)$

$2800 \ge 4900 - 14x$

$14x \ge 2100$

$\therefore x \ge 150$

따라서 물을 150 g 이상 증발시키면 된다.

답 150 g

10 전략 A 과자와 B 과자의 개수를 각각 미지수로 나타낸 후 부등식을 세운다.

B 과자를 x개 만든다고 하면 A 과자는 $(500-x)$개 만들 수 있으므로

$2.1(500-x) + 3.6x \le 1200$

$21(500-x) + 36x \le 12000$

$15x \le 1500 \quad \therefore x \le 100$

따라서 B 과자는 최대 100개까지 만들 수 있다.

답 ⑤

11 전략 대여료와 연체료의 합이 책의 정가보다 적어야 한다.

책을 x일 동안 대여한다고 하면

$1000 + 400(x-3) < 12000$

$1000 + 400x - 1200 < 12000$

$400x < 12200$

$\therefore x < \frac{61}{2} = 30.5$

따라서 30일 이내에 책을 반납해야 한다.

답 ②

12 전략 (x명의 입장료)$>$(30명의 단체 입장료)이어야 한다.

x명이 입장한다고 하면

$15000x > 15000 \times 0.8 \times 30$

$\therefore x > 24$

따라서 25명 이상부터 30명의 단체 입장권을 사는 것이 유리하다.

답 25명

13 전략 걸어가는 데 걸린 시간과 뛰어가는 데 걸린 시간의 합이 30분 이내이어야 한다.

걸어간 거리를 x m라 하면 뛰어간 거리는 $(3000-x)$ m이므로

$\frac{x}{50} + \frac{3000-x}{150} \le 30$

$3x + 3000 - x \le 4500$

$2x \le 1500 \quad \therefore x \le 750$

따라서 걸어간 거리는 최대 750 m이다.

답 ④

14 전략 나윤이가 걸은 거리와 준현이가 걸은 거리의 합이 1.8 km 이상이어야 한다.

나윤이가 출발한 지 x분이 지났다고 하면 준현이가 출발한 지 $(x+3)$분이 지났으므로

$80(x+3) + 50x \ge 1800$

$80x + 240 + 50x \ge 1800$

$130x \ge 1560 \quad \therefore x \ge 12$

따라서 두 사람이 1.8 km 이상 떨어지는 것은 나윤이가 출발한 지 12분 후부터이다.

답 12분

15 전략 8 %의 소금물의 양과 12 %의 소금물의 양을 각각 미지수로 나타낸 후 부등식을 세운다.

8 %의 소금물의 양을 x g이라 하면 12 %의 소금물의 양은 $(500-x)$ g이므로

$\frac{12}{100}\times(500-x) + \frac{8}{100}\times x \ge \frac{9}{100}\times 500$

$6000 - 12x + 8x \ge 4500$

$-4x \ge -1500$

$\therefore x \le 375$

따라서 8 %의 소금물을 최대 375 g까지 섞을 수 있다.

답 375 g

16 전략 (이익)=(판매 가격)−(원가)임을 이용한다.

원가를 a원이라 하면

$$\frac{150}{100}a\times\left(1-\frac{x}{100}\right)-a\geq\frac{20}{100}a$$

$$150a\left(1-\frac{x}{100}\right)-100a\geq 20a$$

$$150a-\frac{3}{2}ax-100a\geq 20a$$

$$-\frac{3}{2}ax\geq -30a$$

$$\therefore x\leq 20$$

따라서 x의 값이 될 수 있는 가장 큰 수는 20이다.

답 ④

17 전략 전체 일의 양을 1로 놓고 부등식을 세운다.

전체 일의 양을 1이라 하면 A 기계 1대가 1시간 동안 하는 일의 양은 $\frac{1}{8}$, B 기계 1대가 1시간 동안 하는 일의 양은 $\frac{1}{12}$이다.

A 기계를 x대 사용한다고 하면 B 기계는 $(10-x)$대 사용하므로

$$\frac{1}{8}\times x+\frac{1}{12}\times(10-x)\geq 1$$

$$3x+20-2x\geq 24$$

$$\therefore x\geq 4$$

따라서 A 기계는 4대 이상 필요하다.

답 4대

18 전략 두 합금 A, B에 포함된 구리의 양을 각각 구해 본다.

합금 B의 양을 x g이라 하면 합금 A의 양은 $(500-x)$ g이므로

$$\frac{10}{100}\times(500-x)+\frac{20}{100}\times x\geq 70$$

$$5000-10x+20x\geq 7000$$

$$10x\geq 2000$$

$$\therefore x\geq 200$$

따라서 합금 B는 최소 200 g이 필요하다.

답 200 g

서술형 대비 문제

> 본문 121쪽

1 13편　　2 4개　　3 64개

1 1단계 영화를 1년 동안 x편 내려받는다고 하면

$$1200x>6000+700x$$

2단계 $500x>6000$

$$\therefore x>12$$

3단계 1년 동안 내려받는 영화가 13편 이상이면 회원이 비회원보다 유리하다.

답 13편

2 1단계 샌드위치를 x개 주문한다고 하면 단팥빵은 $(10-x)$개 주문할 수 있으므로

$$2000(10-x)+5500x+3000\leq 37000$$

2단계 $20000-2000x+5500x+3000\leq 37000$

$$3500x\leq 14000$$

$$\therefore x\leq 4$$

3단계 샌드위치를 최대 4개까지 주문할 수 있다.

답 4개

단계	채점 요소	배점
1	일차부등식 세우기	4점
2	일차부등식 풀기	2점
3	샌드위치를 최대 몇 개까지 주문할 수 있는지 구하기	1점

3 1단계 정삼각형을 1개 만들 때 필요한 성냥개비의 개수는

3

정삼각형을 2개 만들 때 필요한 성냥개비의 개수는

$3+2\times1$

정삼각형을 3개 만들 때 필요한 성냥개비의 개수는

$3+2\times2$

⋮

정삼각형을 x개 만들 때 필요한 성냥개비의 개수는

$3+2(x-1)$

따라서 정삼각형을 x개 만들 때 필요한 성냥개비의 개수는 $3+2(x-1)$, 즉 $2x+1$이므로

$$2x+1\leq 130$$

2단계 $2x\leq 129$

$$\therefore x\leq\frac{129}{2}=64.5$$

3단계 정삼각형을 최대 64개까지 만들 수 있다.

답 64개

단계	채점 요소	배점
1	일차부등식 세우기	4점
2	일차부등식 풀기	2점
3	정삼각형을 최대 몇 개까지 만들 수 있는지 구하기	1점

IV-1 연립일차방정식

01 연립방정식과 그 해

개념원리 확인하기

> 본문 125쪽

01 (1) × (2) ○ (3) × (4) ○ (5) × (6) ×
02 (1) ○ (2) × (3) ○ (4) ×
03 풀이 참조
04 (1) (1, 3), (2, 2), (3, 1)
(2) (1, 5), (2, 3), (3, 1)
(3) (3, 1)

01 (1) 등식이 아니므로 방정식이 아니다.
(3) x의 차수가 2이므로 일차방정식이 아니다.
(5) x가 분모에 있으므로 일차방정식이 아니다.
(6) 미지수가 1개인 일차방정식이다.

답 (1) × (2) ○ (3) × (4) ○ (5) × (6) ×

02 (1) $x=2$, $y=0$을 $2x+3y=4$에 대입하면
$2\times2+3\times0=4$
따라서 (2, 0)은 주어진 방정식의 해이다.
(2) $x=3$, $y=-1$을 $2x+3y=4$에 대입하면
$2\times3+3\times(-1)=3\neq4$
따라서 (3, −1)은 주어진 방정식의 해가 아니다.
(3) $x=-1$, $y=2$를 $2x+3y=4$에 대입하면
$2\times(-1)+3\times2=4$
따라서 (−1, 2)는 주어진 방정식의 해이다.
(4) $x=-2$, $y=3$을 $2x+3y=4$에 대입하면
$2\times(-2)+3\times3=5\neq4$
따라서 (−2, 3)은 주어진 방정식의 해가 아니다.

답 (1) ○ (2) × (3) ○ (4) ×

03 (1)

x	1	2	3	4	5	…
y	5	2	−1	−4	−7	…

따라서 구하는 해는 (1, 5), (2, 2)

(2)

x	9	5	1	−3	−7	…
y	1	2	3	4	5	…

따라서 구하는 해는 (9, 1), (5, 2), (1, 3)

답 풀이 참조

개념 더하기

미지수가 2개인 일차방정식의 자연수인 해를 구할 때, 계수의 절댓값이 큰 미지수에 1, 2, 3, …을 차례대로 대입하여 해를 구하는 것이 편리하다.

04 (1)

x	1	2	3	4	5	…
y	3	2	1	0	−1	…

따라서 $x+y=4$의 해는
(1, 3), (2, 2), (3, 1)

(2)

x	1	2	3	4	5	…
y	5	3	1	−1	−3	…

따라서 $2x+y=7$의 해는
(1, 5), (2, 3), (3, 1)
(3) 연립방정식의 해는 (1), (2)를 동시에 만족시키는 (3, 1)이다.

답 (1) (1, 3), (2, 2), (3, 1)
(2) (1, 5), (2, 3), (3, 1)
(3) (3, 1)

핵심문제 익히기

> 본문 126 ~ 128쪽

1 2
2 (1) $2x+3y=19$ (2) $3000x+3500y=9500$
3 (5, 2), (2, 4)
4 (1) −1 (2) 2
5 6
6 0

1 ㄱ. $xy=1$에서 $xy-1=0$
ㄴ. $y-x=6$에서 $-x+y-6=0$
ㄹ. $x^2+4y=x(x-11)$에서
$x^2+4y=x^2-11x$
$\therefore 11x+4y=0$
ㅁ. $3(x-y)-x+3y=2$에서
$3x-3y-x+3y=2$
$\therefore 2x-2=0$
이상에서 미지수가 2개인 일차방정식인 것은 ㄴ, ㄹ의 2개이다.

답 2

개념 더하기

xy의 차수 ➡ ① x에 대한 차수: 1
② y에 대한 차수: 1
③ x, y에 대한 차수: 2

2 (1) 2점 슛을 x개 넣어 $2x$점, 3점 슛을 y개 넣어 $3y$점을 득점하였으므로
$2x+3y=19$
(2) 1인분에 3000원인 떡볶이 x인분의 가격은 $3000x$원, 1인분에 3500원인 튀김 y인분의 가격은 $3500y$원이므로
$3000x+3500y=9500$

답 (1) $2x+3y=19$ (2) $3000x+3500y=9500$

3 y가 자연수이므로 $2x+3y=16$에 $y=1, 2, 3, \cdots$을 차례대로 대입하여 x의 값을 구하면

x	$\frac{13}{2}$	5	$\frac{7}{2}$	2	$\frac{1}{2}$	-1	$\cdots$
y	1	2	3	4	5	6	$\cdots$

이때 x도 자연수이므로 구하는 해는

$(5, 2), (2, 4)$

답 $(5, 2), (2, 4)$

4 (1) $x=\frac{1}{2}$, $y=4$를 $6x-y=a$에 대입하면

$a=6\times\frac{1}{2}-4=-1$

(2) $x=k-1$, $y=2k$를 $x-2y=-7$에 대입하면

$k-1-2\times 2k=-7$, $\quad -3k=-6$

$\therefore k=2$

답 (1) -1 (2) 2

5 다음 표에서 $x+5y=13$의 해는 $(8, 1), (3, 2)$

x	8	3
y	1	2

다음 표에서 $3x+y=11$의 해는 $(1, 8), (2, 5), (3, 2)$

x	1	2	3
y	8	5	2

따라서 주어진 연립방정식의 해는 $x=3$, $y=2$이므로

$a=3$, $b=2$

$\therefore ab=3\times 2=6$

답 6

6 $x=b$, $y=2$를 $2x-y=-4$에 대입하면

$2b-2=-4$, $\quad 2b=-2$

$\therefore b=-1$

$x=-1$, $y=2$를 $x+ay=1$에 대입하면

$-1+2a=1$, $\quad 2a=2$

$\therefore a=1$

$\therefore a+b=1+(-1)=0$

답 0

이런 문제가 시험에 나온다

본문 129쪽

01 ②, ⑤ 02 4 03 3

04 $\begin{cases} x+y=5 \\ 2x+3y=11 \end{cases}$ 05 ③ 06 3

01 ① $-3x^2+5=y-2$에서 $\quad -3x^2-y+7=0$

② $\frac{x}{2}+\frac{y}{5}=1$에서 $\quad \frac{x}{2}+\frac{y}{5}-1=0$

③ $y=\frac{1}{x}-4$에서 $\quad -\frac{1}{x}+y+4=0$

④ $7x+y=7(x-y)$에서 $\quad 7x+y=7x-7y$

$\therefore 8y=0$

⑤ $2y(3y-1)=x+6y^2-3$에서

$6y^2-2y=x+6y^2-3$

$\therefore -x-2y+3=0$

따라서 미지수가 2개인 일차방정식인 것은 ②, ⑤이다.

답 ②, ⑤

02 y가 자연수이므로 $x+4y=17$에 $y=1, 2, 3, \cdots$을 차례대로 대입하여 x의 값을 구하면

x	13	9	5	1	-3	$\cdots$
y	1	2	3	4	5	$\cdots$

이때 x도 자연수이므로 해는

$(13, 1), (9, 2), (5, 3), (1, 4)$

의 4개이다.

답 4

03 $x=a$, $y=-7$을 $2x-y=3$에 대입하면

$2a-(-7)=3$, $\quad 2a=-4$

$\therefore a=-2$

$x=4$, $y=b$를 $2x-y=3$에 대입하면

$2\times 4-b=3 \quad \therefore b=5$

$\therefore a+b=-2+5=3$

답 3

04 2점짜리 문제 x개와 3점짜리 문제 y개를 맞혔으므로

$x+y=5$

2점짜리 문제 x개를 맞혀 $2x$점, 3점짜리 문제 y개를 맞혀 $3y$점을 얻었으므로

$2x+3y=11$

따라서 연립방정식으로 나타내면

$\begin{cases} x+y=5 \\ 2x+3y=11 \end{cases}$

답 $\begin{cases} x+y=5 \\ 2x+3y=11 \end{cases}$

05 주어진 일차방정식에 $x=3$, $y=-6$을 대입하면

ㄱ. $2\times 3-(-6)=12$

ㄴ. $3+3\times(-6)=-15\neq 15$

ㄷ. $4\times 3-6=6\neq -6$

ㄹ. $3\times 3+4\times(-6)=-15$

이상에서 두 일차방정식 ㄱ, ㄹ을 짝 지어 만든 연립방정식의 해가 $x=3$, $y=-6$이다.

답 ③

06 $x=3$을 $3x-7y=2$에 대입하면

$3\times 3-7y=2$, $\quad -7y=-7$

$\therefore y=1$

$x=3$, $y=1$을 $4x+3y=5a$에 대입하면

$4\times 3+3\times 1=5a$, $\quad 5a=15$

$\therefore a=3$

답 3

02 연립일차방정식의 풀이

개념원리 확인하기 > 본문 132 ~ 133쪽

01 풀이 참조
02 (1) $x=4,\ y=1$ (2) $x=3,\ y=5$
03 풀이 참조
04 (1) $x=-10,\ y=3$ (2) $x=3,\ y=0$
05 풀이 참조
06 (1) $x=1,\ y=-2$ (2) $x=-1,\ y=1$
07 (1) ㄱ, ㄹ, ㅁ (2) ㄴ, ㄷ, ㅂ

01 ㉠을 ㉡에 대입하면 $x+2(\boxed{2x-1})=8$

$5x=\boxed{10}$ $\quad\therefore x=\boxed{2}$

$x=\boxed{2}$를 ㉠에 대입하면

$y=2\times\boxed{2}-1=\boxed{3}$

따라서 연립방정식의 해는

$x=\boxed{2},\ y=\boxed{3}$

답 풀이 참조

02 (1) $\begin{cases} x=4y & \cdots\cdots \text{㉠} \\ x-6y=-2 & \cdots\cdots \text{㉡} \end{cases}$

㉠을 ㉡에 대입하면

$4y-6y=-2,\quad -2y=-2$

$\therefore y=1$

$y=1$을 ㉠에 대입하면

$x=4\times1=4$

(2) $\begin{cases} 3x-5y=-16 & \cdots\cdots \text{㉠} \\ y=-x+8 & \cdots\cdots \text{㉡} \end{cases}$

㉡을 ㉠에 대입하면

$3x-5(-x+8)=-16$

$3x+5x-40=-16$

$8x=24 \quad \therefore x=3$

$x=3$을 ㉡에 대입하면

$y=-3+8=5$

답 (1) $x=4,\ y=1$ (2) $x=3,\ y=5$

03 y를 없애기 위해 ㉠$-$㉡$\times\boxed{2}$를 하면

$$\begin{array}{rl} & 3x-2y=-2 \\ -) & \boxed{4}x-2y=-6 \\ \hline & \boxed{-x}\quad=\boxed{4} \end{array} \qquad \therefore x=\boxed{-4}$$

$x=\boxed{-4}$를 ㉡에 대입하면

$2\times(\boxed{-4})-y=-3 \quad \therefore y=\boxed{-5}$

따라서 연립방정식의 해는

$x=\boxed{-4},\ y=\boxed{-5}$

답 풀이 참조

04 (1) $\begin{cases} x+7y=11 & \cdots\cdots \text{㉠} \\ x+3y=-1 & \cdots\cdots \text{㉡} \end{cases}$

x를 없애기 위해 ㉠$-$㉡을 하면

$$\begin{array}{rl} & x+7y=\ 11 \\ -) & x+3y=-1 \\ \hline & 4y=\ 12 \end{array} \qquad \therefore y=3$$

$y=3$을 ㉡에 대입하면 $x+3\times3=-1$

$\therefore x=-10$

(2) $\begin{cases} 2x+3y=6 & \cdots\cdots \text{㉠} \\ 4x-3y=12 & \cdots\cdots \text{㉡} \end{cases}$

y를 없애기 위해 ㉠$+$㉡을 하면

$$\begin{array}{rl} & 2x+3y=\ 6 \\ +) & 4x-3y=12 \\ \hline & 6x\quad\ =18 \end{array} \qquad \therefore x=3$$

$x=3$을 ㉠에 대입하면 $2\times3+3y=6$

$\therefore y=0$

답 (1) $x=-10,\ y=3$ (2) $x=3,\ y=0$

05 (1) ㉠, ㉡의 괄호를 풀고 정리하면

$\begin{cases} 2x+y=\boxed{7} & \cdots\cdots \text{㉢} \\ \boxed{3x-y}=3 & \cdots\cdots \text{㉣} \end{cases}$

㉢$+$㉣을 하면 $5x=\boxed{10}$

$\therefore x=\boxed{2}$

$x=\boxed{2}$를 ㉢에 대입하면 $2\times2+y=7$

$\therefore y=\boxed{3}$

(2) ㉠$\times\boxed{10}$, ㉡$\times\boxed{100}$을 하면

$\begin{cases} \boxed{8x+5y}=-11 & \cdots\cdots \text{㉢} \\ 3x+2y=-4 & \cdots\cdots \text{㉣} \end{cases}$

㉢$\times3-$㉣$\times8$을 하면 $-y=\boxed{-1}$

$\therefore y=\boxed{1}$

$y=\boxed{1}$을 ㉣에 대입하면 $3x+2\times1=-4$

$3x=-6 \quad \therefore x=\boxed{-2}$

(3) ㉠$\times\boxed{3}$, ㉡$\times\boxed{20}$을 하면

$\begin{cases} x+4y=18 & \cdots\cdots \text{㉢} \\ 5x-4y=\boxed{-30} & \cdots\cdots \text{㉣} \end{cases}$

㉢$+$㉣을 하면 $\boxed{6x}=-12$

$\therefore x=\boxed{-2}$

$x=\boxed{-2}$를 ㉢에 대입하면 $-2+4y=18$

$4y=20 \quad \therefore y=\boxed{5}$

답 풀이 참조

06 (1) 주어진 방정식에서

$\begin{cases} 3x+y=1 & \cdots\cdots \text{㉠} \\ -3x-2y=1 & \cdots\cdots \text{㉡} \end{cases}$

㉠+㉡을 하면 $-y=2$

$\therefore y=-2$

$y=-2$를 ㉠에 대입하면 $3x-2=1$

$3x=3$ $\therefore x=1$

(2) 주어진 방정식에서

$\begin{cases} 2x+5y=3 \\ x+3y+1=3 \end{cases}$, 즉 $\begin{cases} 2x+5y=3 & \cdots\cdots ㉠ \\ x+3y=2 & \cdots\cdots ㉡ \end{cases}$

㉠-㉡×2를 하면 $-y=-1$

$\therefore y=1$

$y=1$을 ㉡에 대입하면 $x+3=2$

$\therefore x=-1$

답 (1) $x=1, y=-2$ (2) $x=-1, y=1$

07 ㄱ. $\begin{cases} x-y=1 & \cdots\cdots ㉠ \\ 4x-4y=4 & \cdots\cdots ㉡ \end{cases}$

㉠×4를 하면 $4x-4y=4$ ⋯⋯ ㉢

이때 ㉡과 ㉢에서 x의 계수, y의 계수, 상수항이 각각 같으므로 해가 무수히 많다.

ㄴ. $\begin{cases} 3x+y=2 & \cdots\cdots ㉠ \\ 9x+3y=4 & \cdots\cdots ㉡ \end{cases}$

㉠×3을 하면 $9x+3y=6$ ⋯⋯ ㉢

이때 ㉡과 ㉢에서 x의 계수, y의 계수는 각각 같으나 상수항은 다르므로 해가 없다.

ㄷ. $\begin{cases} -x+6y=5 & \cdots\cdots ㉠ \\ 2x-12y=10 & \cdots\cdots ㉡ \end{cases}$

㉠×(-2)를 하면 $2x-12y=-10$ ⋯⋯ ㉢

이때 ㉡과 ㉢에서 x의 계수, y의 계수는 각각 같으나 상수항은 다르므로 해가 없다.

ㄹ. 주어진 방정식에서

$\begin{cases} 7x+3y=4 & \cdots\cdots ㉠ \\ -14x-6y=-8 & \cdots\cdots ㉡ \end{cases}$

㉠×(-2)를 하면

$-14x-6y=-8$ ⋯⋯ ㉢

이때 ㉡과 ㉢에서 x의 계수, y의 계수, 상수항이 각각 같으므로 해가 무수히 많다.

ㅁ. 주어진 방정식에서

$\begin{cases} 24x-15y=3 & \cdots\cdots ㉠ \\ 8x-5y=1 & \cdots\cdots ㉡ \end{cases}$

㉡×3을 하면 $24x-15y=3$ ⋯⋯ ㉢

이때 ㉠과 ㉢에서 x의 계수, y의 계수, 상수항이 각각 같으므로 해가 무수히 많다.

ㅂ. $\begin{cases} 4x-7y=3 & \cdots\cdots ㉠ \\ 20x-35y=1 & \cdots\cdots ㉡ \end{cases}$

㉠×5를 하면 $20x-35y=15$ ⋯⋯ ㉢

이때 ㉡과 ㉢에서 x의 계수, y의 계수는 각각 같으나 상수항은 다르므로 해가 없다.

답 (1) ㄱ, ㄹ, ㅁ (2) ㄴ, ㄷ, ㅂ

핵심문제 익히기

> 본문 134~138쪽

1 (1) $x=11, y=3$ (2) $x=1, y=-2$
2 (1) $x=3, y=-2$ (2) $x=1, y=2$
3 (1) $x=-1, y=-1$ (2) $x=0, y=-4$
4 (1) $x=5, y=11$ (2) $x=-3, y=-4$
5 (1) $x=-2, y=3$ (2) $x=5, y=5$
6 6　7 -12　8 1　9 ④
10 ⑤

1 (1) $\begin{cases} x+y=14 & \cdots\cdots ㉠ \\ 2x-3y=13 & \cdots\cdots ㉡ \end{cases}$

㉠에서 y를 x에 대한 식으로 나타내면

$y=14-x$ ⋯⋯ ㉢

㉢을 ㉡에 대입하면

$2x-3(14-x)=13$, $5x=55$

$\therefore x=11$

$x=11$을 ㉢에 대입하면

$y=14-11=3$

(2) $\begin{cases} 4y=-x-7 & \cdots\cdots ㉠ \\ 7x+4y=-1 & \cdots\cdots ㉡ \end{cases}$

㉠을 ㉡에 대입하면

$7x+(-x-7)=-1$, $6x=6$

$\therefore x=1$

$x=1$을 ㉠에 대입하면

$4y=-1-7=-8$ $\therefore y=-2$

답 (1) $x=11, y=3$ (2) $x=1, y=-2$

2 (1) $\begin{cases} 5x+4y=7 & \cdots\cdots ㉠ \\ 3x-2y=13 & \cdots\cdots ㉡ \end{cases}$

y를 없애기 위해 ㉠+㉡×2를 하면

$$\begin{array}{rl} & 5x+4y=7 \\ +) & 6x-4y=26 \\ \hline & 11x\quad\;\; =33 \end{array}$$
$\therefore x=3$

$x=3$을 ㉡에 대입하면

$3\times3-2y=13$, $-2y=4$

$\therefore y=-2$

(2) $\begin{cases} 6x-5y=-4 & \cdots\cdots ㉠ \\ 5x+2y=9 & \cdots\cdots ㉡ \end{cases}$

x를 없애기 위해 ㉠×5-㉡×6을 하면

$$\begin{array}{rl} & 30x-25y=-20 \\ -) & 30x+12y=54 \\ \hline & -37y=-74 \end{array}$$
$\therefore y=2$

$y=2$를 ㉠에 대입하면

$6x-5\times2=-4$, $6x=6$

$\therefore x=1$

답 (1) $x=3, y=-2$ (2) $x=1, y=2$

3 (1) $\begin{cases} x+2y=-3 & \cdots\cdots ㉠ \\ 9(x-y)+5y=-5 & \cdots\cdots ㉡ \end{cases}$

㉡을 정리하면

$\begin{cases} x+2y=-3 & \cdots\cdots ㉠ \\ 9x-4y=-5 & \cdots\cdots ㉢ \end{cases}$

x를 없애기 위해 ㉠×9−㉢을 하면

$22y=-22 \quad \therefore y=-1$

$y=-1$을 ㉠에 대입하면

$x+2\times(-1)=-3 \quad \therefore x=-1$

(2) $\begin{cases} 5(x+1)-3y=17 & \cdots\cdots ㉠ \\ -x+2(x-3y)=24 & \cdots\cdots ㉡ \end{cases}$

㉠, ㉡을 정리하면

$\begin{cases} 5x-3y=12 & \cdots\cdots ㉢ \\ x-6y=24 & \cdots\cdots ㉣ \end{cases}$

y를 없애기 위해 ㉢×2−㉣을 하면

$9x=0 \quad \therefore x=0$

$x=0$을 ㉣에 대입하면

$0-6y=24 \quad \therefore y=-4$

답 (1) $x=-1$, $y=-1$ (2) $x=0$, $y=-4$

4 (1) $\begin{cases} x+\dfrac{y-1}{5}=7 & \cdots\cdots ㉠ \\ x-\dfrac{y+1}{4}=2 & \cdots\cdots ㉡ \end{cases}$

㉠×5, ㉡×4를 하면

$\begin{cases} 5x+(y-1)=35 \\ 4x-(y+1)=8 \end{cases}$, 즉

$\begin{cases} 5x+y=36 & \cdots\cdots ㉢ \\ 4x-y=9 & \cdots\cdots ㉣ \end{cases}$

y를 없애기 위해 ㉢+㉣을 하면

$9x=45 \quad \therefore x=5$

$x=5$를 ㉢에 대입하면

$5\times5+y=36 \quad \therefore y=11$

(2) $\begin{cases} 0.6x-0.1y=-1.4 & \cdots\cdots ㉠ \\ \dfrac{1}{3}x-\dfrac{1}{2}y=1 & \cdots\cdots ㉡ \end{cases}$

㉠×10, ㉡×6을 하면

$\begin{cases} 6x-y=-14 & \cdots\cdots ㉢ \\ 2x-3y=6 & \cdots\cdots ㉣ \end{cases}$

x를 없애기 위해 ㉢−㉣×3을 하면

$8y=-32 \quad \therefore y=-4$

$y=-4$를 ㉢에 대입하면

$6x-(-4)=-14, \quad 6x=-18$

$\therefore x=-3$

답 (1) $x=5$, $y=11$ (2) $x=-3$, $y=-4$

5 (1) $x+y-2=4x+2y+1=3x-y+8$에서

$\begin{cases} x+y-2=4x+2y+1 \\ 4x+2y+1=3x-y+8 \end{cases}$, 즉

$\begin{cases} 3x+y=-3 & \cdots\cdots ㉠ \\ x+3y=7 & \cdots\cdots ㉡ \end{cases}$

x를 없애기 위해 ㉠−㉡×3을 하면

$-8y=-24 \quad \therefore y=3$

$y=3$을 ㉡에 대입하면

$x+3\times3=7 \quad \therefore x=-2$

(2) $\dfrac{x+2y}{3}=\dfrac{3x+y}{4}=5$에서

$\begin{cases} \dfrac{x+2y}{3}=5 & \cdots\cdots ㉠ \\ \dfrac{3x+y}{4}=5 & \cdots\cdots ㉡ \end{cases}$

㉠×3, ㉡×4를 하면

$\begin{cases} x+2y=15 & \cdots\cdots ㉢ \\ 3x+y=20 & \cdots\cdots ㉣ \end{cases}$

y를 없애기 위해 ㉢−㉣×2를 하면

$-5x=-25 \quad \therefore x=5$

$x=5$를 ㉣에 대입하면

$3\times5+y=20 \quad \therefore y=5$

답 (1) $x=-2$, $y=3$ (2) $x=5$, $y=5$

6 $x=1$, $y=a$를 주어진 연립방정식에 대입하면

$\begin{cases} b-5a=-6 \\ 2+a=b \end{cases}$, 즉

$\begin{cases} 5a-b=6 & \cdots\cdots ㉠ \\ a-b=-2 & \cdots\cdots ㉡ \end{cases}$

㉠−㉡을 하면 $4a=8$

$\therefore a=2$

$a=2$를 ㉡에 대입하면

$2-b=-2 \quad \therefore b=4$

$\therefore a+b=2+4=6$

답 6

7 x의 값은 y의 값보다 4만큼 작으므로

$x=y-4$

주어진 연립방정식의 해는 세 일차방정식을 모두 만족시키므로 연립방정식

$\begin{cases} 5x-y=8 & \cdots\cdots ㉠ \\ x=y-4 & \cdots\cdots ㉡ \end{cases}$

의 해와 같다.

㉡을 ㉠에 대입하면

$5(y-4)-y=8, \quad 4y=28$

$\therefore y=7$

$y=7$을 ㉡에 대입하면

$x=7-4=3$

따라서 $x=3$, $y=7$을 $x+3y=-2a$에 대입하면

$3+3\times7=-2a$

$\therefore a=-12$

답 −12

8 두 연립방정식의 해가 서로 같으므로 그 해는 연립방정식

$\begin{cases} x+2y=-8 & \cdots\cdots ㉠ \\ 3x-y=-3 & \cdots\cdots ㉡ \end{cases}$

의 해와 같다.

㉠+㉡×2를 하면

$7x=-14 \quad \therefore x=-2$

$x=-2$를 ㉡에 대입하면

$3\times(-2)-y=-3 \quad \therefore y=-3$

$x=-2$, $y=-3$을 $ax-3y=-1$에 대입하면

$-2a-3\times(-3)=-1, \quad -2a=-10$

$\therefore a=5$

$x=-2$, $y=-3$, $a=5$를 $bx-ay=7$에 대입하면

$-2b-5\times(-3)=7, \quad -2b=-8$

$\therefore b=4$

$\therefore a-b=5-4=1$

답 1

9 ① 주어진 연립방정식의 해는 $x=1$, $y=-1$

② $\begin{cases} 4x+6y=10 & \cdots\cdots ㉠ \\ 2x+3y=7 & \cdots\cdots ㉡ \end{cases}$

㉡×2를 하면

$4x+6y=14 \quad \cdots\cdots ㉢$

이때 ㉠과 ㉢에서 x, y의 계수는 각각 같으나 상수항은 다르므로 해가 없다.

③ $\begin{cases} x-y=5 & \cdots\cdots ㉠ \\ 2x-2y=5 & \cdots\cdots ㉡ \end{cases}$

㉠×2를 하면

$2x-2y=10 \quad \cdots\cdots ㉢$

이때 ㉡과 ㉢에서 x, y의 계수는 각각 같으나 상수항은 다르므로 해가 없다.

④ $\begin{cases} 2x+8y=4 & \cdots\cdots ㉠ \\ x+4y=2 & \cdots\cdots ㉡ \end{cases}$

㉡×2를 하면

$2x+8y=4 \quad \cdots\cdots ㉢$

이때 ㉠과 ㉢이 같으므로 해가 무수히 많다.

⑤ $\begin{cases} -5x+y=0 & \cdots\cdots ㉠ \\ 10x-2y=2 & \cdots\cdots ㉡ \end{cases}$

㉠×(-2)를 하면

$10x-2y=0 \quad \cdots\cdots ㉢$

이때 ㉡과 ㉢에서 x, y의 계수는 각각 같으나 상수항은 다르므로 해가 없다.

따라서 해가 무수히 많은 것은 ④이다.

답 ④

10 ① $\begin{cases} 2x+3y=1 & \cdots\cdots ㉠ \\ 4x+6y=2 & \cdots\cdots ㉡ \end{cases}$

㉠×2를 하면

$4x+6y=2 \quad \cdots\cdots ㉢$

이때 ㉡과 ㉢이 같으므로 해가 무수히 많다.

② $\begin{cases} x-2y=3 & \cdots\cdots ㉠ \\ 3x-6y=9 & \cdots\cdots ㉡ \end{cases}$

㉠×3을 하면

$3x-6y=9 \quad \cdots\cdots ㉢$

이때 ㉡과 ㉢이 같으므로 해가 무수히 많다.

③ $\begin{cases} 9x-15y=3 & \cdots\cdots ㉠ \\ 3x-5y=1 & \cdots\cdots ㉡ \end{cases}$

㉡×3을 하면

$9x-15y=3 \quad \cdots\cdots ㉢$

이때 ㉠과 ㉢이 같으므로 해가 무수히 많다.

④ 주어진 연립방정식의 해는 $x=-4$, $y=5$

⑤ $\begin{cases} 3x-2y=1 & \cdots\cdots ㉠ \\ 6x-4y=3 & \cdots\cdots ㉡ \end{cases}$

㉠×2를 하면

$6x-4y=2 \quad \cdots\cdots ㉢$

이때 ㉡과 ㉢에서 x, y의 계수는 각각 같으나 상수항은 다르므로 해가 없다.

따라서 해가 없는 것은 ⑤이다.

답 ⑤

계산력 강화하기

본문 139쪽

01 (1) $x=-1$, $y=9$ (2) $x=2$, $y=1$
(3) $x=2$, $y=5$ (4) $x=3$, $y=-3$
(5) $x=-1$, $y=1$ (6) $x=-3$, $y=4$

02 (1) $x=-11$, $y=-9$ (2) $x=-2$, $y=-1$
(3) $x=-1$, $y=1$ (4) $x=-\frac{4}{5}$, $y=3$

03 (1) $x=2$, $y=2$ (2) $x=-6$, $y=-1$ (3) $x=7$, $y=0$

04 (1) 해가 무수히 많다. (2) 해가 무수히 많다.
(3) 해가 없다. (4) 해가 없다.

01 (1) $\begin{cases} 3x+2y=15 & \cdots\cdots ㉠ \\ y=-7x+2 & \cdots\cdots ㉡ \end{cases}$

㉡을 ㉠에 대입하면

$3x+2(-7x+2)=15$

$-11x=11 \quad \therefore x=-1$

$x=-1$을 ㉡에 대입하면

$y=-7\times(-1)+2=9$

(2) $\begin{cases} 4x-3y=5 & \cdots\cdots ㉠ \\ 9x-4y=14 & \cdots\cdots ㉡ \end{cases}$

㉠×4−㉡×3을 하면

$$\begin{array}{rrcr} & 16x-12y & = & 20 \\ -) & 27x-12y & = & 42 \\ \hline & -11x & = & -22 \end{array} \quad \therefore x=2$$

$x=2$를 ㉠에 대입하면

$4\times2-3y=5,\qquad -3y=-3$

$\therefore y=1$

(3) $\begin{cases}2y=7x-4 & \cdots\cdots ㉠\\ 2y=5x & \cdots\cdots ㉡\end{cases}$

㉡을 ㉠에 대입하면

$5x=7x-4,\qquad -2x=-4$

$\therefore x=2$

$x=2$를 ㉡에 대입하면

$2y=5\times2\qquad \therefore y=5$

(4) $\begin{cases}5x+4y=3 & \cdots\cdots ㉠\\ 3x-5y=24 & \cdots\cdots ㉡\end{cases}$

㉠$\times5+$㉡$\times4$를 하면

$$\begin{array}{rr} & 25x+20y=\ 15\\ +) & 12x-20y=\ 96\\ \hline & 37x\qquad=111\end{array}\qquad \therefore x=3$$

$x=3$을 ㉠에 대입하면

$5\times3+4y=3,\qquad 4y=-12$

$\therefore y=-3$

(5) $\begin{cases}x=6y-7 & \cdots\cdots ㉠\\ 8x-3y=-11 & \cdots\cdots ㉡\end{cases}$

㉠을 ㉡에 대입하면

$8(6y-7)-3y=-11,\qquad 45y=45$

$\therefore y=1$

$y=1$을 ㉠에 대입하면

$x=6\times1-7=-1$

(6) $\begin{cases}4x+5y=8 & \cdots\cdots ㉠\\ -5x+6y=39 & \cdots\cdots ㉡\end{cases}$

㉠$\times5+$㉡$\times4$를 하면

$$\begin{array}{rr} & 20x+25y=\ 40\\ +) & -20x+24y=156\\ \hline & 49y=196\end{array}\qquad \therefore y=4$$

$y=4$를 ㉠에 대입하면

$4x+5\times4=8,\qquad 4x=-12$

$\therefore x=-3$

답 (1) $x=-1,\ y=9$ (2) $x=2,\ y=1$
(3) $x=2,\ y=5$ (4) $x=3,\ y=-3$
(5) $x=-1,\ y=1$ (6) $x=-3,\ y=4$

02 (1) $\begin{cases}4(x-2)-3(y+5)=-40 & \cdots\cdots ㉠\\ 2(x-3y)+10=13-(x+2y) & \cdots\cdots ㉡\end{cases}$

㉠, ㉡을 정리하면

$\begin{cases}4x-3y=-17 & \cdots\cdots ㉢\\ 3x-4y=3 & \cdots\cdots ㉣\end{cases}$

㉢$\times4-$㉣$\times3$을 하면

$7x=-77\qquad \therefore x=-11$

$x=-11$을 ㉢에 대입하면

$4\times(-11)-3y=-17,\qquad -3y=27$

$\therefore y=-9$

(2) $\begin{cases}0.08x-0.05y=-0.11 & \cdots\cdots ㉠\\ 0.3x-0.4y=-0.2 & \cdots\cdots ㉡\end{cases}$

㉠$\times100$, ㉡$\times10$을 하면

$\begin{cases}8x-5y=-11 & \cdots\cdots ㉢\\ 3x-4y=-2 & \cdots\cdots ㉣\end{cases}$

㉢$\times3-$㉣$\times8$을 하면

$17y=-17\qquad \therefore y=-1$

$y=-1$을 ㉢에 대입하면

$8x-5\times(-1)=-11,\qquad 8x=-16$

$\therefore x=-2$

(3) $\begin{cases}\dfrac{x+4}{3}=\dfrac{y+1}{2} & \cdots\cdots ㉠\\ 3x+4=2(y-x)-3 & \cdots\cdots ㉡\end{cases}$

㉠$\times6$을 하면

$2(x+4)=3(y+1)$

$\therefore 2x-3y=-5 \qquad \cdots\cdots ㉢$

㉡을 정리하면

$5x-2y=-7 \qquad \cdots\cdots ㉣$

㉢$\times2-$㉣$\times3$을 하면

$-11x=11\qquad \therefore x=-1$

$x=-1$을 ㉢에 대입하면

$2\times(-1)-3y=-5,\qquad -3y=-3$

$\therefore y=1$

(4) $\begin{cases}0.2(x+2y)-0.3y=0.14 & \cdots\cdots ㉠\\ \dfrac{5}{6}(x-2)+3(y-2)=\dfrac{2}{3} & \cdots\cdots ㉡\end{cases}$

㉠$\times100$, ㉡$\times6$을 하여 정리하면

$\begin{cases}10x+5y=7 & \cdots\cdots ㉢\\ 5x+18y=50 & \cdots\cdots ㉣\end{cases}$

㉢$-$㉣$\times2$를 하면

$-31y=-93\qquad \therefore y=3$

$y=3$을 ㉢에 대입하면

$10x+5\times3=7,\qquad 10x=-8$

$\therefore x=-\dfrac{4}{5}$

답 (1) $x=-11,\ y=-9$ (2) $x=-2,\ y=-1$
(3) $x=-1,\ y=1$ (4) $x=-\dfrac{4}{5},\ y=3$

03 (1) $2x+y=x+2y=6$에서

$\begin{cases}2x+y=6 & \cdots\cdots ㉠\\ x+2y=6 & \cdots\cdots ㉡\end{cases}$

㉠$\times2-$㉡을 하면

$3x=6\qquad \therefore x=2$

$x=2$를 ㉠에 대입하면

$2\times2+y=6$

$\therefore y=2$

(2) $5x-2y=4(x+y)=x+6y-16$에서

$\begin{cases} 5x-2y=4(x+y) \\ 4(x+y)=x+6y-16 \end{cases}$, 즉

$\begin{cases} x=6y & \cdots\cdots ㉠ \\ 3x-2y=-16 & \cdots\cdots ㉡ \end{cases}$

㉠을 ㉡에 대입하면

$3\times 6y-2y=-16,\quad 16y=-16$

$\therefore y=-1$

$y=-1$을 ㉠에 대입하면

$x=6\times(-1)=-6$

(3) $\frac{x-1}{3}=\frac{x-y+5}{6}=\frac{2x+y-6}{4}$에서

$\begin{cases} \frac{x-1}{3}=\frac{x-y+5}{6} & \cdots\cdots ㉠ \\ \frac{x-1}{3}=\frac{2x+y-6}{4} & \cdots\cdots ㉡ \end{cases}$

㉠×6, ㉡×12를 하여 정리하면

$\begin{cases} x+y=7 & \cdots\cdots ㉢ \\ 2x+3y=14 & \cdots\cdots ㉣ \end{cases}$

㉢×2−㉣을 하면

$-y=0\quad \therefore y=0$

$y=0$을 ㉢에 대입하면 $x=7$

답 (1) $x=2,\ y=2$ (2) $x=-6,\ y=-1$ (3) $x=7,\ y=0$

04 (1) $\begin{cases} 2x-y=5 & \cdots\cdots ㉠ \\ 8x-4y=20 & \cdots\cdots ㉡ \end{cases}$

㉠×4를 하면

$8x-4y=20 \quad \cdots\cdots ㉢$

이때 ㉡과 ㉢이 같으므로 해가 무수히 많다.

(2) $\begin{cases} 6x-4y=-2 & \cdots\cdots ㉠ \\ -3x+2y=1 & \cdots\cdots ㉡ \end{cases}$

㉡×(−2)를 하면

$6x-4y=-2 \quad \cdots\cdots ㉢$

이때 ㉠과 ㉢이 같으므로 해가 무수히 많다.

(3) $\begin{cases} x-2y=-1 & \cdots\cdots ㉠ \\ 9x-18y=1 & \cdots\cdots ㉡ \end{cases}$

㉠×9를 하면

$9x-18y=-9 \quad \cdots\cdots ㉢$

이때 ㉡과 ㉢에서 x, y의 계수는 각각 같으나 상수항은 다르므로 해가 없다.

(4) $\begin{cases} 8x-10y=4 & \cdots\cdots ㉠ \\ 4x-5y=-2 & \cdots\cdots ㉡ \end{cases}$

㉡×2를 하면

$8x-10y=-4 \quad \cdots\cdots ㉢$

이때 ㉠과 ㉢에서 x, y의 계수는 각각 같으나 상수항은 다르므로 해가 없다.

답 (1) 해가 무수히 많다. (2) 해가 무수히 많다. (3) 해가 없다. (4) 해가 없다.

이런 문제가 시험에 나온다

본문 140~141쪽

01 6	02 ②	03 9	04 ③
05 9	06 ①	07 −1	08 −1
09 8	10 ⑤		

01 $\begin{cases} x=2y-1 & \cdots\cdots ㉠ \\ x+3y=9 & \cdots\cdots ㉡ \end{cases}$

㉠을 ㉡에 대입하면

$(2y-1)+3y=9,\quad 5y=10$

$\therefore y=2$

$y=2$를 ㉠에 대입하면

$x=2\times 2-1=3$

따라서 $a=3$, $b=2$이므로

$ab=3\times 2=6$

답 6

02 x를 없애려면 x의 계수의 절댓값이 같아지도록 ㉠×5, ㉡×2를 한 후 두 식을 변끼리 뺀다.

따라서 필요한 식은 ㉠×5−㉡×2이다.

답 ②

03 $\begin{cases} 5(x-y)=y-10 & \cdots\cdots ㉠ \\ 2x+1=-3(y-8) & \cdots\cdots ㉡ \end{cases}$

㉠, ㉡을 정리하면

$\begin{cases} 5x-6y=-10 & \cdots\cdots ㉢ \\ 2x+3y=23 & \cdots\cdots ㉣ \end{cases}$

㉢+㉣×2를 하면 $9x=36$

$\therefore x=4$

$x=4$를 ㉣에 대입하면 $2\times 4+3y=23$

$3y=15\quad \therefore y=5$

$\therefore x+y=4+5=9$

답 9

04 $\begin{cases} \frac{1-x}{3}=\frac{y+1}{4}-1 & \cdots\cdots ㉠ \\ 0.4x-0.3y=-0.5 & \cdots\cdots ㉡ \end{cases}$

㉠×12, ㉡×10을 하여 정리하면

$\begin{cases} 4x+3y=13 \\ 4x-3y=-5 \end{cases}$

답 ③

05 주어진 방정식에서

$\begin{cases} 4(x+y)=7x+5y-7 \\ 3(y+1)+2x=7x+5y-7 \end{cases}$, 즉

$\begin{cases} 3x+y=7 & \cdots\cdots ㉠ \\ 5x+2y=10 & \cdots\cdots ㉡ \end{cases}$

㉠×2−㉡을 하면 $x=4$

$x=4$를 ㉠에 대입하면

$3\times 4+y=7\quad \therefore y=-5$

따라서 $a=4$, $b=-5$이므로

$a-b=4-(-5)=9$

답 9

06 $x=4$, $y=3$을 주어진 연립방정식에 대입하면

$\begin{cases} 4a+3b=31 & \cdots\cdots ㉠ \\ 7:1=a:b & \cdots\cdots ㉡ \end{cases}$

㉡에서 $a=7b$ ······ ㉢

㉢을 ㉠에 대입하면

$4\times 7b+3b=31$ $\therefore b=1$

$b=1$을 ㉢에 대입하면 $a=7\times 1=7$

$\therefore a-b=7-1=6$

답 ①

07 y의 값은 x의 값의 2배이므로 $y=2x$

주어진 연립방정식의 해는 세 일차방정식을 모두 만족시키므로 연립방정식

$\begin{cases} 3x+y=10 & \cdots\cdots ㉠ \\ y=2x & \cdots\cdots ㉡ \end{cases}$

의 해와 같다.

㉡을 ㉠에 대입하면

$3x+2x=10$

$5x=10$ $\therefore x=2$

$x=2$를 ㉡에 대입하면

$y=2\times 2=4$

따라서 $x=2$, $y=4$를 $x+3y=a+15$에 대입하면

$2+3\times 4=a+15$ $\therefore a=-1$

답 -1

08 두 연립방정식의 해가 서로 같으므로 그 해는 연립방정식

$\begin{cases} x+2y=-8 & \cdots\cdots ㉠ \\ 3x+y=-9 & \cdots\cdots ㉡ \end{cases}$

의 해와 같다.

㉠$-$㉡$\times 2$를 하면 $-5x=10$ $\therefore x=-2$

$x=-2$를 ㉡에 대입하면

$3\times(-2)+y=-9$ $\therefore y=-3$

$x=-2$, $y=-3$을 $ax+by=1$에 대입하면

$-2a-3b=1$ ······ ㉢

$x=-2$, $y=-3$을 $ax-by=7$에 대입하면

$-2a+3b=7$ ······ ㉣

㉢$+$㉣을 하면 $-4a=8$ $\therefore a=-2$

$a=-2$를 ㉢에 대입하면 $-2\times(-2)-3b=1$

$-3b=-3$ $\therefore b=1$

$\therefore a+b=-2+1=-1$

답 -1

09 $\begin{cases} 2x+3y=b & \cdots\cdots ㉠ \\ 6x+ay=3 & \cdots\cdots ㉡ \end{cases}$

x의 계수가 같아지도록 ㉠$\times 3$을 하면

$6x+9y=3b$ ······ ㉢

해가 무수히 많으므로 ㉡과 ㉢에서 y의 계수, 상수항이 각각 같아야 한다.

따라서 $a=9$, $3=3b$이므로 $a=9$, $b=1$

$\therefore a-b=9-1=8$

답 8

다른 풀이 해가 무수히 많으므로 $\begin{cases} 2x+3y=b \\ 6x+ay=3 \end{cases}$에서

$\dfrac{2}{6}=\dfrac{3}{a}=\dfrac{b}{3}$

$\dfrac{2}{6}=\dfrac{3}{a}$에서 $2a=18$ $\therefore a=9$

$\dfrac{2}{6}=\dfrac{b}{3}$에서 $6b=6$ $\therefore b=1$

$\therefore a-b=9-1=8$

10 $\begin{cases} 2(x+y)-y=3 \\ 4(x-1)=-2y+a \end{cases}$에서

$\begin{cases} 2x+y=3 & \cdots\cdots ㉠ \\ 4x+2y=a+4 & \cdots\cdots ㉡ \end{cases}$

㉠$\times 2$를 하면 $4x+2y=6$ ······ ㉢

연립방정식의 해가 없으므로 ㉡과 ㉢에서 x, y의 계수는 각각 같고 상수항이 달라야 한다.

따라서 $a+4\neq 6$이므로 $a\neq 2$

답 ⑤

중단원 마무리하기

본문 142～145쪽

01 ③, ⑤	02 ⑤	03 4	04 6
05 ④	06 ⑤	07 ⑤	08 ④
09 -12	10 -5	11 ③	12 1
13 ⑤	14 ①	15 ④	16 ④
17 ②	18 1	19 -1	20 -9
21 6	22 3	23 3	24 -10

01 전략 주어진 식의 모든 항을 좌변으로 이항하여 $ax+by+c=0$ (a, b, c는 상수, $a\neq 0$, $b\neq 0$)의 꼴인 방정식을 찾는다.

② $\dfrac{2}{x}+\dfrac{3}{y}=10$에서 $\dfrac{2}{x}+\dfrac{3}{y}-10=0$

③ $4x=3y+2$에서 $4x-3y-2=0$

④ $2x^2-3xy=-xy^3$에서 $xy^3+2x^2-3xy=0$

따라서 미지수가 2개인 일차방정식인 것은 ③, ⑤이다.

답 ③, ⑤

02 전략 주어진 상황을 차수가 1인 2개의 미지수를 이용하여 방정식으로 나타낸다.

⑤ 밑변의 길이가 8 cm이고 높이가 x cm인 삼각형의 넓이는 y cm^2이다.

➡ $y=\dfrac{1}{2}\times 8\times x=4x$

따라서 옳지 않은 것은 ⑤이다.

답 ⑤

03 전략 $x=1, 2, 3, \cdots$을 대입하여 y의 값도 자연수인 해를 찾는다.

x가 자연수이므로 주어진 방정식에 $x=1, 2, 3, \cdots$을 대입하여 y의 값을 구하면

x	1	2	3	4	5	6	7	8	9	$\cdots$
y	12	$\frac{21}{2}$	9	$\frac{15}{2}$	6	$\frac{9}{2}$	3	$\frac{3}{2}$	0	$\cdots$

이때 y도 자연수이므로 구하는 순서쌍 (x, y)는

$(1, 12), (3, 9), (5, 6), (7, 3)$

의 4개이다. 답 4

04 전략 $x=a, y=b$를 주어진 일차방정식에 대입한 후 식을 변형한다.

$x=a, y=b$를 $-5x+2y=1$에 대입하면

$-5a+2b=1$

$\therefore 5a-2b=-1$

위의 식을 $5a-2b+7$에 대입하면

$5a-2b+7=-1+7=6$ 답 6

05 전략 주어진 연립방정식의 해를 각각의 일차방정식에 대입하여 a, b의 값을 구한다.

$x=-3, y=1$을 $x+ay=1$에 대입하면

$-3+a=1 \quad \therefore a=4$

$x=-3, y=1$을 $7x+10y=b$에 대입하면

$-21+10=b \quad \therefore b=-11$

$\therefore a-b=4-(-11)=15$ 답 ④

06 전략 괄호를 사용하여 ㉠을 ㉡에 대입한다.

㉠을 ㉡에 대입하면

$5\{(4y-3)-y\}-2y=11$

$5(3y-3)-2y=11, \quad 13y=26$

$\therefore a=13$ 답 ⑤

07 전략 가감법 또는 대입법을 이용하여 주어진 연립방정식을 푸는 과정을 생각한다.

① x를 없애려면 ㉠$\times 8-$㉡$\times 3$을 한다.

② y를 없애려면 ㉠$\times 5-$㉡을 한다.

③ ㉠을 $y=3x-11$로 변형한 후 ㉡에 대입하면 해를 구할 수 있다.

④ $y=3x-11$을 ㉡에 대입하면

$8x-5(3x-11)=13, \quad -7x=-42$

$\therefore x=6$

⑤ $x=6$을 $y=3x-11$에 대입하면

$y=3\times 6-11=7$

따라서 옳은 것은 ⑤이다. 답 ⑤

08 전략 계수가 소수인 일차방정식은 양변에 10의 거듭제곱을 곱하여 계수를 모두 정수로 고친 후 푼다.

$\begin{cases} 0.01x+0.02y=0.05 & \cdots\cdots ㉠ \\ 0.5x-0.3y=1.2 & \cdots\cdots ㉡ \end{cases}$

㉠$\times 100$, ㉡$\times 10$을 하면

$\begin{cases} x+2y=5 & \cdots\cdots ㉢ \\ 5x-3y=12 & \cdots\cdots ㉣ \end{cases}$

㉢$\times 5-$㉣을 하면

$13y=13 \quad \therefore y=1$

$y=1$을 ㉢에 대입하면

$x+2=5 \quad \therefore x=3$ 답 ④

09 전략 $A=B=C$의 꼴의 방정식은 $\begin{cases} A=B \\ A=C \end{cases}$ 또는 $\begin{cases} A=B \\ B=C \end{cases}$ 또는 $\begin{cases} A=C \\ B=C \end{cases}$ 중 간단한 것을 택하여 푼다.

주어진 방정식에서

$\begin{cases} 5x+3(y-1)=7(x+y)+1 \\ 5x+3(y-1)=-(x+4y) \end{cases}$, 즉

$\begin{cases} x+2y=-2 & \cdots\cdots ㉠ \\ 6x+7y=3 & \cdots\cdots ㉡ \end{cases}$

㉠$\times 6-$㉡을 하면 $5y=-15 \quad \therefore y=-3$

$y=-3$을 ㉠에 대입하면 $x+2\times(-3)=-2$

$\therefore x=4$

따라서 $a=4, b=-3$이므로

$ab=4\times(-3)=-12$ 답 -12

10 전략 세 일차방정식 중 계수와 상수항이 모두 주어진 두 일차방정식으로 연립방정식을 세워 해를 먼저 구한다.

주어진 세 일차방정식의 해는 연립방정식

$\begin{cases} x+y=5 & \cdots\cdots ㉠ \\ 3x+y=11 & \cdots\cdots ㉡ \end{cases}$

의 해와 같다.

㉠$-$㉡을 하면 $-2x=-6 \quad \therefore x=3$

$x=3$을 ㉠에 대입하면 $3+y=5 \quad \therefore y=2$

$x=3, y=2$를 $4x+ay=2$에 대입하면

$4\times 3+2a=2, \quad 2a=-10$

$\therefore a=-5$ 답 -5

11 전략 한 일차방정식에 적당한 수를 곱하였을 때, 두 일차방정식이 같으면 연립방정식의 해는 무수히 많다.

① $\begin{cases} x-y=1 & \cdots\cdots ㉠ \\ 3x-3y=-3 & \cdots\cdots ㉡ \end{cases}$

㉠$\times 3$을 하면 $3x-3y=3 \quad \cdots\cdots ㉢$

이때 ㉡과 ㉢에서 x, y의 계수는 각각 같으나 상수항은 다르므로 해가 없다.

② 주어진 연립방정식의 해는 $x=1,\ y=0$

③ $\begin{cases} x+3y=1 & \cdots\cdots ㉠ \\ 2x+6y=2 & \cdots\cdots ㉡ \end{cases}$

㉠×2를 하면

$2x+6y=2$ ······ ㉢

이때 ㉡과 ㉢이 같으므로 해가 무수히 많다.

④ 주어진 연립방정식의 해는 $x=0,\ y=3$

⑤ $\begin{cases} x-2y=7 & \cdots\cdots ㉠ \\ 2x-4y=13 & \cdots\cdots ㉡ \end{cases}$

㉠×2를 하면

$2x-4y=14$ ······ ㉢

이때 ㉡과 ㉢에서 x, y의 계수는 각각 같으나 상수항은 다르므로 해가 없다.

따라서 해가 무수히 많은 것은 ③이다. 답 ③

12 전략 한 일차방정식에 적당한 수를 곱하였을 때, 두 일차방정식의 x, y의 계수가 각각 같고 상수항이 다르면 연립방정식의 해가 없다.

$\begin{cases} ax-2y=1 & \cdots\cdots ㉠ \\ 2x-4y=3 & \cdots\cdots ㉡ \end{cases}$

y의 계수가 같아지도록 ㉠×2를 하면

$2ax-4y=2$ ······ ㉢

해가 없으므로 ㉡과 ㉢에서 x, y의 계수는 각각 같고 상수항은 달라야 한다.

따라서 $2=2a$이므로 $a=1$ 답 1

13 전략 x, y에 대한 일차방정식

➡ $ax+by+c=0$ (a, b, c는 상수, $a\neq0$, $b\neq0$)

$ax+2y-3=3x-y+2$에서

$(a-3)x+3y-5=0$

이 식이 x, y에 대한 일차방정식이 되려면

$a-3\neq0 \quad \therefore a\neq3$ 답 ⑤

14 전략 $x=-2$, $y=-2$를 주어진 일차방정식에 대입하여 a의 값을 먼저 구한다.

$x=-2$, $y=-2$를 $x-ay+6=0$에 대입하면

$-2+2a+6=0, \quad 2a=-4$

$\therefore a=-2$

$\therefore x+2y+6=0$ ······ ㉠

$x=8$, $y=b$를 ㉠에 대입하면

$8+2b+6=0, \quad 2b=-14$

$\therefore b=-7$

$x=c$, $y=-1$을 ㉠에 대입하면

$c+2\times(-1)+6=0 \quad \therefore c=-4$

$\therefore a+b+c=-2+(-7)+(-4)=-13$ 답 ①

15 전략 해가 $x=-2$, $y=3$인 두 일차방정식을 찾아 연립방정식을 만든다.

ㄱ. $x=-2$, $y=3$을 $x+y=2$에 대입하면

$-2+3=1\neq2$

ㄴ. $x=-2$, $y=3$을 $2x-3y=-13$에 대입하면

$2\times(-2)-3\times3=-13$

ㄷ. $x=-2$, $y=3$을 $3x+5y=-9$에 대입하면

$3\times(-2)+5\times3=9\neq-9$

ㄹ. $x=-2$, $y=3$을 $4y=-5x+2$에 대입하면

$4\times3=-5\times(-2)+2$

이상에서 두 식을 짝 지어 만든 연립방정식의 해가 $x=-2$, $y=3$인 것은 ㄴ, ㄹ이다. 답 ④

16 전략 순환소수를 분수로 고쳐서 나타낸다.

$\begin{cases} 0.\dot{3}x-1.\dot{5}y=0.\dot{7} \\ 0.\dot{1}x+0.\dot{4}y=1.\dot{2} \end{cases}$에서 $\begin{cases} \frac{3}{9}x-\frac{14}{9}y=\frac{7}{9} \\ \frac{1}{9}x+\frac{4}{9}y=\frac{11}{9} \end{cases}$

$\therefore \begin{cases} 3x-14y=7 & \cdots\cdots ㉠ \\ x+4y=11 & \cdots\cdots ㉡ \end{cases}$

㉠－㉡×3을 하면 $-26y=-26$

$\therefore y=1$

$y=1$을 ㉡에 대입하면 $x+4=11$

$\therefore x=7$

$\therefore x-6y=7-6=1$ 답 ④

17 전략 주어진 각 일차방정식의 양변에 적당한 수를 곱하여 계수를 정수로 고쳐서 푼다.

$\begin{cases} 0.6x+0.2(y-1)=3.8 & \cdots\cdots ㉠ \\ \frac{x-1}{3}-\frac{y-3}{2}=\frac{1}{3} & \cdots\cdots ㉡ \end{cases}$

㉠×10, ㉡×6을 하여 정리하면

$\begin{cases} 3x+y=20 & \cdots\cdots ㉢ \\ 2x-3y=-5 & \cdots\cdots ㉣ \end{cases}$

㉢×3＋㉣을 하면

$11x=55 \quad \therefore x=5$

$x=5$를 ㉢에 대입하면

$3\times5+y=20 \quad \therefore y=5$

따라서 $a=5$, $b=5$이므로

$a-b=5-5=0$ 답 ②

18 전략 주어진 해를 일차방정식에 각각 대입한 후 새로운 연립방정식을 만들어 푼다.

$\begin{cases} ax+by=1 & \cdots\cdots ㉠ \\ 2bx-ay=24 & \cdots\cdots ㉡ \end{cases}$

$x=3$, $y=-4$를 ㉠, ㉡에 각각 대입하면

$\begin{cases} 3a-4b=1 \\ 6b+4a=24 \end{cases}$, 즉 $\begin{cases} 3a-4b=1 & \cdots\cdots ㉢ \\ 2a+3b=12 & \cdots\cdots ㉣ \end{cases}$

ⓒ×2－ⓔ×3을 하면

$-17b=-34 \quad \therefore b=2$

$b=2$를 ⓒ에 대입하면

$3a-4\times2=1, \quad 3a=9$

$\therefore a=3$

$\therefore a-b=3-2=1$

답 1

19 **전략** 주어진 연립방정식과 같은 해를 갖는 일차방정식을 찾는다.

$\begin{cases} 2x-y=a & \cdots\cdots ㉠ \\ 4x-3y=a-8 & \cdots\cdots ㉡ \end{cases}$

㉠－㉡을 하면 $\quad -2x+2y=8$

$\therefore x-y=-4$

한편 x, y의 값의 합이 10이므로

$x+y=10$

주어진 연립방정식의 해는 세 일차방정식을 모두 만족시키므로 연립방정식

$\begin{cases} x-y=-4 & \cdots\cdots ㉢ \\ x+y=10 & \cdots\cdots ㉣ \end{cases}$

의 해와 같다.

㉢＋㉣을 하면 $\quad 2x=6$

$\therefore x=3$

$x=3$을 ㉣에 대입하면

$3+y=10 \quad \therefore y=7$

$x=3$, $y=7$을 ㉠에 대입하면

$2\times3-7=a \quad \therefore a=-1$

답 －1

다른 풀이 x, y의 값의 합이 10이므로 $\quad x+y=10$

$y=10-x$를 $2x-y=a$에 대입하면

$2x-(10-x)=a$

$\therefore 3x-a=10 \quad \cdots\cdots ㉠$

$y=10-x$를 $4x-3y=a-8$에 대입하면

$4x-3(10-x)=a-8$

$\therefore 7x-a=22 \quad \cdots\cdots ㉡$

㉠－㉡을 하면 $\quad -4x=-12$

$\therefore x=3$

$x=3$을 ㉠에 대입하면

$3\times3-a=10 \quad \therefore a=-1$

20 **전략** 계수와 상수항이 모두 주어진 두 일차방정식으로 연립방정식을 세워 해를 구한다.

두 연립방정식의 해가 서로 같으므로 그 해는 연립방정식

$\begin{cases} y=x+4 & \cdots\cdots ㉠ \\ 4x-7y=-4 & \cdots\cdots ㉡ \end{cases}$

의 해와 같다.

㉠을 ㉡에 대입하면

$4x-7(x+4)=-4$

$-3x=24 \quad \therefore x=-8$

$x=-8$을 ㉠에 대입하면

$y=-8+4=-4$

$x=-8$, $y=-4$를 $2x+ay=12$에 대입하면

$2\times(-8)-4a=12, \quad -4a=28$

$\therefore a=-7$

$x=-8$, $y=-4$를 $bx+3y=4$에 대입하면

$-8b+3\times(-4)=4, \quad -8b=16$

$\therefore b=-2$

$\therefore a+b=-7+(-2)=-9$

답 －9

21 **전략** 먼저 잘못 본 것을 문자로 놓고 해를 구한다.

5를 a로 잘못 보았다고 하면

$x-y=a \quad \cdots\cdots ㉠$

$y=-3$을 $2x+y=3$에 대입하면

$2x-3=3, \quad 2x=6$

$\therefore x=3$

$x=3$, $y=-3$을 ㉠에 대입하면

$3-(-3)=a \quad \therefore a=6$

따라서 5를 6으로 잘못 보고 풀었다.

답 6

22 **전략** 주어진 연립방정식의 해를 a, b에 대한 식으로 나타낸 후 x, y, a, b가 모두 자연수임을 이용한다.

$\begin{cases} 2x+by=5 & \cdots\cdots ㉠ \\ ax-by=1 & \cdots\cdots ㉡ \end{cases}$

㉠＋㉡을 하면 $\quad (2+a)x=6 \quad \therefore x=\frac{6}{2+a}$

이때 x, a는 모두 자연수이므로 $\quad a=1, 4$

(i) $a=1$일 때,

$x=2$이고 $x=2$를 ㉠에 대입하면 $\quad 2\times2+by=5$

$by=1 \quad \therefore y=\frac{1}{b}$

이때 y, b는 모두 자연수이므로 $\quad b=1$

(ii) $a=4$일 때,

$x=1$이고 $x=1$을 ㉠에 대입하면 $\quad 2\times1+by=5$

$by=3 \quad \therefore y=\frac{3}{b}$

이때 y, b는 모두 자연수이므로 $\quad b=1, 3$

(i), (ii)에서 (a, b)는 $(1, 1)$, $(4, 1)$, $(4, 3)$의 3개이다.

답 3

23 **전략** 주어진 두 등식에서 지수법칙을 이용하여 x, y에 대한 연립방정식을 세운다.

$4^x\times2^y=128$에서 $\quad 2^{2x}\times2^y=2^7$

$2^{2x+y}=2^7 \quad \therefore 2x+y=7 \quad \cdots\cdots ㉠$

$3^x\times9^y=243$에서 $\quad 3^x\times3^{2y}=3^5$

$3^{x+2y}=3^5 \quad \therefore x+2y=5 \quad \cdots\cdots ㉡$

㉠－㉡×2를 하면

$-3y=-3 \quad \therefore y=1$

$y=1$을 ㉡에 대입하면 $\quad x+2\times1=5$

$\therefore x=3$

$\therefore xy=3\times1=3$

답 3

24 전략 한 연립방정식의 해를 $x=m$, $y=n$이라 하고 네 일차방정식을 m, n에 대한 식으로 나타낸다.

$\begin{cases} x-2y=9 & \cdots\cdots ㉠ \\ 3x+4y=a & \cdots\cdots ㉡ \end{cases}$

의 해를 $x=m$, $y=n$이라 하자.

$x=m$, $y=n$을 ㉠에 대입하면

$m-2n=9$ …… ㉢

$\begin{cases} x+by=-3 & \cdots\cdots ㉣ \\ 5x-y=17 & \cdots\cdots ㉤ \end{cases}$

의 해는 $x=m+2$, $y=n+2$이므로 ㉤에 대입하면

$5(m+2)-(n+2)=17$

$\therefore 5m-n=9$ …… ㉥

㉢$-$㉥$\times2$를 하면

$-9m=-9$　　$\therefore m=1$

$m=1$을 ㉥에 대입하면　$5-n=9$

$\therefore n=-4$

$x=1$, $y=-4$를 ㉡에 대입하면

$a=3+4\times(-4)=-13$

$x=3$, $y=-2$를 ㉣에 대입하면

$3-2b=-3$,　$-2b=-6$

$\therefore b=3$

$\therefore a+b=-13+3=-10$

답 -10

서술형 대비 문제

본문 146~147쪽

1 -3　　2 $x=-3$, $y=-2$
3 5　　4 3　　5 11
6 6

1 1단계 $\begin{cases} \dfrac{x-1}{2}-\dfrac{y+1}{3}=\dfrac{1}{2} & \cdots\cdots ㉠ \\ 0.2x-0.3(x-y)=-0.5 & \cdots\cdots ㉡ \end{cases}$

㉠$\times6$을 하면　$3(x-1)-2(y+1)=3$

$\therefore 3x-2y=8$ …… ㉢

㉡$\times10$을 하면　$2x-3(x-y)=-5$

$\therefore x-3y=5$ …… ㉣

㉢$-$㉣$\times3$을 하면

$7y=-7$　　$\therefore y=-1$

$y=-1$을 ㉣에 대입하면

$x+3=5$　　$\therefore x=2$

2단계 $x=2$, $y=-1$을 $ax-y=-5$에 대입하면

$2a+1=-5$,　$2a=-6$

$\therefore a=-3$

답 -3

2 1단계 $\begin{cases} bx-ay=-11 \\ ax-by=4 \end{cases}$에 $x=2$, $y=3$을 대입하면

$\begin{cases} -3a+2b=-11 & \cdots\cdots ㉠ \\ 2a-3b=4 & \cdots\cdots ㉡ \end{cases}$

2단계 ㉠$\times2+$㉡$\times3$을 하면　$-5b=-10$

$\therefore b=2$

$b=2$를 ㉡에 대입하면　$2a-3\times2=4$

$2a=10$　　$\therefore a=5$

3단계 처음 연립방정식은

$\begin{cases} 5x-2y=-11 & \cdots\cdots ㉢ \\ 2x-5y=4 & \cdots\cdots ㉣ \end{cases}$

㉢$\times2-$㉣$\times5$를 하면　$21y=-42$

$\therefore y=-2$

$y=-2$를 ㉣에 대입하면　$2x-5\times(-2)=4$

$2x=-6$　　$\therefore x=-3$

답 $x=-3$, $y=-2$

3 1단계 y가 자연수이므로 $x+4y=6$에 $y=1, 2, 3, \cdots$을 대입하여 x의 값을 구하면

x	2	-2	$\cdots$
y	1	2	$\cdots$

이때 x도 자연수이므로 일차방정식 $x+4y=6$의 해는

$x=2$, $y=1$

2단계 $x=2$, $y=1$을 $3x-ay=1$에 대입하면

$3\times2-a=1$　　$\therefore a=5$

답 5

단계	채점 요소	배점
1	일차방정식의 해 구하기	3점
2	a의 값 구하기	3점

4 1단계 $3x+y+2=-x+y-2=4x+2y+1$에서

$\begin{cases} 3x+y+2=-x+y-2 \\ -x+y-2=4x+2y+1 \end{cases}$

$\therefore \begin{cases} 4x=-4 & \cdots\cdots ㉠ \\ 5x+y=-3 & \cdots\cdots ㉡ \end{cases}$

2단계 ㉠에서　$x=-1$

$x=-1$을 ㉡에 대입하면

$5\times(-1)+y=-3$　　$\therefore y=2$

3단계 따라서 $a=-1$, $b=2$이므로

$b-a=2-(-1)=3$

답 3

단계	채점 요소	배점
1	연립방정식으로 나타내기	2점
2	연립방정식의 해 구하기	4점
3	$b-a$의 값 구하기	1점

5 1단계 x와 y의 값의 비가 $1:3$이므로

$x:y=1:3$

$\therefore y=3x$ …… ㉠

2단계 ㉠을 $4x-y=6$에 대입하면

$4x-3x=6$ $\therefore x=6$

$x=6$을 ㉠에 대입하면

$y=3\times6=18$

3단계 $x=6$, $y=18$을 $ax-3y=12$에 대입하면

$6a-3\times18=12$, $6a=66$

$\therefore a=11$

답 11

단계	채점 요소	배점
1	x와 y의 값의 비를 이용하여 방정식 세우기	2점
2	연립방정식의 해 구하기	3점
3	a의 값 구하기	2점

6 1단계 $\begin{cases} 2x-5y=10 & \cdots\cdots ㉠ \\ ax+y=b & \cdots\cdots ㉡ \end{cases}$

㉡$\times(-5)$를 하면

$-5ax-5y=-5b$ …… ㉢

㉠과 ㉢에서 x, y의 계수는 각각 같고 상수항은 달라야 하므로

$2=-5a$, $10\neq-5b$

$\therefore a=-\frac{2}{5}$, $b\neq-2$

2단계 일차방정식 $-\frac{2}{5}x+y=b$의 한 해가 $x=15$, $y=-9$이므로

$-\frac{2}{5}\times15+(-9)=b$

$\therefore b=-15$

3단계 $ab=-\frac{2}{5}\times(-15)=6$

답 6

단계	채점 요소	배점
1	a의 값 구하기	3점
2	b의 값 구하기	3점
3	ab의 값 구하기	1점

IV-2 연립일차방정식의 활용

01 연립일차방정식의 활용 (1)

개념원리 확인하기

> 본문 151쪽

01 풀이 참조

02 (1) $\begin{cases} \frac{x+y}{2}=167 \\ y=x+10 \end{cases}$ (2) $x=162$, $y=172$

(3) 윤서: 162 cm, 준서: 172 cm

03 (1) $\begin{cases} 1800x+1000y=13000 \\ x=y+1 \end{cases}$ (2) $x=5$, $y=4$

(3) 크림빵: 5개, 우유: 4개

01 두 자연수를 x, $y(x>y)$라 하자.

두 자연수의 합이 22이므로 $\boxed{x+y}=22$

두 자연수의 차가 8이므로 $\boxed{x-y}=8$

$\therefore \begin{cases} \boxed{x+y}=22 & \cdots\cdots ㉠ \\ \boxed{x-y}=8 & \cdots\cdots ㉡ \end{cases}$

㉠+㉡을 하면 $\boxed{2x}=30$

$\therefore x=\boxed{15}$

$x=\boxed{15}$를 ㉠에 대입하여 풀면 $y=\boxed{7}$

따라서 구하는 두 자연수는 $\boxed{15}$, $\boxed{7}$이다.

두 자연수가 $\boxed{15}$, $\boxed{7}$이면

$\boxed{15}+\boxed{7}=22$, $\boxed{15}-\boxed{7}=8$

이므로 문제의 뜻에 맞는다.

답 풀이 참조

02 (1) 윤서의 키와 준서의 키의 평균은 167 cm이므로

$\frac{x+y}{2}=167$

준서의 키는 윤서의 키보다 10 cm 더 크므로

$y=x+10$

$\therefore \begin{cases} \frac{x+y}{2}=167 \\ y=x+10 \end{cases}$

(2) $\begin{cases} \frac{x+y}{2}=167 \\ y=x+10 \end{cases}$, 즉 $\begin{cases} x+y=334 & \cdots\cdots ㉠ \\ y=x+10 & \cdots\cdots ㉡ \end{cases}$

㉡을 ㉠에 대입하면 $x+(x+10)=334$

$2x=324$ $\therefore x=162$

$x=162$를 ㉡에 대입하면 $y=162+10=172$

(3) 윤서의 키는 162 cm, 준서의 키는 172 cm이다.

답 (1) $\begin{cases} \frac{x+y}{2}=167 \\ y=x+10 \end{cases}$ (2) $x=162$, $y=172$

(3) 윤서: 162 cm, 준서: 172 cm

03 (1) 1800원짜리 크림빵과 1000원짜리 우유를 사고 13000원을 지불하였으므로

$1800x+1000y=13000$

크림빵을 우유보다 1개 더 샀으므로

$x=y+1$

$\therefore \begin{cases} 1800x+1000y=13000 \\ x=y+1 \end{cases}$

(2) $\begin{cases} 1800x+1000y=13000 \\ x=y+1 \end{cases}$, 즉

$\begin{cases} 9x+5y=65 & \cdots\cdots ㉠ \\ x=y+1 & \cdots\cdots ㉡ \end{cases}$

㉡을 ㉠에 대입하면

$9(y+1)+5y=65$

$14y=56 \qquad \therefore y=4$

$y=4$를 ㉡에 대입하면

$x=4+1=5$

(3) 크림빵은 5개, 우유는 4개를 샀다.

답 (1) $\begin{cases} 1800x+1000y=13000 \\ x=y+1 \end{cases}$

(2) $x=5$, $y=4$

(3) 크림빵: 5개, 우유: 4개

핵심문제 익히기

> 본문 152 ~ 155쪽

1 29	2 50살	3 1200원	4 4 cm
5 5	6 120개	7 7200원	8 18일

1 처음 수의 십의 자리의 숫자를 x, 일의 자리의 숫자를 y라 하자.

각 자리의 숫자의 합이 11이므로

$x+y=11 \quad \cdots\cdots ㉠$

십의 자리의 숫자와 일의 자리의 숫자를 바꾼 수는 처음 수의 3배보다 5만큼 크므로

$10y+x=3(10x+y)+5$, 즉

$29x-7y=-5 \quad \cdots\cdots ㉡$

㉠$\times 7+$㉡을 하면

$36x=72 \qquad \therefore x=2$

$x=2$를 ㉠에 대입하면

$2+y=11 \qquad \therefore y=9$

따라서 처음 수는 29이다.

답 29

2 현재 어머니의 나이를 x살, 딸의 나이를 y살이라 하자.

현재 어머니의 나이가 딸의 나이보다 32살이 많으므로

$x=y+32 \quad \cdots\cdots ㉠$

8년 후에 어머니의 나이가 딸의 나이의 2배보다 14살이 많아지므로

$x+8=2(y+8)+14$, 즉

$x-2y=22 \quad \cdots\cdots ㉡$

㉠을 ㉡에 대입하면

$(y+32)-2y=22 \qquad \therefore y=10$

$y=10$을 ㉠에 대입하면

$x=10+32=42$

따라서 8년 후의 어머니의 나이는

$42+8=50$ (살)

답 50살

3 마카롱 1개의 가격을 x원, 쿠키 1개의 가격을 y원이라 하자.

마카롱 3개와 쿠키 4개를 합한 가격은 7600원이므로

$3x+4y=7600 \quad \cdots\cdots ㉠$

마카롱 5개와 쿠키 2개를 합한 가격은 8000원이므로

$5x+2y=8000 \quad \cdots\cdots ㉡$

㉠$-$㉡$\times 2$를 하면

$-7x=-8400 \qquad \therefore x=1200$

$x=1200$을 ㉡에 대입하면 $\quad 5\times 1200+2y=8000$

$2y=2000 \qquad \therefore y=1000$

따라서 마카롱 1개의 가격은 1200원이다.

답 1200원

4 사다리꼴의 윗변의 길이를 x cm, 아랫변의 길이를 y cm라 하자.

아랫변의 길이가 윗변의 길이보다 3 cm만큼 더 길므로

$y=x+3 \quad \cdots\cdots ㉠$

사다리꼴의 넓이가 33 cm^2이므로

$\frac{1}{2}\times(x+y)\times 6=33$, 즉

$x+y=11 \quad \cdots\cdots ㉡$

㉠을 ㉡에 대입하면

$x+(x+3)=11, \qquad 2x=8$

$\therefore x=4$

$x=4$를 ㉠에 대입하면

$y=4+3=7$

따라서 윗변의 길이는 4 cm이다.

답 4 cm

5 동전을 던져서 앞면이 나온 횟수를 x, 뒷면이 나온 횟수를 y라 하자.

동전을 8번 던졌으므로 $\quad x+y=8 \quad \cdots\cdots ㉠$

12점을 얻었으므로 $\quad 3x-y=12 \quad \cdots\cdots ㉡$

㉠$+$㉡을 하면

$4x=20 \qquad \therefore x=5$

$x=5$를 ㉠에 대입하면

$5+y=8 \qquad \therefore y=3$

따라서 앞면이 나온 횟수는 5이다.

답 5

6 지난달 아이스크림 A의 판매량을 x개, 아이스크림 B의 판매량을 y개라 하자.

지난달 전체 판매량은 325개이므로

$x+y=325$ …… ㉠

이번 달 판매량은 지난달에 비하여 전체적으로

$380-325=55$ (개)

증가하였으므로

$\frac{30}{100}x-\frac{4}{100}y=55$, 즉

$15x-2y=2750$ …… ㉡

㉠×2+㉡을 하면

$17x=3400$ ∴ $x=200$

$x=200$을 ㉠에 대입하면

$200+y=325$ ∴ $y=125$

따라서 이번 달 아이스크림 B의 판매량은

$\left(1-\frac{4}{100}\right)\times125=120$ (개) 답 120개

7 두 모자의 원가를 각각 x원, y원 $(x>y)$이라 하자.

두 모자의 원가의 차는 3000원이므로

$x-y=3000$ …… ㉠

두 모자의 원가에 각각 20 %의 이익을 붙인 정가의 합이 18000원이므로

$\left(1+\frac{20}{100}\right)x+\left(1+\frac{20}{100}\right)y=18000$, 즉

$x+y=15000$ …… ㉡

㉠+㉡을 하면

$2x=18000$ ∴ $x=9000$

$x=9000$을 ㉡에 대입하면

$9000+y=15000$ ∴ $y=6000$

따라서 더 저렴한 모자의 정가는

$\left(1+\frac{20}{100}\right)\times6000=7200$ (원) 답 7200원

8 전체 일의 양을 1로 놓고 A와 B가 하루에 할 수 있는 일의 양을 각각 x, y라 하자.

A와 B가 같이 6일 동안 일하여 끝낼 수 있으므로

$6x+6y=1$ …… ㉠

A가 5일 동안 일한 후 B가 8일 동안 일하여 끝냈으므로

$5x+8y=1$ …… ㉡

㉠×5−㉡×6을 하면

$-18y=-1$ ∴ $y=\frac{1}{18}$

$y=\frac{1}{18}$을 ㉠에 대입하면

$6x+6\times\frac{1}{18}=1$, $6x=\frac{2}{3}$ ∴ $x=\frac{1}{9}$

따라서 B가 하루에 할 수 있는 일의 양은 $\frac{1}{18}$이므로 이 일을 B가 혼자서 하면 끝내는 데 18일이 걸린다. 답 18일

이런 문제가 시험에 나온다

> 본문 156쪽

01 49 02 ③ 03 닭: 7마리, 개: 18마리
04 가로의 길이: 6 cm, 세로의 길이: 4 cm
05 ② 06 제품 A: 186개, 제품 B: 162개

01 처음 수의 십의 자리의 숫자를 x, 일의 자리의 숫자를 y라 하자.

각 자리의 숫자의 합이 13이므로

$x+y=13$ …… ㉠

십의 자리의 숫자와 일의 자리의 숫자를 바꾼 수는 처음 수의 2배보다 4만큼 작으므로

$10y+x=2(10x+y)-4$, 즉

$19x-8y=4$ …… ㉡

㉠×8+㉡을 하면

$27x=108$ ∴ $x=4$

$x=4$를 ㉠에 대입하면

$4+y=13$ ∴ $y=9$

따라서 처음 수는 49이다. 답 49

02 현재 아버지의 나이를 x살, 지호의 나이를 y살이라 하자.

현재 아버지와 지호의 나이의 차는 34살이므로

$x-y=34$ …… ㉠

5년 전에 아버지의 나이는 지호의 나이의 6배보다 1살이 적었으므로

$x-5=6(y-5)-1$, 즉

$x-6y=-26$ …… ㉡

㉠−㉡을 하면

$5y=60$ ∴ $y=12$

$y=12$를 ㉠에 대입하면

$x-12=34$ ∴ $x=46$

따라서 현재 지호의 나이는 12살이다. 답 ③

03 닭이 x마리, 개가 y마리 있다고 하자.

닭과 개가 모두 25마리 있으므로

$x+y=25$ …… ㉠

닭의 다리 수는 2, 개의 다리 수는 4이고 닭과 개의 다리 수의 합이 86이므로

$2x+4y=86$, 즉 $x+2y=43$ …… ㉡

㉠−㉡을 하면

$-y=-18$ ∴ $y=18$

$y=18$을 ㉠에 대입하면

$x+18=25$ ∴ $x=7$

따라서 닭은 7마리, 개는 18마리가 있다.

답 닭: 7마리, 개: 18마리

04 처음 직사각형의 가로의 길이를 x cm, 세로의 길이를 y cm라 하자.

둘레의 길이가 20 cm이므로

$2(x+y)=20$, 즉

$x+y=10$ ...... ㉠

가로의 길이를 2배, 세로의 길이를 3배 늘였더니 둘레의 길이가 처음 직사각형의 둘레의 길이의 $\frac{12}{5}$배가 되었으므로

$2(2x+3y)=20\times\frac{12}{5}$, 즉

$2x+3y=24$ ...... ㉡

㉠×2−㉡을 하면

$-y=-4$ $\therefore y=4$

$y=4$를 ㉠에 대입하면

$x+4=10$ $\therefore x=6$

따라서 처음 직사각형의 가로의 길이는 6 cm, 세로의 길이는 4 cm이다.

답 가로의 길이: 6 cm, 세로의 길이: 4 cm

05 지성이가 이긴 횟수를 x, 진 횟수를 y라 하자.

가위바위보를 총 12회 하였으므로

$x+y=12$ ...... ㉠

지성이가 처음 위치보다 16계단 올라가 있었으므로

$3x-2y=16$ ...... ㉡

㉠×2+㉡을 하면

$5x=40$ $\therefore x=8$

$x=8$을 ㉠에 대입하면

$8+y=12$ $\therefore y=4$

따라서 지성이가 이긴 횟수는 8이다. 답 ②

06 지난달 두 제품 A, B의 생산량을 각각 x개, y개라 하자.

지난달 두 제품 A, B의 생산량의 합이 350개이므로

$x+y=350$ ...... ㉠

이번 달 생산량은 지난달에 비하여 전체적으로 2개가 감소하였으므로

$-\frac{7}{100}x+\frac{8}{100}y=-2$, 즉

$7x-8y=200$ ...... ㉡

㉠×7−㉡을 하면

$15y=2250$ $\therefore y=150$

$y=150$을 ㉠에 대입하면

$x+150=350$ $\therefore x=200$

따라서 이번 달 제품 A의 생산량은

$\left(1-\frac{7}{100}\right)\times200=186$ (개)

제품 B의 생산량은

$\left(1+\frac{8}{100}\right)\times150=162$ (개)

답 제품 A: 186개, 제품 B: 162개

02 연립일차방정식의 활용 (2)

개념원리 확인하기 > 본문 158쪽

01 풀이 참조　02 풀이 참조

01 (1)

	뛰어갈 때	걸어갈 때	전체
거리	x km	y km	10 km
속력	시속 6 km	시속 4 km	
시간	$\frac{x}{6}$시간	$\frac{y}{4}$시간	2시간

(2) $\begin{cases} x+y=10 \\ \frac{x}{6}+\frac{y}{4}=2 \end{cases}$

(3) $\begin{cases} x+y=10 \\ \frac{x}{6}+\frac{y}{4}=2 \end{cases}$, 즉 $\begin{cases} x+y=10 & \cdots\cdots ㉠ \\ 2x+3y=24 & \cdots\cdots ㉡ \end{cases}$

㉠×2−㉡을 하면

$-y=-4$ $\therefore y=4$

$y=4$를 ㉠에 대입하면

$x+4=10$ $\therefore x=6$

(4) 뛰어간 거리는 6 km, 걸어간 거리는 4 km이다.

답 풀이 참조

02 (1)

	섞기 전		섞은 후
농도(%)	12	9	10
소금물의 양(g)	x	y	450
소금의 양(g)	$\frac{12}{100}x$	$\frac{9}{100}y$	45

(2) $\begin{cases} x+y=450 \\ \frac{12}{100}x+\frac{9}{100}y=45 \end{cases}$

(3) $\begin{cases} x+y=450 \\ \frac{12}{100}x+\frac{9}{100}y=45 \end{cases}$, 즉

$\begin{cases} x+y=450 & \cdots\cdots ㉠ \\ 4x+3y=1500 & \cdots\cdots ㉡ \end{cases}$

㉠×3−㉡을 하면

$-x=-150$ $\therefore x=150$

$x=150$을 ㉠에 대입하면

$150+y=450$ $\therefore y=300$

(4) 12 %의 소금물의 양은 150 g, 9 %의 소금물의 양은 300 g이다.

답 풀이 참조

핵심문제 익히기 > 본문 159～160쪽

1 걸어간 거리: 8 km, 뛰어간 거리: 3 km

2 6 km　3 40 g　4 14 %

1 걸어간 거리를 x km, 뛰어간 거리를 y km라 하자.
공원의 둘레의 길이가 11 km이므로

$x+y=11$ …… ㉠

공원을 한 바퀴 도는 데 2시간 30분, 즉 $2\frac{30}{60}=\frac{5}{2}$ (시간)이 걸렸으므로

$\frac{x}{4}+\frac{y}{6}=\frac{5}{2}$

$\therefore 3x+2y=30$ …… ㉡

㉠×2−㉡을 하면

$-x=-8 \quad \therefore x=8$

$x=8$을 ㉠에 대입하면

$8+y=11 \quad \therefore y=3$

따라서 걸어간 거리는 8 km, 뛰어간 거리는 3 km이다.

답 걸어간 거리: 8 km, 뛰어간 거리: 3 km

2 두 사람이 동시에 출발하여 만날 때까지 동현이가 걸은 거리를 x km, 원지가 걸은 거리를 y km라 하자.
두 지점 사이의 거리가 16 km이므로

$x+y=16$ …… ㉠

(동현이가 걸은 시간)=(원지가 걸은 시간)이므로

$\frac{x}{3}=\frac{y}{5}$, 즉 $5x-3y=0$ …… ㉡

㉠×3+㉡을 하면

$8x=48 \quad \therefore x=6$

$x=6$을 ㉠에 대입하면

$6+y=16 \quad \therefore y=10$

따라서 동현이가 걸은 거리는 6 km이다. 답 6 km

3 20 %의 소금물 x g에 소금 y g을 넣었다고 하자.
소금물 400 g을 만들었으므로

$x+y=400$ …… ㉠

20 %의 소금물에 들어 있는 소금의 양과 더 넣은 소금의 양의 합이 28 %의 소금물에 들어 있는 소금의 양과 같으므로

$\frac{20}{100}x+y=\frac{28}{100}\times 400$, 즉

$x+5y=560$ …… ㉡

㉠−㉡을 하면

$-4y=-160 \quad \therefore y=40$

$y=40$을 ㉠에 대입하면

$x+40=400 \quad \therefore x=360$

따라서 더 넣은 소금의 양은 40 g이다. 답 40 g

4 설탕물 A의 농도를 x %, 설탕물 B의 농도를 y %라 하자.
설탕물 A를 200 g, 설탕물 B를 300 g 섞으면 8 %의 설탕물이 되므로

$\frac{x}{100}\times 200+\frac{y}{100}\times 300=\frac{8}{100}\times 500$, 즉

$2x+3y=40$ …… ㉠

설탕물 A를 300 g, 설탕물 B를 200 g 섞으면 10 %의 설탕물이 되므로

$\frac{x}{100}\times 300+\frac{y}{100}\times 200=\frac{10}{100}\times 500$, 즉

$3x+2y=50$ …… ㉡

㉠×3−㉡×2를 하면

$5y=20 \quad \therefore y=4$

$y=4$를 ㉠에 대입하면

$2x+3\times 4=40, \quad 2x=28$

$\therefore x=14$

따라서 설탕물 A의 농도는 14 %이다. 답 14 %

이런 문제가 시험에 나온다

> 본문 161쪽

01 100 02 32분 03 ③ 04 200 g
05 ④

01 A 도시에서 B 도시까지 280 km 떨어져 있으므로

$x+3y=280$ …… ㉠

유료 도로에서의 속력은 무료 도로에서의 속력보다 시속 40 km만큼 더 빠르므로

$x=y+40$ …… ㉡

㉡을 ㉠에 대입하면

$(y+40)+3y=280, \quad 4y=240$

$\therefore y=60$

$y=60$을 ㉡에 대입하면

$x=60+40=100$ 답 100

02 동생이 형을 만날 때까지 걸은 시간을 x분, 형이 달린 시간을 y분이라 하자.
(동생이 걸은 시간)=(형이 달린 시간)+24 (분)이므로

$x=y+24$ …… ㉠

동생이 걸은 거리는 $50x$ m, 형이 달린 거리는 $200y$ m이고, 동생과 형이 만날 때까지 걸은 거리와 달린 거리는 같으므로

$50x=200y$, 즉 $x-4y=0$ …… ㉡

㉠을 ㉡에 대입하면

$(y+24)-4y=0, \quad 3y=24$

$\therefore y=8$

$y=8$을 ㉠에 대입하면

$x=8+24=32$

따라서 동생이 학교 정문까지 가는 데 걸린 시간은 32분이다. 답 32분

03 준희의 속력을 분속 x m, 새롬이의 속력을 분속 y m라 하자.
준희와 새롬이가 서로 같은 방향으로 걸어서 50분 후에 처음으로 만났으므로

$50x-50y=2000$, 즉

$x-y=40$ ...... ㉠

준희와 새롬이가 서로 반대 방향으로 걸어서 10분 후에 처음으로 만났으므로

$10x+10y=2000$, 즉

$x+y=200$ ...... ㉡

㉠+㉡을 하면

$2x=240$ $\therefore x=120$

$x=120$을 ㉡에 대입하면

$120+y=200$ $\therefore y=80$

따라서 준희의 속력은 분속 120 m이다.

답 ③

04 6 %의 소금물을 x g, 9 %의 소금물을 y g 섞는다고 하자.
두 소금물의 양의 합이 300 g이므로

$x+y=300$ ...... ㉠

섞기 전 두 소금물 각각에 들어 있는 소금의 양의 합과 섞은 후 소금물에 들어 있는 소금의 양은 같으므로

$\frac{6}{100}x+\frac{9}{100}y=\frac{7}{100}\times 300$, 즉

$2x+3y=700$ ...... ㉡

㉠×2−㉡을 하면

$-y=-100$ $\therefore y=100$

$y=100$을 ㉠에 대입하면

$x+100=300$ $\therefore x=200$

따라서 6 %의 소금물을 200 g 섞어야 한다.

답 200 g

05 소금물 A의 농도를 x %, 소금물 B의 농도를 y %라 하자.
두 소금물 A, B를 각각 100 g씩 섞으면 5 %의 소금물이 되므로

$\frac{x}{100}\times 100+\frac{y}{100}\times 100=\frac{5}{100}\times 200$, 즉

$x+y=10$ ...... ㉠

소금물 A를 200 g, 소금물 B를 100 g 섞으면 4 %의 소금물이 되므로

$\frac{x}{100}\times 200+\frac{y}{100}\times 100=\frac{4}{100}\times 300$, 즉

$2x+y=12$ ...... ㉡

㉠−㉡을 하면 $-x=-2$ $\therefore x=2$

$x=2$를 ㉠에 대입하면

$2+y=10$ $\therefore y=8$

따라서 소금물 A의 농도는 2 %, 소금물 B의 농도는 8 %이므로 농도 차는

$8-2=6$ (%)

답 ④

중단원 마무리하기

> 본문 162～164쪽

01 ③	02 47	03 ④	04 3500원
05 ⑤	06 21명	07 ⑤	08 6 km
09 ⑤	10 14 kg	11 ②	12 10000원
13 6일	14 시속 40 km, 시속 8 km	15 ①	
16 600 g	17 450 m	18 72 g, 32 g	

01 전략 a를 b로 나누었을 때의 몫이 p, 나머지가 q
➡ $a=bp+q$

작은 수를 x, 큰 수를 y라 하자.
큰 수를 작은 수로 나누면 몫은 7이고 나머지는 4이므로

$y=7x+4$ ...... ㉠

큰 수의 2배를 작은 수로 나누면 몫은 15이고 나머지는 2이므로

$2y=15x+2$ ...... ㉡

㉠을 ㉡에 대입하면

$2(7x+4)=15x+2$ $\therefore x=6$

$x=6$을 ㉠에 대입하면

$y=7\times 6+4=46$

따라서 두 수의 합은 $6+46=52$

답 ③

02 전략 십의 자리의 숫자가 x, 일의 자리의 숫자가 y인 두 자리 자연수 ➡ $10x+y$

처음 수의 십의 자리의 숫자를 x, 일의 자리의 숫자를 y라 하자.
십의 자리의 숫자의 2배는 일의 자리의 숫자보다 1만큼 크므로

$2x=y+1$, 즉 $2x-y=1$ ...... ㉠

십의 자리의 숫자와 일의 자리의 숫자를 바꾼 수는 처음 수보다 27만큼 크므로

$10y+x=(10x+y)+27$, 즉

$x-y=-3$ ...... ㉡

㉠−㉡을 하면 $x=4$

$x=4$를 ㉡에 대입하면

$4-y=-3$ $\therefore y=7$

따라서 처음 수는 47이다.

답 47

03 전략 현재 나이가 x살일 때 a년 전의 나이 ➡ $(x-a)$살

현재 아버지의 나이를 x살, 아들의 나이를 y살이라 하자.
현재 아버지의 나이는 아들의 나이의 2배이므로

$x=2y$ ...... ㉠

15년 전 아버지의 나이는 아들의 나이의 3배보다 5살이 많았으므로

$x-15=3(y-15)+5$, 즉

$x-3y=-25$ ...... ㉡

㉠을 ㉡에 대입하면

$2y-3y=-25 \quad \therefore y=25$

$y=25$를 ㉠에 대입하면

$x=2\times25=50$

따라서 현재 아버지의 나이는 50살이다. 답 ④

04 전략 어묵김밥 1줄의 가격을 x원, 참치김밥 1줄의 가격을 y원이라 하고 연립방정식을 세운다.

어묵김밥 1줄의 가격을 x원, 참치김밥 1줄의 가격을 y원이라 하자.

어묵김밥 3줄과 참치김밥 2줄을 사고 18500원을 지불했으므로

$3x+2y=18500$ …… ㉠

참치김밥 1줄이 어묵김밥 1줄보다 500원 더 비싸므로

$y=x+500$ …… ㉡

㉡을 ㉠에 대입하면

$3x+2(x+500)=18500$

$5x=17500 \quad \therefore x=3500$

$x=3500$을 ㉡에 대입하면

$y=3500+500=4000$

따라서 어묵김밥 1줄의 가격은 3500원이다. 답 3500원

05 전략 긴 끈의 길이를 x cm, 짧은 끈의 길이를 y cm라 하고 연립방정식을 세운다.

긴 끈의 길이를 x cm, 짧은 끈의 길이를 y cm라 하자.

끈의 길이는 70 cm이므로

$x+y=70$ …… ㉠

긴 끈의 길이가 짧은 끈의 길이의 2배보다 7 cm만큼 길므로

$x=2y+7$ …… ㉡

㉡을 ㉠에 대입하면

$(2y+7)+y=70, \quad 3y=63$

$\therefore y=21$

$y=21$을 ㉡에 대입하면

$x=2\times21+7=49$

따라서 긴 끈의 길이는 49 cm이다. 답 ⑤

06 전략 전체 수의 $\frac{b}{a}$ ➡ (전체 수)$\times\frac{b}{a}$

봉사 동아리의 남자 회원 수를 x, 여자 회원 수를 y라 하자.

전체 회원은 36명이므로

$x+y=36$ …… ㉠

남자 회원의 $\frac{1}{7}$과 여자 회원의 $\frac{2}{5}$가 전체 회원의 $\frac{1}{4}$과 같으므로

$\frac{1}{7}x+\frac{2}{5}y=36\times\frac{1}{4}$, 즉

$5x+14y=315$ …… ㉡

㉠$\times5-$㉡을 하면

$-9y=-135 \quad \therefore y=15$

$y=15$를 ㉠에 대입하면

$x+15=36 \quad \therefore x=21$

따라서 남자 회원은 21명이다. 답 21명

07 전략 득점은 $+$, 감점은 $-$로 생각하여 연립방정식을 세운다.

과녁을 맞힌 화살의 개수를 x, 과녁을 맞히지 못한 화살의 개수를 y라 하자.

과녁을 맞힌 화살의 개수가 과녁을 맞히지 못한 화살의 개수의 2배이므로

$x=2y$ …… ㉠

얻은 점수가 총 480점이므로

$50x-20y=480$, 즉

$5x-2y=48$ …… ㉡

㉠을 ㉡에 대입하면 $\quad 5\times2y-2y=48$

$8y=48 \quad \therefore y=6$

$y=6$을 ㉠에 대입하면 $\quad x=2\times6=12$

따라서 과녁에 쏜 전체 화살의 개수는

$12+6=18$

답 ⑤

08 전략 A 코스의 길이를 x km, B 코스의 길이를 y km라 하고 (시간)$=\frac{(\text{거리})}{(\text{속력})}$임을 이용하여 연립방정식을 세운다.

A 코스의 길이를 x km, B 코스의 길이를 y km라 하자.

A, B 두 코스의 길이의 합이 11 km이므로

$x+y=11$ …… ㉠

A 코스로 올라가서 B 코스로 내려오는 데 3시간 10분, 즉 $3\frac{10}{60}=\frac{19}{6}$ (시간)이 걸렸으므로

$\frac{x}{3}+\frac{y}{4}=\frac{19}{6}$, 즉

$4x+3y=38$ …… ㉡

㉠$\times3-$㉡을 하면 $\quad -x=-5 \quad \therefore x=5$

$x=5$를 ㉠에 대입하면

$5+y=11 \quad \therefore y=6$

따라서 B 코스의 길이는 6 km이다. 답 6 km

09 전략 농도가 다른 두 소금물을 섞어도 소금의 양은 변하지 않음을 이용하여 연립방정식을 세운다.

8 %의 소금물을 x g, 12 %의 소금물을 y g 섞었다고 하자.

두 소금물의 양의 합은 200 g이므로

$x+y=200$ …… ㉠

섞기 전 두 소금물 각각에 들어 있는 소금의 양의 합과 섞은 후 소금물에 들어 있는 소금의 양은 같으므로

$\frac{8}{100}x+\frac{12}{100}y=\frac{9}{100}\times200$, 즉

$2x+3y=450$ …… ㉡

㉠×2−㉡을 하면

$-y=-50$ $\therefore y=50$

$y=50$을 ㉠에 대입하면

$x+50=200$ $\therefore x=150$

따라서 8 %의 소금물을 150 g 섞었다. 답 ⑤

10 전략 세 수 a, b, c의 평균 ➡ $\frac{a+b+c}{3}$

A 상자의 무게를 x kg, C 상자의 무게를 y kg이라 하자.
세 상자 A, B, C의 무게의 평균은 14 kg이므로

$\frac{x+17+y}{3}=14$, 즉 $x+y=25$ …… ㉠

A 상자는 C 상자보다 3 kg 가벼우므로

$x=y-3$ …… ㉡

㉡을 ㉠에 대입하면

$(y-3)+y=25$, $2y=28$

$\therefore y=14$

$y=14$를 ㉡에 대입하면

$x=14-3=11$

따라서 C 상자의 무게는 14 kg이다. 답 14 kg

11 전략 식비와 교통비가 각각 증가한 경비의 합은 증가한 전체 경비와 같음을 이용한다.

작년 여행 경비 중 식비를 x만 원, 교통비를 y만 원이라 하자.
작년에 비해 식비는 15 %, 교통비는 24 % 증가하여 식비와 교통비를 합한 비용이 작년보다 20 % 증가하였으므로

$\frac{15}{100}x+\frac{24}{100}y=\frac{20}{100}\times 36$, 즉

$5x+8y=240$ …… ㉠

작년 여행 경비 중 식비와 교통비를 합한 비용이 36만 원이므로

$x+y=36$ …… ㉡

㉠−㉡×5를 하면

$3y=60$ $\therefore y=20$

$y=20$을 ㉡에 대입하면

$x+20=36$ $\therefore x=16$

따라서 올해 사용한 여행 경비 중 식비는

$\left(1+\frac{15}{100}\right)\times 16=18.4$ (만 원)

즉 18만 4천 원이다. 답 ②

12 전략 제품 A의 원가를 x원, 제품 B의 원가를 y원이라 하고 연립방정식을 세운다.

제품 A의 원가를 x원, 제품 B의 원가를 y원이라 하자.
두 제품 A, B의 원가의 합이 40000원이므로

$x+y=40000$ …… ㉠

두 제품 A, B의 원가에 각각 30 %, 20 %의 이익을 붙여 팔았더니 9000원의 이익이 발생하였으므로

$\frac{30}{100}x+\frac{20}{100}y=9000$, 즉

$3x+2y=90000$ …… ㉡

㉠×2−㉡을 하면 $-x=-10000$ $\therefore x=10000$

$x=10000$을 ㉠에 대입하면

$10000+y=40000$ $\therefore y=30000$

따라서 제품 A의 원가는 10000원이다. 답 10000원

13 전략 아버지와 아들이 하루에 할 수 있는 일의 양을 각각 구하여 연립방정식을 세운다.

전체 일의 양을 1로 놓고 아버지가 일한 날을 x일, 아들이 일한 날을 y일이라 하자.
8일 만에 일을 끝낼 수 있었으므로

$x+y=8$ …… ㉠

아버지가 하루에 할 수 있는 일의 양은 $\frac{1}{12}$, 아들이 하루에 할 수 있는 일의 양은 $\frac{1}{4}$이므로

$\frac{1}{12}x+\frac{1}{4}y=1$, 즉

$x+3y=12$ …… ㉡

㉠−㉡을 하면

$-2y=-4$ $\therefore y=2$

$y=2$를 ㉠에 대입하면

$x+2=8$ $\therefore x=6$

따라서 아버지가 일한 날은 6일이다. 답 6일

14 전략 강을 내려갈 때와 거슬러 올라갈 때 배의 속력을 각각 구한 후 연립방정식을 세운다.

정지한 물에서의 배의 속력을 시속 x km, 강물의 속력을 시속 y km라 하자.

	내려갈 때	거슬러 올라갈 때
속력	시속 $(x+y)$ km	시속 $(x-y)$ km
시간	2시간	3시간
거리	$2(x+y)$ km	$3(x-y)$ km

강의 길이는 96 km이므로

$\begin{cases} 2(x+y)=96 \\ 3(x-y)=96 \end{cases}$, 즉

$\begin{cases} x+y=48 & \cdots\cdots ㉠ \\ x-y=32 & \cdots\cdots ㉡ \end{cases}$

㉠+㉡을 하면

$2x=80$ $\therefore x=40$

$x=40$을 ㉠에 대입하면

$40+y=48$ $\therefore y=8$

따라서 정지한 물에서의 배의 속력은 시속 40 km, 강물의 속력은 시속 8 km이다.

답 시속 40 km, 시속 8 km

개념 더하기

① (강을 거슬러 올라갈 때의 배의 속력)
=(정지한 물에서의 배의 속력)−(강물의 속력)
② (강을 따라 내려갈 때의 배의 속력)
=(정지한 물에서의 배의 속력)+(강물의 속력)

15 **전략** 농도가 다른 두 소금물을 섞어도 소금의 양은 변하지 않음을 이용하여 연립방정식을 세운다.

소금물 A의 농도를 x %, 소금물 B의 농도를 y %라 하자.
소금물 A를 100 g, 소금물 B를 300 g 섞으면 6 %의 소금물이 되므로

$\frac{x}{100}\times100+\frac{y}{100}\times300=\frac{6}{100}\times400$, 즉

$x+3y=24$ …… ㉠

또 남아 있는 소금물, 즉 소금물 A를 300 g, 소금물 B를 100 g 섞으면 10 %의 소금물이 되므로

$\frac{x}{100}\times300+\frac{y}{100}\times100=\frac{10}{100}\times400$, 즉

$3x+y=40$ …… ㉡

㉠×3−㉡을 하면

$8y=32$ $\quad\therefore y=4$

$y=4$를 ㉠에 대입하면

$x+3\times4=24$ $\quad\therefore x=12$

따라서 소금물 B의 농도는 4 %이다. 답 ①

16 **전략** 먼저 두 식품 A, B의 1 g에 들어 있는 열량과 단백질의 양을 각각 구한다.

두 식품 A, B의 1 g에 들어 있는 열량과 단백질의 양은 다음 표와 같다.

식품	열량(kcal)	단백질(g)
A	1	$\frac{1}{10}$
B	$\frac{12}{5}$	$\frac{9}{100}$

섭취해야 할 식품 A의 양을 x g, 식품 B의 양을 y g이라 하자.
두 식품 A, B에서 열량 880 kcal를 얻어야 하므로

$x+\frac{12}{5}y=880$, 즉 $5x+12y=4400$ …… ㉠

두 식품 A, B에서 단백질 58 g을 얻어야 하므로

$\frac{1}{10}x+\frac{9}{100}y=58$, 즉 $10x+9y=5800$ … ㉡

㉠×2−㉡을 하면

$15y=3000$ $\quad\therefore y=200$

$y=200$을 ㉠에 대입하면

$5x+12\times200=4400$

$5x=2000$ $\quad\therefore x=400$

따라서 섭취해야 하는 두 식품의 양의 합은

$400+200=600$ (g) 답 600 g

17 **전략** 기차가 일정한 속력으로 다리를 완전히 지날 때 이동한 거리는 (다리의 길이)+(기차의 길이)임을 이용한다.

다리의 길이를 x m, 기차 A의 속력을 초속 y m라 하면 기차 B의 속력은 초속 $2y$ m이다.
(다리의 길이)+(기차 A의 길이)=(기차 A가 이동한 거리)이므로

$x+150=24y$, 즉 $x-24y=-150$ …… ㉠

(다리의 길이)+(기차 B의 길이)=(기차 B가 이동한 거리)이므로

$x+200=13\times2y$, 즉 $x-26y=-200$ …… ㉡

㉠−㉡을 하면

$2y=50$ $\quad\therefore y=25$

$y=25$를 ㉠에 대입하면

$x-24\times25=-150$

$\therefore x=450$

따라서 다리의 길이는 450 m이다. 답 450 m

18 **전략** 덜어낸 소금물의 양을 x g, 더 넣은 소금물의 양을 y g이라 하고 연립방정식을 세운다.

덜어낸 소금물의 양을 x g, 더 넣은 소금물의 양을 y g이라 하자.
소금물 200 g에서 일부를 덜어내고 더 넣어서 160 g이 되었으므로

$200-x+y=160$, 즉 $x-y=40$ …… ㉠

또 4 %의 소금물이 되었으므로

$\frac{3}{100}\times(200-x)+\frac{8}{100}y=\frac{4}{100}\times160$, 즉

$3x-8y=-40$ …… ㉡

㉠×3−㉡을 하면

$5y=160$ $\quad\therefore y=32$

$y=32$를 ㉠에 대입하면

$x-32=40$ $\quad\therefore x=72$

따라서 덜어낸 소금물의 양은 72 g, 더 넣은 소금물의 양은 32 g이다. 답 72 g, 32 g

서술형 대비 문제

> 본문 165쪽

1 28 km, 25분 2 15
3 9시간

1 **1단계** 두 지점 A, B 사이의 거리를 x km, 예정 소요 시간을 y시간이라 하면

$$\begin{cases}\frac{x}{80}=y-\frac{4}{60}\\ \frac{x}{60}=y+\frac{3}{60}\end{cases}, \text{ 즉}$$

$\begin{cases} 3x-240y=-16 & \cdots\cdots ㉠ \\ x-60y=3 & \cdots\cdots ㉡ \end{cases}$

2단계 ㉠－㉡×3을 하면

$-60y=-25 \qquad \therefore y=\frac{5}{12}$

$y=\frac{5}{12}$를 ㉡에 대입하면

$x-60\times\frac{5}{12}=3 \qquad \therefore x=28$

3단계 두 지점 A, B 사이의 거리는 28 km이고, 예정 소요 시간은 $\frac{5}{12}\times 60=25$ (분)이다.

답 28 km, 25분

2 **1단계** 유리가 이긴 횟수를 x, 진 횟수를 y라 하면 건우가 이긴 횟수는 y, 진 횟수는 x이므로

$\begin{cases} 4x-3y=32 & \cdots\cdots ㉠ \\ -3x+4y=-17 & \cdots\cdots ㉡ \end{cases}$

2단계 ㉠×3+㉡×4를 하면

$7y=28 \qquad \therefore y=4$

$y=4$를 ㉠에 대입하면 $\quad 4x-3\times4=32$

$4x=44 \qquad \therefore x=11$

3단계 두 사람이 가위바위보를 한 횟수는

$11+4=15$

답 15

단계	채점 요소	배점
1	연립방정식 세우기	4점
2	연립방정식 풀기	2점
3	가위바위보를 한 횟수 구하기	1점

3 **1단계** 물탱크에 물이 가득 차 있을 때의 물의 양을 1로 놓고 A, B 두 호스로 1시간 동안 넣을 수 있는 물의 양을 각각 x, y라 하면

$\begin{cases} 3x+4y=1 & \cdots\cdots ㉠ \\ 6x+2y=1 & \cdots\cdots ㉡ \end{cases}$

2단계 ㉠×2－㉡을 하면

$6y=1 \qquad \therefore y=\frac{1}{6}$

$y=\frac{1}{6}$을 ㉠에 대입하면

$3x+4\times\frac{1}{6}=1, \qquad 3x=\frac{1}{3} \qquad \therefore x=\frac{1}{9}$

3단계 A 호스로만 이 물탱크를 가득 채우는 데 걸리는 시간은 9시간이다.

답 9시간

단계	채점 요소	배점
1	연립방정식 세우기	4점
2	연립방정식 풀기	2점
3	A 호스로만 물탱크를 가득 채우는 데 걸리는 시간 구하기	1점

V-1 일차함수와 그 그래프

01 일차함수와 그 그래프

개념원리 확인하기

본문 170~171쪽

01 풀이 참조

02 (1) 8 (2) －16 (3) 2 (4) 0

03 (1) 5 (2) －15 (3) $-\frac{5}{2}$ (4) 30

04 (1) × (2) ○ (3) × (4) ○

05 (1) 5 (2) －3 (3) $\frac{1}{4}$ (4) $-\frac{1}{6}$

06 (1)

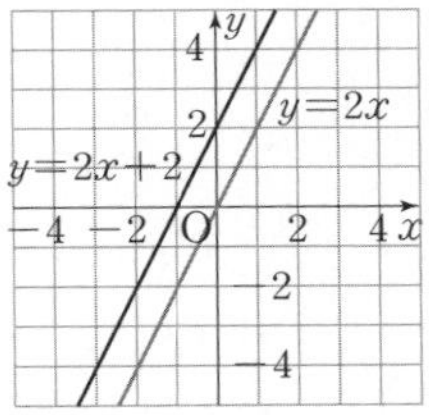

(2)

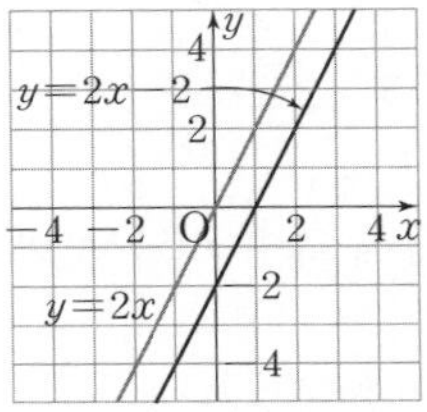

07 (1)

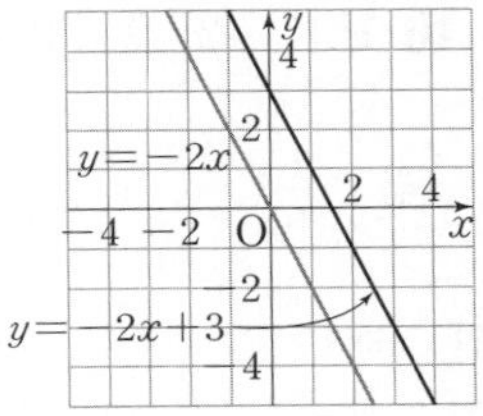

(2)

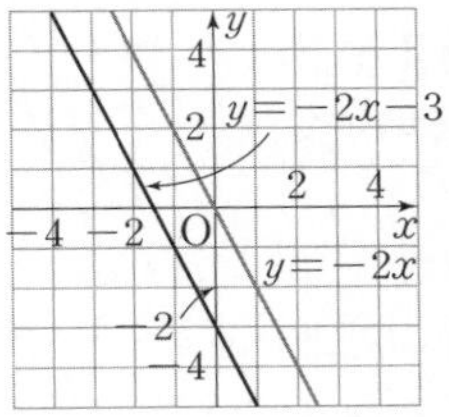

08 (1) $y=6x-7$ (2) $y=-\frac{3}{8}x+\frac{1}{2}$

01 (1)

x	1	2	3	4	5	…
y	4	5	6	7	8	…

x의 값이 변함에 따라 y의 값이 오직 하나씩 정해지므로 y는 x에 대한 함수이다.

(2)

x	1	2	3	4	5	…
y	60	30	20	15	12	…

x의 값이 변함에 따라 y의 값이 오직 하나씩 정해지므로 y는 x에 대한 함수이다.

(3)

x	1	2	3	4	5	$\cdots$
y	1	1, 2	1, 3	1, 2, 4	1, 5	$\cdots$

x의 값이 변함에 따라 y의 값이 오직 하나씩 정해지지 않으므로 y는 x에 대한 함수가 아니다.

답 풀이 참조

02 (1) $f(1)=8\times1=8$

(2) $f(-2)=8\times(-2)=-16$

(3) $f\left(\frac{1}{4}\right)=8\times\frac{1}{4}=2$

(4) $f(0)=8\times0=0$

답 (1) 8 (2) -16 (3) 2 (4) 0

03 (1) $f(-3)=-\frac{15}{-3}=5$

(2) $f(1)=-\frac{15}{1}=-15$

(3) $f(6)=-\frac{15}{6}=-\frac{5}{2}$

(4) $f\left(-\frac{1}{2}\right)=-15\div\left(-\frac{1}{2}\right)=-15\times(-2)=30$

답 (1) 5 (2) -15 (3) $-\frac{5}{2}$ (4) 30

04 (1) $y=-x+x^2$에서 $y=$(x에 대한 이차식)의 꼴이므로 일차함수가 아니다.

(3) x의 일차항이 없으므로 일차함수가 아니다.

답 (1) × (2) ○ (3) × (4) ○

05 답 (1) 5 (2) -3 (3) $\frac{1}{4}$ (4) $-\frac{1}{6}$

06 (1) 일차함수 $y=2x+2$의 그래프는 일차함수 $y=2x$의 그래프를 y축의 방향으로 2만큼 평행이동한 직선이므로 오른쪽 그림과 같다.

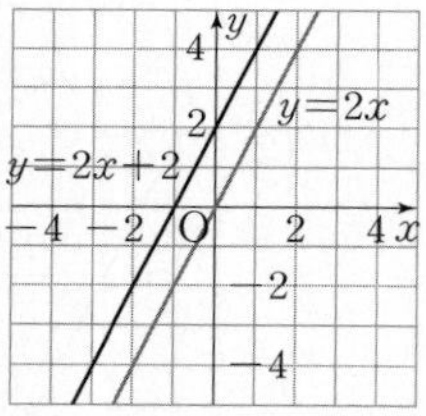

(2) 일차함수 $y=2x-2$의 그래프는 일차함수 $y=2x$의 그래프를 y축의 방향으로 -2만큼 평행이동한 직선이므로 오른쪽 그림과 같다.

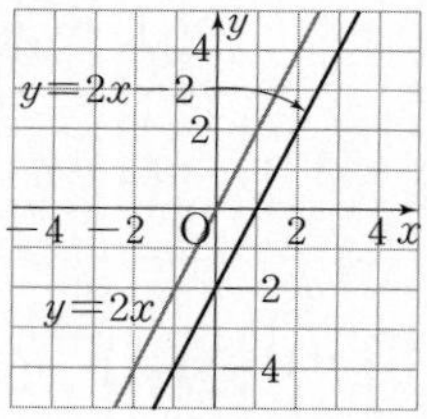

답 풀이 참조

07 (1) 일차함수 $y=-2x+3$의 그래프는 일차함수 $y=-2x$의 그래프를 y축의 방향으로 3만큼 평행이동한 직선이므로 오른쪽 그림과 같다.

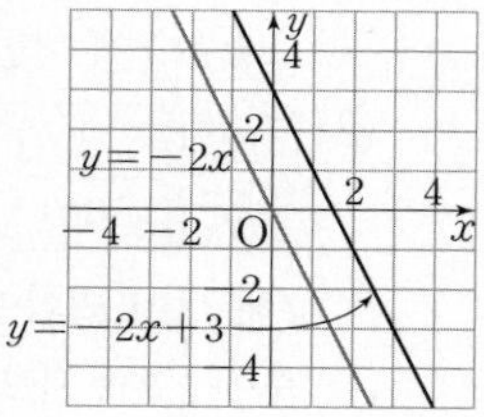

(2) 일차함수 $y=-2x-3$의 그래프는 일차함수 $y=-2x$의 그래프를 y축의 방향으로 -3만큼 평행이동한 직선이므로 오른쪽 그림과 같다.

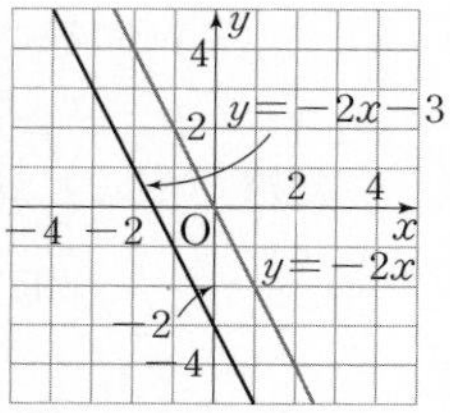

답 풀이 참조

08 (1) $y=6x$의 그래프를 y축의 방향으로 -7만큼 평행이동한 그래프의 식은

$y=6x-7$

(2) $y=-\frac{3}{8}x$의 그래프를 y축의 방향으로 $\frac{1}{2}$만큼 평행이동한 그래프의 식은

$y=-\frac{3}{8}x+\frac{1}{2}$

답 (1) $y=6x-7$ (2) $y=-\frac{3}{8}x+\frac{1}{2}$

핵심문제 익히기

> 본문 172 ~ 175쪽

1 5	2 ③, ⑤	3 ⑤	4 2
5 ②, ④	6 ㄱ, ㄷ	7 5	8 12

1 ㅁ. $x=6$일 때, $y=2, 3$

즉 x의 값이 변함에 따라 y의 값이 오직 하나씩 정해지지 않으므로 y는 x에 대한 함수가 아니다.

이상에서 y가 x에 대한 함수인 것은 ㄱ, ㄴ, ㄷ, ㄹ, ㅂ의 5개이다.

답 5

2 ① $x=1$일 때, $y=-1, 1$

즉 x의 값이 변함에 따라 y의 값이 오직 하나씩 정해지지 않으므로 y는 x에 대한 함수가 아니다.

② $x=1$일 때, y의 값은 없다.

즉 x의 값이 변함에 따라 y의 값이 오직 하나씩 정해지지 않으므로 y는 x에 대한 함수가 아니다.

④ 사람의 나이는 같아도 몸무게는 다를 수 있다.

즉 x의 값이 변함에 따라 y의 값이 오직 하나씩 정해지지 않으므로 y는 x에 대한 함수가 아니다.

따라서 y가 x에 대한 함수인 것은 ③, ⑤이다.

답 ③, ⑤

3 ① $f(0)=-2\times0+5=5$

② $f(-1)=-2\times(-1)+5=7$

③ $f(2)=-2\times2+5=1$

④ $f\left(\frac{1}{4}\right)=-2\times\frac{1}{4}+5=\frac{9}{2}$

⑤ $f(-5)=-2\times(-5)+5=15$

$f(3)=-2\times3+5=-1$

$\therefore f(-5)+f(3)=15+(-1)=14$

따라서 옳지 않은 것은 ⑤이다.

답 ⑤

4 $f(x)=\frac{a}{x}$에서 $f(4)=-5$이므로

$\frac{a}{4}=-5 \qquad \therefore a=-20$

따라서 $f(x)=-\frac{20}{x}$에서

$f(-10)=-\frac{20}{-10}=2$

답 2

5 ② $y=x(x-1)$에서 $\quad y=x^2-x$

③ $y=3(8-x)$에서 $\quad y=-3x+24$

④ $xy=5$에서 $\quad y=\frac{5}{x}$

⑤ $y^2-3y=6x+4+y^2$에서

$-3y=6x+4$

$\therefore y=-2x-\frac{4}{3}$

따라서 y가 x에 대한 일차함수가 아닌 것은 ②, ④이다.

답 ②, ④

6 ㄱ. $y=2\pi x$

ㄴ. $y=\frac{30}{x}$

ㄷ. $y=\frac{20}{100}\times x=\frac{1}{5}x$

이상에서 y가 x에 대한 일차함수인 것은 ㄱ, ㄷ이다.

답 ㄱ, ㄷ

7 $y=\frac{5}{4}x-1$의 그래프가 점 $(8, a)$를 지나므로

$a=\frac{5}{4}\times8-1=9$

또 $y=\frac{5}{4}x-1$의 그래프가 점 $(b, -6)$을 지나므로

$-6=\frac{5}{4}b-1, \qquad \frac{5}{4}b=-5$

$\therefore b=-4$

$\therefore a+b=9+(-4)=5$

답 5

8 $y=\frac{2}{3}x+3$의 그래프를 y축의 방향으로 -4만큼 평행이동한 그래프의 식은

$y=\frac{2}{3}x+3-4 \qquad \therefore y=\frac{2}{3}x-1$

이 함수의 그래프가 점 $(a, 7)$을 지나므로

$7=\frac{2}{3}a-1, \qquad \frac{2}{3}a=8$

$\therefore a=12$

답 12

이런 문제가 시험에 나온다

본문 176～177쪽

01 ③	02 ②	03 ④	04 -1
05 1	06 4	07 5	08 ③
09 6	10 -9		

01 ③ $x=2$일 때, $\quad y=1, 3, 5, \cdots$

즉 x의 값이 변함에 따라 y의 값이 오직 하나씩 정해지지 않으므로 y는 x에 대한 함수가 아니다.

따라서 y가 x에 대한 함수가 아닌 것은 ③이다.

답 ③

02 $f\left(\frac{1}{2}\right)=-8\div\frac{1}{2}=-8\times2=-16$

$f(-8)=-\frac{8}{-8}=1$

$\therefore 2f\left(\frac{1}{2}\right)+5f(-8)=2\times(-16)+5\times1$

$=-27$

답 ②

03 ① 5 이하의 소수는 2, 3, 5의 3개이므로

$f(5)=3$

② 10 이하의 소수는 2, 3, 5, 7의 4개이므로

$f(10)=4$

③ 2 이하의 소수는 2의 1개이므로

$f(2)=1$

3 이하의 소수는 2, 3의 2개이므로

$f(3)=2$

$\therefore f(2)+f(3)=1+2=3$

④ 6 이하의 소수는 2, 3, 5의 3개이므로

$f(6)=3$

11 이하의 소수는 2, 3, 5, 7, 11의 5개이므로

$f(11)=5$

$\therefore f(6)+f(11)=3+5=8$

⑤ 12 이하의 소수는 2, 3, 5, 7, 11의 5개이므로

$f(12)=5$

13 이하의 소수는 2, 3, 5, 7, 11, 13의 6개이므로

$f(13)=6$

$\therefore f(12)\neq f(13)$

따라서 옳은 것은 ④이다.

답 ④

04 $f(1)=-4$이므로

$-7+a=-4 \qquad \therefore a=3$

따라서 $f(x)=-7x+3$이므로

$f(-2)=-7\times(-2)+3=17$

$f(3)=-7\times3+3=-18$

$\therefore f(-2)+f(3)=17+(-18)$

$=-1$

답 -1

05 $g(3)=-5$이므로

$-\frac{a}{3}=-5 \quad \therefore a=15$

$f(b)=15$이므로

$2b+1=15, \quad 2b=14$

$\therefore b=7$

$\therefore a-2b=15-2\times7=1$

답 1

06 ㅁ. $y=10-x-y$에서 $\quad 2y=10-x$

$\therefore y=-\frac{1}{2}x+5$

ㅂ. $\frac{x}{2}-\frac{y}{3}=1$에서 $\quad 3x-2y=6$

$2y=3x-6 \quad \therefore y=\frac{3}{2}x-3$

이상에서 일차함수인 것은 ㄱ, ㄴ, ㅁ, ㅂ의 4개이다.

답 4

07 $y=3x+1$의 그래프가 점 $(3, b)$를 지나므로

$b=3\times3+1=10$

$y=ax-5$의 그래프가 점 $(3, 10)$을 지나므로

$10=3a-5, \quad 3a=15$

$\therefore a=5$

$\therefore b-a=10-5=5$

답 5

08 ③ $y=6(1-x)=-6x+6$

$y=-6x-2$의 그래프를 y축의 방향으로 8만큼 평행이동하면 $y=-6x+6$의 그래프와 겹쳐진다.

답 ③

09 $y=ax+1$의 그래프를 y축의 방향으로 p만큼 평행이동한 그래프의 식은

$y=ax+1+p$

따라서 $a=\frac{1}{2}$, $1+p=-4$이므로

$a=\frac{1}{2}, p=-5$

$\therefore 2a-p=2\times\frac{1}{2}-(-5)=6$

답 6

10 $y=-2x+3$의 그래프를 y축의 방향으로 m만큼 평행이동한 그래프의 식은

$y=-2x+3+m$

이 그래프가 점 $(-1, 4)$를 지나므로

$4=-2\times(-1)+3+m$

$\therefore m=-1$

따라서 $y=-2x+2$의 그래프가 점 $(n-3, -n)$을 지나므로

$-n=-2(n-3)+2$

$\therefore n=8$

$\therefore m-n=-1-8=-9$

답 -9

02 일차함수의 그래프의 절편과 기울기

개념원리 확인하기 본문 180쪽

01 (1) x절편: -4, y절편: 1 (2) x절편: 2, y절편: 3

02 (1) x절편: 5, y절편: -5

(2) x절편: 4, y절편: 8

(3) x절편: $-\frac{3}{2}$, y절편: -1

(4) x절편: -15, y절편: 9

03 (1) 4 (2) -1 (3) $\frac{5}{6}$ (4) $-\frac{7}{4}$

04 (1) $\frac{2}{3}$ (2) -2

05 (1) 3 (2) $-\frac{5}{3}$

01 답 (1) x절편: -4, y절편: 1 (2) x절편: 2, y절편: 3

개념 더하기

x절편이 -4인 경우 답을 $x=-4$ 또는 $(-4, 0)$과 같이 적지 않도록 주의한다. 마찬가지로 y절편이 1인 경우 답을 $y=1$ 또는 $(0, 1)$과 같이 적지 않는다.

02 (1) $y=0$일 때, $\quad 0=x-5 \quad \therefore x=5$

$x=0$일 때, $\quad y=-5$

따라서 x절편은 5, y절편은 -5이다.

(2) $y=0$일 때, $\quad 0=-2x+8$

$2x=8 \quad \therefore x=4$

$x=0$일 때, $\quad y=8$

따라서 x절편은 4, y절편은 8이다.

(3) $y=0$일 때, $\quad 0=-\frac{2}{3}x-1$

$\frac{2}{3}x=-1 \quad \therefore x=-\frac{3}{2}$

$x=0$일 때, $\quad y=-1$

따라서 x절편은 $-\frac{3}{2}$, y절편은 -1이다.

(4) $y=0$일 때, $\quad 0=\frac{3}{5}x+9$

$-\frac{3}{5}x=9 \quad \therefore x=-15$

$x=0$일 때, $\quad y=9$

따라서 x절편은 -15, y절편은 9이다.

답 (1) x절편: 5, y절편: -5 (2) x절편: 4, y절편: 8
(3) x절편: $-\frac{3}{2}$, y절편: -1 (4) x절편: -15, y절편: 9

03 답 (1) 4 (2) -1 (3) $\frac{5}{6}$ (4) $-\frac{7}{4}$

04 (1) 주어진 그래프에서 x의 값이 3만큼 증가할 때 y의 값은 2만큼 증가하므로

$$(\text{기울기})=\frac{(y\text{의 값의 증가량})}{(x\text{의 값의 증가량})}=\frac{2}{3}$$

(2) 주어진 그래프에서 x의 값이 2만큼 증가할 때 y의 값은 4만큼 감소하므로

$$(\text{기울기})=\frac{(y\text{의 값의 증가량})}{(x\text{의 값의 증가량})}=\frac{-4}{2}=-2$$

답 (1) $\frac{2}{3}$ (2) -2

05 (1) $(\text{기울기})=\frac{(y\text{의 값의 증가량})}{(x\text{의 값의 증가량})}=\frac{1-(-5)}{4-2}=\frac{6}{2}=3$

(2) $(\text{기울기})=\frac{(y\text{의 값의 증가량})}{(x\text{의 값의 증가량})}=\frac{-6-(-1)}{0-(-3)}=-\frac{5}{3}$

답 (1) 3 (2) $-\frac{5}{3}$

핵심문제 익히기

> 본문 181 ~ 183쪽

1 6

2 (1)

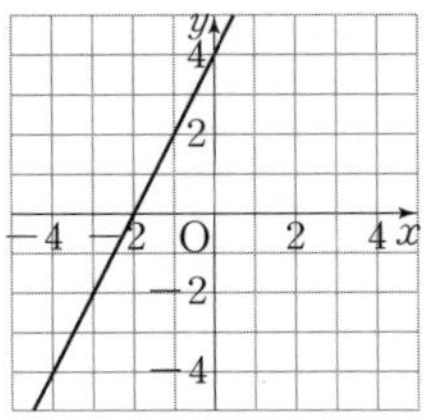

(2)

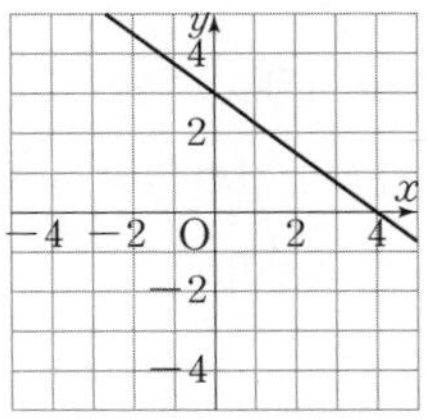

3 (1) 5 (2) 9

4 ⑤

5 (1)

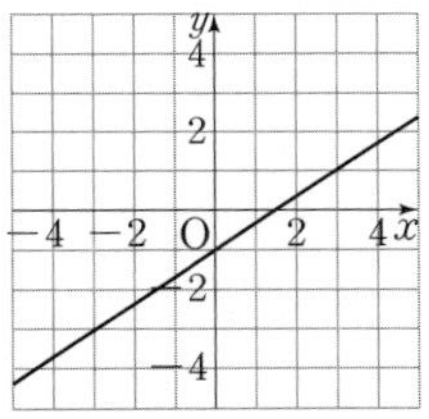

(2)

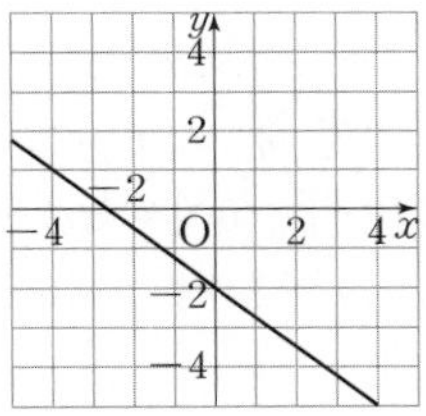

6 30

1 $y=-x+k$의 그래프의 x절편이 6이므로

$0=-6+k \qquad \therefore k=6$

$y=-x+6$에서 $x=0$일 때, $\quad y=6$

따라서 구하는 y절편은 6이다.

답 6

2 (1) $y=0$일 때, $\quad 0=2x+4$

$2x=-4 \qquad \therefore x=-2$

$x=0$일 때, $\quad y=4$

즉 x절편은 -2, y절편은 4이다.

따라서 일차함수 $y=2x+4$의 그래프는 오른쪽 그림과 같이 두 점 $(-2,\ 0)$, $(0,\ 4)$를 지나는 직선이다.

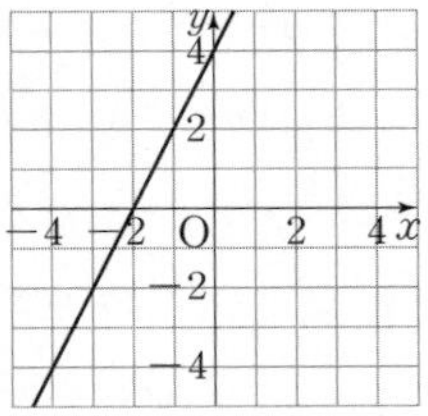

(2) $y=0$일 때, $\quad 0=-\frac{3}{4}x+3$

$\frac{3}{4}x=3 \qquad \therefore x=4$

$x=0$일 때, $\quad y=3$

즉 x절편은 4, y절편은 3이다.

따라서 일차함수 $y=-\frac{3}{4}x+3$의 그래프는 오른쪽 그림과 같이 두 점 $(4,\ 0)$, $(0,\ 3)$을 지나는 직선이다.

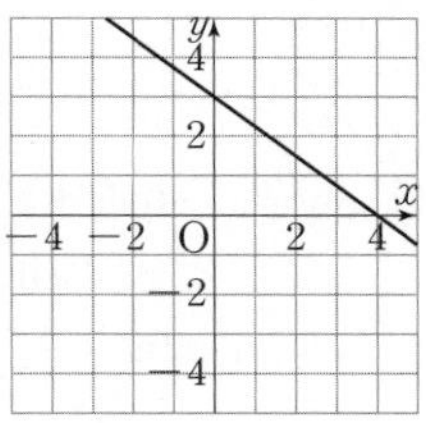

답 풀이 참조

3 (1) 기울기가 $\frac{5}{4}$이므로

$\frac{(y\text{의 값의 증가량})}{2-(-2)}=\frac{5}{4}$

$\therefore (y\text{의 값의 증가량})=5$

(2) $(\text{기울기})=\frac{-6}{2}=-3$이므로

$-\frac{a}{3}=-3 \qquad \therefore a=9$

답 (1) 5 (2) 9

4 그래프가 두 점 $(6,\ 0)$, $(0,\ a)$를 지나므로

$\frac{a-0}{0-6}=-\frac{4}{3}, \qquad 3a=24$

$\therefore a=8$

답 ⑤

5 (1) $y=\frac{2}{3}x-1$의 그래프의 y절편이 -1이므로 점 $(0,\ -1)$을 지난다.

또 기울기가 $\frac{2}{3}$이므로 점 $(0,\ -1)$에서 x의 값이 3만큼 증가하고 y의 값이 2만큼 증가한 점 $(0+3,\ -1+2)$, 즉 점 $(3,\ 1)$을 지난다.

따라서 일차함수 $y=\frac{2}{3}x-1$의 그래프는 오른쪽 그림과 같이 두 점 $(0,\ -1)$, $(3,\ 1)$을 지나는 직선이다.

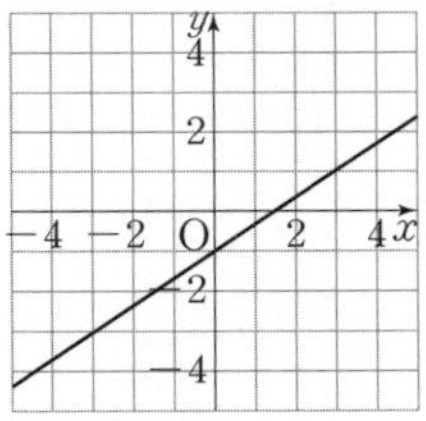

(2) $y=-\frac{3}{4}x-2$의 그래프의 y절편이 -2이므로 점 $(0,\ -2)$를 지난다.

또 기울기가 $-\frac{3}{4}$이므로 점 $(0,\ -2)$에서 x의 값이 4만큼 증가하고 y의 값이 3만큼 감소한 점 $(0+4,\ -2-3)$, 즉 점 $(4,\ -5)$를 지난다.

따라서 일차함수 $y=-\frac{3}{4}x-2$ 의 그래프는 오른쪽 그림과 같이 두 점 $(0,\ -2)$, $(4,\ -5)$를 지나는 직선이다.

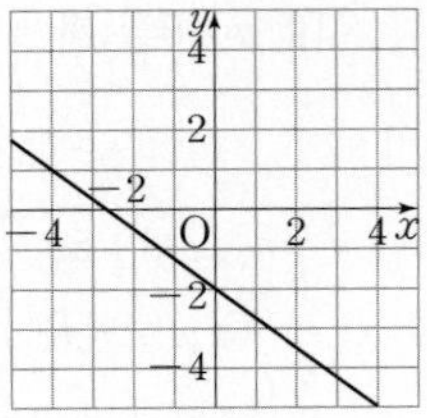

답 풀이 참조

6 $y=x+6$에서 $y=0$일 때, $\quad 0=x+6$

$\therefore x=-6$

$x=0$일 때, $\quad y=6$

즉 $y=x+6$의 그래프의 x절편은 -6, y절편은 6이다.

또 $y=-\frac{3}{2}x+6$에서 $y=0$일 때, $\quad 0=-\frac{3}{2}x+6$

$\frac{3}{2}x=6 \quad \therefore x=4$

$x=0$일 때, $\quad y=6$

즉 $y=-\frac{3}{2}x+6$의 그래프의 x절편은 4, y절편은 6이다.

따라서 두 일차함수의 그래프를 그리면 오른쪽 그림과 같으므로 구하는 도형의 넓이는

$\frac{1}{2}\times\{4-(-6)\}\times 6$

$=30$

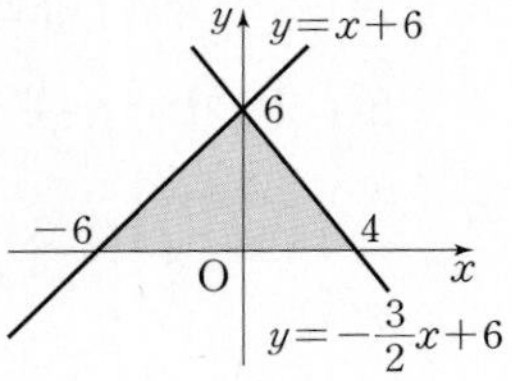

답 30

이런 문제가 시험에 나온다

> 본문 184쪽

01 ② 02 -3 03 20 04 ③
05 2

01 ① $y=-4x+1$에서 $y=0$일 때, $\quad 0=-4x+1$

$4x=1 \quad \therefore x=\frac{1}{4}$

② $y=x-4$에서 $y=0$일 때, $\quad 0=x-4$

$\therefore x=4$

③ $y=4x-1$에서 $y=0$일 때, $\quad 0=4x-1$

$4x=1 \quad \therefore x=\frac{1}{4}$

④ $y=2x-\frac{1}{2}$에서 $y=0$일 때, $\quad 0=2x-\frac{1}{2}$

$2x=\frac{1}{2} \quad \therefore x=\frac{1}{4}$

⑤ $y=\frac{1}{2}x-\frac{1}{8}$에서 $y=0$일 때, $\quad 0=\frac{1}{2}x-\frac{1}{8}$

$\frac{1}{2}x=\frac{1}{8} \quad \therefore x=\frac{1}{4}$

따라서 x절편이 나머지 넷과 다른 하나는 ②이다.

답 ②

02 $y=\frac{2}{3}x+k$의 그래프를 y축의 방향으로 5만큼 평행이동한 그래프의 식은

$y=\frac{2}{3}x+k+5$

이 그래프의 y절편이 2이므로

$k+5=2 \quad \therefore k=-3$

답 -3

03 그래프가 두 점 $(0,\ 2)$, $(5,\ 0)$을 지나므로

$(\text{기울기})=\frac{(y\text{의 값의 증가량})}{(x\text{의 값의 증가량})}=\frac{0-2}{5-0}=-\frac{2}{5}$

따라서 $\frac{-8}{(x\text{의 값의 증가량})}=-\frac{2}{5}$이므로

$(x\text{의 값의 증가량})=20$

답 20

04 $y=0$일 때, $\quad 0=-\frac{1}{2}x+3$

$\frac{1}{2}x=3 \quad \therefore x=6$

$x=0$일 때, $\quad y=3$

따라서 x절편은 6, y절편은 3이므로 $y=-\frac{1}{2}x+3$의 그래프는 ③이다.

답 ③

05 $y=ax+2a$에서 $y=0$일 때, $\quad 0=ax+2a$

$ax=-2a \quad \therefore x=-2$

$x=0$일 때, $\quad y=2a$

그런데 $a>0$에서 $2a>0$이므로

$y=ax+2a$의 그래프는 오른쪽 그림과 같다.

이때 어두운 부분의 넓이가 4이므로

$\frac{1}{2}\times 2\times 2a=4 \quad \therefore a=2$

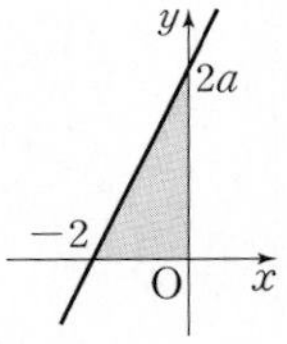

답 2

03 일차함수의 그래프의 성질

개념원리 확인하기

> 본문 186쪽

01 (1) ㄱ, ㄴ, ㅁ (2) ㄷ, ㄹ, ㅂ (3) ㄴ, ㄷ, ㄹ (4) ㄱ, ㅂ
02 (1) $a>0$, $b>0$ (2) $a<0$, $b>0$ (3) $a<0$, $b<0$
03 (1) ㄱ과 ㅂ, ㄷ과 ㄹ (2) ㄴ과 ㅁ
04 (1) $a=-\frac{1}{3}$, $b\neq-2$ (2) $a=-\frac{1}{3}$, $b=-2$

01 (1) 그래프가 오른쪽 위로 향하는 직선인 것은 (기울기)>0이므로 ㄱ, ㄴ, ㅁ이다.

(2) 그래프가 x의 값이 증가할 때 y의 값은 감소하는 직선인 것은 (기울기)<0이므로 ㄷ, ㄹ, ㅂ이다.

(3) 그래프가 y축과 양의 부분에서 만나는 직선인 것은 (y절편)>0이므로 ㄴ, ㄷ, ㄹ이다.

(4) 그래프가 y축과 음의 부분에서 만나는 직선인 것은 (y절편)<0이므로 ㄱ, ㅂ이다.

답 (1) ㄱ, ㄴ, ㅁ (2) ㄷ, ㄹ, ㅂ (3) ㄴ, ㄷ, ㄹ (4) ㄱ, ㅂ

02 (1) 그래프가 오른쪽 위로 향하므로

$a>0$

또 y축과 양의 부분에서 만나므로

$b>0$

(2) 그래프가 오른쪽 아래로 향하므로

$a<0$

또 y축과 양의 부분에서 만나므로

$b>0$

(3) 그래프가 오른쪽 아래로 향하므로

$a<0$

또 y축과 음의 부분에서 만나므로

$b<0$

답 (1) $a>0$, $b>0$ (2) $a<0$, $b>0$ (3) $a<0$, $b<0$

03 (1) 두 일차함수의 그래프가 평행하면 기울기는 같고 y절편은 다르므로 평행한 것은 ㄱ과 ㅂ, ㄷ과 ㄹ이다.

(2) ㅁ. $y=-\frac{1}{2}(x-8)$에서

$y=-\frac{1}{2}x+4$

두 일차함수의 그래프가 일치하면 기울기와 y절편이 각각 같으므로 일치하는 것은 ㄴ과 ㅁ이다.

답 (1) ㄱ과 ㅂ, ㄷ과 ㄹ (2) ㄴ과 ㅁ

04 (1) 두 일차함수의 그래프가 평행하려면 기울기는 같고 y절편은 달라야 하므로

$a=-\frac{1}{3}$, $b\neq-2$

(2) 두 일차함수의 그래프가 일치하려면 기울기와 y절편이 각각 같아야 하므로

$a=-\frac{1}{3}$, $b=-2$

답 (1) $a=-\frac{1}{3}$, $b\neq-2$ (2) $a=-\frac{1}{3}$, $b=-2$

핵심문제 익히기

> 본문 187 ~ 188쪽

1 ㄱ, ㄴ, ㄹ	2 ⑤
3 제2사분면	4 (1) 11 (2) -7

1 ㄴ. (기울기)$=-5<0$이므로 x의 값이 증가할 때 y의 값은 감소하는 직선이다.

ㄷ. $y=0$일 때, $0=-5x+5$

$5x=5$ $\therefore x=1$

$x=0$일 때, $y=5$

따라서 x절편은 1, y절편은 5이다.

ㄹ. 그래프는 오른쪽 그림과 같으므로 제3사분면을 지나지 않는다.

이상에서 옳은 것은 ㄱ, ㄴ, ㄹ이다.

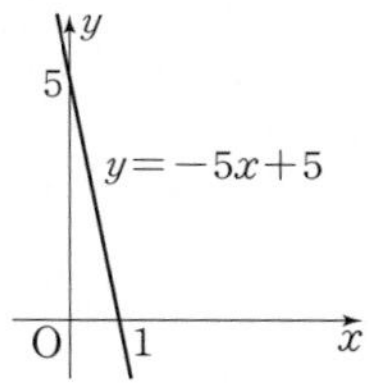

답 ㄱ, ㄴ, ㄹ

2 기울기의 절댓값이 클수록 y축에 가깝다.

즉

$$\left|\frac{1}{2}\right|<\left|\frac{3}{4}\right|<|-1|<\left|-\frac{4}{3}\right|<\left|\frac{5}{2}\right|$$

이므로 그래프가 y축에 가장 가까운 것은 ⑤이다.

답 ⑤

3 (기울기)$=-a>0$,

(y절편)$=b<0$

이므로 $y=-ax+b$의 그래프는 오른쪽 그림과 같다.

따라서 그래프는 제2사분면을 지나지 않는다.

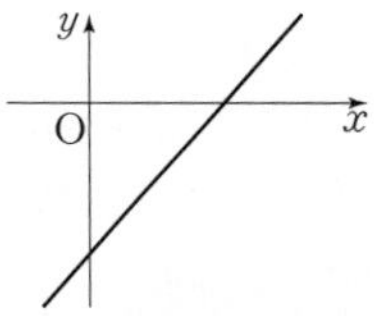

답 제2사분면

4 (1) 두 점 $(3, -1)$, $(6, a)$를 지나는 일차함수의 그래프의 기울기는

$$\frac{a-(-1)}{6-3}=\frac{a+1}{3}$$

이 일차함수의 그래프가 일차함수 $y=4x+\frac{5}{3}$의 그래프와 평행하므로

$\frac{a+1}{3}=4$, $a+1=12$

$\therefore a=11$

(2) $y=-2x+5$의 그래프를 y축의 방향으로 a만큼 평행이동한 그래프의 식은

$y=-2x+5+a$

이때 $y=-2x+5+a$의 그래프와 $y=-2x-2$의 그래프가 일치하므로

$5+a=-2$ $\therefore a=-7$

답 (1) 11 (2) -7

이런 문제가 시험 에 나온다 > 본문 189쪽

01 ④　02 ②　03 ④　04 $\frac{9}{5}$　05 -3

01 ② (기울기)$=-\frac{1}{4}<0$, (y절편)$=-2<0$이므로

$y=-\frac{1}{4}x-2$의 그래프는 오른쪽 그림과 같다.

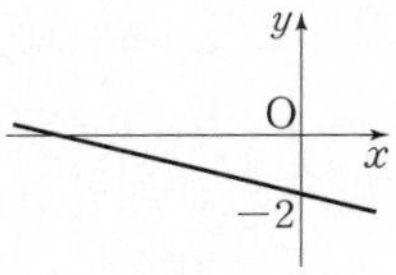

즉 그래프는 제2, 3, 4사분면을 지난다.

③ $x=-12$, $y=1$을 $y=-\frac{1}{4}x-2$에 대입하면

$1=-\frac{1}{4}\times(-12)-2$

즉 그래프는 점 $(-12, 1)$을 지난다.

④ $|1|>\left|-\frac{1}{4}\right|$이므로 $y=x-2$의 그래프는 $y=-\frac{1}{4}x-2$의 그래프보다 y축에 가깝다.

⑤ $y=-\frac{1}{4}x-2$의 그래프와 $y=-\frac{1}{4}x+5$의 그래프는 기울기가 같고 y절편이 다르므로 평행하다.

따라서 옳지 않은 것은 ④이다. 답 ④

02 $y=-ax-b$의 그래프가 오른쪽 아래로 향하므로

$-a<0$　$\therefore a>0$

또 그래프가 y축과 양의 부분에서 만나므로

$-b>0$　$\therefore b<0$

따라서 옳은 것은 ②이다. 답 ②

개념 더하기

일차함수 $y=ax+b$에서
① 그래프가 오른쪽 위로 향하면 ➡ $a>0$
② 그래프가 오른쪽 아래로 향하면 ➡ $a<0$
③ 그래프가 y축과 양의 부분에서 만나면 ➡ $b>0$
④ 그래프가 y축과 음의 부분에서 만나면 ➡ $b<0$

03 주어진 일차함수의 그래프는 두 점 $(-3, 0)$, $(0, 6)$을 지나므로

(기울기)$=\frac{6-0}{0-(-3)}=2$

따라서 그래프가 주어진 그래프와 평행한 것은 기울기는 같고 y절편은 다른 ④이다. 답 ④

04 두 일차함수의 그래프가 만나지 않으므로 두 그래프는 평행하다.

즉 두 그래프의 기울기가 같고 y절편은 다르므로

$2a-3=-3a+6$

$5a=9$　$\therefore a=\frac{9}{5}$ 답 $\frac{9}{5}$

05 일차함수 $y=\frac{4}{3}x+1$의 그래프를 y축의 방향으로 a만큼 평행이동한 그래프의 식은

$y=\frac{4}{3}x+1+a$

이 그래프가 $y=\frac{4}{3}x+3$의 그래프와 일치하므로

$1+a=3$　$\therefore a=2$

일차함수 $y=\frac{4}{3}x+1$의 그래프를 y축의 방향으로 b만큼 평행이동한 그래프의 식은

$y=\frac{4}{3}x+1+b$

이 그래프가 $y=\frac{4}{3}x-4$의 그래프와 일치하므로

$1+b=-4$　$\therefore b=-5$

$\therefore a+b=2+(-5)=-3$ 답 -3

04 일차함수의 식 구하기

개념원리 확인하기 > 본문 191쪽

01 (1) $y=6x-3$ (2) $y=-5x+1$
(3) $y=\frac{1}{3}x+4$ (4) $y=-x-8$

02 (1) $y=-x+6$ (2) $y=4x+8$
(3) $y=\frac{6}{5}x+3$ (4) $y=-\frac{2}{3}x+4$

03 (1) $y=3x+5$ (2) $y=-4x+3$ (3) $y=-x-2$

04 (1) $y=-\frac{1}{6}x+1$ (2) $y=-x-5$

01 (3) 기울기가 $\frac{1}{3}$이고 y절편이 4이므로 구하는 일차함수의 식은

$y=\frac{1}{3}x+4$

(4) 기울기가 -1이고 y절편이 -8이므로 구하는 일차함수의 식은

$y=-x-8$

답 (1) $y=6x-3$ (2) $y=-5x+1$ (3) $y=\frac{1}{3}x+4$ (4) $y=-x-8$

02 (1) 기울기가 -1이므로 구하는 일차함수의 식을 $y=-x+b$라 하자.

이 함수의 그래프가 점 $(1, 5)$를 지나므로

$5=-1+b$　$\therefore b=6$

따라서 구하는 일차함수의 식은

$y=-x+6$

(2) 기울기가 4이므로 구하는 일차함수의 식을 $y=4x+b$라 하자.

이 함수의 그래프가 점 $(-2, 0)$을 지나므로

$0=4\times(-2)+b \quad \therefore b=8$

따라서 구하는 일차함수의 식은

$y=4x+8$

(3) 기울기가 $\frac{6}{5}$이므로 구하는 일차함수의 식을 $y=\frac{6}{5}x+b$라 하자.

이 함수의 그래프가 점 $(-10, -9)$를 지나므로

$-9=\frac{6}{5}\times(-10)+b \quad \therefore b=3$

따라서 구하는 일차함수의 식은

$y=\frac{6}{5}x+3$

(4) 기울기가 $\frac{-2}{3}=-\frac{2}{3}$이므로 구하는 일차함수의 식을 $y=-\frac{2}{3}x+b$라 하자.

이 함수의 그래프가 점 $(6, 0)$을 지나므로

$0=-\frac{2}{3}\times 6+b \quad \therefore b=4$

따라서 구하는 일차함수의 식은

$y=-\frac{2}{3}x+4$

답 (1) $y=-x+6$ (2) $y=4x+8$ (3) $y=\frac{6}{5}x+3$ (4) $y=-\frac{2}{3}x+4$

03 (1) 기울기가 $\frac{8-(-1)}{1-(-2)}=3$이므로 구하는 일차함수의 식을 $y=3x+b$라 하자.

이 함수의 그래프가 점 $(1, 8)$을 지나므로

$8=3\times 1+b \quad \therefore b=5$

따라서 구하는 일차함수의 식은

$y=3x+5$

(2) 기울기가 $\frac{-13-(-9)}{4-3}=-4$이므로 구하는 일차함수의 식을 $y=-4x+b$라 하자.

이 함수의 그래프가 점 $(3, -9)$를 지나므로

$-9=-4\times 3+b \quad \therefore b=3$

따라서 구하는 일차함수의 식은

$y=-4x+3$

(3) 기울기가 $\frac{-2-5}{0-(-7)}=-1$이므로 구하는 일차함수의 식을 $y=-x+b$라 하자.

y절편이 -2이므로 $\quad b=-2$

따라서 구하는 일차함수의 식은

$y=-x-2$

답 (1) $y=3x+5$ (2) $y=-4x+3$ (3) $y=-x-2$

04 (1) 두 점 $(6, 0)$, $(0, 1)$을 지나므로 기울기는

$\frac{1-0}{0-6}=-\frac{1}{6}$

y절편이 1이므로 구하는 일차함수의 식은

$y=-\frac{1}{6}x+1$

(2) 두 점 $(-5, 0)$, $(0, -5)$를 지나므로 기울기는

$\frac{-5-0}{0-(-5)}=-1$

y절편이 -5이므로 구하는 일차함수의 식은

$y=-x-5$

답 (1) $y=-\frac{1}{6}x+1$ (2) $y=-x-5$

핵심문제 익히기 > 본문 192 ~ 193쪽

1 8	2 ④	3 −5	4 4

1 기울기가 $\frac{2}{3}$이고 y절편이 -8이므로 일차함수의 식은

$y=\frac{2}{3}x-8$

이 일차함수의 그래프가 점 $(3k, k)$를 지나므로

$k=2k-8 \quad \therefore k=8$

답 8

2 기울기가 6이므로 구하는 일차함수의 식을 $y=6x+b$라 하자.

$y=-\frac{1}{4}x+1$의 그래프의 x절편이 4이므로 $y=6x+b$의 그래프의 x절편도 4이다.

$0=6\times 4+b$에서 $\quad b=-24$

따라서 구하는 일차함수의 식은

$y=6x-24$

답 ④

3 두 점 $(1, -3)$, $(3, 7)$을 지나므로 기울기는

$\frac{7-(-3)}{3-1}=5$

구하는 일차함수의 식을 $y=5x+b$라 하면 이 함수의 그래프가 점 $(3, 7)$을 지나므로

$7=5\times 3+b \quad \therefore b=-8$

$\therefore y=5x-8$

따라서 일차함수 $y=5x-8$의 그래프의 x절편은 $\frac{8}{5}$, y절편은 -8이므로

$m=\frac{8}{5}$, $n=-8$

$\therefore \frac{n}{m}=-8\div\frac{8}{5}=-8\times\frac{5}{8}=-5$

답 −5

4 두 점 $(-2, 0)$, $(0, 3)$을 지나므로 기울기는

$$\frac{3-0}{0-(-2)}=\frac{3}{2}$$

y절편이 3이므로 주어진 일차함수의 식은

$$y=\frac{3}{2}x+3$$

$y=\frac{3}{2}x+3$의 그래프를 y축의 방향으로 -9만큼 평행이동한 그래프의 식은

$$y=\frac{3}{2}x+3-9, \text{ 즉 } y=\frac{3}{2}x-6$$

따라서 이 그래프의 x절편은 4이다. 답 4

이런 문제가 **시험** 에 나온다 > 본문 194쪽

01 3　02 ③　03 ④　04 2
05 $y=-\frac{4}{7}x-4$

01 두 점 $(-4, 1)$, $(2, 10)$을 지나는 직선과 평행하므로 기울기는

$$\frac{10-1}{2-(-4)}=\frac{3}{2}$$

따라서 기울기가 $\frac{3}{2}$이고 y절편이 2인 직선을 그래프로 하는 일차함수의 식은 $y=\frac{3}{2}x+2$이므로

$$a=\frac{3}{2},\ b=2$$

$$\therefore ab=\frac{3}{2}\times 2=3$$

답 3

02 기울기가 5이므로 일차함수의 식을 $y=5x+b$라 하자.
이 일차함수의 그래프가 점 $(3, 13)$을 지나므로

$$13=5\times 3+b \qquad \therefore b=-2$$

따라서 일차함수의 식은 $y=5x-2$이므로 y절편은 -2이다. 답 ③

03 두 점 $(-2, 7)$, $(1, -2)$를 지나므로 기울기는

$$\frac{-2-7}{1-(-2)}=-3$$

일차함수의 식을 $y=-3x+b$라 하면 이 함수의 그래프가 점 $(1, -2)$를 지나므로

$$-2=-3\times 1+b \qquad \therefore b=1$$

$$\therefore y=-3x+1$$

① x절편은 $\frac{1}{3}$이다.
② y절편은 1이다.
③ $x=-4$, $y=11$을 $y=-3x+1$에 대입하면
　$11\neq -3\times(-4)+1=13$
④ 일차함수 $y=-3x+1$의 그래프는 오른쪽 그림과 같으므로 제3사분면을 지나지 않는다.

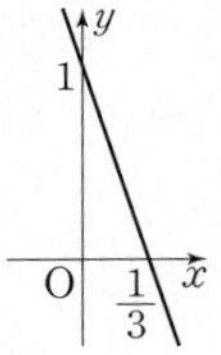

⑤ 일차함수 $y=3x+5$의 그래프와 기울기가 다르므로 평행하지 않다.

따라서 옳은 것은 ④이다. 답 ④

04 주어진 일차함수의 그래프는 두 점 $(-8, -3)$, $(4, 6)$을 지나므로 기울기는

$$\frac{6-(-3)}{4-(-8)}=\frac{3}{4}$$

일차함수의 식을 $y=\frac{3}{4}x+b$라 하면 이 함수의 그래프가 점 $(4, 6)$을 지나므로

$$6=\frac{3}{4}\times 4+b \qquad \therefore b=3$$

따라서 일차함수 $y=\frac{3}{4}x+3$의 그래프가 점 $\left(k, \frac{9}{2}\right)$를 지나므로

$$\frac{9}{2}=\frac{3}{4}k+3, \qquad \frac{3}{4}k=\frac{3}{2}$$

$$\therefore k=2$$

답 2

05 조건 (가)에서 주어진 일차함수의 그래프는 일차함수 $y=x+7$의 그래프와 x축에서 만나므로 두 함수의 그래프의 x절편이 같다.
일차함수 $y=x+7$의 그래프의 x절편은 　-7
조건 (나)에서 주어진 일차함수의 그래프는 일차함수 $y=-\frac{3}{2}x-4$의 그래프와 y축에서 만나므로 두 함수의 그래프의 y절편이 같다.
일차함수 $y=-\frac{3}{2}x-4$의 그래프의 y절편은 　-4
따라서 x절편이 -7, y절편이 -4인 일차함수의 그래프는 두 점 $(-7, 0)$, $(0, -4)$를 지나므로 기울기는

$$\frac{-4-0}{0-(-7)}=-\frac{4}{7}$$

y절편이 -4이므로 구하는 일차함수의 식은

$$y=-\frac{4}{7}x-4$$

답 $y=-\frac{4}{7}x-4$

05 일차함수의 활용

개념원리 **확인하기** > 본문 196쪽

01 $3x+25$, 14, 67, 67
02 풀이 참조　03 풀이 참조

01 물을 넣기 시작한 지 x분 후에 물통에 들어 있는 물의 양을 y L라 하자.
1분마다 3 L씩 물을 넣으므로 물을 넣은 지 x분 후에는 물의 양이 처음보다 $3x$ L 많아진다.

$\therefore y=\boxed{3x+25}$

위의 식에 $x=\boxed{14}$를 대입하면

$y=3\times14+25=\boxed{67}$

따라서 물을 넣기 시작한 지 14분 후에 물통에 들어 있는 물의 양은 $\boxed{67}$ L이다.

답 풀이 참조

02 (1)

x(g)	0	1	2	3	…	x	…
y(cm)	8	10	12	14	…	$2x+8$	…

(2) 1 g인 추를 매달 때마다 용수철의 길이가 2 cm씩 늘어나므로

$y=2x+8$

(3) $y=2x+8$에 $x=9$를 대입하면

$y=2\times9+8=26$

따라서 무게가 9 g인 추를 매달았을 때의 용수철의 길이는 26 cm이다.

답 풀이 참조

03 (1)

x(분)	0	1	2	3	…	x	…
y(℃)	100	96	92	88	…	$-4x+100$	…

(2) 1분마다 물의 온도가 4 ℃씩 내려가므로

$y=-4x+100$

(3) $y=-4x+100$에 $y=60$을 대입하면

$60=-4x+100$

$4x=40 \qquad \therefore x=10$

따라서 물의 온도가 60 ℃가 되는 것은 10분 후이다.

답 풀이 참조

핵심문제 익히기

> 본문 197~198쪽

1 6시간 2 29시간
3 20 cm² 4 29 cm

1 불을 붙인 지 x시간 후의 양초의 길이를 y cm라 하자.
양초의 길이가 시간당 2 cm씩 짧아지므로

$y=-2x+17$

$y=-2x+17$에 $y=5$를 대입하면

$5=-2x+17$

$2x=12 \qquad \therefore x=6$

따라서 양초의 길이가 5 cm가 되는 것은 불을 붙인 지 6시간 후이다.

답 6시간

2 태풍의 중심이 이동한 지 x시간 후에 태풍의 중심과 서울 사이의 거리를 y km라 하자.
x시간 동안 태풍의 중심이 이동한 거리는 $20x$ km이므로

$y=-20x+580$

$y=-20x+580$에 $y=0$을 대입하면

$0=-20x+580 \qquad \therefore x=29$

따라서 태풍의 중심이 서울에 도착하는 데 걸리는 시간은 29시간이다.

답 29시간

3 점 P가 점 B를 출발한 지 x초 후의 삼각형 APC의 넓이를 y cm²라 하자.
출발한 지 x초 후의 $\overline{BP}$의 길이는 $2x$ cm이므로

$y=\frac{1}{2}\times(10-2x)\times10=50-10x$

$y=50-10x$에 $x=3$을 대입하면

$y=50-10\times3=20$

따라서 점 P가 점 B를 출발한 지 3초 후의 삼각형 APC의 넓이는 20 cm²이다.

답 20 cm²

4 그래프가 두 점 (0, 20), (10, 26)을 지나므로 기울기는

$\frac{26-20}{10-0}=\frac{3}{5}$

y절편은 20이므로 $\qquad y=\frac{3}{5}x+20$

$y=\frac{3}{5}x+20$에 $x=15$를 대입하면

$y=\frac{3}{5}\times15+20=29$

따라서 15일 후의 식물의 높이는 29 cm이다.

답 29 cm

이런 문제가 시험에 나온다

> 본문 199쪽

01 ③ 02 22 L 03 40분 04 ②
05 6시간

01 기온이 x ℃일 때의 소리의 속력을 초속 y m라 하자.
기온이 1 ℃ 오를 때마다 소리의 속력이 초속 0.6 m씩 빨라지므로

$y=0.6x+331$

$y=0.6x+331$에 $x=15$를 대입하면

$y=0.6\times15+331=340$

따라서 기온이 15 ℃일 때의 소리의 속력은 초속 340 m이다.

답 ③

02 2 L의 휘발유로 10 km를 달릴 수 있으므로 1 km를 가는 데 $\frac{2}{10}$ L, 즉 0.2 L의 휘발유가 필요하다.

$\therefore y=40-0.2x$

$y=40-0.2x$에 $x=90$을 대입하면

$y=40-0.2\times 90=22$

따라서 90 km를 달린 후에 남아 있는 휘발유의 양은 22 L이다.

답 22 L

03 현진이가 출발한 지 x분 후에 현진이의 위치에서 결승점까지의 거리를 y km라 하자.

현진이가 x분 동안 달린 거리는 $0.15x$ km이므로

$y=10-0.15x$

$y=10-0.15x$에 $y=4$를 대입하면

$4=10-0.15x$, $\quad 0.15x=6$

$\therefore x=40$

따라서 현진이의 위치에서 결승점까지의 거리가 4 km가 되는 것은 출발한 지 40분 후이다.

답 40분

04 점 P가 점 A를 출발한 지 x초 후의 사다리꼴 PBCD의 넓이를 y cm²라 하자.

출발한 지 x초 후의 $\overline{AP}$의 길이는 $0.5x$ cm이므로

$\overline{BP}=(12-0.5x)$ cm

$\therefore y=\frac{1}{2}\times\{(12-0.5x)+12\}\times 10$

$=-\frac{5}{2}x+120$

$y=-\frac{5}{2}x+120$에 $x=20$을 대입하면

$y=-\frac{5}{2}\times 20+120=70$

따라서 점 P가 점 A를 출발한 지 20초 후의 사다리꼴 PBCD의 넓이는 70 cm²이다.

답 ②

05 그래프가 두 점 (0, 500), (2, 400)을 지나므로 기울기는

$\frac{400-500}{2-0}=-50$

y절편은 500이므로

$y=-50x+500$

$y=-50x+500$에 $y=200$을 대입하면

$200=-50x+500$, $\quad 50x=300$

$\therefore x=6$

따라서 남아 있는 물의 양이 200 mL가 되는 것은 작동시킨 지 6시간 후이다.

답 6시간

중단원 마무리하기

> 본문 200～203쪽

01 ①, ④	02 64	03 ③	04 −14
05 ④	06 −9	07 ②	08 ⑤
09 ①	10 5	11 2	12 ③
13 ③, ⑤	14 ②	15 ①	16 ③
17 ④	18 $\frac{15}{2}$	19 ③	20 ②, ④
21 ②	22 (5, 2)	23 $-\frac{2}{3}$, −6	24 3시간

01 전략 y가 x에 대한 함수이다. ➡ x의 값이 변함에 따라 y의 값이 오직 하나씩 정해진다.

① $x=1.5$일 때, $\quad y=1, 2$

즉 x의 값이 변함에 따라 y의 값이 오직 하나씩 정해지지 않으므로 y는 x에 대한 함수가 아니다.

④ 두 학생이 태어난 달은 같아도 영어 점수는 다를 수 있다.

즉 x의 값이 변함에 따라 y의 값이 오직 하나씩 정해지지 않으므로 y는 x에 대한 함수가 아니다.

따라서 y가 x에 대한 함수가 아닌 것은 ①, ④이다.

답 ①, ④

02 전략 함숫값 $f(a)$ ➡ $f(x)$에 x 대신 a를 대입한다.

$x=10$일 때, 10과 8의 최소공배수는 40이므로

$f(10)=40$

$x=12$일 때, 12와 8의 최소공배수는 24이므로

$f(12)=24$

$\therefore f(10)+f(12)=40+24=64$

답 64

03 전략 y가 x에 대한 일차함수

➡ $y=ax+b$ (a, b는 상수, $a\neq 0$)

ㄴ. $y=3x(x-5)$에서 $\quad y=3x^2-15x$

ㅁ. $y=x(x-1)+2x$에서 $\quad y=x^2+x$

ㅂ. $x^2-y=x^2+5x-4$에서 $\quad y=-5x+4$

이상에서 일차함수인 것은 ㄱ, ㄹ, ㅂ이다.

답 ③

04 전략 일차함수 $y=ax+b$의 그래프가 점 (p, q)를 지난다.

➡ $q=ap+b$

$y=-\frac{1}{3}x+a$의 그래프가 점 (1, −2)를 지나므로

$-2=-\frac{1}{3}\times 1+a \quad \therefore a=-\frac{5}{3}$

따라서 $y=-\frac{1}{3}x-\frac{5}{3}$의 그래프가 점 $(b, 3)$을 지나므로

$3=-\frac{1}{3}b-\frac{5}{3}$, $\quad \frac{1}{3}b=-\frac{14}{3}$

$\therefore b=-14$

답 −14

05 전략 일차함수 $y=ax+b$의 그래프를 y축의 방향으로 k만큼 평행이동한 그래프의 식 ➡ $y=ax+b+k$

$y=5x+4$의 그래프를 y축의 방향으로 -7만큼 평행이동한 그래프의 식은

$y=5x+4-7$, 즉 $y=5x-3$

① $-15\neq5\times(-2)-3=-13$

② $-5\neq5\times\left(-\frac{1}{5}\right)-3=-4$

③ $9\neq5\times1-3=2$

④ $3=5\times\frac{6}{5}-3$

⑤ $15\neq5\times3-3=12$

따라서 그래프 위의 점인 것은 ④이다. 답 ④

06 전략 일차함수 $y=ax+b$의 그래프의 x절편은 $-\frac{b}{a}$, y절편은 b이다.

$y=-5x+6$의 그래프의 y절편이 6이므로 $y=\frac{3}{2}x+a$의 그래프의 x절편이 6이다.

따라서 $y=\frac{3}{2}x+a$의 그래프가 점 $(6,\ 0)$을 지나므로

$0=\frac{3}{2}\times6+a \qquad \therefore a=-9$ 답 -9

07 전략 기울기 ➡ $\frac{(y\text{의 값의 증가량})}{(x\text{의 값의 증가량})}$

$(\text{기울기})=\frac{-4}{5-3}=-2$

따라서 그래프의 기울기가 -2인 것은 ②이다. 답 ②

08 전략 주어진 일차함수의 그래프의 기울기와 y절편을 구한다.

③ $x=3$, $y=-4$를 $y=x-7$에 대입하면 $-4=3-7$
즉 그래프는 점 $(3,\ -4)$를 지난다.

④ $|1|>\left|\frac{1}{2}\right|$이므로 $y=x-7$의 그래프는 $y=\frac{1}{2}x-7$의 그래프보다 y축에 가깝다.

⑤ $(\text{기울기})=1>0$,
$(y\text{절편})=-7<0$이므로
$y=x-7$의 그래프는 오른쪽 그림과 같다.

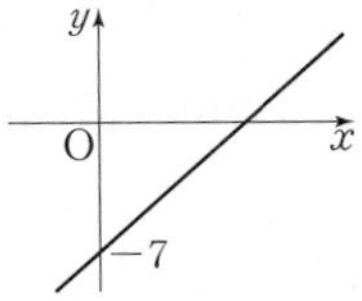

즉 그래프는 제2사분면을 지나지 않는다.

따라서 옳지 않은 것은 ⑤이다. 답 ⑤

09 전략 두 일차함수의 그래프가 평행하다. ➡ 기울기가 같고 y절편은 다르다.

$y=ax+b$의 그래프가 $y=4x-\frac{1}{3}$의 그래프와 평행하므로

$a=4$

$y=4x+b$의 그래프가 점 $(2,\ 3)$을 지나므로

$3=4\times2+b \qquad \therefore b=-5$

$\therefore ab=4\times(-5)=-20$ 답 ①

10 전략 두 일차함수의 그래프가 일치한다. ➡ 기울기가 같고 y절편도 같다.

$y=3ax+2$의 그래프를 y축의 방향으로 -5만큼 평행이동한 그래프의 식은

$y=3ax+2-5 \qquad \therefore y=3ax-3$

이 그래프와 $y=6x+b$의 그래프가 일치하므로

$3a=6,\ -3=b \qquad \therefore a=2,\ b=-3$

$\therefore a-b=2-(-3)=5$ 답 5

11 전략 기울기가 a이고 y절편이 b인 직선을 그래프로 하는 일차함수의 식 ➡ $y=ax+b$

기울기가 $\frac{9}{7-4}=3$, y절편이 -6이므로

$y=3x-6$

따라서 $y=3x-6$의 그래프의 x절편은 2이다. 답 2

12 전략 1분에 연소시키는 가스의 무게를 구하여 y를 x에 대한 식으로 나타낸다.

240 g의 가스를 4시간 동안 연소시키므로 1시간에 60 g, 즉 1분에 1 g을 연소시킨다.

따라서 y를 x에 대한 식으로 나타내면

$y=240-x$ 답 ③

13 전략 x의 값이 변함에 따라 y의 값이 오직 하나씩 정해지면 y는 x에 대한 함수이다.

① $x=1$일 때, 1보다 큰 음수는 없으므로 y의 값이 없다.
즉 x의 값이 변함에 따라 y의 값이 오직 하나씩 정해지지 않으므로 y는 x에 대한 함수가 아니다.

② $x=2$일 때, $y=10,\ 20,\ 30,\ \cdots$
즉 x의 값이 변함에 따라 y의 값이 오직 하나씩 정해지지 않으므로 y는 x에 대한 함수가 아니다.

④ $x=1$일 때, $y=2,\ 3,\ 4,\ \cdots$
즉 x의 값이 변함에 따라 y의 값이 오직 하나씩 정해지지 않으므로 y는 x에 대한 함수가 아니다.

따라서 y가 x에 대한 함수인 것은 ③, ⑤이다.

답 ③, ⑤

14 전략 $y=ax^2+bx+c$가 x에 대한 일차함수이면 $a=0$, $b\neq0$이다.

$y=3x(ax-2)+bx-4$에서

$y=3ax^2+(b-6)x-4$

이 함수가 x에 대한 일차함수가 되려면

$3a=0,\ b-6\neq0$

$\therefore a=0,\ b\neq6$ 답 ②

15 전략 x절편이 m, y절편이 n인 직선 ➡ 두 점 $(m, 0)$, $(0, n)$을 지난다.

$y=ax-b$의 그래프가 점 $(2, 0)$을 지나므로

$0=2a-b$ …… ㉠

또 $y=ax-b$의 그래프가 점 $(0, -1)$을 지나므로

$-1=-b$ $\quad\therefore b=1$

$b=1$을 ㉠에 대입하면 $\quad 2a-1=0$

$2a=1$ $\quad\therefore a=\frac{1}{2}$

따라서 $y=bx+a$, 즉 $y=x+\frac{1}{2}$의 그래프의 x절편은 $-\frac{1}{2}$, y절편은 $\frac{1}{2}$이므로 그 그래프인 것은 ①이다.

답 ①

16 전략 $\frac{f(b)-f(a)}{b-a}$의 의미를 생각해 본다.

$\frac{f(q)-f(p)}{q-p}=4$에서 주어진 일차함수의 그래프의 기울기가 4이므로

$a=4$

따라서 $f(x)=4x-5$이므로

$f(1)=4\times1-5=-1$

답 ③

17 전략 서로 다른 세 점 A, B, C가 한 직선 위에 있으면 세 직선 AB, BC, CA의 기울기는 모두 같다.

세 점이 한 직선 위에 있으므로 두 점 $(-2, -8)$, $(2, k)$를 지나는 직선의 기울기와 두 점 $(-2, -8)$, $(4, 10)$을 지나는 직선의 기울기는 같다.

즉 $\frac{k-(-8)}{2-(-2)}=\frac{10-(-8)}{4-(-2)}$에서

$\frac{k+8}{4}=\frac{18}{6}=3$, $\quad k+8=12$

$\therefore k=4$

답 ④

18 전략 두 일차함수의 그래프의 x절편, y절편을 각각 구한 후 그래프와 x축으로 둘러싸인 도형을 그려 본다.

$y=\frac{3}{2}x+3$의 그래프의 x절편은 -2, y절편은 3이고, $y=-x+3$의 그래프의 x절편은 3, y절편은 3이므로 그래프를 그리면 다음 그림과 같다.

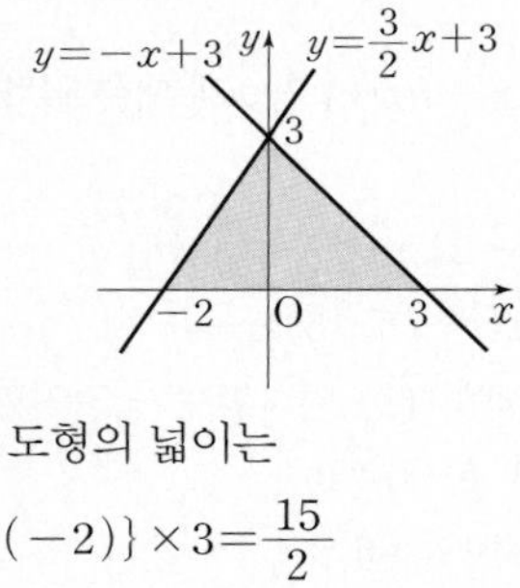

따라서 구하는 도형의 넓이는

$\frac{1}{2}\times\{3-(-2)\}\times3=\frac{15}{2}$

답 $\frac{15}{2}$

19 전략 먼저 주어진 조건을 이용하여 a, b의 부호를 구한다.

$a+b<0$, $ab>0$이므로

$a<0$, $b<0$

이때 $-b>0$이므로 일차함수 $y=ax-b$의 그래프는 오른쪽 그림과 같다.

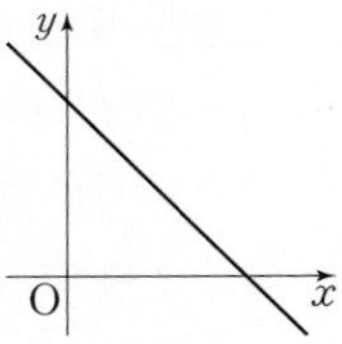

따라서 제3사분면을 지나지 않는다.

답 ③

20 전략 그래프가 지나는 두 점의 좌표를 이용하여 일차함수의 식을 먼저 구한다.

① 주어진 그래프는 두 점 $(0, 3)$, $(5, 0)$을 지나므로 기울기는 $\quad\frac{0-3}{5-0}=-\frac{3}{5}$

② 주어진 그래프는 기울기가 $-\frac{3}{5}$이고 y절편이 3이므로 일차함수의 식은 $\quad y=-\frac{3}{5}x+3$

$x=-1$, $y=\frac{18}{5}$을 $y=-\frac{3}{5}x+3$에 대입하면

$\frac{18}{5}=-\frac{3}{5}\times(-1)+3$

③ x절편은 5, y절편은 3이다.

④ $y=-\frac{3}{5}x+3$의 그래프와 $y=-\frac{3}{5}x-3$의 그래프는 기울기가 같고 y절편이 다르므로 평행하다.

⑤ x의 값이 5만큼 증가할 때, y의 값은 3만큼 감소한다.

따라서 옳은 것은 ②, ④이다.

답 ②, ④

21 전략 주어진 그래프에서 먼저 기울기를 구한다.

직선 ㉠은 두 점 $(0, 6)$, $(4, 0)$을 지나므로 기울기는

$\frac{0-6}{4-0}=-\frac{3}{2}$

직선 ㉠과 평행한 직선을 그래프로 하는 일차함수의 식을 $y=-\frac{3}{2}x+b$라 하자.

직선 ㉡의 x절편이 -3이므로

$0=-\frac{3}{2}\times(-3)+b$ $\quad\therefore b=-\frac{9}{2}$

따라서 구하는 일차함수의 식은

$y=-\frac{3}{2}x-\frac{9}{2}$

답 ②

22 전략 평행사변형의 두 쌍의 대변은 각각 평행함을 이용한다.

평행사변형의 두 쌍의 대변은 각각 평행하므로

(직선 AD의 기울기)=(직선 BC의 기울기)

에서

$\frac{b-4}{a-6}=\frac{3-5}{0-1}$, $\quad b-4=2(a-6)$

$\therefore 2a-b=8$ …… ㉠

(직선 DC의 기울기)=(직선 AB의 기울기)에서

$\frac{b-3}{a-0}=\frac{4-5}{6-1}$, $\quad 5(b-3)=-a$

$\therefore a+5b=15$ …… ㉡

㉠−㉡×2를 하면　　$-11b=-22$

$\therefore b=2$

$b=2$를 ㉡에 대입하면　　$a+5\times 2=15$　　$\therefore a=5$

따라서 점 D의 좌표는 (5, 2)이다.　　답 (5, 2)

23 전략 두 일차함수의 그래프의 x절편을 구한 후 $\overline{PQ}=4$가 되도록 하는 점 Q의 위치를 찾는다.

$y=\frac{1}{3}x-2$의 그래프의 x절편은 6, y절편은 -2이다.

P(0, −2)이고 $\overline{PQ}=4$이므로 점 Q의 좌표는

Q(0, 2) 또는 Q(0, −6)

(i) $y=ax+b$의 그래프가 점 Q(0, 2)를 지날 때,

$b=2$이므로

$y=ax+2$

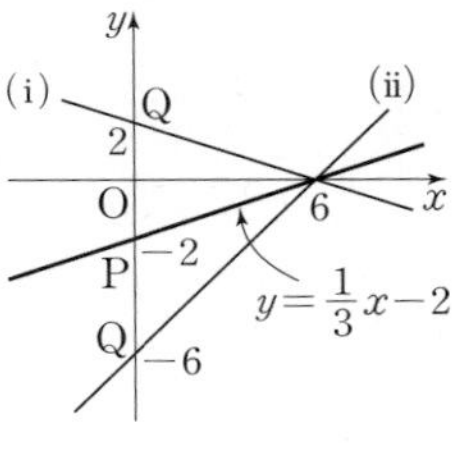

$y=ax+2$의 그래프에서 기울기는 $\frac{0-2}{6-0}=-\frac{1}{3}$이므로

$a=-\frac{1}{3}$

$\therefore ab=-\frac{1}{3}\times 2=-\frac{2}{3}$

(ii) $y=ax+b$의 그래프가 점 Q(0, −6)을 지날 때,

$b=-6$이므로　　$y=ax-6$

$y=ax-6$의 그래프에서 기울기는 $\frac{0-(-6)}{6-0}=1$이므로

$a=1$

$\therefore ab=1\times(-6)=-6$

(i), (ii)에서 ab의 값은 $-\frac{2}{3}$, -6이다.

답 $-\frac{2}{3}$, -6

24 전략 주어진 화물의 무게, 승객의 무게를 이용하여 연료의 무게를 구한 후 최대 비행시간을 구한다.

그래프가 두 점 (60, 0), (380, 4)를 지나므로

$(\text{기울기})=\frac{4-0}{380-60}=\frac{1}{80}$

일차함수의 식을 $y=\frac{1}{80}x+b$라 하면 그래프가 점 (60, 0)을 지나므로

$0=\frac{1}{80}\times 60+b$　　$\therefore b=-\frac{3}{4}$

$\therefore y=\frac{1}{80}x-\frac{3}{4}$

이때 연료의 무게가

$1000-(228+472)=300\ (\text{kg})$

이므로 $y=\frac{1}{80}x-\frac{3}{4}$에 $x=300$을 대입하면

$y=\frac{1}{80}\times 300-\frac{3}{4}=3$

따라서 이 비행기의 최대 비행시간은 3시간이다.

답 3시간

서술형 대비 문제

> 본문 204~205쪽

1 5　　2 제4사분면　　3 −3

4 −16　　5 16

6 (1) $y=3x+40$　(2) 5초

1 1단계 $y=-\frac{5}{4}x+b$의 그래프를 y축의 방향으로 7만큼 평행이동한 그래프의 식은

$y=-\frac{5}{4}x+b+7$

2단계 $y=-\frac{5}{4}x+b+7$의 그래프의 y절편이 10이므로

$b+7=10$　　$\therefore b=3$

$y=-\frac{5}{4}x+10$의 그래프의 x절편이 a이므로

$y=-\frac{5}{4}x+10$에 $x=a$, $y=0$을 대입하면

$0=-\frac{5}{4}a+10$　　$\therefore a=8$

3단계 $a-b=8-3=5$

답 5

2 1단계 주어진 그래프에서　　$-a>0$, $b<0$

$\therefore a<0$, $b<0$

2단계 $ab>0$, $-\frac{1}{b}>0$이므로

$y=abx-\frac{1}{b}$의 그래프는 오른쪽 그림과 같다.

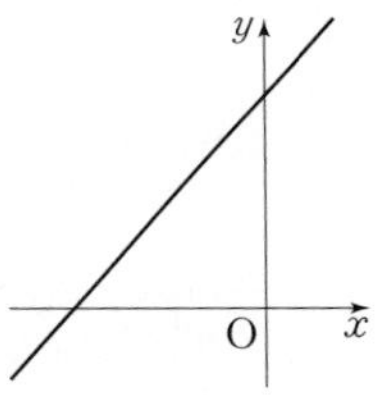

즉 제4사분면을 지나지 않는다.

답 제4사분면

3 1단계 $f(k)=ak+b=-5$

$f(k-4)=a(k-4)+b$

$=ak+b-4a=-5-4a$

2단계 $f(k-4)=7$이므로

$-5-4a=7$,　　$-4a=12$

$\therefore a=-3$

답 −3

단계	채점 요소	배점
1	$f(k)$의 값을 이용하여 $f(k-4)$의 값 나타내기	4점
2	a의 값 구하기	2점

4 1단계 $y=3x-14$의 그래프를 y축의 방향으로 p만큼 평행이동한 그래프의 식은

$y=3x-14+p$

2단계 $y=3x-14+p$의 그래프가 $y=-\frac{3}{5}x+6$의 그래프와 x축에서 만나므로 두 그래프의 x절편이 같다.

$y=-\frac{3}{5}x+6$에서 $y=0$일 때,

$0=-\frac{3}{5}x+6$, $\quad \frac{3}{5}x=6 \quad \therefore x=10$

즉 두 그래프는 점 $(10,\ 0)$에서 만난다.

3단계 $y=3x-14+p$의 그래프가 점 $(10,\ 0)$을 지나므로

$0=3\times10-14+p \quad \therefore p=-16$

답 -16

단계	채점 요소	배점
1	평행이동한 그래프의 식 구하기	1점
2	x축에서 만나는 점의 좌표 구하기	3점
3	p의 값 구하기	2점

5 1단계 $y=2x-10$의 그래프와 평행하므로 일차함수의 식을 $y=2x+b$라 하자.

이 일차함수의 그래프가 점 $(-7,\ -6)$을 지나므로

$-6=2\times(-7)+b \quad \therefore b=8$

$\therefore y=2x+8$

2단계 $y=2x+8$에서 $y=0$일 때, $\quad 0=2x+8$

$2x=-8 \quad \therefore x=-4$

$x=0$일 때, $\quad y=8$

$y=2x+8$의 그래프의 x절편은 -4, y절편은 8이므로 그 그래프는 오른쪽 그림과 같다.

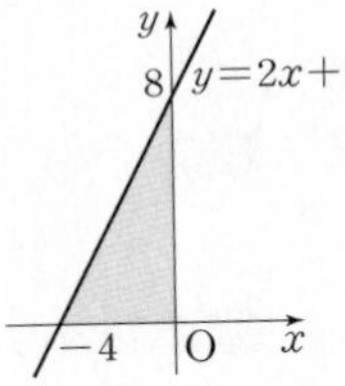

3단계 구하는 넓이는 $\quad \frac{1}{2}\times4\times8=16$

답 16

단계	채점 요소	배점
1	일차함수의 식 구하기	3점
2	일차함수의 그래프 그리기	2점
3	도형의 넓이 구하기	2점

6 1단계 (1) 점 P가 $\overline{BC}$ 위를 매초 2 cm의 속력으로 움직이므로 x초 후에 두 선분 BP, PC의 길이는

$\overline{BP}=2x$ cm, $\overline{PC}=(16-2x)$ cm

$\therefore y=\triangle ABP+\triangle DPC$

$=\frac{1}{2}\times8\times2x+\frac{1}{2}\times5\times(16-2x)$

$=3x+40$

2단계 (2) $y=3x+40$에 $y=55$를 대입하면

$55=3x+40 \quad \therefore x=5$

따라서 두 삼각형의 넓이의 합이 55 cm^2가 되는 것은 점 P가 점 B를 출발한 지 5초 후이다.

답 (1) $y=3x+40$ (2) 5초

단계	채점 요소	배점
1	y를 x에 대한 식으로 나타내기	5점
2	몇 초 후에 두 삼각형의 넓이의 합이 55 cm^2가 되는지 구하기	3점

V-2 일차함수와 일차방정식의 관계

01 일차함수와 일차방정식

> 본문 209쪽

개념원리 확인하기

01 (1) $y=x-7$ (2) $y=-\frac{1}{2}x+4$ (3) $y=\frac{4}{5}x-2$

(4) $y=-3x-6$

02 풀이 참조 03 풀이 참조

01 (4) $x+\frac{1}{3}y=-2$에서 $\quad \frac{1}{3}y=-x-2$

$\therefore y=-3x-6$

답 (1) $y=x-7$ (2) $y=-\frac{1}{2}x+4$

(3) $y=\frac{4}{5}x-2$ (4) $y=-3x-6$

02 (1) $3x+2y-6=0$에서 $\quad 2y=-3x+6$

➡ $y=\boxed{-\frac{3}{2}x+3}$

$y=0$일 때, $\quad 0=-\frac{3}{2}x+3$

$\frac{3}{2}x=3 \quad \therefore x=2$

$x=0$일 때, $\quad y=3$

① 기울기: $\boxed{-\frac{3}{2}}$

② x절편: $\boxed{2}$

③ y절편: $\boxed{3}$

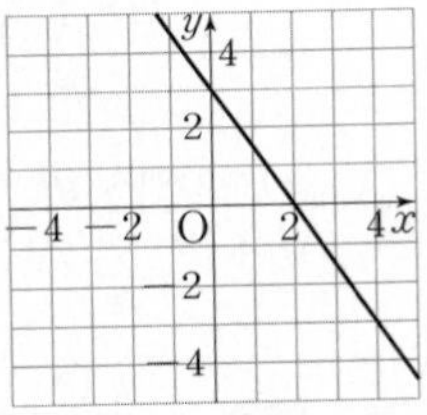

(2) $4x-y+4=0$ ➡ $y=\boxed{4x+4}$

$y=0$일 때, $\quad 0=4x+4$

$4x=-4 \quad \therefore x=-1$

$x=0$일 때, $\quad y=4$

① 기울기: $\boxed{4}$

② x절편: $\boxed{-1}$

③ y절편: $\boxed{4}$

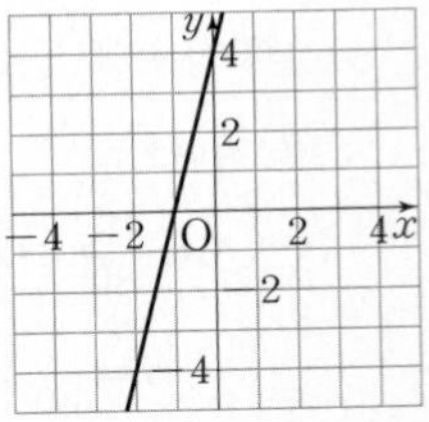

답 풀이 참조

03 (1) $x=-1$

➡ 점 $(\boxed{-1},\ 0)$을 지나고 $\boxed{y}$축에 평행한 직선이므로 그래프를 그리면 오른쪽 그림과 같다.

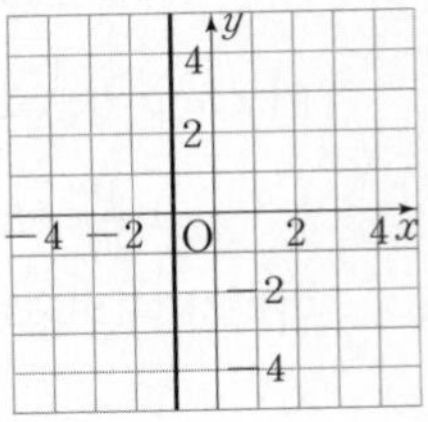

(2) $y=3$

➡ 점 $(0,\ \boxed{3})$을 지나고 $\boxed{x}$축에 평행한 직선이므로 그래프를 그리면 오른쪽 그림과 같다.

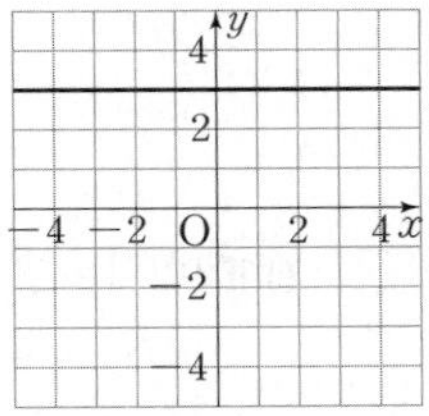

답 풀이 참조

핵심문제 익히기
> 본문 210 ~ 212쪽

1 -1 　 2 4 　 3 제2사분면
4 ④ 　 5 (1) $x=-7$ (2) 3 　 6 48

1 $8x-5y-5=0$에서 　 $-5y=-8x+5$

$\therefore y=\frac{8}{5}x-1$

한편 $y=0$일 때, 　 $0=\frac{8}{5}x-1$

$\frac{8}{5}x=1$ 　 $\therefore x=\frac{5}{8}$

따라서 그래프의 기울기는 $\frac{8}{5}$, x절편은 $\frac{5}{8}$, y절편은 -1이므로

$a=\frac{8}{5}$, $b=\frac{5}{8}$, $c=-1$

$\therefore abc=\frac{8}{5}\times\frac{5}{8}\times(-1)=-1$ 　 답 -1

2 일차방정식 $x-2y-6=0$의 그래프가 점 $(k,\ k-5)$를 지나므로

$k-2(k-5)-6=0$

$\therefore k=4$ 　 답 4

3 $ax+by-c=0$에서 　 $by=-ax+c$

$\therefore y=-\frac{a}{b}x+\frac{c}{b}$

이때 $-\frac{a}{b}>0$, $\frac{c}{b}<0$이므로 $ax+by-c=0$의 그래프는 오른쪽 그림과 같이 제2사분면을 지나지 않는다.

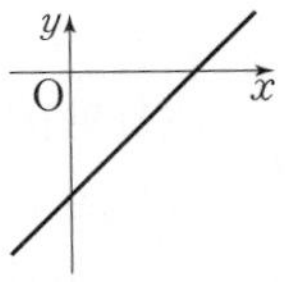

답 제2사분면

4 두 점 $(-2,\ 3)$, $(1,\ -3)$을 지나는 직선의 기울기는

$\frac{-3-3}{1-(-2)}=-2$

y절편이 7이므로 구하는 직선의 방정식은

$y=-2x+7$, 즉 $2x+y-7=0$ 　 답 ④

5 (1) 점 $(-7,\ 8)$을 지나고 x축에 수직인, 즉 y축에 평행한 직선의 방정식은 　 $x=-7$

(2) 두 점 $(-2a+3,\ 1)$, $(a-6,\ -4)$를 지나는 직선이 y축에 평행하려면 두 점의 x좌표가 같아야 하므로

$-2a+3=a-6$, 　 $-3a=-9$

$\therefore a=3$

답 (1) $x=-7$ 　 (2) 3

6 $x-6=0$에서 　 $x=6$

$3y+24=0$에서 　 $y=-8$

$5y=0$에서 　 $y=0$

이때 방정식 $x=0$, $y=0$의 그래프는 각각 y축, x축이므로 주어진 네 방정식의 그래프는 오른쪽 그림과 같다.

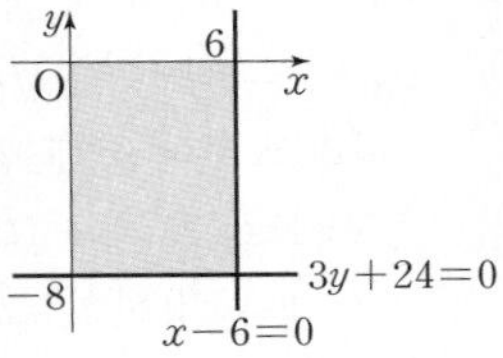

따라서 구하는 도형의 넓이는

$6\times8=48$ 　 답 48

이런 문제가 시험에 나온다
> 본문 213쪽

01 ① 　 02 -9 　 03 10 　 04 $y=6$
05 ⑤ 　 06 2

01 $2x-y+3=0$에서 　 $y=2x+3$

$y=0$일 때, 　 $0=2x+3$

$2x=-3$ 　 $\therefore x=-\frac{3}{2}$

$x=0$일 때, 　 $y=3$

따라서 x절편은 $-\frac{3}{2}$, y절편은 3이므로 일차방정식 $2x-y+3=0$의 그래프인 것은 ①이다. 　 답 ①

02 $5x+ay-15=0$의 그래프가 점 $(0,\ -5)$를 지나므로

$-5a-15=0$, 　 $5a=-15$

$\therefore a=-3$

또 $5x+ay-15=0$, 즉 $5x-3y-15=0$의 그래프가 점 $(b,\ 0)$을 지나므로

$5b-15=0$, 　 $5b=15$

$\therefore b=3$

$\therefore ab=-3\times3=-9$ 　 답 -9

03 두 점 $(-1,\ 6)$, $(3,\ -2)$를 지나는 직선의 기울기는

$\frac{-2-6}{3-(-1)}=-2$

$ax+5y-2=0$에서 　 $y=-\frac{a}{5}x+\frac{2}{5}$

두 그래프가 평행하려면 기울기가 같아야 하므로

$-2=-\frac{a}{5}$ 　 $\therefore a=10$ 　 답 10

04 직선 $x=-3$에 수직인 직선의 방정식은 $y=q$의 꼴이고, 점 $(-1, 6)$을 지나므로 $y=6$ 답 $y=6$

05 ① x축에 평행한, 즉 y축에 수직인 직선이다.
② 직선 위의 모든 점의 y좌표는 -5이므로 점 $(-5, 1)$은 지나지 않는다.
③ 직선의 방정식은 $y=-5$이다.
④ 직선 $x=5$와 한 점에서 만난다.
따라서 옳은 것은 ⑤이다. 답 ⑤

06 $4x+8=0$에서 $x=-2$
$x-3=0$에서 $x=3$
$y+2=0$에서 $y=-2$
따라서 주어진 네 방정식의 그래프는 오른쪽 그림과 같고 네 방정식의 그래프로 둘러싸인 도형의 넓이가 20이므로

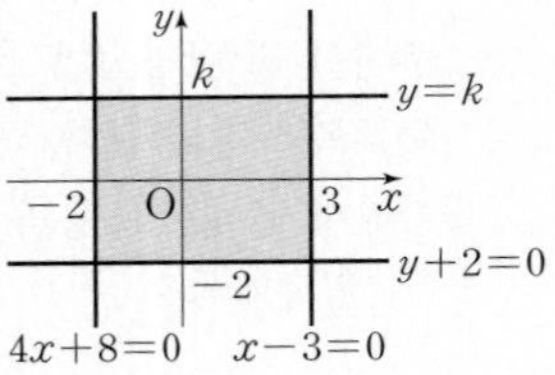

$\{3-(-2)\}\times\{k-(-2)\}=20$
$k+2=4$ $\therefore k=2$ 답 2

02 일차방정식의 그래프와 연립방정식의 해

개념원리 확인하기 >본문 215쪽

01 $x=1, y=3$
02 (1) $(-1, 2)$ (2) $(3, 1)$
03 풀이 참조
04 (1) ㄴ (2) ㄱ (3) ㄷ

01 두 일차방정식 $2x-y=-1$, $x+y=4$의 그래프의 교점의 좌표가 $(1, 3)$이므로 주어진 연립방정식의 해는 $x=1$, $y=3$이다. 답 $x=1, y=3$

02 (1) $\begin{cases} x+y=1 & \cdots\cdots ㉠ \\ x-y=-3 & \cdots\cdots ㉡ \end{cases}$
㉠+㉡을 하면 $2x=-2$ $\therefore x=-1$
$x=-1$을 ㉠에 대입하면 $-1+y=1$
$\therefore y=2$
따라서 두 그래프의 교점의 좌표는 $(-1, 2)$이다.
(2) $\begin{cases} 2x-3y=3 & \cdots\cdots ㉠ \\ 3x-4y=5 & \cdots\cdots ㉡ \end{cases}$
㉠×3−㉡×2를 하면 $-y=-1$
$\therefore y=1$
$y=1$을 ㉠에 대입하면 $2x-3=3$
$2x=6$ $\therefore x=3$
따라서 두 그래프의 교점의 좌표는 $(3, 1)$이다.
답 (1) $(-1, 2)$ (2) $(3, 1)$

03 (1) 두 일차방정식의 그래프를 그리면 오른쪽 그림과 같고, 두 일차방정식의 그래프의 교점의 좌표가 $(1, -2)$이므로 연립방정식의 해는
$x=1, y=-2$
이다.

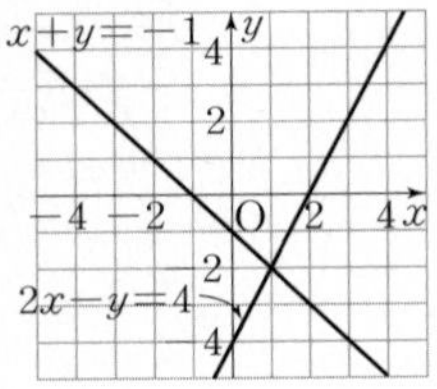

(2) 두 일차방정식의 그래프를 그리면 오른쪽 그림과 같고, 두 그래프가 평행하므로 연립방정식의 해가 없다.

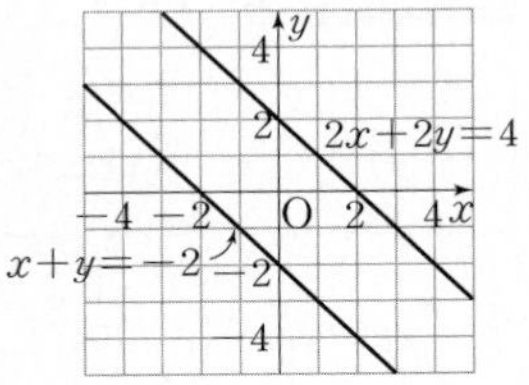

(3) 두 일차방정식의 그래프를 그리면 오른쪽 그림과 같고, 두 그래프가 일치하므로 연립방정식의 해가 무수히 많다.

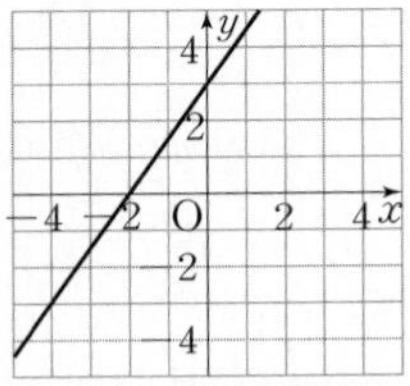

답 풀이 참조

04 ㄱ. $x+2y=3$에서
$y=-\frac{1}{2}x+\frac{3}{2}$
$2x+4y=6$에서
$y=-\frac{1}{2}x+\frac{3}{2}$
ㄴ. $3x-y=-1$에서
$y=3x+1$
$2x-3y=-4$에서
$y=\frac{2}{3}x+\frac{4}{3}$
ㄷ. $3x+y=2$에서
$y=-3x+2$
$6x+2y=-2$에서
$y=-3x-1$
(1) 연립방정식이 한 쌍의 해를 갖는 경우는 두 일차방정식의 그래프가 한 점에서 만나는 경우이므로 두 그래프의 기울기가 다르다. 따라서 ㄴ이다.
(2) 연립방정식의 해가 무수히 많은 경우는 두 일차방정식의 그래프가 일치하는 경우이므로 두 그래프의 기울기와 y절편이 각각 같다. 따라서 ㄱ이다.
(3) 연립방정식의 해가 없는 경우는 두 일차방정식의 그래프가 평행한 경우이므로 두 그래프의 기울기는 같고 y절편은 다르다. 따라서 ㄷ이다.
답 (1) ㄴ (2) ㄱ (3) ㄷ

핵심문제 익히기

> 본문 216～218쪽

1 -1	2 $2x-y-4=0$	3 -5
4 24	5 $a\neq-7$, $b=-4$	6 20

1 연립방정식 $\begin{cases} ax-y+3=0 \\ 4x+y-b=0 \end{cases}$의 해는 두 일차방정식의 그래프의 교점의 좌표와 같으므로 $x=-1$, $y=5$이다.

$x=-1$, $y=5$를 $ax-y+3=0$에 대입하면

$-a-5+3=0 \quad \therefore a=-2$

$x=-1$, $y=5$를 $4x+y-b=0$에 대입하면

$-4+5-b=0 \quad \therefore b=1$

$\therefore a+b=-2+1=-1$ 답 -1

2 $\begin{cases} -x+2y=4 & \cdots\cdots ㉠ \\ x-3y=-8 & \cdots\cdots ㉡ \end{cases}$

㉠+㉡을 하면 $\quad -y=-4$

$\therefore y=4$

$y=4$를 ㉡에 대입하면 $\quad x-3\times4=-8$

$\therefore x=4$

즉 두 일차방정식 ㉠, ㉡의 그래프의 교점의 좌표는

$(4, 4)$

두 점 $(4, 4)$, $(2, 0)$을 지나는 직선의 기울기는

$\dfrac{0-4}{2-4}=2$

이므로 직선의 방정식을 $y=2x+b$라 하자.

이 직선이 점 $(4, 4)$를 지나므로

$4=2\times4+b \quad \therefore b=-4$

따라서 구하는 직선의 방정식은

$y=2x-4$, 즉 $2x-y-4=0$ 답 $2x-y-4=0$

3 $\begin{cases} x+y-10=0 & \cdots\cdots ㉠ \\ 3x-2y+5=0 & \cdots\cdots ㉡ \end{cases}$

㉠$\times2+$㉡을 하면 $\quad 5x-15=0 \quad \therefore x=3$

$x=3$을 ㉠에 대입하면 $\quad 3+y-10=0 \quad \therefore y=7$

따라서 두 직선 ㉠, ㉡의 교점의 좌표는 $(3, 7)$이다.

직선 $4x-y+k=0$은 점 $(3, 7)$을 지나므로

$4\times3-7+k=0 \quad \therefore k=-5$ 답 -5

4 $ax-12y+b=0$에서 $\quad y=\dfrac{a}{12}x+\dfrac{b}{12}$

$7x-3y+1=0$에서 $\quad y=\dfrac{7}{3}x+\dfrac{1}{3}$

두 일차방정식의 그래프의 교점이 무수히 많으려면 두 그래프가 일치해야 하므로

$\dfrac{a}{12}=\dfrac{7}{3}$, $\dfrac{b}{12}=\dfrac{1}{3}$

$\therefore a=28$, $b=4$

$\therefore a-b=28-4=24$ 답 24

다른 풀이 교점이 무수히 많으므로

$\dfrac{a}{7}=\dfrac{-12}{-3}=\dfrac{b}{1}$

$\dfrac{a}{7}=\dfrac{-12}{-3}$에서 $\quad a=28$

$\dfrac{-12}{-3}=\dfrac{b}{1}$에서 $\quad b=4$

$\therefore a-b=28-4=24$

5 $4x-y-a=0$에서 $\quad y=4x-a$

$bx+y-7=0$에서 $\quad y=-bx+7$

교점이 존재하지 않으려면 두 그래프가 평행해야 하므로

$4=-b$, $-a\neq7$

$\therefore a\neq-7$, $b=-4$ 답 $a\neq-7$, $b=-4$

다른 풀이 교점이 존재하지 않으므로

$\dfrac{4}{b}=\dfrac{-1}{1}\neq\dfrac{-a}{-7}$

$\dfrac{4}{b}=\dfrac{-1}{1}$에서 $\quad b=-4$

$\dfrac{-1}{1}\neq\dfrac{-a}{-7}$에서 $\quad a\neq-7$

6 $y+4=0$, 즉 $y=-4$를 $8x-5y+20=0$에 대입하면

$8x-5\times(-4)+20=0$

$8x=-40 \quad \therefore x=-5$

따라서 두 직선

$8x-5y+20=0$, $y+4=0$

의 교점의 좌표는

$(-5, -4)$

한편 직선 $8x-5y+20=0$의 y절편은 4이므로 오른쪽 그림에서 구하는 넓이는

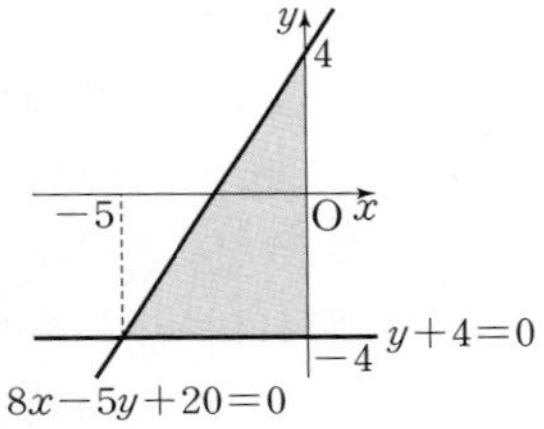

$\dfrac{1}{2}\times\{0-(-5)\}\times\{4-(-4)\}=20$ 답 20

이런 문제가 시험에 나온다

> 본문 219쪽

01 2	02 ②	03 3	04 ④
05 28			

01 두 일차방정식의 그래프의 교점의 x좌표가 1이므로

$x=1$을 $x+y=5$에 대입하면

$1+y=5 \quad \therefore y=4$

즉 두 그래프의 교점의 좌표는 $(1, 4)$이므로 $x=1$, $y=4$를 $ax-y=-2$에 대입하면

$a-4=-2 \quad \therefore a=2$ 답 2

02 $\begin{cases} 2x-3y=10 & \cdots\cdots ㉠ \\ 3x+2y=2 & \cdots\cdots ㉡ \end{cases}$

㉠$\times3-$㉡$\times2$를 하면 $\quad -13y=26$

$\therefore y=-2$

$y=-2$를 ㉠에 대입하면

$2x-3\times(-2)=10,\quad 2x=4$

$\therefore x=2$

즉 두 직선 ㉠, ㉡의 교점의 좌표는

$(2,\ -2)$

따라서 점 $(2,\ -2)$를 지나고, x축에 수직인 직선의 방정식은 $\quad x=2$ 답 ②

03 $\begin{cases} x+y-2=0 & \cdots\cdots ㉠ \\ 5x+4y-12=0 & \cdots\cdots ㉡ \end{cases}$

㉠×5−㉡을 하면 $\quad y+2=0$

$\therefore y=-2$

$y=-2$를 ㉠에 대입하면

$x-2-2=0 \quad \therefore x=4$

즉 두 직선 ㉠, ㉡의 교점의 좌표는 $\quad (4,\ -2)$

따라서 직선 $x-ay-10=0$은 점 $(4,\ -2)$를 지나므로

$4+2a-10=0,\quad 2a=6$

$\therefore a=3$ 답 3

04 ① $2x+y=-2$에서 $\quad y=-2x-2$

$4x+2y=-4$에서 $\quad y=-2x-2$

두 그래프의 기울기와 y절편이 각각 같으므로 연립방정식의 해는 무수히 많다.

② $-4x+2y=10$에서 $\quad y=2x+5$

$2x-y=-5$에서 $\quad y=2x+5$

두 그래프의 기울기와 y절편이 각각 같으므로 연립방정식의 해는 무수히 많다.

③ $-2x+y=-1$에서 $\quad y=2x-1$

$4x-2y=3$에서 $\quad y=2x-\frac{3}{2}$

두 그래프의 기울기는 같고 y절편이 다르므로 연립방정식의 해는 없다.

④ $x-y=-3$에서 $\quad y=x+3$

$2x-4y=1$에서 $\quad y=\frac{1}{2}x-\frac{1}{4}$

두 그래프의 기울기가 다르므로 연립방정식의 해는 한 쌍이다.

⑤ $-x+\frac{1}{2}y=1$에서 $\quad y=2x+2$

$2x-y=3$에서 $\quad y=2x-3$

두 그래프의 기울기는 같고 y절편이 다르므로 연립방정식의 해는 없다.

따라서 해가 오직 한 쌍 존재하는 것은 ④이다. 답 ④

05 $x+3=0$, 즉 $x=-3$을 $7x-8y-3=0$에 대입하면

$7\times(-3)-8y-3=0$

$-8y=24 \quad \therefore y=-3$

두 직선 $x+3=0$, $7x-8y-3=0$의 교점의 좌표는

$(-3,\ -3)$

$2y-8=0$, 즉 $y=4$를 $7x-8y-3=0$에 대입하면

$7x-8\times4-3=0$

$7x=35 \quad \therefore x=5$

두 직선 $2y-8=0$, $7x-8y-3=0$의 교점의 좌표는

$(5,\ 4)$

따라서 오른쪽 그림에서 구하는 넓이는

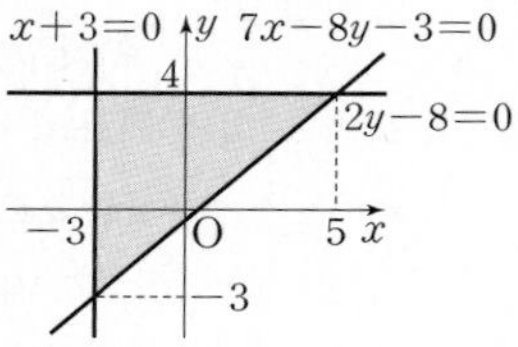

$\frac{1}{2}\times\{5-(-3)\}\times\{4-(-3)\}=28$

답 28

중단원 마무리하기

› 본문 220 ~ 222쪽

01 ⑤	02 ③	03 제2, 3, 4사분면	
04 ②, ⑤	05 ⑤	06 ④	
07 $6x-y+15=0$		08 13	09 ②
10 ③	11 ④	12 8	13 ③
14 (1) 36분 (2) $\frac{12}{5}$ km		15 $\frac{1}{2}\le a\le 4$	16 제3사분면
17 $-2,\ \frac{3}{2},\ 3$		18 $4x-y-4=0$	

01 전략 일차방정식 $ax+by+c=0$ $(a\neq0,\ b\neq0)$의 그래프는 일차함수 $y=-\frac{a}{b}x-\frac{c}{b}$의 그래프와 같다.

$6x-y+4=0$에서

$y=6x+4$ 답 ⑤

02 전략 주어진 일차방정식의 그래프가 지나는 점의 좌표를 대입하여 a의 값을 먼저 구한다.

일차방정식 $x-ay+9=0$의 그래프가 점 $(-3,\ 2)$를 지나므로

$-3-2a+9=0,\quad 2a=6$

$\therefore a=3$

$x-3y+9=0$에서 $\quad y=\frac{1}{3}x+3$

따라서 y절편은 3이다. 답 ③

03 전략 일차방정식의 꼴로 주어진 식을 일차함수의 꼴로 변형한 후 기울기와 y절편의 부호를 이용한다.

$ax+by+c=0$에서

$y=-\frac{a}{b}x-\frac{c}{b}$

$a>0,\ b>0$이므로 $\quad -\frac{a}{b}<0$

$b>0,\ c>0$이므로 $\quad -\frac{c}{b}<0$

$\therefore$ (기울기)$=-\frac{a}{b}<0$, (y절편)$=-\frac{c}{b}<0$

따라서 $ax+by+c=0$의 그래프는 오른쪽 그림과 같이 제2, 3, 4사분면을 지난다.

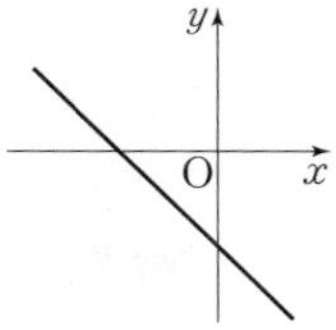

답 제2, 3, 4사분면

04 전략 x축에 평행한 직선의 방정식은 $y=p$ $(p\neq0)$의 꼴이다.

③ $2x+3=0$에서 $x=-\frac{3}{2}$

④ $4x=0$에서 $x=0$

⑤ $-6y=18$에서 $y=-3$

따라서 x축에 평행한 직선의 방정식인 것은 ②, ⑤이다.

답 ②, ⑤

05 전략 방정식 $x+7=0$의 그래프를 그려 본다.

$x+7=0$에서 $x=-7$

③ 직선 $x=1$과 평행하므로 만나지 않는다.

⑤ 방정식 $x=-7$의 그래프는 오른쪽 그림과 같으므로 제2사분면과 제3사분면을 지난다.

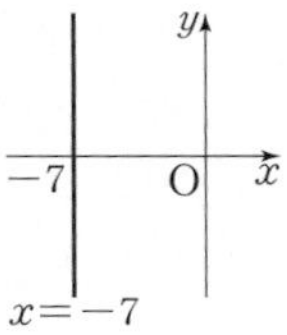

따라서 옳지 않은 것은 ⑤이다. 답 ⑤

06 전략 두 일차방정식의 그래프의 교점의 좌표는 연립방정식의 해와 같음을 이용한다.

$\begin{cases} 2x-y+1=0 & \cdots\cdots ㉠ \\ -5x+y-13=0 & \cdots\cdots ㉡ \end{cases}$

㉠+㉡을 하면 $-3x-12=0$

$-3x=12$ $\therefore x=-4$

$x=-4$를 ㉠에 대입하면

$2\times(-4)-y+1=0$

$\therefore y=-7$

따라서 두 일차방정식의 그래프의 교점의 좌표는 $(-4, -7)$이고, 이 점이 직선 $y=ax+9$ 위에 있으므로

$-7=-4a+9,$ $4a=16$

$\therefore a=4$

답 ④

07 전략 연립방정식의 해를 구하여 두 직선의 교점의 좌표를 구한 후 조건에 맞는 직선의 방정식을 구한다.

$\begin{cases} 2x+3y-5=0 & \cdots\cdots ㉠ \\ 3x-y+9=0 & \cdots\cdots ㉡ \end{cases}$

㉠+㉡×3을 하면

$11x+22=0,$ $11x=-22$

$\therefore x=-2$

$x=-2$를 ㉡에 대입하면

$3\times(-2)-y+9=0$ $\therefore y=3$

즉 두 직선 ㉠, ㉡의 교점의 좌표는 $(-2, 3)$

두 점 $(-2, 3)$, $(0, 15)$를 지나는 직선의 기울기는

$\frac{15-3}{0-(-2)}=6$

y절편이 15이므로 구하는 직선의 방정식은

$y=6x+15$, 즉 $6x-y+15=0$ 답 $6x-y+15=0$

08 전략 먼저 두 직선의 교점의 좌표를 구한 후 나머지 두 직선이 그 점을 지남을 이용한다.

$\begin{cases} x+4y=6 & \cdots\cdots ㉠ \\ 5x-2y=8 & \cdots\cdots ㉡ \end{cases}$

㉠+㉡×2를 하면 $11x=22$

$\therefore x=2$

$x=2$를 ㉠에 대입하면 $2+4y=6$

$4y=4$ $\therefore y=1$

즉 두 직선 ㉠, ㉡의 교점의 좌표는 $(2, 1)$

직선 $ax-7y=11$이 점 $(2, 1)$을 지나므로

$2a-7\times1=11,$ $2a=18$

$\therefore a=9$

직선 $3x+by=10$이 점 $(2, 1)$을 지나므로

$3\times2+b=10$ $\therefore b=4$

$\therefore a+b=9+4=13$

답 13

09 전략 연립방정식의 해가 없다. ➡ 두 그래프가 평행하다.

① $2x+y=1$에서 $y=-2x+1$

$6x+3y=3$에서 $y=-2x+1$

두 그래프의 기울기와 y절편이 각각 같으므로 연립방정식의 해는 무수히 많다.

② $2x+y=3$에서 $y=-2x+3$

$-x-\frac{1}{2}y=\frac{3}{2}$에서 $y=-2x-3$

두 그래프의 기울기는 같고 y절편이 다르므로 연립방정식의 해는 없다.

③ $x+y=3$에서 $y=-x+3$

$2x-y=-1$에서 $y=2x+1$

두 그래프의 기울기가 다르므로 연립방정식의 해는 한 쌍이다.

④ $x-y=-1$에서 $y=x+1$

$2x-2y=-2$에서 $y=x+1$

두 그래프의 기울기와 y절편이 각각 같으므로 연립방정식의 해는 무수히 많다.

⑤ $x+2y=-3$에서 $y=-\frac{1}{2}x-\frac{3}{2}$

$2x-3y=8$에서 $y=\frac{2}{3}x-\frac{8}{3}$

두 그래프의 기울기가 다르므로 연립방정식의 해는 한 쌍이다.

따라서 해가 없는 것은 ②이다. 답 ②

10 전략 직선 $x=p$와 평행한 직선의 방정식 ➡ $x=q$의 꼴

점 $\left(-\frac{3}{4}, 2\right)$를 지나고 직선 $x=4$와 평행한 직선의 방정식은 $\quad x=-\frac{3}{4}$

따라서 $-2ax+(b+1)y+3=0$에서

$b+1=0 \quad \therefore b=-1$

$-2ax+3=0$에서 $\quad x=\frac{3}{2a}$

즉 $\frac{3}{2a}=-\frac{3}{4}$이므로 $\quad a=-2$

$\therefore ab=-2\times(-1)=2$

답 ③

11 전략 두 직선의 교점의 x좌표를 m이라 하고 그 교점이 직선 $y=2x$ 위에 있음을 이용한다.

두 직선의 교점의 x좌표를 m이라 하면 그 교점은 직선 $y=2x$ 위에 있으므로 $\quad y=2m$

즉 교점의 좌표는 $\quad (m, 2m)$

직선 $4x-y=a$가 점 $(m, 2m)$을 지나므로

$4m-2m=a \quad \therefore a=2m$

직선 $x+2y=14-a$가 점 $(m, 2m)$을 지나므로

$m+4m=14-a$

$\therefore a=14-5m$

따라서 $2m=14-5m$이므로 $\quad 7m=14$

$\therefore m=2$

$\therefore a=2\times2=4$

답 ④

12 전략 연립방정식의 해가 무수히 많다. ➡ 두 그래프가 일치한다.

$4x-2y=1$에서 $\quad y=2x-\frac{1}{2}$

$ax+by-2=0$에서 $\quad y=-\frac{a}{b}x+\frac{2}{b}$

해가 무수히 많으려면 두 그래프가 일치해야 하므로

$2=-\frac{a}{b},\ -\frac{1}{2}=\frac{2}{b}$

$\therefore a=8,\ b=-4$

따라서 일차함수 $y=-4x-8$의 그래프는 오른쪽 그림과 같으므로 구하는 삼각형의 넓이는

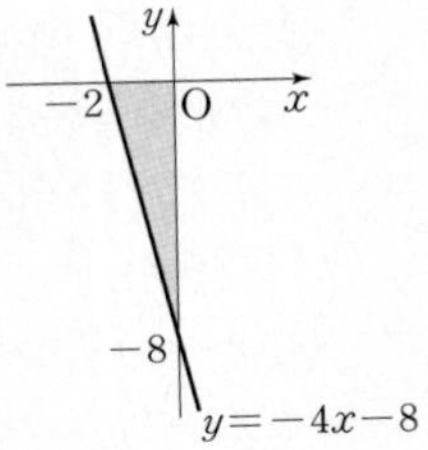

$\frac{1}{2}\times2\times8=8$

답 8

13 전략 좌표평면 위에 네 직선을 나타낸 후 도형의 넓이를 구하는 데 필요한 교점의 좌표를 구한다.

$y=-1$을 $x+y-4=0$에 대입하면

$x-1-4=0 \quad \therefore x=5$

$y=-1$을 $4x-y+5=0$에 대입하면

$4x-(-1)+5=0, \quad 4x=-6$

$\therefore x=-\frac{3}{2}$

즉 두 직선 $x+y-4=0$, $4x-y+5=0$과 직선 $y=-1$의 교점의 좌표는 각각

$(5, -1), \left(-\frac{3}{2}, -1\right)$

$y=-3$을 $x+y-4=0$에 대입하면

$x-3-4=0 \quad \therefore x=7$

$y=-3$을 $4x-y+5=0$에 대입하면

$4x-(-3)+5=0, \quad 4x=-8$

$\therefore x=-2$

즉 두 직선 $x+y-4=0$, $4x-y+5=0$과 직선 $y=-3$의 교점의 좌표는 각각

$(7, -3), (-2, -3)$

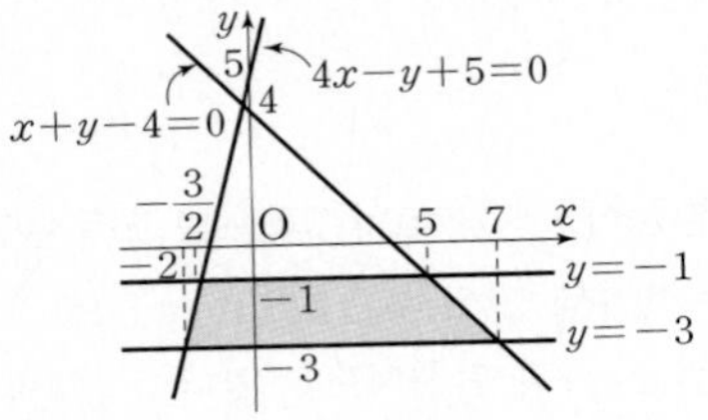

따라서 위의 그림에서 네 직선 $x+y-4=0$, $y=-1$, $4x-y+5=0$, $y=-3$으로 둘러싸인 도형은 사다리꼴이므로 그 넓이는

$\frac{1}{2}\times\left[\left\{5-\left(-\frac{3}{2}\right)\right\}+\{7-(-2)\}\right]\times\{-1-(-3)\}$

$=\frac{31}{2}$

답 ③

14 전략 그래프가 지나는 두 점을 이용하여 각각의 직선의 방정식을 구한 후 교점의 좌표를 구한다.

(1) 형이 간 거리를 나타내는 직선은 두 점 $(0, 0)$, $(60, 4)$를 지나므로 그 직선의 방정식은

$y=\frac{4}{60}x$, 즉 $y=\frac{1}{15}x$

동생이 간 거리를 나타내는 직선은 두 점 $(20, 0)$, $(40, 3)$을 지나므로 기울기는

$\frac{3-0}{40-20}=\frac{3}{20}$

직선의 방정식을 $y=\frac{3}{20}x+b$라 하면 이 직선이 점 $(20, 0)$을 지나므로

$0=\frac{3}{20}\times20+b \quad \therefore b=-3$

즉 동생이 간 거리를 나타내는 직선의 방정식은

$y=\frac{3}{20}x-3$

형과 동생이 만나는 것은 두 사람이 간 거리가 같을 때이므로

$\frac{1}{15}x=\frac{3}{20}x-3, \quad 4x=9x-180$

$5x=180 \quad \therefore x=36$

따라서 형이 출발한 지 36분 후에 만난다.

(2) $x=36$을 $y=\frac{1}{15}x$에 대입하면

$y=\frac{1}{15}\times36=\frac{12}{5}$

따라서 형과 동생이 만나는 지점은 집으로부터 $\frac{12}{5}$ km 떨어져 있다.

답 (1) 36분 (2) $\frac{12}{5}$ km

15 전략 직선 $y=ax+2$가 점 A를 지날 때의 기울기와 점 B를 지날 때의 기울기를 이용한다.

(i) 직선 $y=ax+2$가 점 A를 지날 때,

$6=a+2$ $\therefore a=4$

(ii) 직선 $y=ax+2$가 점 B를 지날 때,

$3=2a+2,$ $2a=1$

$\therefore a=\frac{1}{2}$

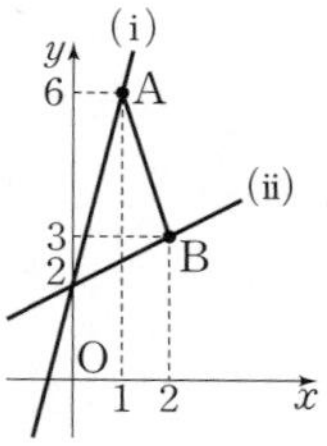

(i), (ii)에서 직선 $y=ax+2$가 선분 AB와 만나도록 하는 a의 값의 범위는

$\frac{1}{2}\le a\le4$

답 $\frac{1}{2}\le a\le4$

참고 직선 $y=ax+2$는 a의 값에 관계없이 항상 점 (0, 2)를 지난다.

16 전략 제4사분면 위의 점 (p, q) ➡ $p>0$, $q<0$

$\begin{cases} y=ax+b & \cdots\cdots ㉠ \\ y=bx+a & \cdots\cdots ㉡ \end{cases}$

㉠을 ㉡에 대입하면

$ax+b=bx+a,$ $(a-b)x=a-b$

$\therefore x=\frac{a-b}{a-b}=1$ ($\because a\neq b$)

$x=1$을 ㉠에 대입하면 $y=a+b$

즉 두 일차함수의 그래프의 교점의 좌표는 $(1, a+b)$이고, 이 점이 제4사분면 위에 있으므로 $a+b<0$

이때 $ab>0$이므로 $a<0$, $b<0$

따라서 점 (a, b)는 제3사분면 위의 점이다.

답 제3사분면

17 전략 세 직선에 의하여 삼각형이 만들어지지 않는 경우는 두 직선이 평행하거나 세 직선이 한 점에서 만나는 경우이다.

세 직선에 의하여 삼각형이 만들어지지 않는 경우는 다음과 같다.

(i) 세 직선이 한 점에서 만날 때,

두 직선 $2x-y-3=0$, $x-y-1=0$의 교점을 나머지 한 직선이 지나야 한다.

$\begin{cases} 2x-y-3=0 & \cdots\cdots ㉠ \\ x-y-1=0 & \cdots\cdots ㉡ \end{cases}$

㉠－㉡을 하면

$x-2=0$ $\therefore x=2$

$x=2$를 ㉡에 대입하면

$2-y-1=0$ $\therefore y=1$

즉 두 직선 ㉠, ㉡의 교점의 좌표는 (2, 1)

직선 $3x-ky-8=0$이 점 (2, 1)을 지나므로

$3\times2-k-8=0$

$\therefore k=-2$

(ii) 두 직선 $3x-ky-8=0$, $2x-y-3=0$이 평행할 때,

$3x-ky-8=0$에서 $y=\frac{3}{k}x-\frac{8}{k}$

$2x-y-3=0$에서 $y=2x-3$

$\frac{3}{k}=2$에서 $k=\frac{3}{2}$

(iii) 두 직선 $3x-ky-8=0$, $x-y-1=0$이 평행할 때,

$x-y-1=0$에서 $y=x-1$

$\frac{3}{k}=1$에서 $k=3$

이상에서 삼각형이 만들어지지 않도록 하는 k의 값은 -2, $\frac{3}{2}$, 3이다.

답 -2, $\frac{3}{2}$, 3

18 전략 점 P를 지나고 △PAB의 넓이를 이등분하는 직선이 x축과 만나는 점의 x좌표를 구한다.

$\begin{cases} x-y+2=0 & \cdots\cdots ㉠ \\ 2x+y-8=0 & \cdots\cdots ㉡ \end{cases}$

㉠＋㉡을 하면 $3x-6=0$

$3x=6$ $\therefore x=2$

$x=2$를 ㉠에 대입하면

$2-y+2=0$ $\therefore y=4$

즉 두 직선 ㉠, ㉡의 교점 P의 좌표는 (2, 4)

$x-y+2=0$에서 $y=0$일 때,

$x+2=0$

$\therefore x=-2$

$\therefore$ A$(-2, 0)$

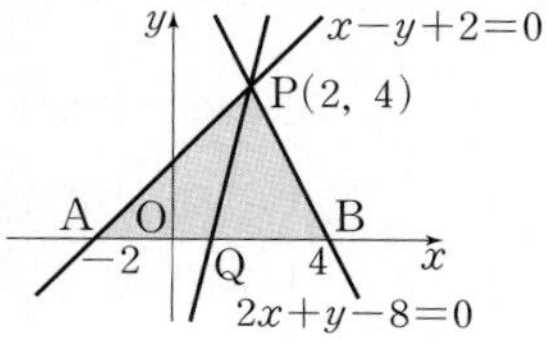

$2x+y-8=0$에서 $y=0$일 때,

$2x-8=0$

$2x=8$ $\therefore x=4$

$\therefore$ B(4, 0)

$\therefore \triangle PAB=\frac{1}{2}\times\{4-(-2)\}\times4=12$

한편 △PAB의 넓이를 이등분하는 직선이 x축과 만나는 점을 Q$(a, 0)$이라 하면

$\triangle PAQ=\frac{1}{2}\triangle PAB=6$

이므로 $\frac{1}{2}\times\{a-(-2)\}\times4=6,$ $a+2=3$

$\therefore a=1$

두 점 (2, 4), (1, 0)을 지나는 직선의 기울기는

$\frac{0-4}{1-2}=4$

구하는 직선의 방정식을 $y=4x+b$라 하면 이 직선이 점 (1, 0)을 지나므로

$0=4\times1+b \quad \therefore b=-4$

따라서 구하는 직선의 방정식은

$y=4x-4$, 즉 $4x-y-4=0$ 　　답 $4x-y-4=0$

서술형 대비 문제

> 본문 223쪽

1 $\frac{1}{2}$ 　　2 제3사분면

3 -2

1 1단계 주어진 그래프는 점 (0, 2)를 지나고 x축에 평행한 직선이므로 그 그래프의 식은

$y=2$

2단계 $y=2$에서 　$-\frac{1}{2}y=-1$

이 식이 $ax-by=-1$과 같으므로

$a=0,\ -b=-\frac{1}{2}$

$\therefore a=0,\ b=\frac{1}{2}$

3단계 $b-a=\frac{1}{2}-0=\frac{1}{2}$

답 $\frac{1}{2}$

2 1단계 $ax-3y=10$에서 　$y=\frac{a}{3}x-\frac{10}{3}$

$6x+9y=b$에서 　$y=-\frac{2}{3}x+\frac{b}{9}$

연립방정식의 해가 무수히 많으려면 두 일차방정식의 그래프가 일치해야 하므로

$\frac{a}{3}=-\frac{2}{3},\ -\frac{10}{3}=\frac{b}{9}$

$\therefore a=-2,\ b=-30$

2단계 $y=ax-b$, 즉 $y=-2x+30$의 그래프는 오른쪽 그림과 같으므로 지나지 않는 사분면은 제3사분면이다.

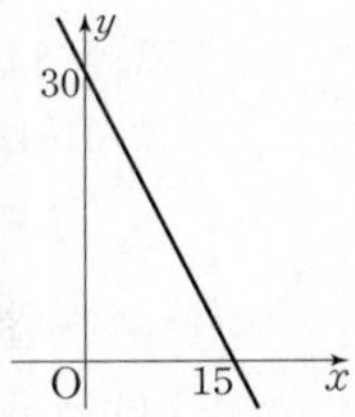

답 제3사분면

단계	채점 요소	배점
1	a, b의 값 구하기	4점
2	지나지 않는 사분면 구하기	3점

3 1단계 $x-2y+6=0$에서 $x=0$일 때,

$-2y+6=0,\quad 2y=6$

$\therefore y=3$

따라서 직선 $x-2y+6=0$의 y절편은 3이다.

$ax-y-7=0$에서 $x=0$일 때,

$-y-7=0 \quad \therefore y=-7$

따라서 직선 $ax-y-7=0$의 y절편은 -7이다.

다음 그림과 같이 두 직선의 교점의 x좌표를 k $(k<0)$라 하자.

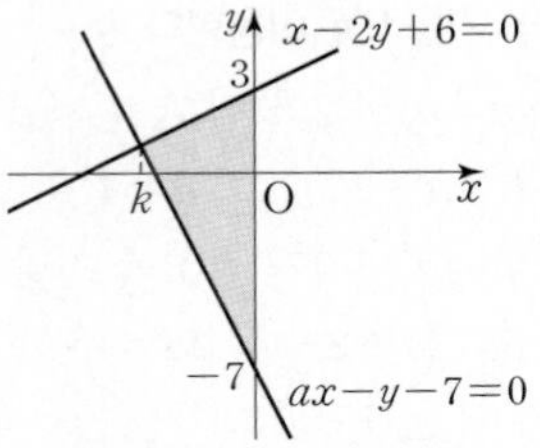

어두운 부분의 넓이가 20이므로

$\frac{1}{2}\times\{3-(-7)\}\times(-k)=20$

$-5k=20 \quad \therefore k=-4$

$x=-4$를 $x-2y+6=0$에 대입하면

$-4-2y+6=0$

$2y=2 \quad \therefore y=1$

따라서 교점의 좌표는 $(-4, 1)$이다.

2단계 직선 $ax-y-7=0$은 점 $(-4, 1)$을 지나므로

$-4a-1-7=0,\quad -4a=8$

$\therefore a=-2$

답 -2

단계	채점 요소	배점
1	두 직선의 교점의 좌표 구하기	4점
2	a의 값 구하기	3점